"十三五"国家重点出版物出版规划项目

世界名校名家基础教育系列

国外高等物理教育丛书

狄拉克量子力学原理

[英] 保罗·狄拉克（P. A. M. Dirac）　著

凌东波　译

机械工业出版社

图书在版编目（CIP）数据

狄拉克量子力学原理/（英）保罗·狄拉克（P. A. M. Dirac）著；凌东波译.—北京：机械工业出版社，2017.11（2024.10重印）

（世界名校名家基础教育系列）

书名原文：The Principles of Quantum Mechanics

"十三五"国家重点出版物出版规划项目

ISBN 978-7-111-58704-0

Ⅰ.①狄…　Ⅱ.①保…②凌…　Ⅲ.①量子力学–高等学校–教材　Ⅳ.①O413.1

中国版本图书馆 CIP 数据核字（2017）第 307684 号

机械工业出版社（北京市百万庄大街 22 号　邮政编码 100037）
策划编辑：韩效杰　责任编辑：韩效杰
责任校对：张　征　封面设计：张　静
责任印制：单爱军
北京虎彩文化传播有限公司印刷
2024年10月第1版第6次印刷
184mm×260mm·21.25 印张·2 插页·361 千字
标准书号：ISBN 978-7-111-58704-0
定价：89.00 元

凡购本书，如有缺页、倒页、脱页，由本社发行部调换
电话服务　　　　　　　　　　　网络服务
服务咨询热线：010-88379833　机 工 官 网：www.cmpbook.com
读者购书热线：010-88379649　机 工 官 博：weibo.com/cmp1952
　　　　　　　　　　　　　　　教育服务网：www.cmpedu.com
封面无防伪标均为盗版　　　　　金 书 网：www.golden-book.com

第 4 版前言

与第 3 版相比, 本版主要的变化在于重写了 "量子电动力学" 这一章. 第 3 版中量子电动力学描述带电粒子在电磁场中的运动, 与经典电动力学有着密切的相似性. 这一理论中带电粒子的数目守恒, 因而不能推广至允许带电粒子数目变化的情况.

如今高能物理中经常出现带电粒子的产生与湮灭. 因此, 要求带电粒子数目守恒的量子电动力学脱离了物理现实. 于是, 我用包含了正负电子对的产生与湮灭的量子电动力学作为替代. 这需要放弃与经典电子理论的任何相似性. 电子的经典概念似乎不再是物理学中有效的模型, 只适用于那些局限于低能现象的基本理论.

P. A. M. 狄拉克

剑桥大学圣约翰学院

1957 年 5 月 11 日

第 4 版修订版注记

借这次机会修订了第 12 章 ("量子电动力学") 部分内容并增加了两节: 解释、应用.

P. A. M. 狄拉克

剑桥大学圣约翰学院

1967 年 5 月 26 日

第 1 版前言

　　理论物理学取得进展的方法在本世纪经历了巨大转变. 经典物理的传统曾经把世界看成可观测物体 (粒子、流体、场等) 的集合, 这些物体遵从力的确定的规律运动着, 于是人们在头脑中可以形成这一整体框架的时空图像. 这样形成的物理学, 其目标在于, 对联系这些可观测物体之间的机制与力做一些假设, 以尽可能简单的方法来阐明这些物体的运动行为. 然而, 近来日渐明显的是, 自然界似乎按照另一不同的方案运行着. 它的基本规则, 并不像我们想象中的图像那样, 直接地支配着世界. 相反, 这些规则控制着一个基础, 若不引入非直接相关的概念, 我们头脑中便无法形成关于该基础的图像. 这些规则的公式化需要运用变换的数学. 世界上重要的事物以这些变换中的不变量 (或者, 更一般地讲, 一些近似不变量, 或者是一些具有简单变换性质的量) 的形式出现. 我们所能直接了解的是某一参照系中这些近似不变量之间的关系, 通常选取那些能够带来特定简化特征的参照系, 而这种简化特征从一般理论的角度看是不重要的.

　　变换理论应用的增长, 是理论物理中新方法的精髓. 变换理论首先用于相对论, 后来用于量子理论. 进一步发展的方向在于, 使方程在越来越广泛的变换下具有不变性. 从哲学的观点看, 这样的局面令人满意, 因为这意味着观测者在把观测中所显现的各种规律性引入理论的过程中, 更多地承认观测者自身所起的作用; 它还意味着自然界的规律中没有任意性, 但这些对学物理的人变得更加不易. 抛开新理论的数学背景不论, 建立新理论所需的物理概念, 就无法用学生们以前所了解的事物来解释, 甚至不能用语言文字充分地解释. 就像每个人在出生以后必须学会的那些基本概念 (例如近似、相等) 一样, 要掌握这些物理学的全新概念, 只有靠长期地熟悉它们的性质与用途.

　　从数学方面看, 通往新理论之路没什么困难, 因为所需的数学 (至少到目前为止都是物理学的发展所需的数学) 与相当长时间内已经流行的内容没有本质上的差别. 数学是特别适合处理各种抽象概念的工具, 在这个领域, 它的能力无限. 正因为如此, 关于新物理学的书不是纯粹描述实验工作的, 就必然在本质上是数学的. 然而, 数学毕竟是工具, 我们应当学会不借助数学形式而掌握物理思想. 在这本书中, 我试图把物理放在首位, 为此, 以完全物理的一章作为开始, 并在随后的部分, 都尽可能地考察数学形式背后的物理意义. 在能够解决有真正实际价值的问题之前, 必须掌握大量的理论基础, 而这一情况是变换理论所起的根本作用不可避免的结果, 而且在将来的理论物理中, 这一情况很可能变得更加显著.

关于表述量子力学的数学形式, 任何作者必须一开始在两种方法中挑选其一. 一种形式是符号法, 它用抽象的方式直接地处理有根本重要意义的量 (比如变换中的不变量等); 另一种形式是坐标或表象的方法, 它处理这些量所对应的数集. 表述量子力学的方法通常是后一种 (事实上, 除了外尔[1] 的书《群论与量子力学》之外, 几乎所有的书都采用这种方法). 根据处理问题过程中所强调物理对象的不同, 量子力学有两种不同的命名: 如果强调系统的状态, 则叫 "波动力学"; 如果强调动力学变量, 则叫 "矩阵力学". 表象方法的优势在于, 一般学生对其所需的数学更熟悉, 并且也是历史上传统的方法.

但是, 符号法看来更能深入事物的本质. 符号法能让我们用简练而优美的方式表述物理定律, 而且, 随着它变得更容易理解以及其自身特有的数学的发展, 符号法将来很可能得到日益广泛的应用. 正因为如此, 我选择符号法, 只是在后面引入表象法作为实际计算的辅助. 这样必然完全不同于历史的发展过程, 但这一不同所带来的优势在于能够使人们尽可能直接地了解新思想.

P. A. M. 狄拉克

剑桥大学圣约翰学院

1930 年 5 月 29 日

---

[1]Hermann Weyl, *The Theory of Groups and Quantum Mechanics*, 原书使用德文书名 *Gruppentheotie und Quantenmechanik*. ——译者注

译者序

狄拉克 (P. A. M. Dirac) 所著《量子力学原理》是量子力学领域的经典著作. 狄拉克是量子力学的创立者之一, 相对论量子力学的开创者, 他擅长以清晰而又严格的数学展现深刻的物理思想, 所以这一著作多年来一直是学习量子力学的必备参考书. 虽然现在讲授量子力学的教科书种类众多、风格各异且适应各个层次的读者, 但这本著作以其独特的风格与严谨的结构仍显示其重要价值.

量子力学是对经典力学的背离, 同时又根植于经典力学. 本书正是采用经典类比的方法逐步构建量子力学, 这有助于读者领会量子力学的来源. 而且, 量子力学中普遍使用的狄拉克符号正是这本书的首创. 此外, 本书对路径积分方法、规范变换、相互作用图像以及二次量子化等概念和方法都有应用. 令我印象深刻的是, 本书在全同粒子的部分, 完全从量子力学的角度阐明了群论的基本方法. 虽然狄拉克关于正电子的理论在今天看来有其局限, 但我们仍能从中学习其最初的物理想法.

这本书曾在 1979 年出版过中文版, 但由于这个版本问世时间较久, 且发行中断, 因此, 机械工业出版社再次出版这本著作. 于是, 我很荣幸获得再次为本书翻译的机会. 我希望为这本书提供一个译本, 尽量用准确而容易阅读的中文表达原文的含义.

该书第 1 版成书于 1930 年, 距今已将近 90 年. 书中的一些符号以及一些物理概念的命名, 与现在广泛使用的不一致, 这增加了阅读的不便. 所以我们在一些地方加入了译者的注释, 以减少阅读的障碍. 此外, 为便于查找关键词, 索引部分做成中英文互译的形式.

本书在翻译的过程中参阅了陈咸亨先生的译本, 在此表示感谢. 安徽大学物理系明燚老师与张明辉老师分别阅读了部分译稿, 并纠正了一些错误; 黄鹏志博士、王靖博士和东北师范大学物理系杨化通老师对一些译法提出了宝贵建议. 译者表示感谢. 北京大学马中水教授和南京大学邢定钰教授在本人求学过程中给予过诸多鼓励与帮助, 谨以此译作致敬二位老师.

受限于译者的知识与才能, 疏漏与错误难免, 恳请读者不吝指正[2].

凌东波

安徽大学物理系

2016 年 9 月

---

[2]lingdb@ahu.edu.cn

目录

1　态叠加原理

§1.1　量子理论的必要

自牛顿时代以来, 经典力学不断发展, 并应用于日渐广泛的动力学系统, 包括与物质相互作用的电磁场. 其基本思想与支配它们应用的规律形成一个简单而优美的方案, 人们不禁认为, 如果对这种方案做重大修改, 必然破坏其所有吸引人的特点. 尽管如此, 现在发现有可能建立一种新的方案, 称为量子力学, 它不仅更适合描述原子尺度的现象, 而且在某些方面, 它比经典方案更优美, 更令人满意. 这是由于新方案所包含的改变具有十分深刻的特征, 而且这一改变与那些使得经典力学如此吸引人的特点并不冲突, 因而新方案能够兼容经典力学的所有这些特点.

实验结果清楚地表明, 有必要背离经典力学. 首先, 经典电动力学中已知的各种力已经不足以解释原子与分子显著的稳定性, 如果没有这种稳定性, 物质材料就完全不可能有任何确定的物理性质与化学性质. 引入新的假想的力也不能扭转这一局面, 因为经典力学中存在一些普遍的原理, 这些原理适用于所有各种力, 但它们导致的结果与观测并不相符. 例如, 如果某一原子系统的平衡状态受到某种扰动之后, 再让它与外界隔离, 它就会振动, 这些振动会影响周围的电磁场, 这样, 这些振动的频率可以用光谱仪进行观测. 不管支配这个平衡状态的力服从什么样的规律, 人们总是期望能够把这些频率包含在由基本频率与谐频率组成的方案之中. 然而, 观测到的情况并非如此. 相反, 观测到一种新的出乎意料的频率之间的关系. 这一关系叫作光谱的利兹 (Ritz) 组合定律. 根据这一定律, 所有这些频率可以表示为一些确定的项之差, 而这些项的数量远远少于频率的可能数量. 这一定律从经典的角度难以理解.

为了在不背离经典力学的前提下克服这个困难, 有人可能会假定光谱学上观测到的每一个频率都是基本频率, 分别有各自的自由度, 而力所服从的规律不容许简谐振动发生. 但是, 即使不考虑它无法解释组合定律这一事实, 这样的理论也不成立, 因为它直接与比热的实验证据矛盾. 经典统计力学能够在振动系集[1] 的自由度总数与比热之间建立普遍的联系. 如果假定原子的所有光谱频率对应于不同的自由度, 那么对任何物质所计算得到的比热都比观测值大很多. 事实上, 在常温下, 实验测得的比热与仅仅将每个原子当作单个整体而不考虑其内部运动的理论结果符合得很好.

这一点导致经典力学与实验结果之间出现了新矛盾. 在原子中肯定存在某种内部运动, 这种内部运动才是形成原子光谱的原因, 但这些内部自由度由于某种经典力学无法解释的原因, 对比热没有贡献. 在与真空中电磁场振动能量有关的问题上, 也发现有类似的矛盾. 经典力学要求与这种能量对应的比热是无穷大, 但观测到的比热十分有限. 从实验结果得到的一般结论是, 高频振动对比热没有给出经典理论所预期的贡献.

我们可以把光的行为当作经典力学失败的又一例证. 一方面, 有干涉和衍射等现象, 它们只能在波动理论的基础上得以解释; 另一方面, 又有诸如光电发射[2]、自由电子对光的散射等现象, 这些现象表明, 光是由小的粒子组成. 这些粒子称为光子, 每一个光子都具有确定的能量和动量, 它们由光的频率决定. 而且光子似乎是真实存在的, 其真实程度与电子或物理中其他已知粒子一样. 从未观测到单个光子的一部分.

实验已经表明, 这种反常行为不是光子所独有的, 而是十分普遍的. 所有物质粒子都有波动性质, 这种波动性质能在适当条件下表现出来. 这里我们有经典力学失败的一个很惊人而又普遍的例子——不仅它的运动规律不准确, 而且它的概念不足以对原子事件进行描述.

当人们要想考虑物质的终极结构时, 就需要背离经典思想, 这一必要性不仅从已经确立的实验事实看出来, 而且也可以从一般哲学基础看出来. 在物质组成的经典解释中, 人们假定物质是由大量小的组成部分构成, 并且要对这些组成部分的行为规律做出假设, 从而推导出整体物质的一些规律. 但是, 这将无法完成解释, 因为构造的问题和组成部分的稳定性都没有触及. 要深入探讨这个问题, 必须假定每个组成部分本身是由更小的部分组成, 并用这些更小的部分来解释它的行为. 这样的过程显然没有尽头, 所以沿着这样的方向, 人们永远无法到达物质的终极结构. 只要大和小仅仅是两个相对的概念, 那么用小无助于解释大.

---

[1] assembly, 这个词在全同粒子的部分会经常出现, 其含义就是 "集体".——译者注
[2] 现在广泛使用的是 "光电效应".——译者注

因此, 有必要用某种方法来修改经典思想, 而这种方法能给大小以绝对的含义.

至此, 重要的是要牢记, 科学仅仅关心可观测的事物, 而要观测一个对象, 只有让它与某种外部的影响互相作用. 因此观测的动作必然伴随着对观测对象的某种干扰. 当伴随观测的扰动可以忽略, 我们就定义这个观测对象是大的; 而当扰动不可忽略, 就定义这个观测对象是小的. 这一定义与通常意义的大和小相一致.

通常假定, 只要足够小心, 总能把伴随于观测的扰动降低到任何想要的程度. 大与小的概念因而纯粹是相对的, 而且与观测手段的细微程度以及被描述的对象相关. 为了给大小以绝对的含义, 这对于物质最终结构的任何理论都是必要的, 我们必须假设: 观测能力的精确程度以及与其相伴的扰动的微小程度都有一个限度——这个限度是事物本质中固有的, 无法通过提高观测的技术来超越这一限度. 如果被观测的对象足够大, 可以忽略这种无法避免的扰动, 那么这一对象在绝对意义上是大的, 可以用经典力学来处理它. 反之, 如果这种有限度扰动不可以忽略, 观测对象在绝对意义上是小的, 需要用新的理论来处理它.

上述讨论的一个结果是, 必须修改关于因果律的观念. 因果律仅仅适用于那些免于扰动的系统. 如果系统是小的, 不可能观测它而不产生严重的扰动, 因而我们不能期望得到观测结果之间的任何因果关联. 因果律仍然被假定适用于免于扰动的系统, 用于描述免于扰动的系统而建立起来的方程是一些微分方程, 它们表达一个时刻的条件和后一时刻条件的因果联系. 这些方程与经典力学中的方程有紧密的对应, 然而它们和观测结果之间的联系是间接的. 在计算观测结果时存在无法避免的不确定性, 当进行观测时, 此理论通常仅能计算出获得某一特定结果的概率.

§1.2 光子的偏振

上一节讨论了观测所能达到的细微程度的限制, 以及观测导致结果中的不确定性, 这些讨论并没有为量子力学的建立提供任何定量的基础. 为了这个目标, 需要有一套新的精确的自然规律. 其中最基本、最突出的规律之一是态叠加原理. 我们将通过研究某些特例来为这个原理的普遍表述做准备, 第一个例子由光的偏振提供.

我们从实验上知道, 当平面偏振光用于激发光电子时, 电子的发射有方向上的偏向. 这样, 光的偏振性质与它的粒子性紧密相关, 人们必须赋予光子以偏振. 比如说, 人们必须把沿某一方向平面偏振的一束光看作是每一个都在此方向上偏振的大量光子所组成的; 一束圆偏振光看作是由每一个都是圆偏振的大量光子所组成. 应该说, 每一个光子都处于某个偏振态. 现在必须考虑的问题是, 怎样使这些想法适合于已知的事实, 即关于光分解为偏振的组分以及这些组分的重新组合的事实.

现在研究一个确定的例子. 假定有一束光通过一个方解石晶体, 该晶体有一种性质, 即只让垂直于光轴的平面偏振光通过. 对任意偏振的入射光束, 经典电动力学告诉我们会发生什么情况. 如果这束光的偏振垂直于光轴, 它将通过晶体; 如果平行于光轴, 它完全无法通过; 如果偏振方向与光轴成一个角度 α, 则通过的部分占总量的 $\sin^2 \alpha$. 在光子的基础上如何理解这些结果呢?

沿某一方向平面偏振的一束光, 图像地描述成由每一个都沿此方向平面偏振的大量光子组成. 当入射光束的平面偏振方向是垂直或平行于光轴的两种情形, 该图像不引起任何困难. 我们只需假设垂直于光轴偏振的每个光子都无阻碍无变化地通过晶体, 而平行于光轴偏振的每个光子都被阻止并吸收. 然而, 当入射光束为斜偏振时, 困难产生了. 每个入射光子都是斜偏振的, 这些光子到达方解石时会发生什么, 这并不清楚.

在一定条件下的某一特定光子会发生什么的问题, 实际上并不是很精确. 为了使问题精确化, 我们必须想象进行一些与此问题有关的实验, 并探寻这些实验的结果是什么. 只有和实验结果相关的问题才有真正的意义, 也只有这些问题才是理论物理必须考虑的问题.

在现在的例子中, 明显的实验是用仅含有一个光子的入射光, 然后去观测晶体背后出现什么. 按照量子力学, 这个实验结果是: 有时候在晶体背后会找到一个完整的光子, 其能量等于入射光子的能量; 而另一些时候, 找不到任何光子. 当人们找到一个完整的光子时, 这个光子将是垂直于光轴方向偏振的. 人们永远不会在晶体背后只发现一个光子的一部分. 如果多次地重复这个实验, 人们将会发现在晶体背后找到光子的次数等于实验总次数乘以 $\sin^2 \alpha$. 这样, 我们可以说: 光子有 $\sin^2 \alpha$ 的概率通过方解石并在背后出现, 偏振方向垂直于光轴; 而光子被吸收的概率为 $\cos^2 \alpha$. 对于含有大量光子的入射光束, 这些概率的数值给出了正确的经典结果.

用这种方法, 在所有情况下都保留了光子的单个性. 然而, 能够这样做的原因是, 我们放弃了经典理论中的决定论性质. 实验的结果并不像经典思想要求的那样, 由实验者控制下的各种条件决定. 能够预言的最多的是一组可能的结果以及每个结果出现的概率.

上述关于单个斜偏振的光子入射到方解石晶体的实验结果的讨论, 回答了全部能够合理提出的问题, 即当一个斜偏振的光子到达方解石会发生什么. 至于是什么决定了光子是否通过, 以及当光子通过时偏振方向是怎样被改变的等问题, 是不能从实验中研究出来的, 因而被当作是科学领域之外的问题. 尽管如此, 为了使这个实验结果与光子的其他可能的一些实验结果关联起来, 并使所有结果恰当地纳入一个普遍的方案, 进一步的描述是必要的. 这种进一步的描述不应被当作试图回答科学领域之外的问题, 而应被看成是将规则公式化以精炼地表达大量实验结果的一种辅助手段.

量子力学所提供的进一步的表述如下: 假定相对光轴斜偏振的光子可以被看成部分地处于平行光轴的偏振态, 部分地处于垂直光轴的偏振态. 斜偏振态可以被看作是, 对平行偏振态和垂直偏振态应用某种叠加过程而得的结果. 这意味着, 在各种偏振态之间存在某种特殊的关系, 这种关系类似于经典光学中偏振光束之间的关系, 但是它现在不应用于光束, 而应用于一个特定光子的偏振态. 这种关系容许任意偏振态被分解为任意两个相互垂直的偏振态, 或者说, 可以被表示为任意两个相互垂直的偏振态的叠加.

让光子遇到方解石晶体, 就是让它接受一次观测. 我们观测光子的偏振是平行还是垂直于光轴的. 进行这个观测的效果是迫使光子完全处于平行或垂直偏振态. 光子必须有一个突然的跃变, 从原先部分地处于两种状态的情形, 改变为完全处于其中的一种状态或另一种状态的情形. 它究竟跳到这两个态中的哪一个, 这无法预料, 只能由概率支配. 如果它跳至平行态, 它就会被吸收; 如果它跳至垂直态, 它就能通过晶体, 出现在另一边并保持着这种偏振态.

§1.3 光子的干涉

这一节将讨论态叠加的另一个例子. 仍然以光子为例, 但是研究它们在空间的位置与动量, 而不考虑它们的偏振. 如果有单色性相当好的一束光, 那么我们就会对相应的光子的位置和动量有一些了解. 我们知道它们中的每一个都位于光束通过的空间区域的某处, 并且每个光子都有一个动量, 其方向与光束一致, 其大小由光的频率确定, 根据爱因斯坦光电定律, 动量等于频率乘上一个普适常数. 当我们有了一个光子的位置和动量的信息, 我们就说它处于一个确定的平移态.

我们将讨论由量子力学提供的关于光子干涉的描述. 让我们做一个表现干涉现象的明确的实验. 假定让一束光通过某种干涉仪, 这样它就分成两个组分,接下来这两个组分干涉. 如上一节一样, 让入射光束只包含一个光子, 并探究在它通过这个仪器时会发生什么. 这样, 光的波动理论和粒子理论之间相冲突的难题, 以尖锐的形式呈现在我们面前.

相应于在偏振情况下的描述, 现在必须把光子描述成部分地进入由入射光分裂而成的两个组分中的每一个. 这样, 我们可以说, 光子处于一个平移态, 而此平移态是由与上述两个组分相联系的两个平移态叠加而得的. 因此把"平移态"这个名词用于光子时的含义加以推广. 对于处于一个确定平移态的光子, 光子并不一定与单个光束相联系, 它可以与两个或者更多的光束相联系, 即与原来的一个光束所分裂成的各个组分相联系.[3] 在准确的数学理论中, 每一平移态与普通光学中许多波函数中的一个相联系. 每一波函数可以描述一个光束, 或者原来一个光束分裂而成的两个或更多个光束. 因而平移态可以像波函数一样进行叠加.

现在让我们考虑, 当我们要决定某一组分中的能量时会发生什么. 这种决定的结果必然是: 要么是一个完整的光子, 要么就是什么都没有. 这样光子必须突然地变化, 从部分地处于一个光束、部分地处于另一光束的情形变为完全处于其中的某一个. 这个突然变化来自观测所必然引起的对光子平移态的扰动. 因此预言在两束光中的哪一束中发现光子是不可能的. 从光子原先在两个光束中的分布情况, 只能计算出每个结果的概率.

人们或许可以不破坏组分光束而实现能量测量, 例如, 用一个可以移动的镜子反射光而观测其反冲力. 我们对光子的描述可以让我们做如下推断: 在这样的能量测量以后, 就不可能在两个组分之间引起任何干涉. 只有光子是部分地处于一个光束, 部分地处于另一光束, 才能在两束光叠加时发生干涉; 当光子由于观测而被迫完全处于两束光之一时, 干涉的可能就消失了. 另一束光这时不再参与这个光子的描述, 因此, 对于此后可能对这个光子进行的任何实验来说, 它都被当作像通常一样完全处于一个光束中.

用上述的这些方法, 量子力学能够实现光的波动性质和粒子性质的协调. 核心问题是, 把光子的每一平移态与普通波动光学中的一个波函数联系起来. 这种联系的性质在经典力学的基础上无法描述, 而是某种全新的性质. 如果把光子和与之相关的波看作是像经典力学中的粒子和波那种方式相互作用, 那是十分错误的. 只能统计地解释这种联系, 当我们观测光子在哪里的时候, 波函数只能告诉我们在某一特定地点发现光子的概率.

---

[3]叠加的思想要求我们对平移态的原有含义进行推广, 但对上节讨论的偏振态并没有相应推广的必要, 这样的情况只是偶然, 并没有潜在的理论意义.

在量子力学发现之前的一段时间, 人们已经意识到光波和光子之间的联系是统计性质的. 然而他们没有清楚地意识到, 波函数告诉我们的是一个光子在某一特定位置的概率, 而不是在那个位置上可能有的光子数. 下面的方法可以让我们看清这一区别的重要性. 假定将由大量光子组成的一束光分为强度相等的两份. 按照光束的强度与其中可能的光子数目相联系的假定, 我们会得到, 光子总数的一半分别进入每一组分. 如果现在让这两个组分互相干涉, 我们应该要求在一个组分中的一个光子能够与另一组分中的一个光子相互干涉. 有的情况下, 这两个光子互相湮灭, 另一些情况下, 它们要产生四个光子. 这与能量守恒相矛盾. 新的理论把波函数与单个光子的概率联系起来, 认为每一光子都是部分地进入两个组分中的每一个, 这样就克服了这个困难. 这样, 每一个光子仅仅与它自己发生干涉. 从来不会发生两个不同光子之间的干涉.

按照近代理论, 上述粒子和波的联系, 不限于光的情况, 而是普遍适用的. 所有种类的粒子都按这种方式与波相联系, 反之, 所有波动也都与粒子相联系. 因此, 能让所有粒子表现出干涉效应, 并且所有波动的能量都有量子的形式. 这些普遍现象并不显而易见的原因是, 由于粒子的质量或能量与波的频率之间存在一个比例的规律, 比例系数的数值使得与常见频率的波相联系的量子极为微小, 即使像电子那样轻的粒子所联系的波的频率也是大得不容易表现出干涉现象.

§1.4 叠加与不确定性

对前两节中使光子的存在与光的经典理论相一致的尝试, 读者可能不满意. 他们或许会认为这里引入了一个很奇怪的想法——一个光子有可能部分地处于两个偏振态中的每一个, 或者部分地处于两个不同的光束中的每一个——但是即使借助于这个奇怪的想法, 也没有对基本的单光子过程给出令人满意的图像. 他还会进一步提出, 这一奇怪的思想对所讨论的实验, 关于实验结果方面提供的知识没有任何超越初等理论之处, 初等理论认为光子以某种不确切的方式由波动引导. 那么, 这种奇怪的思想又有什么用呢?

为回答第一个批评, 可以这么说, 物理科学的主要目的并不是提供图像, 而是表述那些支配现象的规律, 并利用这些规律去发现新的现象. 如果图像存在, 那自然更好; 但是图像存在与否是次要的. 在通常意义上, "图像"这个词就是本质上按照经典路线起作用的模型, 而在原子现象中, 不能期望存在这样的图像. 然而, 人们可以把"图像"这个词加以扩展, 以包括任何看待基本规律的方式, 这一方式使得基本规律的自治性变得明显. 有了这一扩展, 人们可以通过熟悉量子理论中的各种规律而逐渐地得到原子现象的图像.

关于第二个批评, 可以这么说, 关于光的许多简单实验, 把波与光子用不确切的统计的方法联系起来的初等理论, 足以说明其结果. 在这些实验中, 量子力学不能提供更多的知识. 然而, 在大多数实验中, 条件十分复杂, 这种初等理论无法适用, 此时需要某种更精巧的方案, 正如量子力学所提供的这种. 量子力学给出的在更复杂情况下的描述方法, 对简单的情况也适用, 虽然此时为说明实验结果, 量子力学并不是真正必需的, 但是在这些简单情况下对它的研究, 或许是在一般情况下对它的研究的适当开始.

人们对整个方案还可能有一整体的批评, 那就是, 由于背离了经典理论的确定性, 在对自然的描述中引入了极大的复杂性, 这是非常令人不满的特征. 这种复杂性是不可否认的, 但是由普遍的态叠加原理带来的巨大简化抵消了这种复杂性, 我们现在就开始研究态叠加原理. 但首先, 有必要准确地定义一般原子系统中 "态" 这一重要概念.

让我们考虑任一原子系统, 它由一些有具体特性 (质量、转动惯量等) 的粒子或物体组成, 它们按照具体的力的规律相互作用. 这些粒子或物体将有各种符合力的规律的运动. 每一种这样的运动被称作系统的一个态. 按照经典的想法, 人们通过让某一时刻的系统, 其各个组成部分的所有坐标和速度有一个数值的方式来确定一个态, 这样整个运动就完全确定了. 然而, 第一节的论证表明, 我们不能对小系统观测得如经典理论假定的那样详细. 观测能力的有限性限制了一个态可以具有的数据的数量. 因此, 原子系统的态不能用某一时刻的全部坐标与速度的一整套数值来确定, 而必须用比较少的数据, 或者比较不确定的一些数据来确定. 当系统仅仅是一个单独光子的情形, 按 §1.3 意义上给定的平移态与按 §1.2 意义上给定的偏振态一起, 就完全确定了系统的态.

系统的态可以定义为受许多条件或数据限制的未受扰动的运动, 条件或数据的数量与理论上可能的一样多, 且互相之间没有干扰或矛盾. 实践中, 这些条件可以通过系统的适当制备而加上去, 这样的制备包括让它穿过各种选择性的仪器, 例如狭缝和偏振片, 系统在制备之后就保持不受扰动. "态" 这个词可以用来指某一确定时刻 (在制备之后) 的态, 或用来指制备之后全部时间的态. 为了区别这两种含义, 当容易产生歧义时, 我们将后一种称之为 "运动态".

量子力学的普遍叠加原理适用于任何动力学系统的态, 态的含义可以是上述两种中的任意一种. 这一原理要求我们假定, 这些态之间存在特殊的联系, 以至于当系统确定地处于一个态时, 我们可以把系统当成部分地处于两个或更多其他态中的每一个. 原先的态必须被看成是两个或更多新态的某种叠加的结果, 叠加的方式是经典观念无法构想的. 任何态可以被看成两个或更多其他态叠加的结果, 而且确实可以有无穷多种叠加方式. 反之, 两个或更多的态可以进行叠加而给出新的态. 将一个态表示成一些其他态叠加的结果, 这一过程是数学过程, 总是允许的, 且与任何物理条件无关, 正如把一个波分解为傅里叶分量的过程一样. 在某一具体情况下, 这一过程是否有用, 取决于所研究问题的具体物理条件.

在前面两节, 我们给出的例子是把叠加原理应用于由单个光子组成的系统. §1.2 研究的是只在偏振方面有所不同的那些态, 而 §1.3 研究的是只在光子作为一个整体的运动方面有所不同的那些态.

叠加原理所要求的存在于任一系统的各态之间的关系, 其性质不能用熟知的物理概念进行解释. 人们无法在经典的意义上图像地解释一个系统部分地处于两个态中的每一个, 并且理解这一说法与另一说法 (这个系统完整地处于某一其他的态) 的等价性. 这里包含了一个全新的思想, 我们必须习惯这一思想, 必须开始用它继续建立严格的数学理论, 而不要任何详细的经典图像.

当一个态由两个其他态叠加而成时, 按某种不精确的说法, 这个态具有介于两个原先的态的性质之间的某些性质, 并且它们与其中某一态的性质较多或较少地接近, 这要根据在叠加过程中这个态相应的 "权重" 的大小来确定. 在叠加过程中若原先的两个态的相对权重已知, 加上确定的相位差, 那么新的态就完全确定了; 而权重与相位的确切含义, 在一般情况下, 由数学理论提供. 在一个光子偏振的问题中, 它们的含义由经典光学提供, 所以, 举例来说, 当两个互相垂直的平面偏振态以等权重进行叠加, 根据相位差的不同, 新的态可能是左旋或右旋的圆偏振态, 也可能是与原来的偏振方向成 $\frac{1}{4}\pi$ 夹角的线偏振态, 还可能是椭圆偏振态.

叠加过程的非经典性质可以由下面的例子清楚地展现出来. 我们研究 A 与 B 两个态的叠加, 如果存在一个观测, 当我们观测处于 A 态的系统得到某一特定的结果, 比如 a, 而当我们观测处于 B 态的系统, 确定地得到不同的结果, 比如 b. 那么观测处于叠加态的系统将会有怎样的结果? 答案是有时候是 a, 有时候是 b, 按照叠加过程中 A 和 B 的相对权重所决定的概率规律而定. 永远不会有 a 与 b 之外的结果. 所以, 由叠加而形成的态所具有的中间特征, 通过由观测得到某一特定结果的概率处于原先两个态的相应概率中间表现出来,[4] 而不是观测结果本身处于原先两个态的相应结果的中间.

这样, 我们看到, 像各态之间有叠加关系这样的假设, 与普通观念的剧烈背离之所以可能, 仅仅是因为认识到伴随着观测的扰动的重要性以及因此而带来的观测结果的不确定性. 当我们对一个处于给定的态的原子系统进行观测, 其结果通常不是确定的, 也就是说, 如果实验在完全相同条件下重复多次, 可能得到好几个不同的结果. 然而, 如果实验重复很多次, 得到每一特定结果的次数与实验总次数之间有一确定的比例, 因而就有了得到每一特定结果的确定的概率, 这是自然规律. 这个概率正是理论要去计算的. 只有在某个结果的概率为 1 的特殊情况, 实验结果才是确定的.

各态之间叠加关系的假定导致了一种数学理论, 其中决定一个态的方程是线性的. 基于这样的想法, 人们曾尝试建立与经典力学中的某些系统之间的类比, 例如振动的弦或薄膜, 这些系统由线性方程支配并且可应用叠加原理. 这种类比产生了 "波动力学" 这一名称, 有时候它用来指量子力学. 然而, 重要的是要记住量子力学中出现的叠加, 与任何经典理论中出现的叠加有根本不同的性质, 这一点由下述事实表明, 即量子叠加原理要求观测结果具有不确定性以给出合理的物理解释. 所以说, 这些类比容易引起误解.

§1.5 原理的数学表述

本世纪, 物理学家对于他们研究对象的数学基础所持的观点发生了深刻的变化. 先前, 它们假定牛顿力学的原理可以提供描述整个物理现象的基础, 而且理论物理学家必须要做的事情是适当地发展与应用这些原理. 当他们认识到, 没有合乎逻辑的理由说明为什么牛顿力学的原理以及其他的经典原理, 在它们曾被实验证实的领域之外依然成立; 人们终于意识到, 背离这些原理是必要的. 通过向理论物理的方法中引入新的数学形式 (新的公理体系和运算规则), 这种背离得到了它们的表达方式.

量子力学为这些新想法提供了一个好的例子. 它要求动力学系统的态和动力学变量, 以一种相当奇怪的方式联系起来, 这种方式从经典力学的观点看是无法理解的. 态与动力学变量必须用一些数学上的量来表示, 这些量与物理学中常用的量有不同的性质. 当我们明确了所有的公理以及决定数学的量的运算规则,

---

[4] 一般情况下, 对原先各个态进行测量得到确定结果的概率并不是零或 1, 则对叠加而成的态进行测量得到确定结果的概率并不总是介于原先态相应的概率之间, 所以对叠加而成的态的 "中间状态" 这一说法有一些限制.

并且除此之外, 还规定了某些把物理事实与数学公式联系起来的规则, 从而由任何给定的物理条件, 就可能得出这些数学的量之间的方程, 同时也可以从方程得出物理条件时, 这个新的方案就成为精确的物理理论. 在应用理论时, 我们要知道某些物理知识, 之后用这些数学量之间的方程去表达这些物理知识. 然后, 借助于公理与运算规则, 推导出新的方程, 并通过把这些新的方程解释成新的物理条件以得出结论. 除了内部的自洽性之外, 整个方案的正确性取决于最终结果与实验的符合情况.

我们将通过研究动力学系统在某一时刻的各态之间的数学关系来建立这个方案, 这些关系来自叠加原理的数学表述. 叠加过程是一种相加的过程, 这隐含着几个态能以某种方式相加而给出新的态. 因此, 这些态必定与这样一类的数学量相联系, 这一类的量可以加在一起而给出同样类型的其他量. 最明显的这类量是矢量. 存在于有限维空间的普通矢量, 对量子力学中的大部分动力学系统而言不够普遍, 必须推广至无限维空间的矢量, 而数学处理因收敛性问题而变得复杂. 但是现在, 我们仅仅处理这类矢量的某些一般性质, 这些性质可以在一个由公理组成的简单方案的基础上推导出来, 现在不深入到收敛性及其相关问题, 直到有讨论的必要.

我们希望用一个特别的名称来描述与量子力学系统中的态相关的那些矢量, 无论这些态处于有限维或无限维空间. 我们将把它们称作右矢量, 或简称为右矢, 并用符号 $|\rangle$ 来标记一个一般的右矢. 如果要具体表示其中的某一个右矢, 在中间插入记号, 比如 A, 这样写成 $|A\rangle$. 这一记号的适宜性随着方案的继续发展而变得清楚.

右矢量可以通过乘上复数与相加的方式给出其他右矢量, 例如, 由两个右矢量 $|A\rangle$ 与 $|B\rangle$, 可以得到

$$c_1|A\rangle + c_2|B\rangle = |R\rangle, \tag{1.1}$$

其中 c_1 与 c_2 是两个任意复数. 我们还可以对它们进行更普遍的线性操作, 例如把它们的无穷序列进行相加, 如果有一个右矢量 $|x\rangle$, 它依赖于参数 x 并用该参数标记右矢量, 此参数在某一范围内可以取所有的值, 可以对该右矢量进行关于 x 的积分, 得到另一右矢量, 比如

$$\int |x\rangle \mathrm{d}x = |Q\rangle.$$

一个右矢量可以用其他右矢量线性地表示, 我们就说该右矢量与它们是线性相关的. 对于右矢量的一个集合, 如果其中任何一个都不能用此集合中的其他右矢量线性地表示, 则称该集合中的右矢量是线性无关的.

现在假定, 在某一特定时刻动力学系统的每个态对应于一个右矢量, 其对应关系是这样的: 如果一个态是由某些其他态叠加而得的, 那么它所对应的右矢量可以用与这些其他态对应的右矢量线性地表示, 反之亦然. 因此, 当相应的右矢量由方程 (1.1) 相联系时, 则态 R 是态 A 与态 B 叠加的结果.

上述假设导出了叠加过程的某些性质, 这些性质是使得 "叠加" 这个词变得恰当所必需的. 当两个或更多的态进行叠加, 它们在叠加过程中出现的次序不重要, 所以叠加过程在所叠加的态之间是对称的. 同时, 从方程 (1.1)(排除掉系数 c_1 与 c_2 同时为零的情况) 可以看出, 如果 A 和 B 进行叠加可以形成 R, 那么 B 和 R 进行叠加可以形成 A, 且 A 和 R 进行叠加可以形成 B. 因此叠加关系在所有三个态 A、B 和 R 之间是对称的.

一个态由某些其他态叠加而成, 我们说这个态与那些其他的态相关. 更一般地说, 一个态与任何包含许多态的集合相关, 集合可以是有限或无限的, 如果这个态其相应的右矢量与这一集合中各态相应的右矢量是线性相关的. 如果一个态的集合中没有任何态与其他的态线性相关, 就说这个集合是无关的.

为了继续叠加原理的数学表述, 必须再引入一个假设, 即一个态与其自身的叠加无法得到任何新的态, 仅能再次得到原先的态. 如果原先的态对应于右矢量 $|A\rangle$, 它与自己叠加所得到的态对应于

$$c_1|A\rangle + c_2|A\rangle = (c_1 + c_2)|A\rangle,$$

这里的 c_1 和 c_2 都是数. 现在或许有 $c_1 + c_2 = 0$, 这种情况的叠加结果将是什么都没有, 两个分量通过干涉效应彼此相消. 新假设要求, 除了这种特殊情况, 其结果的态和原先的态完全一样, $(c_1 + c_2)|A\rangle$ 必然与 $|A\rangle$ 对应于同一个态. 既然 $c_1 + c_2$ 是任一复数, 可以得出结论: 如果对应于某个态的右矢量乘上了任一非零的复数, 那么所得到的右矢量对应于相同的态. 所以, 态是由右矢量的方向确定的, 而给右矢量规定的任何长度无关紧要. 动力学系统的所有态都与右矢量的所有可能方向一一对应, 右矢量 $|A\rangle$ 与 $-|A\rangle$ 的方向没有任何区别.

上面所做的假定清楚地展示了量子理论的叠加与任何种类经典的叠加之间的根本区别. 在叠加原理成立的经典系统情况, 比如振动的薄膜, 如果将一个态

与其自身进行叠加, 结果得到一个不同的态, 即振幅不同. 量子态中没有任何物理特性对应于经典振动的振幅, 振幅不同于振动特征[5], 后者由薄膜上不同点的振幅之比来描述. 此外, 虽然存在振幅处处为零的经典态, 即静止态, 但量子系统中不存在任何与之对应的态, 零右矢量完全不对应于任何态.

有了两个对应于右矢量 $|A\rangle$ 和 $|B\rangle$ 的态, 通过叠加它们而得到一个对应于右矢量 $|R\rangle$ 的一般态, 它由两个复数, 即方程 (1.1) 中的系数 c_1 与 c_2 确定. 如果两个系数都乘以相同的因子 (因子本身是一个复数), 则右矢量 $|R\rangle$ 将被该因子所乘, 而对应的态不变. 因此, 只有这两个系数之比是有效的, 它由一个复的参量或者两个实的参量确定. 因而, 从两个已知的态出发, 利用叠加得到的态的总数是二重无穷大.

这一结果为 §1.2 和 §1.3 讨论的例子所证实. 在 §1.2 的例子中, 一个光子只有两种独立的偏振态, 它们可以取为两个平面偏振态, 其偏振方向分别平行和垂直于某个固定方向, 这两个态叠加而得到的偏振态的数量是二重无穷大, 即所得到的是椭圆偏振态, 而一般的椭圆偏振态需要两个参数来描述. 此外, 在 §1.3 的例子中, 由一个光子的两个给定的平移态, 可以得到二重无穷大的平移态数量, 其中一般的平移态由两个参数描述, 它们可以取作相加的两部分波函数振幅之比与它们的相位关系. 这一证明过程表明了在方程 (1.1) 中允许复数的必要性. 如果这些系数仅限于实数, 那么, 当 $|A\rangle$ 与 $|B\rangle$ 为已知时, 在决定叠加后的右矢量 $|R\rangle$ 的方向上, 由于只有两个系数之比起作用, 所以由叠加而得到的态的数量只是简单的一重无穷大.

§1.6 左矢量和右矢量

在任何数学理论中, 每有一种矢量集合, 总能建立第二种矢量集合, 数学家们称之为对偶矢量. 下面将介绍, 当原来矢量是右矢量情况下, 建立其对偶矢量的过程.

假定有一个数 ϕ, 它是右矢量 $|A\rangle$ 的函数, 也就是对每一右矢量 $|A\rangle$ 总有一个数 ϕ 与之对应, 并进一步假定该函数是线性的, 其含义是, 对应于 $|A\rangle + |A'\rangle$ 的数是对应于 $|A\rangle$ 的数与对应于 $|A'\rangle$ 的数之和, 而对应于 $c|A\rangle$ 的数等于 c 乘上对应于 $|A\rangle$ 的数, c 可以是任意的数. 此时, 对应于任意 $|A\rangle$ 的数 ϕ 可以看作是 $|A\rangle$ 与某个新的矢量的标量积, 每一个右矢 $|A\rangle$ 的线性函数都有一个这类新的矢量与之对应. 我们将在后面 (参见方程 (1.5) 与 (1.6)) 看到, 用这一方法看待 ϕ 的

---

[5]原文是 quality, 指乐器的音品.——译者注

理由是, 新的矢量通过相加和数乘给出其他的同类型的矢量. 当然, 仅仅在新的矢量与原先的右矢量的标量积给出数这个意义上, 我们定义了新的矢量, 但是这足以让我为它们建立数学理论.

我们称这种新的矢量为左矢量, 或者简称为左矢, 某个一般左矢用记号 $\langle |$ 来标记, 这是右矢记号的镜像. 如果要具体表示一个特定的左矢, 比如 B, 我们将它放在中间 $\langle B|$. 左矢量 $\langle B|$ 与右矢量 $|A\rangle$ 的标量积写成 $\langle B|A\rangle$, 即左矢量和右矢量记号的并列, 左矢量置于左侧, 两条竖线缩并为一条以简化记号.

可以把 $\langle$ 与 $\rangle$ 看作是两种不同的括号. 标量积 $\langle B|A\rangle$ 则以一完整的括号表达式出现, 左矢量 $\langle B|$ 或右矢量 $|A\rangle$ 以不完整括号表达式出现. 我们有如下规则: 任何完整括号表达式表示一个数, 而不完整括号表达式表示一个矢量, 根据它是否包含了括号的第一或第二部分来确定是左矢或右矢.

$\langle B|$ 和 $|A\rangle$ 的标量积是 $|A\rangle$ 的线性函数的条件, 可以用符号表示为

$$\langle B|\{|A\rangle + |A'\rangle\} = \langle B|A\rangle + \langle B|A'\rangle, \tag{1.2}$$

$$\langle B|\{c|A\rangle\} = c\langle B|A\rangle, \tag{1.3}$$

其中 c 是任意的数.

如果一个左矢量与任意右矢量的标量积都定义了, 那么该左矢量被当作完全定义了, 因此如果一个左矢量与任意右矢量的标量积都为零, 那么该左矢量本身被看作是零. 用符号表示,

如果对所有的 $|A\rangle$, 都有 $\qquad\qquad \left.\begin{array}{l}\langle P|A\rangle = 0, \\[2mm] \langle P| = 0.\end{array}\right\}$

那么 $\qquad\qquad\qquad\qquad\qquad\qquad\qquad\qquad\qquad\qquad$ (1.4)

两个左矢量 $\langle B|$ 与 $\langle B'|$ 之和定义成这样的情况, 即它与任意右矢 $|A\rangle$ 的标量积等于 $\langle B|$ 和 $\langle B'|$ 分别与 $|A\rangle$ 的标量积之和,

$$\{\langle B| + \langle B'|\}|A\rangle = \langle B|A\rangle + \langle B'|A\rangle, \tag{1.5}$$

而左矢 $\langle B|$ 与一个数 c 的乘积定义为这样的情况, 即它与任意右矢 $|A\rangle$ 的标量积

等于 c 乘上 $\langle B|$ 与 $|A\rangle$ 的标量积,

$$\{c\langle B|\}|A\rangle = c\langle B|A\rangle. \tag{1.6}$$

方程 (1.2) 与 (1.5) 表明, 左矢和右矢的乘积满足乘法分配律, 而方程 (1.3) 与 (1.6) 表明它们与数值因子的乘法满足通常的代数定律.

这里所引入的左矢量是与右矢完全不同的矢量, 到目前为止, 它们之间没任何联系, 只是在左矢和右矢之间存在标量积. 现在假定左矢和右矢之间存在一一对应关系, 即对应于 $|A\rangle + |A'\rangle$ 的左矢等于对应于 $|A\rangle$ 的左矢与对应于 $|A'\rangle$ 的左矢之和, 而对应于 $c|A\rangle$ 的左矢等于 $\bar{c}$ 乘上对应于 $|A\rangle$ 的左矢, 这里 $\bar{c}$ 是 c 的共轭复量. 我们将用相同的记号来具体表示右矢与其对应的左矢. 因此对应于 $|A\rangle$ 的左矢将写成 $\langle A|$.

右矢量与对应的左矢量之间的关系, 使得我们可以合理地称呼它们中的一类是另一类的共轭虚量. 左矢量和右矢量都是复量, 因为它们乘以复数之后还和先前的性质一样, 但它们是一类特殊的复量, 因为不能将它们分成实部和纯虚部. 获取某个复数的实部的常用方法是, 取这个复数与其复共轭之和的一半, 但是由于左矢量和右矢量性质不同而不能相加, 所以这一方法不适用. 为了让这种差异引起注意, 我们将使用 "共轭复量" 这个词指那些可以被分为实部和纯虚部的数或者其他复量, 而用 "共轭虚量" 这个词指不能分为实虚部的左矢与右矢. 对于前一种量, 我们用在其上面加上一横杠的记号来表示其共轭复量.

考虑到左矢量与右矢量之间的一一对应关系, 我们动力学系统在某一时刻的任何状态既可以用左矢量的方向具体表示, 也可以用右矢量的方向具体表示. 事实上, 整个理论在左矢和右矢之间本质上是对称的.

假定有两个任意右矢 $|A\rangle$ 与 $|B\rangle$, 可以通过取第一个与第二个的共轭虚量之间的标量积, 来构造数 $\langle B|A\rangle$. 这个数线性地依赖于 $|A\rangle$ 且反线性地依赖于 $|B\rangle$, 反线性依赖的含义是: 由 $|B\rangle + |B'\rangle$ 形成的数等于由 $|B\rangle$ 形成的数加上由 $|B'\rangle$ 形成的数, 而由 $c|B\rangle$ 形成的数等于 $\bar{c}$ 乘上由 $|B\rangle$ 形成的数. 还可以用第二种方法构造线性依赖于 $|A\rangle$ 且反线性依赖于 $|B\rangle$ 的数, 即用 $|B\rangle$ 与 $|A\rangle$ 的共轭虚量形成标量积, 再取该标量积的共轭复量. 我们假设这两个数总是相等的, 即

$$\langle B|A\rangle = \overline{\langle A|B\rangle}. \tag{1.7}$$

令这里的 $|B\rangle = |A\rangle$, 我们发现数 $\langle A|A\rangle$ 一定是实的. 进一步假定, 除 $|A\rangle = 0$ 外,

$$\langle A|A\rangle > 0. \tag{1.8}$$

在普通的空间, 任意两个矢量可以构造一个数——它们的标量积——它是个实数并在两个矢量之间是对称的. 在左矢量或右矢量的空间, 任意两个矢量也可以构造一个数——其中一个矢量与另一个矢量的共轭虚量的标量积——但这个数是复数并且在两个矢量交换的情况下, 这个数变成它的共轭复数. 因此这些空间中存在某种垂直关系, 它是普通空间中垂直关系的推广. 如果一个左矢量与一个右矢量的标量积是零, 我们则称它们正交; 我们称两个左矢或右矢正交, 如果其中之一与另一个的共轭虚量的标量积为零. 而且, 我们说动力学系统的两个态正交, 如果这些态对应的矢量是正交的.

左矢量 $\langle A|$ 或者其共轭虚量 $|A\rangle$ 的长度定义为 $\langle A|A\rangle$ 这个正数的平方根. 如果有一个态, 并且要建立一个左矢量或右矢量与之对应, 那么这个矢量仅有方向是给定的, 这个矢量本身还差一个任意的数值因子而不确定. 通常为了方便而选择这个数字使得矢量的长度为 1. 这一处理过程叫作归一化, 而经过这样处理后的矢量被称作是已归一化的. 即便如此, 该矢量仍然没有完全确定, 因为我们还可以给它乘上一个模为 1 的任意数, 即任意数 $e^{i\gamma}$ 乘上它而不改变它的长度, 其中 γ 是实的. 我们把这样的数称作相位因子.

上述的各假设给出了某一特定时刻的动力学系统的各态之间关系的完整方案. 这些关系表现为数学形式, 但它们隐含着物理条件, 随着理论的进一步发展, 这些物理条件将导出可以用观测表述的结果. 例如, 如果两个态是正交的, 目前它只是简单地意味着我们公式里的某一方程, 但这一方程隐含着两个态之间的某种确定的物理关系, 理论的进一步发展将使我们能用观测的结果来解释这种物理关系 (参见 §2.4 第四段).

2 动力学变量与可观测量

§2.1 线性算符

前面一节考虑了作为右矢的线性函数的数, 这引出了左矢的概念. 我们现在要考虑作为右矢的线性函数的右矢, 这将引出线性算符的概念.

假定有一个右矢 $|F\rangle$, 它是右矢 $|A\rangle$ 的函数, 也就是说, 对每一个右矢 $|A\rangle$, 总有一个右矢 $|F\rangle$ 与之对应, 进一步假定这个函数是线性的, 其含义是对应于 $|A\rangle + |A'\rangle$ 的 $|F\rangle$ 等于对应于 $|A\rangle$ 的 $|F\rangle$ 加上对应于 $|A'\rangle$ 的 $|F\rangle$, 而对应于 $c|A\rangle$ 的 $|F\rangle$ 是 c 乘上对应于 $|A\rangle$ 的 $|F\rangle$, c 是任意的系数. 在这些条件下, 我们可以把从 $|A\rangle$ 到 $|F\rangle$ 的变化过程看作是对 $|A\rangle$ 应用了一个线性算符. 引入线性算符的记号 α, 可以写出

$$|F\rangle = \alpha|A\rangle,$$

这里 α 作用于 $|A\rangle$ 的结果写成了形如 α 与 $|A\rangle$ 的乘积. 我们为这类乘积做出如下规定: 右矢必须总是放在线性算符的右边. 上述的线性条件可以用方程表示为

$$\left.\begin{array}{l} \alpha\{|A\rangle + |A'\rangle\} = \alpha|A\rangle + \alpha|A'\rangle \\ \alpha\{c|A\rangle\} = c\alpha|A\rangle. \end{array}\right\} \tag{2.1}$$

当一个线性算符对每个右矢作用的结果都确定了, 那么该线性算符就完全定义了. 因此如果一个算符作用于每个右矢都等于零, 这一算符便是零算符; 如果两个线性算符对每一右矢作用都给出相同的结果, 那么它们相等.

线性算符可以相加, 两个线性算符之和被定义为这样的线性算符, 它作用于任意右矢的结果等于这两个线性算符分别作用于该右矢的结果之和. 即 $\alpha + \beta$ 定

义为: 对任意的 $|A\rangle$,

$$\{\alpha + \beta\}|A\rangle = \alpha|A\rangle + \beta|A\rangle \tag{2.2}$$

都成立. 方程 (2.2) 和 (2.1) 的第一个方程表明, 线性算符对右矢的乘积满足乘法分配律.

线性算符可以相乘, 两个线性算符的乘积被定义为这样的线性算符, 它作用于任意右矢的结果等于这两个线性算符依次作用于该右矢. 因此乘积 $\alpha\beta$ 就被定义成这样的线性算符, 它作用于任意的右矢 $|A\rangle$, 把 $|A\rangle$ 改变成另一右矢, 如果我们首先用 β 对 $|A\rangle$ 操作, 然后用 α 对首次操作的结果操作, 那么可以得到同一个右矢. 用符号表示, 即

$$\{\alpha\beta\}|A\rangle = \alpha\{\beta|A\rangle\}.$$

这一定义表现为 α、β 和 $|A\rangle$ 的三重乘积的乘法结合律, 因而可以把这三重乘积写成 $\alpha\beta|A\rangle$ 而不需要括号. 但是, 一般来说这个三重乘积不同于先用 α 作用于 $|A\rangle$ 再用 β 作用所得的结果. 换句话说, $\alpha\beta|A\rangle$ 与 $\beta\alpha|A\rangle$ 通常不一样, 也就是 $\alpha\beta$ 与 $\beta\alpha$ 通常不相等. 对线性算符而言, 乘法的交换律不成立. 可能在某些特殊情况下, 存在两个线性算符 ξ 和 η, $\xi\eta$ 等于 $\eta\xi$. 在这种情况下, 我们说 ξ 对易于 η, 或者说 ξ 和 η 对易.

重复应用上面算符乘法和加法的过程, 我们可以构造两个以上算符的乘积与求和, 并进一步构建它们的代数. 在这一代数中, 乘法的交换律不再成立, 并且可能出现两个算符的乘积为零而其中任何一个算符都不为零的情况. 但是普通代数的其他公理, 包括乘法的结合律和分配律, 依然有效, 这很容易验证.

如果取一个数 k 并用它去乘右矢, 它表现为一个线性算符作用于右矢上, 用 k 替代方程 (2.1) 中的 α, 条件 (2.1) 仍能满足. 数是线性算符的一个特例. 它有同所有线性算符都对易的性质, 这一性质使之区别于一般的线性算符.

至此, 我们仅讨论了线性算符对右矢操作的情况. 同样我们还能在下面的方法中, 给出线性算符作用于左矢的含义. 取任意左矢 $\langle B|$ 和右矢 $\alpha|A\rangle$ 的标量积. 这个标量是一个线性依赖于 $|A\rangle$ 的数, 因此从左矢的定义, 它可以被当作是 $|A\rangle$ 与某左矢的标量积, 而这个左矢线性依赖于 $\langle B|$, 因此我们视之为某一线性算符作用于 $\langle B|$ 的结果. 这个线性算符由原来的线性算符 α 唯一决定, 并可以合理地称之为作用于左矢上的同一算符. 用这一方法, 我们的线性算符可以作用于左矢.

当 α 作用于左矢 $\langle B|$, 用来表示所得左矢的合适符号是 $\langle B|\alpha$, 在这样的符号

下, 定义 $\langle B|\alpha$ 的方程是

$$\{\langle B|\alpha\rangle|A\rangle = \langle B|\{\alpha|A\rangle\} \tag{2.3}$$

对任意 $|A\rangle$ 都成立, 这个式子只是表示乘法结合律适用于 $\langle B|$、α 和 $|A\rangle$ 的三重乘积. 我们因此做出一般规定, 在左矢和线性算符的乘积中, 左矢必须被置于左边. 我们现在可以省掉括号, 把 $\langle B|$、α 和 $|A\rangle$ 的三重乘积简单地写作 $\langle B|\alpha|A\rangle$. 容易验证, 和线性算符对右矢的乘积一样, 在左矢和线性算符的乘积中, 乘法分配律仍然成立.

还有一种乘积的形式在我们的方案中有意义, 即右矢和左矢的乘积, 其中右矢在左边, 比如 $|A\rangle\langle B|$. 为了考察这一乘积, 我们用它乘以任意的右矢 $|P\rangle$, 把右矢置于右边并应用乘法结合律. 乘积 $|A\rangle\langle B|P\rangle$ 是另一个右矢, 即 $\langle B|P\rangle$ 数乘 $|A\rangle$, 它线性地依赖于右矢 $|P\rangle$. 因此 $|A\rangle\langle B|$ 表现为可以对右矢进行操作的线性算符. 它也可以对左矢操作, 对左边的左矢 $\langle Q|$ 操作的乘积 $\langle Q|A\rangle\langle B|$ 是 $\langle Q|A\rangle$ 数乘左矢 $\langle B|$. 要将乘积 $|A\rangle\langle B|$ 和 $\langle B|A\rangle$ 明确地区分开, 后一乘积仅仅是一个数.

现在已经有了一套完整的代数方案, 包括左矢、右矢和线性算符这三种量. 它们可以通过上面讨论的方式相乘, 乘法的结合律和分配律总成立, 而乘法的交换律不成立. 在这一总的方案中, 我们仍然有上节的符号规则, 即任一包含 $\langle$ 在左而 $\rangle$ 在右的完整括号的表达式表示一个数, 而任一只包含 $\langle$ 或 $\rangle$ 的不完整括号的表达式表示一个矢量.

至于这一方案的物理意义, 我们已经假定左矢和右矢, 或者说是这些矢量的方向, 对应于动力学系统在某一特定时刻的态. 现在进一步假设, 线性算符对应于那个时刻的动力学变量. 我们说的动力学变量是指这样的量——例如粒子的坐标, 粒子的速度、动量和角动量的各个分量以及这些量的函数——实际上是经典力学赖以建立的变量. 这个新的假设要求, 这些量也将出现于量子力学, 但明显不同的是, 它们所服从的代数规则中, 乘法交换律不再成立.

量子力学和经典力学之间最重要的区别之一, 是它们的动力学变量服从不同的代数. 我们稍后会看到, 尽管有这样的区别, 量子力学的动力学变量仍然与其经典力学的对应部分具有很多相同的性质. 所以有可能建立一个动力学变量的理论, 它非常类似于经典理论, 并形成对经典理论的一个优美的推广.

为了方便, 使用相同的字母表示动力学变量和其对应的线性算符. 实际上, 我们可以把动力学变量和相应的线性算符当作同样的东西, 这并不引起混淆.

§2.2 共轭关系

线性算符是复的量, 因为可以用复数乘上某一算符而得到具有相同性质的其他算符. 因此它们必然对应于复的动力学变量, 或者说对应于坐标、速度等的复变函数. 我们需要进一步发展该理论, 看看哪种类型的线性算符对应于实的动力学变量.

考虑一个右矢, 它是 $\langle P|\alpha$ 的共轭虚量. 这一右矢与 $\langle P|$ 反线性相关, 因而与 $|P\rangle$ 线性相关. 因此它可以被看作是某个线性算符作用于 $|P\rangle$ 的结果. 这个线性算符被叫作 α 的共轭[1], 并记为 $\bar{\alpha}$. 应用这一记号, $\langle P|\alpha$ 的共轭虚量便是 $\bar{\alpha}|P\rangle$.

在第 1 章的方程 (1.7) 中, 用 $\langle P|\alpha$ 替代 $\langle A|$, 用它的共轭虚量 $\bar{\alpha}|P\rangle$ 替代 $|A\rangle$, 其结果是

$$\langle B|\bar{\alpha}|P\rangle = \overline{\langle P|\alpha|B\rangle}. \tag{2.4}$$

这是一个一般公式, 对任意右矢 $|B\rangle$、$|P\rangle$ 和任意线性算符 α 都成立, 它描述了共轭算符最常用的性质.

用 $\bar{\alpha}$ 代替式 (2.4) 中的 α, 我们得到

$$\langle B|\bar{\bar{\alpha}}|P\rangle = \overline{\langle P|\bar{\alpha}|B\rangle} = \langle B|\alpha|P\rangle,$$

后一个等号是通过再次应用式 (2.4) 并互换 $|P\rangle$ 和 $|B\rangle$ 得到的. 此式对任意的右矢 $|P\rangle$ 都成立, 这样我们从第 1 章的式 (1.4) 得到,

$$\langle B|\bar{\bar{\alpha}} = \langle B|\alpha,$$

由于该式对任意的左矢 $\langle B|$ 都成立, 我们可以导出

$$\bar{\bar{\alpha}} = \alpha.$$

因此, 线性算符的共轭的共轭等于原先的算符. 算符共轭的这一性质使得它很像一个数的共轭复数, 而且容易验证, 当线性算符是一个数的特殊情况下, 共轭线性算符是其共轭复数. 因此我们可以合理地假定线性算符的共轭对应于动力学变量的共轭复量. 有了线性算符共轭的这一物理意义, 我们也可以把线性算

---

[1] 原文 adjoint 在数学上翻译为伴随.——译者注

符的共轭算符称为它的共轭复量, 这一点与符号 $\bar{\alpha}$ 一致.

线性算符可以等于其共轭, 此时该算符叫作自共轭算符. 它对应于实的动力学变量, 因而它也可以称为实线性算符. 任何线性算符都可以被分成实的部分和纯虚的部分. 因此, "共轭复量" 一词可以用于线性算符, 而 "共轭虚量" 不可以.

两个线性算符之和的共轭复量, 显然等于它们共轭复量之和. 要得到两个线性算符 α 和 β 的乘积, 我们应用第 1 章的方程 (1.7), 令

$$\langle A| = \langle P|\alpha, \quad \langle B| = \langle Q|\bar{\beta},$$

这样有

$$|A\rangle = \bar{\alpha}|P\rangle, \quad |B\rangle = \beta|Q\rangle.$$

结果有

$$\langle Q|\bar{\beta}\bar{\alpha}|P\rangle = \overline{\langle P|\alpha\beta|Q\rangle} = \langle Q|\overline{\alpha\beta}|P\rangle$$

后一等号应用了式 (2.4). 由于此式对任意的 $|P\rangle$ 和 $\langle Q|$ 都成立, 我们可以得到

$$\bar{\beta}\bar{\alpha} = \overline{\alpha\beta} \tag{2.5}$$

因此, 两个线性算符的乘积的共轭复量等于两个因子的共轭复量按相反次序的乘积.

作为这一结果的简单例子, 应当注意到, 如果 ξ 和 η 是实的, 通常 $\xi\eta$ 并不是实的. 这是不同于经典力学的一个重要差异. 然而, $\xi\eta + \eta\xi$ 是实的, $i(\xi\eta - \eta\xi)$ 也是实的. 只有当 ξ 和 η 对易, $\xi\eta$ 本身也是实的. 因此, 如果 ξ 是实的, 那么 ξ^2 便是实的; 更一般地说, ξ^n 是实的, 其中 n 是任意的正整数.

连续运用关于两个线性算符乘积的共轭复量的规则 (2.5), 能够得到三个线性算符乘积的共轭复量. 我们有

$$\overline{\alpha\beta\gamma} = \overline{\alpha(\beta\gamma)} = \overline{(\beta\gamma)}\bar{\alpha} = \bar{\gamma}\bar{\beta}\bar{\alpha}, \tag{2.6}$$

所以, 三个线性算符的乘积的共轭复量, 等于各因子的共轭复量按相反次序的乘积. 这一规则可以容易地推广到任意数目的线性算符的乘积.

在上一节, 我们已经知道乘积 $|A\rangle\langle B|$ 是一个线性算符. 现在通过直接应

用共轭的定义来得到其共轭复量. 用 $|A\rangle\langle B|$ 乘上一个普通的左矢 $\langle P|$, 得到 $\langle P|A\rangle\langle B|$, 它的共轭虚量右矢是

$$\overline{\langle P|A\rangle}|B\rangle = \langle A|P\rangle|B\rangle = |B\rangle\langle A|P\rangle.$$

因此,

$$\overline{|A\rangle\langle B|} = |B\rangle\langle A|. \tag{2.7}$$

现在有了关于各种乘积的共轭复量和共轭虚量的几条规则, 它们是第 1 章的方程 (1.7), 本章的方程 (2.4)、(2.5)、(2.6)、(2.7) 以及 $\langle P|\alpha$ 的共轭虚量是 $\bar{\alpha}|P\rangle$ 的规则. 所有这些规则可以总结为一个全面的规则, 即左矢、右矢和线性算符的任意乘积的共轭复量或共轭虚量, 是分别取每个因子的共轭虚量或共轭复量并反转所有这些因子的次序相乘而得到. 容易验证, 这一规则在很普遍的情况下都是成立的, 对于上面没有明显给出的各种情况也都成立.

定理. *如果 ξ 是一实线性算符, 对某一特定的右矢 $|P\rangle$,*

$$\xi^m|P\rangle = 0, \tag{2.8}$$

其中 m 是正整数, 于是

$$\xi|P\rangle = 0.$$

为了证明这个定理, 首先考虑 $m = 2$ 的情形. 方程 (2.8) 给出

$$\langle P|\xi^2|P\rangle = 0,$$

这表明, 右矢 $\xi|P\rangle$ 乘以左矢 $\langle P|\xi$ 等于零. 由第 1 章式 (1.8) 的假定, 用 $\xi|P\rangle$ 替代 $A\rangle$, 我们看到 $\xi|P\rangle$ 必须为零. 因此, 在 $m = 2$ 时, 定理已经证明.

现在取 $m > 2$ 并令

$$\xi^{m-2}|P\rangle = |Q\rangle.$$

方程 (2.8) 给出

$$\xi^2|Q\rangle = 0.$$

应用 $m = 2$ 时的定理, 我们得到

$$\xi|Q\rangle = 0.$$

或

$$\xi^{m-1}|P\rangle = 0. \tag{2.9}$$

重复由等式 (2.8) 得到等式 (2.9) 的过程, 可以依次得到

$$\xi^{m-2}|P\rangle = 0, \quad \xi^{m-3}|P\rangle = 0, \quad \cdots, \quad \xi^2|P\rangle = 0, \quad \xi|P\rangle = 0,$$

所以定理得以普遍地证明.

§2.3 本征值和本征矢

线性算符理论的进一步发展在于研究方程

$$\alpha|P\rangle = a|P\rangle, \tag{2.10}$$

其中 α 是线性算符, a 是数. 这个方程通常以下面的形式出现, 其中线性算符 α 已知, 数 a 和右矢 $|P\rangle$ 未知, 我们需要尝试选择这些未知量, 使它们满足方程 (2.10), 忽略 $|P\rangle = 0$ 这个平凡解.

方程 (2.10) 的含义是, 线性算符 α 作用于右矢 $|P\rangle$, 其结果是该右矢乘上一个数值因子而不改变方向, 或者是乘上零而不再有方向. 同样的算符 α 如果作用于其他右矢, 当然通常会改变它们的长度和方向. 应当注意到, 方程 (2.10) 中, 重要的只是 $|P\rangle$ 的方向. 用任意非零的数去乘 $|P\rangle$, 并不影响方程 (2.10) 是否成立.

与方程 (2.10) 一起, 还需要考虑共轭虚量形式的方程

$$\langle Q|\alpha = b\langle Q|, \tag{2.11}$$

其中 b 是一个数. 这里未知量是数 b 和非零左矢 $\langle Q|$. 方程 (2.10) 和 (2.11) 在理论中具有根本性的重要意义, 因而我们希望有某种特有的词来描述各种量之间的关系. 如果方程 (2.10) 满足, 我们称 a 为线性算符 α (或者其相应的动力学变量) 的一个本征值[2]. 还进一步说, 本征右矢 $|P\rangle$ 属于本征值 a. 类似地, 如果方程

---

[2]"正规"(proper) 一词有时候用来替代 "本征"(eigen), 但这并不妥当, 因为 "正规" 与 "非正规"(improper) 时常用于别的含义. 例如, 在 §3.2 与 §7.5 中, 我们就用了 "非正规函数"(improper function) 与 "原能量"(proper energy).

(2.11) 满足, 我们称 b 为 α 的一个本征值, $\langle Q|$ 是属于该本征值的本征左矢. 当然, 本征值、本征右矢、本征左矢这些词, 只有就线性算符或动力学变量而言时, 它们才有意义.

用这一术语, 我们可以断言, 如果 α 的一个本征右矢乘上一个非零的数, 那么这样得到的右矢也是一个本征右矢, 并和原先的右矢属于同一本征值. 一个线性算符可能有两个或更多互相独立、且属于同一本征值的本征右矢. 例如, 方程 (2.10) 可以有好几个解, $|P1\rangle, |P2\rangle, |P3\rangle, \cdots$, 它们都对同一本征值 a 成立, 而这些本征右矢 $|P1\rangle, |P2\rangle, |P3\rangle, \cdots$ 互相独立. 这种情况下, 显然这些本征右矢的任意线性组合, 也是属于同一本征值的另一本征右矢. 例如,

$$c_1|P1\rangle + c_2|P2\rangle + c_3|P3\rangle + \cdots$$

是方程 (2.10) 的另一个解, 其中 $c_1, c_2, c_3, \cdots$ 是任意的数.

在方程 (2.10) 和 (2.11) 中的线性算符 α 是一个数 k 的这一特殊情况下, 只要 a 和 b 等于 k, 则任意的右矢 $|P\rangle$ 和左矢 $\langle Q|$ 都明显地满足这两个方程. 因此, 数被当作一个只有一个本征值的线性算符, 任意的右矢和左矢都是属于该本征值的本征右矢和本征左矢.

如果线性算符 α 不是实的, 其本征值和本征矢的理论对量子力学没多少价值. 因此, 在理论的进一步发展中, 我们仅限于讨论那些实线性算符. 用实线性算符 ξ 代替 α, 方程 (2.10) 和 (2.11) 成为

$$\xi|P\rangle = a|P\rangle, \tag{2.12}$$

$$\langle Q|\xi = b\langle Q|. \tag{2.13}$$

现在可以容易地推出三个重要结论.

(i) 所有本征值都是实数. 为了证明满足方程 (2.12) 的 a 是实数, 我们用左矢 $\langle P|$ 左乘式 (2.12), 得到

$$\langle P|\xi|P\rangle = a\langle P|P\rangle.$$

现在考察方程 (2.4), 用 $\langle P|$ 代替 $\langle B|$, 用 ξ 代替 α, 我们发现数 $\langle P|P\rangle$ 一定是实的; 从 §1.6 的式 (1.8) 可知, $\langle P|P\rangle$ 一定是非零的实数. 因而 a 是实数. 同样地, 用 $|Q\rangle$ 右乘等式 (2.13), 我们能够证明 b 是实数.

假定我们获取了方程 (2.12) 的一个解, 并写出其共轭虚量形式的方程

$$\langle P|\xi = a\langle P|,$$

这是因为 ξ 和 a 都是实的. 这一共轭虚量的方程现在提供了方程 (2.13) 的一个解, 即 $\langle Q| = \langle P|$ 以及 $b = a$. 因此我们可以得到

(ii) 对应于本征右矢的本征值等于对应于本征左矢的本征值.

(iii) 任何本征右矢的共轭虚量, 是属于同一本征值的本征左矢, 反之亦然. 最后这一结果, 使得我们能够合理地把对应于任意本征右矢或其共轭虚量左矢的态, 称为实动力学变量 ξ 的一个本征态.

各种实动力学变量的本征值和本征矢, 在量子力学中广泛使用, 因而人们希望有某种系统的记号来标记它们. 下面的方法适用于大多数的目的. 如果 ξ 是一实动力学变量, 我们将其本征值标记为 ξ'、ξ''、ξ^r 等等. 于是, 用字母本身标记实动力学变量或者实线性算符, 而让同样字母在右上角带撇或指标的方法来标记数, 即这个字母本身所标记的实线性算符的本征值. 本征矢可以用其对应的本征值来标记. 这样, $|\xi'\rangle$ 表示属于动力学变量 ξ 本征值 ξ' 的本征右矢. 如果在某一工作中, 要处理不止一个本征右矢属于动力学变量的某一本征值, 我们可以用一附加标记, 或者还可能用不止一个附加标记来区分它们. 这样, 如果要处理两个本征右矢, 它们属于同一本征值 ξ', 可以把它们标记为 $|\xi'1\rangle$ 和 $|\xi'2\rangle$.

定理. 属于实动力学变量的不同本征值的两个本征矢是正交的.

为了证明该定理, 令 $|\xi'\rangle$ 与 $|\xi''\rangle$ 为实动力学变量 ξ 的两个本征右矢, 分别属于本征值 ξ' 与 ξ''. 于是我们得到方程

$$\xi|\xi'\rangle = \xi'|\xi'\rangle, \tag{2.14}$$

$$\xi|\xi''\rangle = \xi''|\xi''\rangle. \tag{2.15}$$

取方程 (2.14) 的共轭虚量可得

$$\langle\xi'|\xi = \xi'\langle\xi'|.$$

从右边乘上 $|\xi''\rangle$ 给出

$$\langle \xi'|\xi|\xi''\rangle = \xi'\langle \xi'|\xi''\rangle,$$

而用 $\langle \xi'|$ 左乘式 (2.15) 给出

$$\langle \xi'|\xi|\xi''\rangle = \xi''\langle \xi'|\xi''\rangle.$$

两式相减, 得

$$(\xi' - \xi'')\langle \xi'|\xi''\rangle = 0, \tag{2.16}$$

这显示, 如果 $\xi' \neq \xi''$, 则 $\langle \xi'|\xi''\rangle = 0$, 两个本征矢 $|\xi'\rangle$ 和 $|\xi''\rangle$ 正交. 这一定理被称作正交性定理.

我们已经讨论了实线性算符的本征值与本征矢量的性质, 但是尚未考虑的问题是: 已知的线性算符, 是否有本征值和本征矢量, 如果有, 如何去找出它们. 这个问题一般情况下很难回答. 然而, 有一种有用的特殊情况, 它很容易处理, 那就是, 当线性算符, 比如说 ξ, 满足下面的代数方程

$$\phi(\xi) \equiv \xi^n + a_1\xi^{n-1} + a_2\xi^{n-2} + \cdots + a_n = 0 \tag{2.17}$$

时, 这里的系数 a 都是数. 该方程的意义当然是, 线性算符 $\phi(\xi)$ 作用于任何的右矢或者任意的左矢上, 其结果都是零.

假设方程 (2.17) 是 ξ 所满足的最简单的代数方程. 那么, 可以证明

(A) ξ 的本征值的数量是 n.

(B) ξ 的本征矢的数量足以把任意的右矢表示为这些本征右矢之和.

代数形式 $\phi(\xi)$ 可以分解为 n 个线性因式, 其结果是

$$\phi(\xi) \equiv (\xi - c_1)(\xi - c_2)(\xi - c_3)\cdots(\xi - c_n) \tag{2.18}$$

这些 c 都是数, 并不假定它们完全不同. 这种因式分解, 对于 ξ 是线性算符, 和 ξ 是普通代数变量的情况, 是一样的. 因为方程 (2.18) 中没有出现任何与 ξ 不对易的量. 当 $\phi(\xi)$ 被 $(\xi - c_r)$ 除时, 令其商为 $\chi_r(\xi)$, 于是

$$\phi(\xi) \equiv (\xi - c_r)\chi_r(\xi) \quad (r = 1, 2, 3, \cdots, n).$$

因此, 对任意的右矢 $|P\rangle$, 有

$$(\xi - c_r)\chi_r(\xi)|P\rangle = \phi(\xi)|P\rangle = 0. \tag{2.19}$$

现在对任意的右矢 $|P\rangle$, $\chi_r(\xi)|P\rangle$ 不能为零, 否则 $\chi_r(\xi)$ 本身为零, 这样 ξ 满足一个 $n-1$ 阶的代数方程, 这与我们假定方程 (2.17) 是 ξ 所满足的最简单方程的假设相矛盾. 如果挑选 $|P\rangle$, 使得 $\chi_r(\xi)|P\rangle$ 不为零, 方程 (2.19) 告诉我们, $\chi_r(\xi)|P\rangle$ 是 ξ 的本征右矢, 对应于本征值 c_r. 对于 r 从 1 到 n 的各个取值, 这一论断都成立, 因而每一个 c 都是 ξ 的一个本征值. 没有其他的数可以是 ξ 的本征值, 因为如果 ξ' 是任意本征值, 对应于本征右矢 $|\xi'\rangle$, 则

$$\xi|\xi'\rangle = \xi'|\xi'\rangle$$

我们可以推导出

$$\phi(\xi)|\xi'\rangle = \phi(\xi')|\xi'\rangle,$$

由于式子左边为零, 必然有 $\phi(\xi') = 0$.

为了完成命题 (A) 的证明, 我们必须验证所有的 c 都各不相同. 假定所有的 c 不全都不相同, 比如 c_s 出现 m 次, $m > 1$. 那么 $\phi(\xi)$ 的形式为

$$\phi(\xi) \equiv (\xi - c_s)^m \theta(\xi),$$

$\theta(\xi)$ 是 ξ 的有理整函数. 方程 (2.17) 给出,

$$(\xi - c_s)^m \theta(\xi)|A\rangle = 0 \tag{2.20}$$

对任意右矢 $|A\rangle$ 都成立. 因为 c_s 是 ξ 的本征值, 它一定是实的, 因此 $\xi - c_s$ 是实线性算符. 方程 (2.20) 现在和方程 (2.8) 形式相同, 只是用 $\xi - c_s$ 代替方程 (2.8) 中的 ξ, 用 $\theta(\xi)|A\rangle$ 代替 $|P\rangle$. 应用与方程 (2.8) 相联系的定理, 我们可以得到

$$(\xi - c_s)\theta(\xi)|A\rangle = 0.$$

由于右矢 $|A\rangle$ 是任意的, 则

$$(\xi - c_s)\theta(\xi) = 0,$$

这与方程 (2.17) 是 ξ 所满足的最简单的方程这一假定相矛盾. 因而, 所有的 c 都各不相同, 而命题 (A) 被证明了.

用 c_r 代替 $\chi_r(\xi)$ 中的 ξ 而得到的数, 记作 $\chi_r(c_r)$. 因为所有的 c 各不相同, $\chi_r(c_r)$ 不可能为零. 现在考虑下面的表达式

$$\sum_r \frac{\chi_r(\xi)}{\chi_r(c_r)} - 1. \tag{2.21}$$

如果用 c_s 来代替这里的 ξ, 除了 $r = s$ 的项之外, 求和中的每一项都为零. 因为当 $r \neq s$ 时, $\chi_r(\xi)$ 含有因式 $(\xi - c_s)$. 而 $r = s$ 的这一项等于 1, 所以整个表达式为零. 这样, 当 ξ 等于 n 个数值 $c_1, c_2, \cdots, c_n$ 中的任一个时, 式 (2.21) 为零. 然而, 由于该表达式仅仅是 ξ 的 $n - 1$ 次多项式, 它必然恒等于零. 如果我们现在把线性算符 (2.21) 作用于任一右矢 $|P\rangle$, 并让这一结果为零, 我们则会得到

$$|P\rangle = \sum_r \frac{1}{\chi_r(c_r)} \chi_r(\xi) |P\rangle. \tag{2.22}$$

根据方程 (2.19), 上式右边求和中的每一项 (如果不为零) 都是 ξ 的本征右矢. 因此, 方程 (2.22) 把任意右矢 $|P\rangle$ 表示为 ξ 的本征右矢之和. 这就证明了命题 (B).

作为一个简单的例子, 考虑一个实线性算符 σ 满足下面方程

$$\sigma^2 = 1. \tag{2.23}$$

因而 σ 有两个本征值 1 和 -1. 任意右矢 $|P\rangle$ 可以表示为

$$|P\rangle = \frac{1}{2}(1 + \sigma)|P\rangle + \frac{1}{2}(1 - \sigma)|P\rangle.$$

容易验证右边的两项在不为零的情况下, 它们都是 σ 的本征右矢, 分别属于本征值 1 和 -1.

§2.4 可观测量

我们已经作的若干假设都是关于如何在数学上表示理论中的态和动力学变量的. 这些假设本身并不是自然规律, 如果进一步作出能够给理论提供物理解释的假设, 它们就成为自然规律. 这种进一步的假设所采用的形式, 必然能够把观测的结果和数学形式的方程联系起来.

进行某种观测, 便测量了某个动力学变量. 物理上明显的是, 这些测量的结果必须是实数, 所以可以预期, 任何可以测量的动力学变量一定是实的动力学变量. 或许有人认为可以通过分别的测量实部和虚部来测量一个复的动力学变量. 然而, 这包括了两次测量或者两次观测, 在经典力学中没问题, 但在量子力学中不可以, 因为量子力学中两次观测通常会相互影响——通常认为的能够严格地同时做出两次观测是不允许的, 如果两次观测是快速相继进行的, 第一次观测通常要扰动系统的状态并引入不确定性. 因此, 我们必须把可观测的动力学变量限定为实的, 量子力学中的这一条件就是 §2.2 所给出的. 然而, 并不是每一实动力学变量都可以测量. 后面将看到, 还需要进一步的限制.

现在为这个理论的物理解释作一些假设. 如果动力学系统处于动力学变量 ξ 的本征态, 属于本征值 ξ', 这样对 ξ 的一个测量将给出数 ξ' 作为结果. 反之, 如果系统处于这样的一个态, 即对它进行的实动力学变量 ξ 的测量确定地给出了一具体结果 (而不是像一般情况那样, 根据概率规律给出的好几个可能结果中的这个或那个), 那么这个态是 ξ 的本征态, 且测量的结果是这个态所属于的那个 ξ 的本征值. 由于实线性算符的本征值总是实数, 这些假设是合理的.

上述假设的一些直接结果需要注意. 如果 ξ 有两个或更多的本征态属于同一本征值 ξ', 那么它们叠加所形成的任何态也将是 ξ 的本征态, 并属于本征值 ξ'. 由此推断, 如果有两个或更多的态, 对它们进行 ξ 的测量给出确定的结果 ξ', 那么, 对于由它们叠加而成的任何态测量 ξ 仍然会给出确定的结果 ξ'. 这让我们对态叠加的物理意义有了更深的认识. 此外, ξ 的两个属于不同本征值的本征态是正交的. 由此推断, 如果对两个态测量 ξ 确定地给出两个不同的结果, 那么这两个态正交. 这让我们对正交态的物理意义有了更深的认识.

当测量某个实动力学变量 ξ 时, 测量动作中包含的扰动会引起动力学系统态的突变. 根据物理的连续性, 如果在第一次测量动力学变量 ξ 之后, 立刻对同样的动力学变量进行第二次测量, 第二次测量的结果必然与第一次的结果一样. 所以, 在第一次测量完成之后, 第二次的测量结果中没有不确定性. 因此, 第一次测量完成之后, 系统处于动力学变量 ξ 的本征态, 它所属于的本征值等于第一次测量的结果. 即使没有真正地进行第二次测量, 这一结论仍然成立. 这样我们看到, 测量总是导致系统突变至所测量的动力学变量的本征态, 这一本征态所属于的本征值等于测量的结果.

我们可以推断出, 处于任意态的动力学系统, 测量一实动力学变量的任何结果, 都是其本征值之一. 反之, 每一本征值都是对系统的某个态测量此动力学变量的可能结果, 因为如果这个态是属于这个本征值的本征态, 测量的结果就一定是这个本征值. 这给出了本征值的物理意义. 一个实动力学变量的本征值的集合, 恰好是测量这个动力学变量的可能结果, 正因为如此, 本征值的计算是一个重要问题.

另一个与理论的物理解释相关的假设是, 如果对处于某一具体态的系统测量了某个实动力学变量 ξ, 系统由于测量而可能突变到的这些态, 它们与原先的态相关. 由于系统突变到的态都是 ξ 的本征态, 因而原先的态与 ξ 的本征态相关. 但原先的态可以是任何态, 所以我们得出, 任何态都与 ξ 的本征态相关. 如果把态的完全集定义成这样的一个集合, 即任何态都与它们相关, 那么我们的结论可以表述成——ξ 的本征态形成完全集.

不是每一个实动力学变量都有足够的本征态形成完全集. 那些本征态不能形成完全集的量是不可测量的. 为了让动力学变量可以被测量, 除了要求它是实的这个条件之外, 我们用上述方法得到了动力学变量必须进一步满足的条件[3]. 实动力学变量的本征态若形成完全集, 我们称之为可观测量. 因此, 可以被测量的任何量都是可观测量.

现在这样的问题出现了——是不是每个可观测量都能测量? 理论上说, 答案是肯定的. 实际上, 设计出可以测量某个特定可观测量的仪器可能非常棘手, 甚至于超出了实验者的才能, 但是理论总是允许我们想象这一测量可以进行.

让我们从数学上仔细考察使得动力学变量 ξ 成为可观测量的条件. 它的本征值可以由一个分立的数集 (有限或无限) 组成, 或者也有可能是, 它们由处于某一区间的所有的数组成, 例如处于 a 和 b 之间的所有的数. 在前一种情况下, 任何态与 ξ 的本征态相关的条件是任何右矢可以表示成 ξ 的本征右矢之和. 在后一种情况下, 这一条件需要修改, 因为可以用一个积分替代求和, 即右矢 $|P\rangle$ 可以表

---

[3]这个条件就是要求本征态能够形成完备基.——译者注

示成 ξ 本征右矢的积分,

$$|P\rangle = \int |\xi'\rangle \mathrm{d}\xi', \tag{2.24}$$

$|\xi'\rangle$ 是 ξ 的本征右矢, 属于本征值 ξ', 而积分区间是本征值的取值范围, 这样表示的右矢与 ξ 的本征右矢相关. 不是每一个与 ξ 的本征右矢相关的右矢都可以写成式 (2.24) 右边的形式, 因为某一个本征右矢本身就不能, 并且更一般地, 任何本征右矢之和也不能. 因此, ξ 的本征右矢形成完全集的条件必须表述为, 任何右矢 $|P\rangle$ 能够表示成 ξ 本征右矢的一个积分加上一个求和, 即

$$|P\rangle = \int |\xi'c\rangle \mathrm{d}\xi' + \sum_r |\xi^r d\rangle, \tag{2.25}$$

其中 $|\xi'c\rangle$ 和 $|\xi^r d\rangle$ 都是 ξ 的本征右矢, 放在中间的记号 c 和 d 是为了在本征值 ξ' 与 ξ^r 相等时区分这两个不同的本征右矢; 这里的积分在本征值的整个范围上进行, 而求和是对它们的任意选择进行的. 在 ξ 的本征值由某个范围的所有数组成的情况下, 如果满足上述条件, 那么 ξ 是可观测量.

有时还会出现一种更加普遍的情况, 即 ξ 的本征值由某个范围的数以及此范围之外的一个分立的数集共同组成. 这种情况下, ξ 是可观测量的条件仍然是, 任何右矢可以表示成等式 (2.25) 右边的形式, 只是对 r 的求和现在是对这个分立的本征值的集合求和, 加上对这一范围中选出的数集求和.

通常数学上很难确定一个具体的实动力学变量是否满足成为可观测量的条件, 寻找本征值和本征矢的完整过程一般来说非常困难. 然而, 建立在实验基础上好的理由让我们相信, 动力学变量是可测量的, 并且在没有数学证明的情况下我们可以合理地假设是可观测量. 在这个理论的整个发展过程中, 作这样的假设将是我们经常做的事情, 例如, 我们将假定任何动力学系统的能量总是一个可观测量, 除了极简单的情况可以证明之外, 其他情况的证明超越了当代数学分析的能力.

在实动力学变量是一个数的特例中, 每个态都是其本征态且这一动力学变量是可观测量. 它的任何测量总给出相同的结果, 所以它只是一个物理常数, 如电子的电荷. 量子力学中的物理常数可以被当作具有单一本征值的可观测量或者出现在方程中的一个数, 这两种观点是等价的.

如果实动力学变量满足一个代数方程, 那么上一节命题 (B) 的结果表明, 这个动力学变量是一个可观测量. 这样的可观测量有有限个本征值. 反之, 任何

有有限个本征值的可观测量满足某个代数方程, 因为可观测量 ξ 如果有本征值 $\xi', \xi'', \cdots, \xi^n$, 那么

$$(\xi - \xi')(\xi - \xi'') \cdots (\xi - \xi^n)|P\rangle = 0$$

对 $|P\rangle$ 为 ξ 的任意本征右矢都成立, 因此对任意的 $|P\rangle$ 也成立, 这是因为, 由于 ξ 是可观测量, 任何右矢可以表示为 ξ 的本征右矢之和. 因此,

$$(\xi - \xi')(\xi - \xi'') \cdots (\xi - \xi^n) = 0. \tag{2.26}$$

作为一个例子, 我们考虑线性算符 $|A\rangle\langle A|$, 这里 $|A\rangle$ 是一个归一化的右矢. 由等式 (2.7) 可知, 此线性算符是实的, 并且由于 $\langle A|A\rangle = 1$, 它的平方是

$$\{|A\rangle\langle A|\}^2 = |A\rangle\langle A|A\rangle\langle A| = |A\rangle\langle A|. \tag{2.27}$$

这样, 它的平方等于它本身, 所以它满足一个代数方程而且是可观测量. 它的本征值是 1 与 0, $|A\rangle$ 是属于本征值 1 的本征右矢, 而所有与 $|A\rangle$ 正交的右矢是属于本征值 0 的本征右矢. 因此, 如果动力学系统处于对应于 $|A\rangle$ 的态, 则测量该力学量肯定地给出 1 的结果, 如果系统处于与这个态正交的任何态, 则测量结果是 0, 所以这个可观测量可以描述为决定系统是否处于 $|A\rangle$ 态的量.

在结束本节之前, 我们应当仔细考察, 在式 (2.24) 中出现的这一类积分在什么条件下才有意义. 假定 $|X\rangle$ 和 $|Y\rangle$ 是两个可以表示为可观测量 ξ 的本征右矢的积分的两个右矢,

$$|X\rangle = \int |\xi'x\rangle \mathrm{d}\xi', \quad |Y\rangle = \int |\xi''y\rangle \mathrm{d}\xi'',$$

x 和 y 作为标记用来区分这两个被积函数. 那么, 取第一个方程的共轭虚量并乘上第二个方程, 我们就有

$$\langle X|Y\rangle = \iint \langle \xi'x|\xi''y\rangle \mathrm{d}\xi' \mathrm{d}\xi''. \tag{2.28}$$

现在考虑单重积分

$$\int \langle \xi'x|\xi''y\rangle \mathrm{d}\xi''. \tag{2.29}$$

由正交性定理可知, 这里的被积函数在整个积分范围内, 除了 $\xi'' = \xi'$ 这一点之外, 其积分结果必然为零. 如果被积函数在这一点有限, 则积分 (2.29) 为零, 而这一点对所有 ξ' 都成立, 我们由等式 (2.28) 可得 $\langle X|Y\rangle$ 为零, 但 $\langle X|Y\rangle$ 一般不为零, 所以通常 $\langle\xi'x|\xi''y\rangle$ 必定无穷大以使得积分 (2.29) 不为零且有限. 这一点所要求的无穷大的形式将在 §3.2 讨论.

到目前为止, 我们的工作中一直隐含着左矢和右矢都长度有限, 并且它们的标量积也有限. 现在我们看到, 当研究具有连续本征值的可观测量的本征矢量时, 我们需要放宽这个条件. 如果不放宽它, 那么连续本征值的现象就不会出现, 我们的理论对大多数实际问题就太弱了.

让上面的 $|Y\rangle = |X\rangle$, 我们得到的结果是, $\langle\xi'x|\xi'x\rangle$ 通常是无穷大. 我们将假定, 如果 $|\xi'x\rangle \neq 0$, 则

$$\int \langle\xi'x|\xi''x\rangle\mathrm{d}\xi'' > 0, \tag{2.30}$$

作为一个公理, 对于具有无限长度的矢量, 上式对应于 §1.6 的式 (1.8).

当矢量只限于有限长度与有限标量积, 这样的左矢和右矢空间被数学家们称作希尔伯特空间. 现在用的左矢与右矢形成一个比希尔伯特空间更普遍的空间.

现在可以看到, 右矢 $|P\rangle$ 按照式 (2.25) 右边的形式的展开式是唯一的, 只要在求和中没有两项或更多项与同一本征值相关即可. 为了证明这个结论, 我们假设 $|P\rangle$ 可能有两种不同的展开方式. 然后让其中一个减去另一个, 得到一个方程, 其形式是

$$0 = \int |\xi'a\rangle\mathrm{d}\xi' + \sum_s |\xi^s b\rangle, \tag{2.31}$$

a 和 b 用作本征矢量的新标记, 而遍历 s 的求和包括从一个求和减去另一个求和之后所剩下的所有项. 如果在等式 (2.31) 中有一项与分立本征值 ξ^t 相关, 用 $\langle\xi^t b|$ 左乘等式 (2.31), 并利用正交性定理, 可以得到

$$0 = \langle\xi^t b|\xi^t b\rangle,$$

这与 §1.6 的式 (1.8) 矛盾. 此外, 如果等式 (2.31) 中的被积函数对某一本征值 ξ'' 不为零, ξ'' 不等于求和中出现的任何 ξ^s, 用 $\langle\xi''a|$ 左乘等式 (2.31), 并利用正交性

定理, 可以得到

$$0 = \int \langle \xi'' a | \xi' a \rangle \mathrm{d}\xi',$$

这与式 (2.30) 矛盾. 最后, 如果等式 (2.31) 的求和中有一项与连续本征值 ξ^t 相关, 用 $\langle \xi^t b |$ 左乘等式 (2.31), 可以得到

$$0 = \int \langle \xi^t b | \xi' a \rangle \mathrm{d}\xi' + \langle \xi^t b | \xi^t b \rangle, \tag{2.32}$$

再用 $\langle \xi^t a |$ 左乘等式 (2.31) 可得

$$0 = \int \langle \xi^t a | \xi' a \rangle \mathrm{d}\xi' + \langle \xi^t a | \xi^t b \rangle. \tag{2.33}$$

由于式 (2.33) 中的积分有限, 所以 $\langle \xi^t a | \xi^t b \rangle$ 有限, $\langle \xi^t b | \xi^t a \rangle$ 也有限. 式 (2.32) 中的积分必定是零, 因此 $\langle \xi^t b | \xi^t b \rangle$ 等于零, 再次出现矛盾. 因此, 等式 (2.31) 中的每一项必须为零, 而右矢 $|P\rangle$ 按照式 (2.25) 右边的形式的展开式必然是唯一的.

§2.5 可观测量的函数

令 ξ 为可观测量. 我们可以用任意的实数 k 乘上它而得到另一可观测量 $k\xi$. 为了使理论自洽, 必须要求当系统处于某个态, 且测量 ξ 确定地给出结果 ξ' 时, 则测量可观测量 $k\xi$ 将确定地给出结果 $k\xi'$. 容易验证, 这个条件是满足的. 测量 ξ 确定地给出结果 ξ' 的态所对应的右矢是 ξ 的本征右矢, 写成 $|\xi'\rangle$, 它满足

$$\xi |\xi'\rangle = \xi' |\xi'\rangle.$$

这个方程导出

$$k\xi |\xi'\rangle = k\xi' |\xi'\rangle,$$

这表明 $|\xi'\rangle$ 是 $k\xi$ 的本征右矢, 属于本征值 $k\xi'$.

更一般地, 可以取 ξ 的任意实函数, 例如 $f(\xi)$, 并把它当作一个新的可观测量, 每当测量 ξ 时, 也自动地测量了它, 因为决定 ξ 的值的实验也提供了 $f(\xi)$ 的值. 我们不必限制 $f(\xi)$ 为实的, 这样它的实部与虚部就是两个可观测量, 当测量 ξ 时, 就自动地测量了这两个部分. 为了理论的自洽, 必须要求当系统处于一个态, 且测量 ξ 确定地给出结果 ξ' 时, 则测量 $f(\xi)$ 的实部与虚部都将确定地给出

结果为 $f(\xi')$ 的实部与虚部. 在 $f(\xi)$ 可以表示成幂级数的情况下, 即

$$f(\xi) = c_0 + c_1\xi + c_2\xi^2 + c_3\xi^3 + \cdots,$$

其中各个 c 都是数, 这一条件还可以用初等代数验证. 在 f 为更一般的函数的情况下, 不可能验证这一条件. 这一条件可以用来定义 $f(\xi)$, 而在数学上我们还没有定义它. 用这一方法, 可以得到一个可观测量函数的定义, 它比幂级数所提供的定义更加普遍.

通常 $f(\xi)$ 被定义成这样的线性算符, 即对于 ξ 的每一个本征右矢 $|\xi'\rangle$, 它都满足

$$f(\xi)|\xi'\rangle = f(\xi')|\xi'\rangle \tag{2.34}$$

其中 $f(\xi')$ 对每个本征值 ξ' 都是数. 容易看出, 当这一定义应用于那些并不相互独立的本征右矢 $|\xi'\rangle$ 时, 它是自洽的. 如果有一个本征右矢 $|\xi'A\rangle$, 它与 ξ 的其他本征右矢相关, 那么这些其他的本征右矢必须都属于同一个本征值 ξ', 否则, 就会有一形如 (2.31) 的方程, 我们已经看到这是不可能的. 我们用一个方程把 $|\xi'A\rangle$ 表示成 ξ 其他本征右矢的线性叠加, 用 $f(\xi)$ 左乘该方程, 我们只要用数 $f(\xi')$ 乘上方程中的每一项, 这样就显然地得到一个自洽方程. 此外, 方程 (2.34) 足以完整地定义线性算符 $f(\xi)$, 因为, 若要得到 $f(\xi)$ 乘上任意右矢 $|P\rangle$ 的结果, 我们只需用式 (2.25) 右边的形式将 $|P\rangle$ 展开, 并取

$$f(\xi)|P\rangle = \int f(\xi')|\xi'c\rangle \mathrm{d}\xi' + \sum_r f(\xi^r)|\xi^r d\rangle. \tag{2.35}$$

$f(\xi)$ 的共轭复量 $\overline{f(\xi)}$ 由方程 (2.34) 的共轭虚量来定义, 即对任意的本征左矢 $\langle\xi'|$,

$$\langle\xi'|\overline{f(\xi)} = \bar{f}(\xi')\langle\xi'|$$

都成立, $\bar{f}(\xi')$ 是 $f(\xi')$ 的共轭复函数. 让我们用 ξ'' 替代这里的 ξ' 并从右边乘上

任意右矢 $|P\rangle$. 应用 $|P\rangle$ 的 (2.25) 表达式, 这样我们得到

$$
\begin{aligned}
\langle \xi''|\overline{f(\xi)}|P\rangle &= \bar{f}(\xi'')\langle \xi''|P\rangle \\
&= \int \bar{f}(\xi'')\langle \xi''|\xi'c\rangle \mathrm{d}\xi' + \sum_r \bar{f}(\xi'')\langle \xi''|\xi^r d\rangle \\
&= \int \bar{f}(\xi'')\langle \xi''|\xi'c\rangle \mathrm{d}\xi' + \bar{f}(\xi'')\langle \xi''|\xi''d\rangle.
\end{aligned} \tag{2.36}
$$

借助于正交性定理, 如果 ξ'' 不是式 (2.25) 中求和的各项相关的本征值之一, 那么 $\langle \xi''|\xi''d\rangle$ 被当作是零. 此外, 用共轭复函数 $\bar{f}(\xi')$ 替代等式 (2.35) 中的 $f(\xi')$, 并左乘 $\langle \xi''|$, 我们得到

$$
\langle \xi''|\bar{f}(\xi)|P\rangle = \int \bar{f}(\xi')\langle \xi''|\xi'c\rangle \mathrm{d}\xi' + \bar{f}(\xi'')\langle \xi''|\xi''d\rangle.
$$

这个等式的右边等于式 (2.36) 的右边, 因为当 $\xi' \neq \xi''$ 时, 被积函数都为零, 因此

$$
\langle \xi''|\overline{f(\xi)}|P\rangle = \langle \xi''|\bar{f}(\xi)|P\rangle.
$$

这对任意本征左矢 $\langle \xi''|$ 与任意右矢 $|P\rangle$ 都成立, 所以

$$
\overline{f(\xi)} = \bar{f}(\xi). \tag{2.37}
$$

因此, 线性算符 $f(\xi)$ 的共轭复量是 ξ 的共轭复函数 $\bar{f}$.

由此可得一个推论, 如果 $f(\xi')$ 是 ξ' 的实函数, 那么 $f(\xi)$ 就是线性算符. 这样, $f(\xi)$ 也是可观测量, 因为它的本征态形成完全集, ξ 的每个本征态也都是 $f(\xi)$ 的本征态.

有了上述定义, 我们可以给可观测量的任意函数 f 以意义, 只要实变量函数 $f(x)$ 的存在区域包括这个可观测量的所有本征值即可. 如果存在区域还包含这些本征值之外的其他点, 此时 $f(x)$ 在其他点上的值并不影响可观测量的函数. 函数既不需要解析, 也不需要连续. 可观测量函数 f 的本征值恰好是可观测量本征值的函数 $f(x)$.

重要的是要注意到, 定义可观测量函数 $f(x)$ 的可能性要求, 当 x 取可观测量的每一个本征值时, $f(x)$ 有相应的唯一数值. 这样, 函数 $f(x)$ 必定是单值的. 考虑下面的问题可以说明这一点: 当我们有一可观测量 $f(A)$, 它是可观测量 A 的

实函数, 那么可观测量 A 是不是 $f(A)$ 的函数呢? 如果 A 的不同本征值 A' 总是给出不同的值 $f(A')$, 那么这个回答是肯定的. 然而, 如果 A 有两个不同的本征值, 例如 A' 与 A'', 它们满足 $f(A') = f(A'')$, 那么, 对应于可观测量 $f(A)$ 的本征值 $f(A')$, 可观测量 A 的本征值并不唯一, 而可观测量 A 将不是可观测量 $f(A)$ 的函数.

根据定义在数学上容易验证, 一个可观测量的两个函数相加或相乘的结果都是这个可观测量的函数, 并且可观测量函数的函数也是这个可观测量的函数. 也容易看出, 可观测量函数的整个理论, 在左矢与右矢之间是对称的, 也就是说, 我们能用

$$\langle \xi'|f(\xi) = f(\xi')\langle \xi'| \tag{2.38}$$

替代方程 (2.34) 得到一样的结论.

接下来将讨论两个有实际意义的例子来结束这一节, 即倒数与平方根. 如果某个可观测量的本征值都不等于零, 那么这个可观测量的倒数[4] 就存在. 如果可观测量 α 没有等于零的本征值, 把可观测量的倒数记作 α^{-1} 或 $1/\alpha$, 它们满足

$$\alpha^{-1}|\alpha'\rangle = \alpha'^{-1}|\alpha'\rangle, \tag{2.39}$$

其中 $|\alpha'\rangle$ 是 α 的本征态, 属于本征值 α'. 这样有

$$\alpha\alpha^{-1}|\alpha'\rangle = \alpha\alpha'^{-1}|\alpha'\rangle = |\alpha'\rangle.$$

由于这对任何本征右矢 $|\alpha'\rangle$ 都成立, 我们必定有

$$\alpha\alpha^{-1} = 1. \tag{2.40}$$

同样地,

$$\alpha^{-1}\alpha = 1. \tag{2.41}$$

只要 α 没有等于零的本征值, 这两个方程中的任何一个就足以完全地决定 α^{-1}.

---

[4]现在叫 "可观测量的逆". ——译者注

为了证明这一点, 在方程 (2.40) 成立的情况下, 令 x 是任意线性算符, 满足方程

$$\alpha x = 1$$

从两边左乘由方程 (2.39) 定义的 α^{-1}. 结果是

$$\alpha^{-1}\alpha x = \alpha^{-1}$$

由方程 (2.41) 可得

$$x = \alpha^{-1}.$$

方程 (2.40) 与 (2.41) 可以用来定义一般线性算符 α 的倒数 (如果存在的话), 我们甚至不要求它是实算符. 此时, 仅用两个方程中的一个就不一定足够了. 如果两个线性算符 α 与 β 有倒数, 那么它们的乘积 $\alpha\beta$ 有倒数算符

$$(\alpha\beta)^{-1} = \beta^{-1}\alpha^{-1}, \tag{2.42}$$

是通过分别取倒数并反转次序而获得的. 注意到等式 (2.42) 的右边, 无论是左乘还是右乘 $\alpha\beta$ 之后都给出 1, 这就验证了等式 (2.42). 这个乘积法则可以立刻推广到多于两个因子的情况, 即

$$(\alpha\beta\gamma\cdots)^{-1} = \cdots\gamma^{-1}\beta^{-1}\alpha^{-1}.$$

可观测量 α 的平方根总是存在的, 如果 α 没有负的本征值, 它的平方根就是实的. 我们将它写成 $\sqrt{\alpha}$ 或 $\alpha^{1/2}$. 它满足

$$\sqrt{\alpha}|\alpha'\rangle = \pm\sqrt{\alpha'}|\alpha'\rangle, \tag{2.43}$$

$|\alpha'\rangle$ 是 α 的本征右矢, 属于本征值 α'. 这样有

$$\sqrt{\alpha}\sqrt{\alpha}|\alpha'\rangle = \sqrt{\alpha'}\sqrt{\alpha'}|\alpha'\rangle = \alpha'|\alpha'\rangle = \alpha|\alpha'\rangle,$$

并且由于这个等式对任意本征右矢 $|\alpha'\rangle$ 都成立, 我们必定有

$$\sqrt{\alpha}\sqrt{\alpha} = \alpha. \tag{2.44}$$

由于方程 (2.43) 中符号的双重性, 平方根会有好几个. 为了固定其中之一, 我们必须为方程 (2.43) 中的每个本征值确定一个具体的符号. 这个符号可能从一个本征值到另一个本征值不规则地变化, 而方程 (2.43) 总是定义一个线性算符 $\sqrt{\alpha}$, 满足方程 (2.44) 并且形成 α 的平方根函数. 如果 α 有两个或更多的相互独立的本征态都属于某个本征值, 那么, 按照算符函数的定义, 在方程 (2.43) 中我们对这样的本征右矢中的每一个取相同的符号. 然而, 如果我们取不同的符号, 方程 (2.44) 仍然成立, 这样方程 (2.44) 就不足以定义 $\sqrt{\alpha}$, 除非在特殊情况下, 即属于 α 的任何本征值的独立本征右矢只有一个.

一个可观测量的不同的平方根的数目是 2^n, 这里的 n 是非零本征值的数目. 实际上, 平方根函数仅用于那些没有负本征值的可观测量, 因而有用的特定的平方根是方程 (2.43) 中总取正号的那一个. 我们称这一个平方根为正平方根.

§2.6 普遍的物理解释

在 §2.4 开头, 我们为了得到数学理论的物理解释所作的假设是比较特殊的一类, 因为它们仅仅能够应用于本征态有关的问题. 我们需要一些更普遍的假设, 使我们即使不是在处理本征态的情况下, 也可以从数学中获取物理信息.

经典力学中, 对于处于任何特定状态的系统, 一个可观测量总 "有一个值". 量子力学中, 有什么对应于这一点? 如果取任一可观测量 ξ 和任意两个状态 x 和 y (两个状态对应于矢量 $\langle x|$ 和 $|y\rangle$), 那么能够组合成一个数 $\langle x|\xi|y\rangle$. 这个数与经典理论中的可观测量应该 "有" 的值并不十分类似, 主要有三个原因, 即 (i) 它与系统的两个态相关, 而经典的值总与一个相关; (ii) 通常它不是一个实数, 而且 (iii) 它不能由可观测量与态唯一地决定, 因为矢量 $\langle x|$ 与 $|y\rangle$ 包含了任意的数值因子. 即使给 $\langle x|$ 与 $|y\rangle$ 加上归一化条件, $\langle x|\xi|y\rangle$ 中仍然存在一个模为 1 的不确定因子. 然而, 如果取两个全同的态, 即让 $|y\rangle$ 是 $\langle x|$ 的共轭虚矢量, 那么这三个原因就不起作用. 此时得到的数, 即 $\langle x|\xi|x\rangle$ 必然是实的, 并且当 $\langle x|$ 归一化之后, 它唯一地确定, 因为, 如果用数值因子 e^{ic} 乘上 $\langle x|$, (c 是某个实数), 就必须用 e^{-ic} 乘上 $|x\rangle$, 而 $\langle x|\xi|x\rangle$ 保持不变.

这样, 人们或许想作出试探性假设, 即对于态 x, 可观测量 ξ 在类似于经典意

义的意义上, "有一个值"$\langle x|\xi|x\rangle$. 然而, 这个假设由于下述的原因而不能令人满意. 让我们取第二个可观测量 η, 对于同样的态 x, 按照上述假设, 它会有一个值 $\langle x|\eta|x\rangle$. 根据经典类比, 我们应当期望, 对这个态, 两个可观测量之和有一个值, 等于这两个可观测量分别有的值之和, 并且, 两个可观测量之积也有一个值, 等于这两个可观测量分别有的值之积. 实际上, 这一试探性的假设会给这两个可观测量之和一个值 $\langle x|\xi+\eta|x\rangle$, 这确实等于 $\langle x|\xi|x\rangle$ 与 $\langle x|\eta|x\rangle$ 之和, 但对于乘积, 该假设给出值 $\langle x|\xi\eta|x\rangle$ 或 $\langle x|\eta\xi|x\rangle$, 它们中的任何一个都不能以任何简单的方式与 $\langle x|\xi|x\rangle$ 和 $\langle x|\eta|x\rangle$ 相联系.

然而, 由于问题仅仅出现在乘积而不出现在求和上, 因此可以合理地把 $\langle x|\xi|x\rangle$ 称之为可观测量 ξ 在态 x 上的平均值. 这是因为两个量之和的平均等于它们的平均之和, 但它们乘积的平均不必等于它们的平均之积. 我们因此作出普遍的假设: 如果对处于相应于 $|x\rangle$ 的态的系统, 测量可观测量 ξ 很多次, 那么所得全部结果的平均值是 $\langle x|\xi|x\rangle$, 只要 $|x\rangle$ 是归一化的. 如果 $|x\rangle$ 不是归一化的 (在态 x 是某个可观测量的属于连续本征值的本征态的情况下, 这一点是必然的), 那么这个普遍的假设就变成: 测量 ξ 的平均结果正比于 $\langle x|\xi|x\rangle$. 这个普遍假设为理论的普遍物理解释提供了基础.

一个可观测量对某一特定的态 "有一个特定的值" 的说法, 在量子力学中只有在特殊情况下才是允许的, 这个情况是, 当测量的这个可观测量肯定地得到这个特定的值, 这样这个态就是这个可观测量的本征态. 按照代数方法容易验证, 按照这个对可观测量 "有一个值" 的限定的含义, 如果两个可观测量对某个特定态都有值, 那么两个可观测量之和 (如果这个求和结果也是可观测量[5]) 对这个态有一个值等于这两个可观测量分别所有的值之和, 并且这两个可观测量之积 (如果这个乘积也是可观测量[6]) 有一个值等于它们分别所有的值之积.

一般情况下, 我们不能说可观测量对某一特定态有一个值, 但是我们可以说它对这个态有一个平均值. 我们还可以进一步说, 可观测量对这个态有任一确定值的概率, 其含义是当我们测量这个可观测量时, 我们得到这个确定值的概率. 这个概率可从普遍的假设得到, 方式如下.

令这个可观测量是 ξ, 并且令这个态对应于归一化的右矢 $|x\rangle$. 那么普遍的假设告诉我们, 不仅 ξ 的平均值是 $\langle x|\xi|x\rangle$, 而且 ξ 的任意函数, 例如 $f(\xi)$ 的平均值

---

[5]这一点并不显然成立, 因为这个和可能没有足够的本征态以形成完全集, 在此情况下, 这个被当作单个量的和就不是可以测量的.

[6]这里实数条件可能不成立, 而且本征态形成完全集的条件也可能不成立.

是 $\langle x|f(\xi)|x \rangle$. 取 $f(\xi)$ 是 ξ 的这样一个函数, 它在 $\xi = a$ 时 (其中 a 是某个实数) 为 1, 而其他情况下为零. 根据我们关于可观测量函数的普遍理论, ξ 的这个函数 是有意义的, 它可以记作 $\delta_{\xi a}$, 这个记号与 §3.4 中方程 (3.17) 所给出的带两个下 指标的记号 δ 相一致. 这个 ξ 的函数的平均值恰好是 ξ 有值 a 的概率, 记作 P_a. 因此,

$$P_a = \langle x|\delta_{\xi a}|x \rangle. \tag{2.45}$$

如果 a 不是 ξ 的本征值, $\delta_{\xi a}$ 乘上 ξ 的任何本征右矢都是零, 这样 $\delta_{\xi a} = 0$ 以及 $P_a = 0$. 这与 §2.4 的结论一致, 即测量某个可观测量的结果一定是其本征值之 一.

如果测量 ξ 的可能结果形成一数域, 那么在大多数物理问题中, ξ 确切地有 具体值的概率为零. 这样, 物理上重要的量是 ξ 在一小的范围内有值的可能性, 比如从 a 到 $a + \mathrm{d}a$. 这个概率, 我们称之为 $P(a)\mathrm{d}a$, 等于 ξ 的一个函数的平均值, 如果 ξ 处于 a 到 $a + \mathrm{d}a$ 的范围内, 这个函数等于 1, 其他情况等于零. 根据可观 测量函数的普遍理论, ξ 的这个函数是有意义的. 把它记作 $\chi(\xi)$, 我们有

$$P(a)\mathrm{d}a = \langle x|\chi(\xi)|x \rangle. \tag{2.46}$$

如果 a 到 $a + \mathrm{d}a$ 的这个范围不包括 ξ 的任何本征值, 如上述情况, 我们有 $\chi(\xi) = 0$ 以及 $P(a) = 0$. 如果 $|x\rangle$ 没有归一化, 那么式 (2.45) 右边将仍然正比于 ξ 有值 a 的概率, 而式 (2.46) 的右边将仍然正比于 ξ 在 a 到 $a + \mathrm{d}a$ 之间的范围内 有值的概率.

§2.4 假设, 如果系统处于 ξ 的本征态, 属于本征值 ξ', 则测量 ξ 肯定会给出结 果 ξ', 这一假定与对物理解释的这种普遍假设相一致, 并且可以从后者推导而来. 从普遍假设出发, 我们看到, 如果 $|\xi'\rangle$ 是 ξ 的本征右矢, 属于本征值 ξ', 那么, 在 ξ 有离散本征值的情况下

$$\delta_{\xi a}|\xi'\rangle = 0 \quad 除非 \quad a = \xi',$$

而在 ξ 有连续本征值的情况下

$$\chi(\xi)|\xi'\rangle = 0 \quad 除非 \ a \ 到 \ a + \mathrm{d}a \ 的区域内包括 \ \xi'.$$

无论哪种情况, 对相应于 $|\xi'\rangle$ 的态, ξ 有不是 ξ' 的值的概率是零.

ξ 的本征态, 属于一连续域内的本征值 ξ', 这是一个无法在现实中严格实现的态, 因为要能让 ξ 精确等于 ξ', 这就要求有无穷大的精度. 现实中能得到的最好结果, 也就是让 ξ 处于值 ξ' 附近的一个很窄的区域. 此时, 系统处于一个接近于 ξ 的本征态的态. 所以, 一个本征态属于连续区域内的某一本征值, 是实际上所能获得情况的一种数学的理想化. 虽然如此, 这样的本征态在理论上起着非常有益的作用, 而且我们没有它是不行的. 科学中包含了许多理论概念的例子, 这些概念是实际中碰到的事物的极限, 虽然它们在实验上无法实现, 但对于自然规律的准确表述是有用的, 而这恰好是又一个例子. 那些无法实现的态所对应的右矢量的长度无穷大, 这可能是它们无法实现的原因; 而所有可实现的态都对应于那些可以归一化的右矢量, 这些右矢量形成一个希尔伯特 (Hilbert) 空间.

§2.7 对易与相容

一个态可以同时是两个可观测量的本征态. 如果这个态对应于右矢量 $|A\rangle$, 可观测量是 ξ 和 η, 我们便有下面的方程

$$\xi|A\rangle = \xi'|A\rangle,$$
$$\eta|A\rangle = \eta'|A\rangle,$$

其中 ξ' 和 η' 分别是 ξ 和 η 的本征值. 我们现在可以推导出

$$\xi\eta|A\rangle = \xi\eta'|A\rangle = \xi'\eta'|A\rangle = \xi'\eta|A\rangle = \eta\xi'|A\rangle = \eta\xi|A\rangle,$$

或者

$$(\xi\eta - \eta\xi)|A\rangle = 0.$$

这提示我们, 如果 $\xi\eta - \eta\xi = 0$, 即这两个可观测量若对易, 则共同本征态肯定存在. 如果它们不对易, 则共同本征态并非不可能存在, 而是非常的例外. 另一方面, 如果它们确实对易, 那么将存在足够多的共同本征态以形成一个完全集, 现在将证明这一点.

令 ξ 和 η 为两个对易可观测量. 取 η 的一个本征右矢, 比如 $|\eta'\rangle$, 属于本征值

η', 按式 (2.25) 右边的形式展开成 ξ 本征态的线性组合, 即

$$|\eta'\rangle = \int |\xi'\eta'c\rangle \mathrm{d}\xi' + \sum_r |\xi^r\eta'd\rangle. \tag{2.47}$$

等式右边 ξ 的本征右矢, 有一个 η' 插在中间作为额外的记号, 以提醒我们这些右矢来自特定右矢量 (即 $|\eta'\rangle$) 的展开, 而不是如方程 (2.25) 中的一般右矢的展开. 我们现在可以证明, 这些 ξ 的本征右矢中的每一个也是 η 的本征右矢, 并属于本征值 η'. 我们有

$$0 = (\eta - \eta')|\eta'\rangle = \int (\eta - \eta')|\xi'\eta'c\rangle \mathrm{d}\xi' + \sum_r (\eta - \eta')|\xi^r\eta'd\rangle. \tag{2.48}$$

现在右矢 $(\eta - \eta')|\xi^r\eta'd\rangle$ 满足

$$\xi(\eta - \eta')|\xi^r\eta'd\rangle = (\eta - \eta')\xi|\xi^r\eta'd\rangle = (\eta - \eta')\xi^r|\xi^r\eta'd\rangle$$
$$= \xi^r(\eta - \eta')|\xi^r\eta'd\rangle,$$

这表明它是 ξ 的本征右矢, 属于本征值 ξ^r, 而且同样地, 右矢 $(\eta - \eta')|\xi'\eta'c\rangle$ 也是 ξ 的本征右矢, 属于本征值 ξ'. 方程 (2.48) 因此给出了 ξ 的本征右矢的积分加上求和等于零, 这种结果 (我们已经在方程 (2.31) 中见过) 是不可能的, 除非被积函数和求和中的每一项都为零. 这样有

$$(\eta - \eta')|\xi'\eta'c\rangle = 0, \quad (\eta - \eta')|\xi^r\eta'd\rangle = 0,$$

所以出现在方程 (2.47) 右边的所有右矢都是 η 的本征右矢, 同样也是 ξ 的本征右矢. 方程 (2.47) 用 ξ 和 η 的共同本征右矢的展开式给出了 $|\eta'\rangle$. 由于任何右矢都可以用 η 的本征右矢 $|\eta'\rangle$ 展开, 由此可得任意右矢都能展开成 ξ 和 η 的共同本征右矢, 因此共同本征态形成完全集.

上面的 ξ 和 η 的共同本征右矢 $|\xi'\eta'c\rangle$ 和 $|\xi^r\eta'd\rangle$ 是用它们所属的本征值 ξ' 和 η', 或 ξ^r 和 η' 来标记的, 另外有必要加上标记 c 和 d. 用本征值作为共同本征矢量的标记的做法, 就像过去对单个可观测量的本征矢量所采用的做法一样, 以后要广泛地采用这一做法.

上述定理的逆定理是, 如果 ξ 和 η 是两个这样的可观测量, 它们的共同本

征态形成一完全集, 那么 ξ 和 η 对易. 为了证明这一定理, 我们注意到, 如果 $|\xi'\eta'\rangle$ 是属于本征值 ξ' 和 η', 那么,

$$(\xi\eta - \eta\xi)|\xi'\eta'\rangle = (\xi'\eta' - \eta'\xi')|\xi'\eta'\rangle = 0. \tag{2.49}$$

由于共同本征态形成完全集, 任意右矢 $|P\rangle$ 可以展开成共同本征右矢 $|\xi'\eta'\rangle$, 等式 (2.49) 对每一个 $|\xi'\eta'\rangle$ 都成立, 因而

$$(\xi\eta - \eta\xi)|P\rangle = 0$$

所以

$$\xi\eta - \eta\xi = 0.$$

共同本征态的概念可以推广到两个以上的可观测量, 并且上述定理以及其逆定理仍然成立, 也就是说, 如果任意一组可观测量中的每一个都与所有其他的对易, 那么它们的共同本征态形成完全集; 反之亦然. 两个可观测量情况下的论证, 对于普遍的情况完全适用. 例如, 如果我们有三个对易可观测量 ξ、η、ζ, 我们可以把 ξ 与 η 的任意共同本征右矢用 ζ 的本征右矢展开, 然后证明 ζ 的这些本征右矢中的每一个也是 ξ 与 η 的本征右矢. 这样, ξ 与 η 的共同本征右矢可以用 ξ、η 与 ζ 的共同本征右矢展开, 同时由于任何右矢可以用 ξ 与 η 的共同本征右矢展开, 因而它也就能用 ξ、η 与 ζ 三者的共同本征右矢进行展开.

适用于共同本征右矢的正交性定理告诉我们, 一组对易可观测量的两个本征右矢, 如果它们所属的两组本征值有任何的不同, 它们则正交.

由于两个或更多的对易可观测量的共同本征态形成完全集, 可以建立两个或更多的可观测量的函数的理论, 其方式与 §2.5 所建立的单个可观测量函数的理论是平行的. 如果 $\xi, \eta, \zeta, \cdots$ 是对易可观测量, 我们把它们的一般函数 f 定义成线性算符 $f(\xi, \eta, \zeta, \cdots)$, 它们满足

$$f(\xi, \eta, \zeta, \cdots)|\xi'\eta'\zeta'\cdots\rangle = f(\xi', \eta', \zeta', \cdots)|\xi'\eta'\zeta'\cdots\rangle, \tag{2.50}$$

其中 $|\xi'\eta'\zeta'\cdots\rangle$ 是 $\xi, \eta, \zeta, \cdots$ 的任一共同本征右矢, 属于本征值 $\xi', \eta', \zeta', \cdots$. 这里 f 是任意函数, 在 $a, b, c, \cdots$ 分别是 $\xi, \eta, \zeta, \cdots$ 的本征值的情况下, 函数 $f(a, b, c, \cdots)$ 就被定义了. 正如在方程 (2.34) 中定义了单个可观测量函数一样,

我们可以证明 $f(\xi, \eta, \zeta, \cdots)$ 由等式 (2.50) 完全确定, 并且相应于等式 (2.37), 有

$$\overline{f(\xi, \eta, \zeta, \cdots)} = \bar{f}(\xi, \eta, \zeta, \cdots),$$

还能证明, 如果 $f(a, b, c, \cdots)$ 是实函数, 则 $f(\xi, \eta, \zeta, \cdots)$ 是实的且还是可观测量.

现在可以继续推广等式 (2.45) 与 (2.46) 的结果. 给定一组对易可观测量 $\xi, \eta, \zeta, \cdots$, 我们可以构造它们的函数, 在满足 $\xi = a, \eta = b, \zeta = c, \cdots$ 的条件下等于 1, 这里的 $a, b, c, \cdots$ 都是实数, 若这些条件不满足则等于零. 这个函数可以写成 $\delta_{\xi a} \delta_{\eta b} \delta_{\zeta c} \cdots$, 而实际上它就是因子 $\delta_{\xi a} \delta_{\eta b} \delta_{\zeta c} \cdots$ 按任意次序的乘积, 这些因子是按单个可观测量的函数而定义的, 我们通过把这一乘积代入等式 (2.50) 的左边替代 $f(\xi, \eta, \zeta, \cdots)$ 就可以看到这一点. 这一函数对任何态的平均值是 $\xi, \eta, \zeta, \cdots$ 分别对这个态有值 $a, b, c, \cdots$ 的概率, 记作 $P_{abc\cdots}$. 所以, 如果这个态对应于归一化的右矢量 $|x\rangle$, 从我们对物理解释的普遍假设可以得到

$$P_{abc\cdots} = \langle x | \delta_{\xi a} \delta_{\eta b} \delta_{\zeta c} \cdots | x \rangle. \tag{2.51}$$

除非这些数 $a, b, c, \cdots$ 中的每一个都是相应的可观测量的本征值, 否则 $P_{abc\cdots}$ 等于零. 如果这组数 $a, b, c, \cdots$ 中的任一个是其对应可观测量本征值范围内的一个本征值, 那么 $P_{abc\cdots}$ 也通常是零, 但在这种情况下, 我们就要放弃可观测量应该有一精确值的要求, 取而代之的是它应有一个值处于某一小的区域的要求, 这种做法包含着不用式 (2.51) 的 δ 因子, 而用像方程 (2.46) 中的 $\chi(\xi)$ 那样的因子. 对可观测量 $\xi, \eta, \zeta, \cdots$ 中的每一个, 如果它相应的数值 $a, b, c, \cdots$ 处于本征值的连续区域内, 我们都做这样的替代, 那么我们将得到一个一般不为零的概率.

如果某些可观测量对易, 那么就存在一些态, 从 §2.6 所解释的意义上讲, 这些可观测量对这些态全都有确定的值, 这些态就是共同本征态. 因此, 我们就能给出几个对易的可观测量同时有值的意义. 此外, 从式 (2.51) 看到, 对任何态我们能给出同时测量几个可观测量而得到一组具体结果的概率的含义. 这个结论是重要的新发展. 一般来说, 对处于确定状态的系统进行观测, 不扰动系统状态是办不到的; 此外, 为了进行第二次观测而不破坏系统状态, 也是做不到的. 于是我们无法给两个同时进行的观测以任何意义. 但是, 上述结论告诉我们, 在特殊情况下, 也就是当这两个可观测量对易的情况下, 两次观测可以看成是互不干涉的或相容的, 用这种方式, 我们不仅能给同时进行的两个观测以意义, 还能讨论得到

任何一组具体结果的概率. 事实上, 这两个观测可以看作是一个较复杂类型的单一观测, 其结果可以用两个数而不是单个数来表示. 从普遍理论的观点看, 任意两个或者更多的对易可观测量, 可以当作单个的可观测量, 它们的测量结果包括两个或更多的数. 这种测量能够确定地得到特定结果的那些态都是共同本征态.

3 表象理论

§3.1 基矢量

前几章建立了一套代数方案, 它包括三种抽象的量——左矢、右矢和线性算符, 而我们用它们表述了量子力学中的若干基本规律. 用这些抽象的量继续发展理论, 并解决具体问题都是可能的. 然而, 为了某些目标, 更方便的做法是, 用具有类似数学性质的数的集合来代替这些抽象的量, 并且用这些数的集合进行表述. 这一过程相当于几何学中使用坐标, 其优势在于赋予我们更强的数学能力去解决具体问题.

用数字代替抽象的量, 其方式不唯一, 而是有很多可能, 这相当于几何中有很多不同的坐标系. 其中的每一种具体方式叫作表象, 代替抽象量的数的集合叫作在此表象中这个抽象量的表示. 这样, 一个抽象量的表示相当于一个几何对象的坐标. 如果要在量子力学中解决一个具体问题, 我们选取一个表象, 使得出现于问题中的很重要的几个抽象量的表示尽可能简单, 以减少计算量.

为了在普遍方式下建立表象, 我们取左矢的完全集, 也就是任何左矢都可以表示为该集合中元素的线性组合 (一个求和, 或者一个积分, 或者可能是一个求和加上一个积分). 这些左矢我们称之为表象的基左矢. 我们将看到, 一套基左矢足以完全确定一个表象.

取一任意右矢 $|a\rangle$, 让它同每一基左矢形成标量积. 这样得到的一组数就构成了 $|a\rangle$ 的表示. 这组数足以完全决定右矢 $|a\rangle$, 因为如果有第二个右矢 $|a_1\rangle$ 具有相同的一组数, 则二者之差 $|a\rangle - |a_1\rangle$ 与任意左矢的标量积将为零, 因为它与任意左矢的标量积为零, 所以 $|a\rangle - |a_1\rangle$ 本身就是零.

可以假定, 基左矢由一个或多个参量标记, 这些参量 $\lambda_1, \lambda_2, \cdots, \lambda_u$ 中的每一个可以有某个取值. 这样基左矢就会写成 $\langle \lambda_1 \lambda_2 \cdots \lambda_u |$, 而 $|a\rangle$ 的表示写成 $\langle \lambda_1 \lambda_2 \cdots \lambda_u | a \rangle$. 这一表示现在由一组数组成, 对 $\lambda_1, \lambda_2, \cdots, \lambda_u$ 在它们各自的范

围内所取的可能的每一组数值, 就对应其中的一个数. 这样的一组数恰好形成变量 $\lambda_1, \lambda_2, \cdots, \lambda_u$ 的函数. 因此, 一个右矢的表示可以看作是一组数, 也可以看作是那些用以标记基本左矢的变量的函数.

如果动力学系统的相互独立的态的数目是有限的, 比如说等于 n, 那么取 n 个基左矢就够了, 它们可以用单个参数来标记, λ 取值 $1, 2, 3, \cdots, n$. 现在任意右矢 $|a\rangle$ 由 n 个数组成, 即 $\langle 1|a\rangle, \langle 2|a\rangle, \langle 3|a\rangle, \cdots, \langle n|a\rangle$, 这一组数正是通常意义下矢量 $|a\rangle$ 在一个坐标系中的坐标. 右矢的表示的概念, 正是普通矢量的坐标概念的一种推广, 而当右矢空间的维数有限时, 它就简化为普通矢量坐标的概念.

在一般的表象中, 基左矢并不需要都是互相独立的. 然而, 实际用到的大多数表象都是独立的, 并且满足更严格的条件——任意两个都是正交的. 这样的表象叫作正交表象.

取一个正交表象, 其基左矢 $\langle \lambda_1 \lambda_2 \cdots \lambda_u|$ 由实的参数 $\lambda_1, \lambda_2, \cdots, \lambda_u$ 标记. 取一个右矢 $|a\rangle$ 并构成其表示 $\langle \lambda_1 \lambda_2 \cdots \lambda_u|a\rangle$. 现在取一系列的数 $\lambda_1 \langle \lambda_1 \lambda_2 \cdots \lambda_u|a\rangle$, 并把它们当作新的右矢 $|b\rangle$ 的表示. 这是允许的, 因为考虑到基左矢的独立性, 形成右矢表示的这些数是独立的. 右矢 $|b\rangle$ 由下面的方程定义

$$\langle \lambda_1 \lambda_2 \cdots \lambda_u|b\rangle = \lambda_1 \langle \lambda_1 \lambda_2 \cdots \lambda_u|a\rangle.$$

右矢 $|b\rangle$ 显然是右矢 $|a\rangle$ 的线性函数, 所以它可以看作是某个线性算符作用于 $|a\rangle$ 的结果. 把这一线性算符称作 L_1, 我们有

$$|b\rangle = L_1|a\rangle$$

因而有

$$\langle \lambda_1 \lambda_2 \cdots \lambda_u|L_1|a\rangle = \lambda_1 \langle \lambda_1 \lambda_2 \cdots \lambda_u|a\rangle.$$

这一方程对任意 $|a\rangle$ 都成立, 因此得到

$$\langle \lambda_1 \lambda_2 \cdots \lambda_u|L_1 = \lambda_1 \langle \lambda_1 \lambda_2 \cdots \lambda_u|. \tag{3.1}$$

方程 (3.1) 可以被看成是线性算符 L_1 的定义. 它表明, 每一基左矢是 L_1 的本征左矢, 参数 λ_1 的值是所属的本征值.

从基左矢是正交的这一条件出发, 可以推导出 L_1 是实的, 而且是可观测量.

令 $\lambda_1', \lambda_2', \cdots, \lambda_u'$ 和 $\lambda_1'', \lambda_2'', \cdots, \lambda_u''$ 是参数 $\lambda_1, \lambda_2, \cdots, \lambda_u$ 的两组取值. 将各个 λ' 代替式 (3.1) 中的各个 λ, 并且用基左矢 $\langle \lambda_1' \lambda_2' \cdots \lambda_u'|$ 的共轭虚量 $|\lambda_1' \lambda_2' \cdots \lambda_u'\rangle$ 右乘式 (3.1) 的两边, 有

$$\langle \lambda_1' \lambda_2' \cdots \lambda_u' | L_1 | \lambda_1'' \lambda_2'' \cdots \lambda_u'' \rangle = \lambda_1' \langle \lambda_1' \lambda_2' \cdots \lambda_u' | \lambda_1'' \lambda_2'' \cdots \lambda_u'' \rangle.$$

交换各个 λ' 和 λ'', 有

$$\langle \lambda_1'' \lambda_2'' \cdots \lambda_u'' | L_1 | \lambda_1' \lambda_2' \cdots \lambda_u' \rangle = \lambda_1'' \langle \lambda_1'' \lambda_2'' \cdots \lambda_u'' | \lambda_1' \lambda_2' \cdots \lambda_u' \rangle.$$

由于基左矢是正交的, 除了所有从 1 到 u 的 r 都满足 $\lambda_r'' = \lambda_r'$ 的情况之外, 这两式右边都为零, 而当 $\lambda_r'' = \lambda_r'$ 时, 这两式右边相等, 且都是实数, 因为 λ_1' 是实的. 因而, 不论这些 λ'' 是否等于 λ', 总有

$$\langle \lambda_1' \lambda_2' \cdots \lambda_u' | L_1 | \lambda_1'' \lambda_2'' \cdots \lambda_u'' \rangle = \overline{\langle \lambda_1'' \lambda_2'' \cdots \lambda_u'' | L_1 | \lambda_1' \lambda_2' \cdots \lambda_u' \rangle}$$

$$= \langle \lambda_1' \lambda_2' \cdots \lambda_u' | \bar{L}_1 | \lambda_1'' \lambda_2'' \cdots \lambda_u'' \rangle.$$

上式的后一步是根据 §2.2 的方程 (2.4) 得到的. 因为各个 $\langle \lambda_1' \lambda_2' \cdots \lambda_u'|$ 组成左矢的完全集, 而各个 $|\lambda_1'' \lambda_2'' \cdots \lambda_u''\rangle$ 组成右矢的完全集, 我们可以推断 $L_1 = \bar{L}_1$. L_1 是可观测量还需另一条件, 即它的本征态构成一完全集, 这显然是满足的, 因为它有基左矢作为它的本征左矢, 而基左矢组成一完全集.

同样地, 可以引入线性算符 $L_2, L_3, \cdots, L_u$, 方法是用因子 $\lambda_2, \lambda_3, \cdots, \lambda_u$ 依次地乘 $\langle \lambda_1 \lambda_2 \cdots \lambda_u | a \rangle$, 并把得到的各组数分别作为右矢的表示. 这些算符 L 中的每个都可以用相同的方法证明: 基左矢是它们的本征左矢, 它们都是实的并且是可观测量. 基左矢是所有这些算符 L 的共同本征左矢. 因为这些共同本征左矢组成完全集, 从 §2.7 的一个定理可知, 这些算符 L 中的任意两个都对易.

现在我们来证明, 如果 $\xi_1, \xi_2, \cdots, \xi_u$ 是任意一组对易的可观测量, 我们可以建立一正交表象, 在此表象中, 基左矢是 $\xi_1, \xi_2, \cdots, \xi_u$ 的共同本征左矢. 首先, 让我们假定, 属于任意一组本征值 $\xi_1', \xi_2', \cdots, \xi_u', \xi_1, \xi_2, \cdots, \xi_u$ 的独立的本征左矢只有一个. 这样, 这些共同本征左矢可以带上任意的系数作为基左矢. 由于正交性定理, 它们都是相互正交的 (它们中的任意两个对应的两组本征值中, 至少有一个本征值不同, 这足以使得它们正交). 并且由 §2.7 的一个结果可知, 它们足以

组成一完全集. 它们可以方便地用所属的本征值 $\xi_1', \xi_2', \cdots, \xi_u'$ 来标记, 这样其中的某一个可以写成 $\langle \xi_1', \xi_2', \cdots, \xi_u' |$.

现在转到一般情况, 即 $\xi_1, \xi_2, \cdots, \xi_u$ 有几个独立的共同本征左矢属于同一组本征值的情况, 我们必须从属于同一组本征值 $\xi_1', \xi_2', \cdots, \xi_u'$ 的共同本征左矢中挑出一个完全子集, 子集中的左矢是相互正交的. (这里完备性条件的含义是, 属于本征值 $\xi_1', \xi_2', \cdots, \xi_u'$ 的任意共同本征左矢都能表示为该子集中的左矢的线性组合.) 我们必须对每一组本征值 $\xi_1', \xi_2', \cdots, \xi_u'$ 都这样做, 然后把所有子集中的共同本征左矢放在一起, 作为这个表象的基左矢. 这些左矢全部都是正交的, 因为如果其中两个属于不同组的本征值, 则根据正交性定理, 它们正交; 如果其中两个属于同一组的本征值, 则根据选出它们的特定方法, 它们也正交. 并且, 它们在一起组成左矢的完全集, 因为任意的左矢可以用共同本征左矢线性地表示, 而每一共同本征左矢又可以用子集中的共同本征左矢线性地表示. 选择这样的子集的方法有无穷多种, 每一种方法提供一个正交方案.

为了标记这种一般情况下的基左矢, 我们可以用它们所属的本征值 $\xi_1', \xi_2', \cdots, \xi_u'$, 加上某些附加的实变量, 例如 $\lambda_1, \lambda_2, \cdots, \lambda_v$, 这些实变量是为了把那些属于同一组本征值的基矢区分开而必须引入的. 这样一个基左矢就写成 $\langle \xi_1' \xi_2' \cdots \xi_u' \lambda_1 \lambda_2 \cdots \lambda_v |$. 相应于变量 $\lambda_1, \lambda_2, \cdots, \lambda_v$, 可以用类似于方程 (3.1) 的方法定义线性算符 $L_1, L_2, \cdots, L_v$; 并能证明, 这些线性算符以基左矢为本征左矢; 它们都是实的算符, 又都是可观测量; 它们彼此对易, 并且与各个 ξ 对易. 基左矢现在成为 $\xi_1, \xi_2, \cdots, \xi_u, L_1, L_2, \cdots, L_v$ 这些对易可观测量的共同本征左矢.

让我们把对易可观测量的完全集定义为这样的一组可观测量, 它们所有的都相互对易, 而且属于任意一组本征值的共同本征态都只有一个. 这样, 可观测量 $\xi_1, \xi_2, \cdots, \xi_u, L_1, L_2, \cdots, L_v$ 组成一个对易可观测量的完全集, 只有一个独立的共同本征左矢属于本征值 $\xi_1', \xi_2', \cdots, \xi_u', \lambda_1, \lambda_2, \cdots, \lambda_v$, 即相应的基左矢. 同样地, 由方程 (3.1) 及其后面的一段所定义的可观测量 $L_1, L_2, \cdots, L_u$ 组成对易可观测量的完全集. 借助于该定义, 这一节的主要结果可以简要表述为:

(i) 正交表象的基左矢是对易可观测量完全集的共同本征左矢.

(ii) 如果对易可观测量的完全集已知, 则可以用这个完全集的共同本征左矢作为基左矢建立一个正交表象.

(iii) 任意一个对易可观测量的集合, 都可以通过再增加某些可观测量的方法使之成为一个完全集.

(iv) 标记正交表象的基左矢的一个方便的方法是使用对易可观测量的完全集的本征值, 这个对易可观测量的完全集是以这些基左矢作为共同本征左矢的.

表象基左矢的共轭虚量, 我们称之为表象基右矢. 因而, 如果基左矢标记为 $\langle \lambda_1 \lambda_2 \cdots \lambda_u |$, 则基右矢标记为 $|\lambda_1 \lambda_2 \cdots \lambda_u \rangle$. 一个左矢 $\langle b|$ 的表示是通过其与每个基右矢的标量积, 即 $\langle b | \lambda_1 \lambda_2 \cdots \lambda_u \rangle$ 给出的. 正如右矢的表示, 它可以被当作是一组数, 也可以被看成是变量 $\lambda_1, \lambda_2, \cdots, \lambda_u$ 的一个函数. 我们有

$$\langle b | \lambda_1 \lambda_2 \cdots \lambda_u \rangle = \overline{\langle \lambda_1 \lambda_2 \cdots \lambda_u | b \rangle},$$

上式表明左矢的表示是其共轭虚量右矢的表示的共轭复数. 在一个正交表象里, 如果基左矢是对易可观测量的完全集, 比如 $\xi_1, \xi_2, \cdots, \xi_u$ 的共同本征左矢, 则基右矢将是 $\xi_1, \xi_2, \cdots, \xi_u$ 的共同本征右矢.

我们还没有考虑基矢量的长度. 对一个正交表象, 自然的做法是把基矢量归一化而不让其有任意的长度, 这样就会对表象进行进一步简化. 然而, 只有当标记基矢量的变量取分立值时, 归一化才可能. 如果这些变量中的任何一个可以取某一范围的连续值, 则基矢量是某一可观测量属于连续本征值的本征矢量; 从 §2.4 (见 33 面) 可知, 基矢量的长度因而是无限的. 这就需要某种另外的方法来确定那些乘到本征矢量上的数值因子. 为了获取解决这一问题的简便办法, 需要一种新的数学符号, 下一节会给出这一符号.

§3.2 δ 函数

§2.4 的工作引导我们去研究一些包含某种无穷大的量. 为了得到处理这些无穷大所需的精确符号, 我们引入一个量 $\delta(x)$, 依于参数 x 并满足下列条件

$$\left. \begin{aligned} \int_{-\infty}^{\infty} \delta(x) \mathrm{d}x &= 1 \\ \delta(x) &= 0 \quad \text{当} \quad x \neq 0. \end{aligned} \right\} \tag{3.2}$$

为了得到 $\delta(x)$ 的一个图像, 我们取实变量 x 的一个函数, 该函数处处为零, 除了原点 $x = 0$ 附近的一个小范围内——比如说长度为 ϵ 的范围内——该函数不为零. 并且在这一小范围内的函数值很大, 致使函数在这一小区间的积分为 1. 函数在这一小范围内的确切形状并不重要, 只要没有不必要的过大变化 (比如说,

只要函数总是在 ϵ^{-1} 的量级) 即可. 这样在 $\epsilon \to 0$ 的极限下, 这个函数就将成为 $\delta(x)$.

按照函数通常的数学定义, 一个函数在它的定义域内每个点都有一个确定的值, 在这一定义下, $\delta(x)$ 不是 x 的函数, 而是某种更一般的东西, 我们可以称之为 "非正规函数", 以显示其有别于通常定义的函数. 因此, $\delta(x)$ 不是一个能像普通函数那样一般地应用于数学分析的函数, 而是要把它的用途限制于某些不会明显地引起前后矛盾的简单表达式之中.

下面的方程可以作为例子来展现 $\delta(x)$ 最重要的性质

$$\int_{-\infty}^{\infty} f(x)\delta(x)\mathrm{d}x = f(0), \tag{3.3}$$

其中 $f(x)$ 是 x 的任意连续函数. 上述 $\delta(x)$ 的图像可以容易地表明这个方程的正确. 等式 (3.3) 左边只取决于 $f(x)$ 非常靠近原点的值, 所以可以用函数在原点的值 $f(0)$ 来代替 $f(x)$ 而不产生本质的误差. 因而方程 (3.2) 的第一式可以得到方程 (3.3). 变换方程 (3.3) 中的原点位置, 可以推导出公式

$$\int_{-\infty}^{\infty} f(x)\delta(x-a)\mathrm{d}x = f(a), \tag{3.4}$$

其中 a 是任意的实数. 因此用 $\delta(x-a)$ 乘上 x 的任意函数, 并对所有 x 积分的过程, 等价于用 a 代替 x 的过程. 如果 x 的函数不是一个数值函数, 而是依赖于 x 的一个矢量或者线性算符, 这个一般性的结论仍然成立.

方程 (3.3) 和方程 (3.4) 的积分区间并不必是从 $-\infty$ 到 ∞, 而可以是包围 δ 函数不为零的关键点在内的任何区域. 在后面, 我们一般把这种方程中的积分限省略掉, 而把积分区域理解成一个恰当的区域.

方程 (3.3) 和 (3.4) 表明, 虽然非正规函数本身没有明确定义的值, 但当它在被积函数中作为一个因子出现时, 积分是可以明确定义的值. 在量子理论中, 只要出现非正规函数, 它最终会用在一个被积函数中. 因此, 可以用一种形式重写这一理论, 在这一形式中, 非正规函数只出现于被积函数中. 这样我们可以完全地消除非正规函数. 因此, 使用非正规函数不会损害理论的严格性, 而仅仅是一种方便的记号, 它使我们能把某些关系表示得更简明. 如果必要的话, 我们也能用不含有非正规函数的形式重写这些关系, 只不过表达式很复杂而使得推理不易被看清.

另一个 δ 函数的定义方法是, 作为函数 $\epsilon(x)$ 的微商 $\epsilon'(x)$, $\epsilon(x)$ 的定义为

$$
\left.
\begin{aligned}
\epsilon(x) &= 0 \quad (x < 0) \\
&= 1 \quad (x > 0).
\end{aligned}
\right\}
\tag{3.5}
$$

我们用 $\epsilon'(x)$ 代替方程 (3.3) 左边的 $\delta(x)$ 并分部积分, 来验证这一定义与前面的定义是等价的. 对于 g_1 和 g_2 两个正数, 我们发现有

$$
\begin{aligned}
\int_{-g_2}^{g_1} f(x)\epsilon'(x)\mathrm{d}x &= [f(x)\epsilon(x)]_{-g_2}^{g_1} - \int_{-g_2}^{g_1} f'(x)\epsilon(x)\mathrm{d}x \\
&= f(g_1) - \int_0^{g_1} f'(x)\mathrm{d}x \\
&= f(0),
\end{aligned}
$$

这与方程 (3.3) 一致. 只要对不连续函数求微商, δ 函数就会出现.

我们可以写出关于 δ 函数的一些基本方程式. 这些方程本质上是包含 δ 函数的代数运算规则. 其中的每个方程的含义是, 方程的两边作为被积函数的因子所给出的结果等价.

这些方程的例子有

$$
\delta(-x) = \delta(x) \tag{3.6}
$$

$$
x\delta(x) = 0 \tag{3.7}
$$

$$
\delta(ax) = a^{-1}\delta(x) \quad (a > 0) \tag{3.8}
$$

$$
\delta(x^2 - a^2) = \tfrac{1}{2}a^{-1}\{\delta(x-a) + \delta(x+a)\} \quad (a > 0) \tag{3.9}
$$

$$
\int \delta(a-x)\mathrm{d}x\delta(x-b) = \delta(a-b) \tag{3.10}
$$

$$
f(x)\delta(x-a) = f(a)\delta(x-a) \tag{3.11}
$$

方程 (3.6) 仅仅说明 $\delta(x)$ 是变量 x 的偶函数, 这显而易见. 为了验证式 (3.7), 我们取 x 的任意连续函数 $f(x)$. 根据式 (3.3), 有

$$
\int_{-\infty}^{\infty} f(x)x\delta(x)\mathrm{d}x = 0.
$$

因此 $x\delta(x)$ 作为被积函数中的因子等价于 0, 这就是式 (3.7) 的含义. 等式 (3.8) 和 (3.9) 可以用同样的基本推理验证. 为了验证等式 (3.10), 我们取 a 的任意连续函数 $f(a)$. 因而,

$$\int f(a)\mathrm{d}a \int \delta(a-x)\mathrm{d}x\delta(x-b) = \int \delta(x-b)\mathrm{d}x \int f(a)\mathrm{d}a\delta(a-x)$$
$$= \int \delta(x-b)\mathrm{d}xf(x) = \int f(a)\mathrm{d}a\delta(a-b).$$

因此, 方程 (3.10) 两边作为以 a 为积分变量的被积函数因子, 其作用等价. 用同样的方法还可证明, 它们作为以 b 为积分变量的被积函数因子, 其作用也等价. 所以方程 (3.10) 从两种观点来看都是对的. 应用式 (3.4) 容易证明方程 (3.11) 从两种观点来看也都是对的.

如果令式 (3.4) 中 $f(x) = \delta(x-b)$, 就会得到方程 (3.10). 这里例证了一个事实, 就是我们通常可以把非正规函数当作普通连续函数应用, 而不产生错误的结果.

方程 (3.7) 表明, 每当某一方程两边除以变量 x, 而 x 可以取 0 时, 我们应该在其中一边加上 $\delta(x)$ 的任意倍数, 即我们不能由方程

$$A = B \tag{3.12}$$

推导出

$$A/x = B/x,$$

而仅能得到

$$A/x = B/x + c\delta(x), \tag{3.13}$$

其中 c 是未知数.

我们考虑 $\log x$ 的微分作为例子来说明 δ 函数的应用. 通常的公式

$$\frac{\mathrm{d}}{\mathrm{d}x}\log x = \frac{1}{x} \tag{3.14}$$

在 $x = 0$ 的邻域需要再考虑. 为了使倒数函数 $1/x$ 在 $x = 0$ 的领域有良好定义 (按照非正规函数的意义), 我们必须对它加上一个附加条件, 这一条件要求从 $-\epsilon$ 到 ϵ 的积分为零. 有了这一附加条件, 等式 (3.14) 的右边从 $-\epsilon$ 到 ϵ 的积分为零,

而式 (3.14) 的左边从 $-\epsilon$ 到 ϵ 的积分为 $\log(-1)$, 这样等式 (3.14) 不再正确. 为了改正这种情况, 我们必须注意到, 对于 x 取负值的情形, $\log x$ 可以得到一个纯虚数项 $i\pi$ 的积分主值. 当 x 经过零点时, 这个纯虚数项不连续地变为零. 对这一纯虚数项微分的结果是 $-i\pi\delta(x)$, 所以式 (3.14) 应改为

$$\frac{\mathrm{d}}{\mathrm{d}x}\log x = \frac{1}{x} - i\pi\delta(x). \tag{3.15}$$

出现在式 (3.15) 中的倒数函数与 δ 函数的特定组合, 在碰撞过程的量子理论中有重要作用 (见 §8.3).

§3.3 基矢量的性质

我们可以借助于 δ 函数的符号继续讨论表象理论. 首先, 假定有单个的可观测量 ξ, 它本身形成对易完全集, 这个条件是: ξ 的所有本征态中只有一个本征态属于任意本征值 ξ'. 这样可以建立一个正交表象, 其基矢量是 ξ 的本征矢量, 写成 $\langle \xi'|$、$|\xi'\rangle$.

在 ξ 的本征值是分立的情况下, 可以将基矢量归一化, 这样有

$$\langle \xi'|\xi''\rangle = 0 \quad (\xi' \neq \xi'')$$
$$\langle \xi'|\xi'\rangle = 1.$$

这两个方程可以合并为一个方程

$$\langle \xi'|\xi''\rangle = \delta_{\xi'\xi''}, \tag{3.16}$$

这里带有两个下角标的 δ 符号, 今后会经常使用, 其含义是

$$\delta_{rs} = \begin{cases} 0 & \text{当} \quad r \neq s \\ 1 & \text{当} \quad r = s. \end{cases} \tag{3.17}$$

在 ξ 的本征值是连续的情况下, 基矢量无法归一化. 如果我们现在考虑量 $\langle \xi'|\xi''\rangle$, 让 ξ' 固定而让 ξ'' 变化, 从 §2.4 中与表达式 (2.29) 相关的讨论我们看到, 当 $\xi'' \neq \xi'$ 时, 这个量等于零, 而它在 ξ'' 展开的包括 ξ' 的区域内积分是有限的,

比如说等于 c. 因此,

$$\langle \xi' | \xi'' \rangle = c\delta(\xi' - \xi'').$$

由 §2.4 的式 (2.30) 可知, c 是一个正数. 它可能随 ξ' 改变, 所以我们应该把它写成 $c(\xi')$, 或简写成 c', 这样我们就有

$$\langle \xi' | \xi'' \rangle = c'\delta(\xi' - \xi''). \tag{3.18}$$

另一方面, 我们有

$$\langle \xi' | \xi'' \rangle = c''\delta(\xi' - \xi''), \tag{3.19}$$

其中 c'' 是 $c(\xi'')$ 的简写, 由方程 (3.11) 可知, 等式 (3.18) 的右边等于等式 (3.19) 的右边.

让我们转到另一表象, 它的基矢量仍是 ξ 的本征矢量, 新的基矢量是原先的基矢量乘上了数值因子. 我们称新的基矢量为 $\langle \xi'^* |$、$| \xi'^* \rangle$, 附加记号 $*$ 以区别于原先的基矢量, 我们有

$$\langle \xi'^* | = k'\langle \xi' |, \quad | \xi'^* \rangle = \bar{k}' | \xi' \rangle,$$

其中 k' 是 $k(\xi')$ 的缩写, 是一个依赖于 ξ' 的数. 借助于式 (3.18) 可以得到

$$\langle \xi'^* | \xi''^* \rangle = k'\bar{k}''\langle \xi'' | \xi' \rangle = k'\bar{k}''c'\delta(\xi' - \xi'').$$

根据方程 (3.11), 这可以写成

$$\langle \xi'^* | \xi''^* \rangle = k'\bar{k}'c'\delta(\xi' - \xi'').$$

由于 c' 是正数, 可以选择 k' 让它的模是 $c'^{-1/2}$, 这样整理之后有

$$\langle \xi'^* | \xi''^* \rangle = \delta(\xi' - \xi''). \tag{3.20}$$

这样固定新基矢量的长度, 让表象尽可能简单. 固定这些长度的方法在某些方面类似于在分立 ξ' 的情况下归一化基矢量的方法, 用 δ 函数 $\delta(\xi' - \xi'')$ 替换方程 (3.16) 中的 δ 记号 $\delta_{\xi'\xi''}$, 则方程 (3.20) 就有了方程 (3.16) 的形式. 我们将继续采

用新表象并丢掉里面的记号 $*$ 以简化书写. 因此, 式 (3.20) 写成

$$\langle \xi' | \xi'' \rangle = \delta(\xi' - \xi''). \tag{3.21}$$

分立与连续两种情况下的理论几乎可以平行地建立起来. 对分立的情况, 应用方程 (3.16), 有

$$\sum_{\xi'} |\xi'\rangle \langle \xi' | \xi'' \rangle = \sum_{\xi'} |\xi'\rangle \delta_{\xi' \xi''} = |\xi''\rangle,$$

求和遍历所有的本征值. 这一方程对任意基右矢 $|\xi''\rangle$ 都成立, 又因基右矢形成完全集, 所以有

$$\sum_{\xi'} |\xi'\rangle \langle \xi' | = 1. \tag{3.22}$$

这是一个有用的方程, 它表达了基矢量的一个重要性质, 即 如果 $|\xi'\rangle$ 从右边乘 $\langle \xi' |$, 并对所有的 ξ' 进行求和, 这样得到的线性算符等于单位算符. 方程 (3.16) 与 (3.22) 给出了分立情况下的基矢量的基本性质.

同样地, 对于连续情形, 应用方程 (3.21) 可得

$$\int |\xi'\rangle \mathrm{d}\xi' \langle \xi' | \xi'' \rangle = \int |\xi'\rangle \mathrm{d}\xi' \delta(\xi' - \xi'') = |\xi''\rangle, \tag{3.23}$$

这里利用了式 (3.4), 用一右矢替代了其中的 $f(x)$, 而积分区域是本征值的区域. 这对任何基右矢 $|\xi''\rangle$ 都成立, 因此

$$\int |\xi'\rangle \mathrm{d}\xi' \langle \xi' | = 1. \tag{3.24}$$

这与等式 (3.22) 形式相同, 只是用积分替代了求和. 方程 (3.21) 与 (3.24) 给出了连续情况下的基矢量的基本性质.

方程 (3.22) 和 (3.24) 使我们能够把任意的左矢或右矢用基矢量展开. 例如, 在分立情况下, 用右矢 $|P\rangle$ 右乘方程 (3.22) 两边, 我们得到右矢 $|P\rangle$ 为

$$|P\rangle = \sum_{\xi'} |\xi'\rangle \langle \xi' | P \rangle, \tag{3.25}$$

上式用 $|\xi'\rangle$ 把 $|P\rangle$ 进行展开, 而展开系数是 $\langle \xi' | P \rangle$, 这些系数恰好是形成 $|P\rangle$ 的

表示的那些数. 类似地, 在连续情况下,

$$|P\rangle = \int |\xi'\rangle d\xi' \langle \xi'|P\rangle, \tag{3.26}$$

$|P\rangle$ 展开成 $|\xi'\rangle$ 的积分, 被积函数中的系数恰好是 $|P\rangle$ 的表示 $\langle \xi'|P\rangle$. 等式 (3.25) 和 (3.26) 共轭虚量的方程给出左矢量 $\langle P|$ 按照基左矢展开的形式.

我们现在的数学方法能够让我们在连续情况下将任何右矢展开成 ξ 的本征右矢的积分. 如果不采用 δ 函数, 一个普通右矢的展开应该含有一个积分加上一个求和, 正如 §2.4 中的方程 (2.25), 但是 δ 函数能够让我们用一个积分代替上述求和, 该积分中的被积函数包括一些项, 每一项中包含一个 δ 函数因子. 例如, 本征右矢 $|\xi''\rangle$ 可以用本征右矢的积分替代, 就像方程 (3.23) 的后一等式所显示的那样.

如果 $\langle Q|$ 是任意左矢, 而 $|P\rangle$ 是任意右矢, 进一步应用等式 (3.22) 与 (3.24), 对分立的 ξ' 我们可得

$$\langle Q|P\rangle = \sum_{\xi'} \langle Q|\xi'\rangle \langle \xi'|P\rangle, \tag{3.27}$$

而对于连续的 ξ',

$$\langle Q|P\rangle = \int \langle Q|\xi'\rangle d\xi' \langle \xi'|P\rangle. \tag{3.28}$$

这两个方程把 $\langle Q|$ 与 $|P\rangle$ 的标量积用它们的表示 $\langle Q|\xi'\rangle$ 与 $\langle \xi'|P\rangle$ 来表达. 方程 (3.27) 就是用矢量的坐标表示两个矢量标量积的通常公式, 而方程 (3.28) 则是在 ξ' 是连续的情况下, 用积分替代求和之后, 这个通常公式的自然修正.

将上述工作推广到 ξ 既有分立本征值又有连续本征值的情况, 是非常直截了当的. 用 ξ^r 与 ξ^s 表示分立的本征值, ξ' 与 ξ'' 表示连续本征值, 我们有下面的一组方程

$$\langle \xi^r|\xi^s\rangle = \delta_{\xi^r \xi^s}, \quad \langle \xi^r|\xi'\rangle = 0, \quad \langle \xi'|\xi''\rangle = \delta(\xi' - \xi'') \tag{3.29}$$

作为方程 (3.16) 或方程 (3.21) 的推广. 这些方程表示, 基矢量都是正交的, 属于分立本征值的基矢量是归一化的, 而属于连续本征值的基矢量则按照得到式 (3.20) 同样的规则具有固定的长度. 由方程 (3.29) 我们可以推导出

$$\sum_{\xi^r} |\xi^r\rangle \langle \xi^r| + \int |\xi'\rangle d\xi' \langle \xi'| = 1, \tag{3.30}$$

它是等式 (3.22) 或 (3.24) 的推广, 积分区间是连续本征值的区间. 借助于等式 (3.30), 我们直接得到

$$|P\rangle = \sum_{\xi^r} |\xi^r\rangle\langle\xi^r|P\rangle + \int |\xi'\rangle \mathrm{d}\xi'\langle\xi'|P\rangle \qquad (3.31)$$

它是等式 (3.25) 或 (3.26) 的推广, 并且

$$\langle Q|P\rangle = \sum_{\xi^r} \langle Q|\xi^r\rangle\langle\xi^r|P\rangle + \int \langle Q|\xi'\rangle \mathrm{d}\xi'\langle\xi'|P\rangle \qquad (3.32)$$

它是等式 (3.27) 或 (3.28) 的推广.

现在过渡到一般情况, 即有多个对易可观测量 $\xi_1, \xi_2, \cdots, \xi_u$, 它们形成对易完全集的情况, 我们建立一个正交表象, 其中基矢量是它们全部的共同本征矢量, 并写成 $\langle\xi_1' \cdots \xi_u'|$、$|\xi_1' \cdots \xi_u'\rangle$. 假定 $\xi_1, \xi_2, \cdots, \xi_v$ $(v \leqslant u)$ 有分立本征值, 而 $\xi_{v+1}, \cdots, \xi_u$ 有连续本征值.

考虑 $\langle\xi_1' \cdots \xi_v'\xi_{v+1}' \cdots \xi_u'|\xi_1' \cdots \xi_v'\xi_{v+1}'' \cdots \xi_u''\rangle$ 这个量. 由正交性定理可知, 除非每个 $\xi_s'' = \xi_s'$ $(s = v+1, \cdots, u)$, 否则这个量等于零. 通过推广与 §2.4 的式 (2.29) 相关的工作到多个对易可观测量的共同本征矢量, 并同样推广公理 (2.30), 我们发现, 这个量对每个 ξ_s'' 在一包括 ξ_s' 在内的区域进行积分, 其 $(u-v)$ 重积分是有限的正数. 我们称这个数为 c', 记号 $'$ 表示它是 $\xi_1' \cdots \xi_v'\xi_{v+1}' \cdots \xi_u'$ 的函数, 我们用方程

$$\langle\xi_1' \cdots \xi_v'\xi_{v+1}' \cdots \xi_u'|\xi_1' \cdots \xi_v'\xi_{v+1}'' \cdots \xi_u''\rangle = c'\delta(\xi_{v+1}' - \xi_{v+1}'') \cdots \delta(\xi_u' - \xi_u'') \quad (3.33)$$

表示我们的结果, 等式右边对从 $v+1$ 到 u 的每一个 s 值都有一个 δ 因子. 我们现在应用与得到等式 (3.20) 相似的程序改变我们基矢量的长度, 使得 c' 等于 1. 进一步应用正交性定理, 我们最后得到

$$\langle\xi_1' \cdots \xi_u'|\xi_1'' \cdots \xi_u''\rangle = \delta_{\xi_1'\xi_1''} \cdots \delta_{\xi_v'\xi_v''}\delta(\xi_{v+1}' - \xi_{v+1}'') \cdots \delta(\xi_u' - \xi_u''), \qquad (3.34)$$

对每个有分立本征值的 ξ, 上式右边有一个带两个下标的 δ 符号, 而对每一个有连续本征值的 ξ, 有一个 δ 函数. 这是式 (3.16) 或 (3.21) 在完全集中有多个对易可观测量的情况下的推广.

应用方程 (3.34), 作为等式 (3.22) 或 (3.24) 的推广, 我们可以推导出

$$\sum_{\xi'_1 \cdots \xi'_v} \int \cdots \int |\xi'_1 \cdots \xi'_u\rangle \mathrm{d}\xi'_{v+1} \cdots \mathrm{d}\xi'_u \langle \xi''_1 \cdots \xi''_u| = 1, \tag{3.35}$$

积分是一个对所有连续本征值的 ξ' 进行的 $(u-v)$ 重积分, 而求和遍历所有分立本征值的 ξ'. 方程 (3.34) 与 (3.35) 给出这种情况下的基矢量的基本性质. 由方程 (3.35) 我们可以直接地写出等式 (3.25) 或 (3.26) 的推广, 以及等式 (3.27) 或 (3.28) 的推广.

我们刚才所考虑的情况还可以进一步推广, 即允许这些 ξ 中的某几个既有分立的本征值又有连续的本征值. 这些方程所要求的修正是直截了当的, 但是我们在这里不给出它们, 因为将它们写成一般形式是很冗长的.

在有一些问题中, 不让方程 (3.33) 中的 c' 等于 1, 而让它等于这些 ξ' 的某个确定的函数更为方便. 我们称 ξ' 的这一函数为 ρ'^{-1}, 我们得到代替方程 (3.34) 的等式

$$\langle \xi'_1 \cdots \xi'_u | \xi''_1 \cdots \xi''_u \rangle = \rho'^{-1} \delta_{\xi'_1 \xi''_1} \cdots \delta_{\xi'_v \xi''_v} \delta(\xi'_{v+1} - \xi''_{v+1}) \cdots \delta(\xi'_u - \xi''_u), \tag{3.36}$$

而代替方程 (3.35) 的等式是

$$\sum_{\xi'_1 \cdots \xi'_v} \int \cdots \int |\xi'_1 \cdots \xi'_u\rangle \rho' \mathrm{d}\xi'_{v+1} \cdots \mathrm{d}\xi'_u \langle \xi''_1 \cdots \xi''_u| = 1. \tag{3.37}$$

ρ' 叫作这个表象的 权重函数, $\rho' \mathrm{d}\xi'_{v+1} \cdots \mathrm{d}\xi'_u$ 就是附加到变量 $\xi'_{v+1}, \cdots, \xi'_u$ 的空间中一小体积元上的 "权重".

我们先前所考虑的表象的权重函数都是 1. 不等于 1 的权重函数的引入完全是为了方便, 对表象的数学能力没有任何的增加. 权重函数为 ρ' 的表象的基左矢 $\langle \xi'_1 \cdots \xi'^*_u|$, 与权重函数为 1 的相应表象的基左矢 $\langle \xi'_1 \cdots \xi'_u|$, 按

$$\langle \xi'_1 \cdots \xi'^*_u| = \rho'^{-\frac{1}{2}} \langle \xi'_1 \cdots \xi'_u| \tag{3.38}$$

相联系, 这容易验证. 当我们有两个 ξ, 它们在三维空间给出方向的极角 θ 与方位角 ϕ 时, 就出现了一个权重不为 1 的有用的表象的例子, 并且我们让 $\rho' = \sin \theta'$. 此时, 等式 (3.37) 中就出现了立体角元 $\sin \theta' \mathrm{d}\theta' \mathrm{d}\phi'$.

§3.4 线性算符的表象

在 §3.1 我们看到怎样用一组数表示右矢与左矢. 现在我们必须对线性算符做同样的工作, 以得到一个用数字集合来表示抽象量的完整方案. 我们在 §3.1 用过的同样一套基矢量, 可以在这里再次使用.

假定这些基矢量是对易可观测量 $\xi_1, \xi_2, \cdots, \xi_u$ 的完全集. 如果 α 是一个线性算符, 我们取一般的基左矢 $\langle \xi_1' \cdots \xi_u' |$ 与一般的基右矢 $|\xi_1'' \cdots \xi_u'' \rangle$, 并形成数

$$\langle \xi_1' \cdots \xi_u' |\alpha| \xi_1'' \cdots \xi_u'' \rangle. \tag{3.39}$$

这些数足以完全决定 α, 因为首先它们决定了右矢 $\alpha |\xi_1'' \cdots \xi_u'' \rangle$ (由于它们提供了这个右矢的表示), 而这一右矢对所有基右矢 $|\xi_1'' \cdots \xi_u'' \rangle$ 的值就决定了 α. 这些数 (3.39) 叫作线性算符 α 或动力学变量 α 的表示. 它们比右矢量或左矢量的表示要复杂一些, 复杂之处在于他们包含标记两个基矢量的参量而不是一个.

我们仔细考察简单情况下这些数的形式. 首先考虑的情况是, 只有一个 ξ 形成对易完全集, 并假定它有分立的本征值 ξ'. 此时 α 的表示是分立的数集 $\langle \xi' |\alpha| \xi'' \rangle$. 如果一定要明显地写出这些数, 排列它们的自然方法是排成一个二维的阵列, 即

$$\begin{bmatrix} \langle \xi^1 |\alpha| \xi^1 \rangle & \langle \xi^1 |\alpha| \xi^2 \rangle & \langle \xi^1 |\alpha| \xi^3 \rangle & \cdots \\ \langle \xi^2 |\alpha| \xi^1 \rangle & \langle \xi^2 |\alpha| \xi^2 \rangle & \langle \xi^2 |\alpha| \xi^3 \rangle & \cdots \\ \langle \xi^3 |\alpha| \xi^1 \rangle & \langle \xi^3 |\alpha| \xi^2 \rangle & \langle \xi^3 |\alpha| \xi^3 \rangle & \cdots \\ \vdots & \vdots & \vdots & \ddots \end{bmatrix} \tag{3.40}$$

其中 $\xi^1, \xi^2, \xi^3, \cdots$ 是 ξ 的全部本征值. 这样的阵列叫作矩阵, 而这些数叫作矩阵元. 我们约定, 这些矩阵元必须总是按照下述要求排列, 即同一行上的矩阵元总是与同一个本征左矢量有关, 而同一列上的矩阵元总是与同一本征右矢有关.

与两个相同标记的基矢量有关的矩阵元 $\langle \xi' |\alpha| \xi' \rangle$ 叫作矩阵的对角元, 因为所有这些矩阵元都在对角线上. 如果令 α 等于单位元, 由等式 (3.16) 可得, 所有对角元等于 1, 而所有其他矩阵元都为零. 这个矩阵叫作单位矩阵.

如果 α 是实算符, 我们有

$$\langle \xi' |\alpha| \xi'' \rangle = \overline{\langle \xi'' |\alpha| \xi' \rangle}. \tag{3.41}$$

这些条件对矩阵 (3.40) 的作用是使得对角元都是实数, 且其他矩阵元每一个都等于其相对于对角线镜像对称位置上的元素的共轭复数. 这样的矩阵叫作厄米矩阵.

如果令 α 等于 ξ, 我们得到一般的矩阵元

$$\langle \xi' | \xi | \xi'' \rangle = \xi' \langle \xi' | \xi'' \rangle = \xi' \delta_{\xi' \xi''}. \tag{3.42}$$

这样, 所有不在对角线上的矩阵元都为零. 这样的矩阵叫作对角矩阵. 它的对角元恰好等于 ξ 的本征值. 更一般地, 如果令 α 等于 ξ 的函数 $f(\xi)$, 我们得到

$$\langle \xi' | f(\xi) | \xi'' \rangle = f(\xi') \delta_{\xi' \xi''}, \tag{3.43}$$

而这个矩阵也是对角矩阵.

让我们用两个线性算符 α 与 β 的表示来决定它们乘积 $\alpha\beta$ 的表示. 应用方程 (3.22), 用 ξ''' 代替其中的 ξ', 我们得到

$$\langle \xi' | \alpha\beta | \xi'' \rangle = \langle \xi' | \alpha \sum_{\xi'''} | \xi''' \rangle \langle \xi''' | \beta | \xi'' \rangle$$

$$= \sum_{\xi'''} \langle \xi' | \alpha | \xi''' \rangle \langle \xi''' | \beta | \xi'' \rangle, \tag{3.44}$$

这给出了我们所需要的结果. 方程 (3.44) 表明, 有矩阵元 $\langle \xi' | \alpha\beta | \xi'' \rangle$ 形成的矩阵等于由矩阵元 $\langle \xi' | \alpha | \xi'' \rangle$ 与 $\langle \xi' | \beta | \xi'' \rangle$ 分别形成的矩阵的乘积, 乘积的规则就是通常数学上矩阵乘法的规则. 这个规则给出, 乘积矩阵的第 r 行第 s 列上的矩阵元, 等于第一个矩阵的第 r 行的每个矩阵元分别乘上第二个矩阵的第 s 列的相应的矩阵元所得的乘积之和. 矩阵的乘法与线性算符的乘法一样, 是不对易的.

我们可以把只有一个 ξ 且有分立本征值的这种情况的结果总结如下:

(i) 任意线性算符由一矩阵表示.

(ii) 单位算符由单位矩阵表示.

(iii) 实线性算符由厄米矩阵表示.

(iv) ξ 与 ξ 的函数由对角矩阵表示.

(v) 表示两个线性算符乘积的矩阵, 等于表示这两个算符的矩阵的乘积.

现在我们考虑只有一个 ξ 且有连续的本征值. α 的表示现在是 $\langle \xi'|\alpha|\xi'' \rangle$, 它是两个连续变化的变量 ξ' 与 ξ'' 的函数. 我们为了可以在分立与连续两种情况下用相同的术语, 把这样的函数称作 "矩阵", 使用广义的矩阵这一名词可以带来便利. 这种广义的矩阵, 当然不能像普通矩阵那样写成二维阵列的形式, 因为它的行与列的数目如同一条线上点的数目那样无穷大, 而它的矩阵元的数目则如同一个面积内点的数目那样无穷大.

我们先列出关于这些广义矩阵的若干定义, 以使得上面对分立情况所有的规则 (i)-(v) 对连续情况同样成立. 单位算符由 $\delta(\xi' - \xi'')$ 表示, 我们定义由这些矩阵元所形成的广义矩阵为单位矩阵. α 是实算符的条件仍然是方程 (3.41), 如果由矩阵元 $\langle \xi'|\alpha|\xi'' \rangle$ 形成的广义矩阵满足这一条件, 我们就定义它是厄米的. ξ 由下式表示:

$$\langle \xi'|\xi|\xi'' \rangle = \xi'\delta(\xi' - \xi'') \tag{3.45}$$

而 $f(\xi)$ 由

$$\langle \xi'|f(\xi)|\xi'' \rangle = f(\xi')\delta(\xi' - \xi'') \tag{3.46}$$

表示, 而且我们定义由这些矩阵元所形成的广义矩阵为对角矩阵. 由方程 (3.11) 可知, 我们可以同样地让 ξ'' 与 $f(\xi'')$ 分别作为方程 (3.45) 与 (3.46) 的右边 $\delta(\xi' - \xi'')$ 的系数. 由于等式 (3.24), 对应于方程 (3.44), 我们现在有

$$\langle \xi'|\alpha\beta|\xi'' \rangle = \int \langle \xi'|\alpha|\xi''' \rangle \mathrm{d}\xi''' \langle \xi'''|\beta|\xi'' \rangle, \tag{3.47}$$

用积分代替求和, 我们定义由这里右边的矩阵元所形成的广义矩阵分别由 $\langle \xi'|\alpha|\xi'' \rangle$ 与 $\langle \xi'|\beta|\xi'' \rangle$ 所形成的两个矩阵的乘积. 有了这一系列定义, 我们就保证了分立情况与连续情况之间的完全平行性, 我们让 (i)-(v) 的规则对两种情况都成立.

在连续情况下, 出现了如何定义一般的对角矩阵的问题, 因为到目前为止, 我们只是把方程 (3.45) 与 (3.46) 的右边定义为对角矩阵的例子. 有人或许倾向于把对角矩阵定义为: 除了在 ξ' 无限接近于 ξ'' 之外的 (ξ', ξ'') 矩阵元全部为零的任何矩阵. 但这一定义并不符合要求, 因为离散情形下的对角矩阵的一个重要性质是, 它们总是互相对易, 而我们要求这个性质在连续情况下也成立. 为了使得

由矩阵元 $\langle\xi'|\omega|\xi''\rangle$ 所形成的矩阵在连续情况下与由方程 (3.45) 右边的矩阵元所形成的矩阵对易, 利用乘法规则 (3.47), 我们必须有

$$\int \langle\xi'|\omega|\xi'''\rangle \mathrm{d}\xi''' \xi''' \delta(\xi''' - \xi'') = \int \xi' \delta(\xi' - \xi''') \mathrm{d}\xi''' \langle\xi'''|\omega|\xi''\rangle.$$

借助于式 (3.4), 上式简化为

$$\langle\xi'|\omega|\xi''\rangle \xi'' = \xi' \langle\xi'|\omega|\xi''\rangle \tag{3.48}$$

或

$$(\xi' - \xi'') \langle\xi'|\omega|\xi''\rangle = 0.$$

按照从等式 (3.12) 得到等式 (3.13) 的规则, 上式给出

$$\langle\xi'|\omega|\xi''\rangle = c' \delta(\xi' - \xi'')$$

其中 c' 是一个或许依赖于 ξ' 的数. 因此 $\langle\xi'|\omega|\xi''\rangle$ 具有式 (3.46) 右边的形式. 正因为如此, 我们定义只有矩阵元具有式 (3.46) 右边的形式的那些矩阵才是对角矩阵. 容易验证, 这些矩阵相互对易. 我们可以形成另外一些矩阵, 它们的 (ξ', ξ'') 矩阵元在 ξ' 明显地不同于 ξ'' 时为零, 而当 ξ' 等于 ξ'' 时有另外形式的奇点 [我们在后面将引入 δ 函数的微分函数 $\delta'(x)$, 而 $\delta'(\xi' - \xi'')$ 将是一个例子, 参见 §4.2 的式 (4.19)], 但这些另外的矩阵按照定义就不是对角的.

现在让我们转到另一情形, 即只有一个 ξ 且既有分立本征值又有连续本征值的情形. 用 ξ^r、ξ^s 表示分立的本征值, 用 ξ'、ξ'' 表示连续的本征值, 现在我们获得的 α 的表象包括四种量 $\langle\xi^r|\alpha|\xi^s\rangle$、$\langle\xi^r|\alpha|\xi'\rangle$、$\langle\xi'|\alpha|\xi^r\rangle$、$\langle\xi'|\alpha|\xi''\rangle$. 这些量全部放一起, 可以被看成是形成一种更普遍的矩阵, 它既有一些分立的行和列, 也有一个连续范围的行和列. 对这种更一般类型的矩阵, 我们也定义单位矩阵、厄米矩阵、对角矩阵以及两个矩阵的乘积以使得 (i)-(v) 的规则仍然成立. 这些细节是我们上述内容的直接推广, 无需详细给出.

现在让我们回到有多个 ξ 的一般情况, 如 $\xi_1, \xi_2, \cdots, \xi_u$. α 的表示 (3.39) 仍然可以被看作是形成了一个矩阵, 其中每一行对应于 $\xi_1', \cdots, \xi_u'$ 不同取值, 每一列对应于 $\xi_1'', \cdots, \xi_u''$ 的不同取值. 除非所有的 ξ 都只有分立的本征值, 这个矩阵是具有连续范围的行与列的广义类型. 再次列出我们的定义, 以使得 (i)-(v) 的规

则成立, 规则 (iv) 需推广为:

(iv′) 每一个 $\xi_m(m = 1, 2, \cdots, u)$ 以及它们的任意函数由一个对角矩阵表示.

对角矩阵现在被定义成一个矩阵, 其一般矩阵元 $\langle \xi_1' \cdots \xi_u' | \omega | \xi_1'' \cdots \xi_u'' \rangle$ 在 $\xi_1, \cdots, \xi_v$ 具有分立本征值而 $\xi_{v+1}, \cdots, \xi_u$ 具有连续本征值的情况下的形式是

$$\langle \xi_1' \cdots \xi_u' | \omega | \xi_1'' \cdots \xi_u'' \rangle = c' \delta_{\xi_1' \xi_1''} \cdots \delta_{\xi_v' \xi_v''} \delta(\xi_{v+1}' - \xi_{v+1}'') \cdots \delta(\xi_u' - \xi_u''), \quad (3.49)$$

其中 c' 是各个 ξ' 的任意函数. 这一定义是我们对只有一个 ξ 的定义的推广, 它使对角矩阵总是互相对易. 其他定义很直截了当, 无需详细给出.

现在我们总可以用矩阵来表示线性算符. 两个线性算符之和由表示它们的矩阵之和来表示; 并且这一点加上规则 (v) 就意味着矩阵与线性算符服从相同的代数关系. 如果在某些线性算符之间有任何代数方程成立, 则在表示这些线性算符的矩阵之间也有同样的代数方程成立.

矩阵的方案可以推广以产生左矢量与右矢量的表示. 表示线性算符的矩阵都是正方矩阵, 其行和列的数目相同, 而且事实上, 它们的行与列之间存在一一对应. 我们可以把右矢 $|P\rangle$ 的表示看成是一个单列矩阵, 方法是把所有形成这个表示的数 $\langle \xi_1' \cdots \xi_u' | P \rangle$ 按照一个在另一个下面的方式排列起来. 这个矩阵的行数等于表示线性算符的方阵的行数或列数. 这样的单列矩阵能被表示线性算符的方阵 $\langle \xi_1' \cdots \xi_u' | \alpha | \xi_1'' \cdots \xi_u'' \rangle$ 左乘, 其乘法规则类似于两个方阵之间的乘法规则. 这样的乘积是另一个单列矩阵, 其矩阵元写成

$$\sum_{\xi_1'' \cdots \xi_v''} \int \cdots \int \langle \xi_1' \cdots \xi_u' | \alpha | \xi_1'' \cdots \xi_u'' \rangle \mathrm{d}\xi_{v+1}'' \cdots \mathrm{d}\xi_u'' \langle \xi_1'' \cdots \xi_u'' | P \rangle.$$

由式 (3.35) 可知, 这恰好等于 $\langle \xi_1' \cdots \xi_u' | \alpha | P \rangle$, 即 $\alpha | P \rangle$ 的表示. 类似地, 我们可以把左矢 $\langle Q |$ 的表示看成是单行矩阵, 方法是把所有的数 $\langle Q | \xi_1' \cdots \xi_u' \rangle$ 全部一个挨着一个地排列起来. 这样的单行矩阵能被方阵 $\langle \xi_1' \cdots \xi_u' | \alpha | \xi_1'' \cdots \xi_u'' \rangle$ 右乘, 乘积是另一个单行矩阵, 而这恰好是 $\langle Q | \alpha$ 的表示. 表示 $\langle Q |$ 的单行矩阵能够被表示 $|P\rangle$ 的单列矩阵右乘, 乘积是一个仅有单个矩阵元的矩阵, 它等于 $\langle Q | P \rangle$. 最后, 表示 $\langle Q |$ 的单行矩阵能够被表示 $|P\rangle$ 的单列矩阵左乘, 乘积是一个方阵, 它就是 $|P\rangle \langle Q |$ 的表示. 这样, 我们的线性算符, 左矢量与右矢量这些抽象的符号, 都可以

用矩阵来表示, 这些矩阵与这些抽象的符号本身服从相同的代数关系.

§3.5 概率幅

在量子力学的物理解释中, 表象非常重要, 因为表象提供了一个获取可观测量具有给定值的概率的简便方法. 我们在 §2.6 中得到可观测量对一给定的态具有任意具体值的概率, 在 §2.7 中推广了这一个结果, 得到了一组对易可观测量对一给定的态同时分别具有具体值的概率. 现在让我们把这一结果应用于对易可观测量的完全集, 例如我们已研究过的 ξ 的集合. 根据 §2.7 的公式 (2.51), 对应于归一化的右矢量 $|x\rangle$, 每个 ξ_r 有值 ξ_r' 的概率是

$$P_{\xi_1' \cdots \xi_u'} = \langle x|\delta_{\xi_1 \xi_1'} \delta_{\xi_2 \xi_2'} \cdots \delta_{\xi_u \xi_u'}|x\rangle. \tag{3.50}$$

如果各 ξ 都有分立的本征值, 我们可以利用式 (3.35), 并且让 $v = u$, 不用积分, 可得

$$
\begin{aligned}
P_{\xi_1' \cdots \xi_u'} &= \sum_{\xi_1'' \cdots \xi_u''} \langle x|\delta_{\xi_1 \xi_1'} \delta_{\xi_2 \xi_2'} \cdots \delta_{\xi_u \xi_u'}|\xi_1'' \cdots \xi_u''\rangle\langle \xi_1'' \cdots \xi_u''|x\rangle \\
&= \sum_{\xi_1'' \cdots \xi_u''} \langle x|\delta_{\xi_1'' \xi_1'} \delta_{\xi_2'' \xi_2'} \cdots \delta_{\xi_u'' \xi_u'}|\xi_1'' \cdots \xi_u''\rangle\langle \xi_1'' \cdots \xi_u''|x\rangle \\
&= \langle x|\xi_1' \cdots \xi_u'\rangle\langle \xi_1' \cdots \xi_u'|x\rangle \\
&= |\langle \xi_1' \cdots \xi_u'|x\rangle|^2. \tag{3.51}
\end{aligned}
$$

我们这样就得到了一个简单结果, 各 ξ 有值 ξ' 的概率恰好等于, 与相关的态对应的归一化右矢量的相应坐标的模平方.

如果这些 ξ 不全有分立本征值, 而是 $\xi_1, \cdots, \xi_v$ 有分立本征值, $\xi_{v+1}, \cdots, \xi_u$ 有连续本征值, 此时, 为了在物理上有意义, 我们必须给出的概率含义是, 每一个 $\xi_r(r = 1, \cdots, v)$ 都有一个具体的值 ξ_r', 并且每一个 $\xi_s(s = v + 1, \cdots, u)$ 在具体的 ξ_s' 到 $\xi_s' + \mathrm{d}\xi_s'$ 的小区间里有值. 为此目的, 我们必须把式 (3.50) 中的每个因子 $\delta_{\xi_s \xi_s'}$ 替换成因子 χ_s, 它是可观测量 ξ_s 的函数, 当 ξ_s 处于 ξ_s' 与 $\xi_s' + \mathrm{d}\xi_s'$ 之间时, 它是 1, 否则是零. 继续采用前面的方法并借助于式 (3.35), 我们得到这个概率是

$$P_{\xi_1' \cdots \xi_u'} \mathrm{d}\xi_{v+1}' \cdots \mathrm{d}\xi_u' = |\langle \xi_1' \cdots \xi_u'|x\rangle|^2 \mathrm{d}\xi_{v+1}' \cdots \mathrm{d}\xi_u'. \tag{3.52}$$

因此, 在各种情况下, 各 ξ 的值的概率分布, 由与相关的态对应的归一化右矢量的表示的模平方给出.

由于这一原因, 形成归一化右矢 (或左矢) 的表示的这些数被称作概率幅. 概率幅的模平方是一个普通的概率, 或者对于有连续取值区间的那些变量, 它是单位区域内的概率.

我们感兴趣的态, 其相应的右矢 $|x\rangle$ 可能不可归一化. 例如, 如果这个态是某一可观测量属于连续本征值的本征态, 这种情况就会出现. 公式 (3.51) 或 (3.52) 仍然可以用来给出各 ξ 有具体值或在具体小区间内有值的相对概率, 也就是说, 它将正确地给出不同的 ξ' 的概率之比. 这些数 $\langle \xi_1' \cdots \xi_u' | x \rangle$ 因而可以称作相对概率幅.

使上述各结果成立的表象的特征是, 基矢量是所有 ξ 的共同本征矢量. 这一特征也可以表述为, 要求各个 ξ 都由对角矩阵来表示, 容易看出这个条件与前一个是等价的. 通常后一特征表示法更方便. 为了简洁, 我们把它表述为各个 ξ "在表象中是对角的".

只要这些 ξ 形成对易可观测量的完全集, 这一特征表示法就完全决定了表象, 只是基矢量中有任意相位因子. 每一个基左矢 $\langle \xi_1' \cdots \xi_u' |$ 可以乘上 $\mathrm{e}^{\mathrm{i}\gamma'}$ (其中 γ' 是变量 $\xi_1', \cdots, \xi_u'$ 的任意函数), 而不改变此表象必须满足的各条件中的任一个, 即各 ξ 都是对角的条件或基矢量是各 ξ 的共同本征矢量的条件, 也不改变基矢量的基本性质 (3.34) 与 (3.35). 基左矢若按此方式变化, 右矢 $|P\rangle$ 的表示 $\langle \xi_1' \cdots \xi_u' | P \rangle$ 会乘上因子 $\mathrm{e}^{\mathrm{i}\gamma'}$, 左矢 $\langle Q |$ 的表示 $\langle Q | \xi_1' \cdots \xi_u' \rangle$ 会乘上因子 $\mathrm{e}^{-\mathrm{i}\gamma'}$, 而线性算符 α 的表示 $\langle \xi_1' \cdots \xi_u' | \alpha | \xi_1'' \cdots \xi_u'' \rangle$ 会乘上因子 $\mathrm{e}^{\mathrm{i}(\gamma'-\gamma'')}$. 概率 (3.51) 或相对概率 (3.52) 当然保持不变.

量子力学实际问题中计算出的概率, 几乎总是由概率幅或相对概率幅的模平方而得到. 甚至当我们关心的只是对易可观测量的不完全集有具体值的概率时, 通常有必要首先引入某些附加的对易可观测量来形成一个完全集, 并获得这个完全集有具体值的概率 (即概率幅的模平方), 然后再对附加可观测量的所有可能值进行求和或积分. 更直接地应用 §2.7 的公式 (2.51) 通常是无法实现的.

为了引入一个可实现的表象,

(i) 我们要找到一些可观测量, 它们像我们所希望那样是对角的, 这或者是因为我们关心它们的概率, 又或者是由于数学上的简单;

(ii) 我们必须看到它们对易——一个必要条件是因为对角矩阵总对易;

(iii) 我们还要看到它们形成一个完全对易集, 如果不是, 需加入另外的一些对易可观测量, 使之成为完全对易集;

(iv) 我们建立一个能够使这个完全对易集是对角的正交表象.

此时, 除了任意的相位因子外, 表象就完全决定了. 对大多数目标而言, 这些任意的相位因子不重要也无意义, 所以我们可以把表象看成是完全由对角的那些可观测量所决定. 我们的记号中已经隐含了这一事实, 因为表示中唯一指明它所属表象的标记是那些代表对角可观测量的字母.

我们也可能关心同一动力学系统的两个表象. 假定在其中一个表象中, 对易可观测量完全集 $\xi_1, \cdots, \xi_u$ 是对角的, 而基左矢是 $\langle \xi_1' \cdots \xi_u' |$; 在另一表象中, 对易可观测量完全集 $\eta_1, \cdots, \eta_w$ 是对角的, 而基左矢是 $\langle \eta_1' \cdots \eta_w' |$. 右矢 $|P\rangle$ 现在有两个表示, $\langle \xi_1' \cdots \xi_u' | P \rangle$ 与 $\langle \eta_1' \cdots \eta_w' | P \rangle$. 如果 $\xi_1, \cdots, \xi_v$ 有分立本征值而 $\xi_{v+1}, \cdots, \xi_u$ 有连续本征值, 并且如果 $\eta_1, \cdots, \eta_x$ 有分立本征值而 $\eta_{x+1}, \cdots, \eta_w$ 有连续本征值, 由式 (3.35) 我们可得

$$\langle \eta_1' \cdots \eta_w' | P \rangle = \sum_{\xi_1' \cdots \xi_v'} \int \cdots \int \langle \eta_1' \cdots \eta_w' | \xi_1' \cdots \xi_u' \rangle \mathrm{d}\xi_{v+1}' \cdots \mathrm{d}\xi_u' \langle \xi_1' \cdots \xi_u' | P \rangle,$$

(3.53)

交换各个 ξ 与各个 η, 有

$$\langle \xi_1' \cdots \xi_u' | P \rangle = \sum_{\eta_1' \cdots \eta_x'} \int \cdots \int \langle \xi_1' \cdots \xi_u' | \eta_1' \cdots \eta_w' \rangle \mathrm{d}\eta_{x+1}' \cdots \mathrm{d}\eta_w' \langle \eta_1' \cdots \eta_w' | P \rangle.$$

(3.54)

这两式是变换方程, 它们给出 $|P\rangle$ 的一个表示如何表示另一个表示. 它们表明, 任意表示可以表示为另一表示的线性叠加, 下面的量

$$\langle \eta_1' \cdots \eta_w' | \xi_1' \cdots \xi_u' \rangle, \qquad \langle \xi_1' \cdots \xi_u' | \eta_1' \cdots \eta_w' \rangle$$

(3.55)

是其叠加系数. 这些量叫作变换函数. 可以写出类似的方程把与左矢或线性算符相关的两种表示联系起来. 变换函数 (3.55) 在各种情况下, 都是能使我们从一个

表象过渡到另一表象的工具. 这两个变换函数互为复共轭, 并且它们满足条件

$$\sum_{\xi_1'\cdots\xi_v'}\int\cdots\int\langle\eta_1'\cdots\eta_w'|\xi_1'\cdots\xi_u'\rangle \mathrm{d}\xi_{v+1}'\cdots\mathrm{d}\xi_u'\langle\xi_1'\cdots\xi_u'|\eta_1''\cdots\eta_w''\rangle$$

$$=\delta_{\eta_1'\eta_1''}\cdots\delta_{\eta_x'\eta_x''}\delta(\eta_{x+1}'-\eta_{x+1}'')\cdots\delta(\eta_w'-\eta_w'') \tag{3.56}$$

以及交换 ξ 与 η 所对应的条件, 这可以用式 (3.35) 与 (3.34) 以及关于 η 的相应方程来验证.

变换函数是概率幅或相对概率幅的例子. 让我们考虑所有 ξ 与 η 都有分立本征值的情况. 此时基右矢 $|\eta_1'\cdots\eta_w'\rangle$ 是归一化的, 所以它在 ξ 表象中的表示 $\langle\xi_1'\cdots\xi_u'|\eta_1'\cdots\eta_w'\rangle$ 是对一组 ξ' 值的概率幅. 与这些概率幅相关的态, 即对应于 $|\eta_1'\cdots\eta_w'\rangle$ 的态, 由下述条件描述, 即同时测量 $\eta_1,\cdots,\eta_w$ 确定地给出结果 $\eta_1',\cdots,\eta_w'$. 因此, $|\langle\xi_1'\cdots\xi_u'|\eta_1'\cdots\eta_w'\rangle|^2$ 是对于各 η 确定有值 $\eta_1'\cdots\eta_w'$ 的态, 各个 ξ 有值 $\xi_1'\cdots\xi_u'$ 的概率. 由于

$$|\langle\xi_1'\cdots\xi_u'|\eta_1'\cdots\eta_w'\rangle|^2=|\langle\eta_1'\cdots\eta_w'|\xi_1'\cdots\xi_u'\rangle|^2,$$

我们得到互易定理——对各 η 确定有 η' 取值的态, 测量出各 ξ 分别有 ξ' 取值的概率, 等于对各 ξ 确定有 ξ' 取值的态, 测量各 η 分别有 η' 取值的概率.

如果所有的 η 有分立本征值, 而某些 ξ 有连续本征值, 那么对 η 确定有 η' 取值的态测量 ξ 所得到取值的概率分布仍然由 $|\langle\xi_1'\cdots\xi_u'|\eta_1'\cdots\eta_w'\rangle|^2$ 给出. 如果某些 η 有连续本征值, $|\eta_1'\cdots\eta_w'\rangle$ 就不是归一化的, 这种情况下, $|\langle\xi_1'\cdots\xi_u'|\eta_1'\cdots\eta_w'\rangle|^2$ 只能给出对 η 确定有 η' 取值的态测量 ξ 所得到取值的相对概率分布.

§3.6 关于可观测量函数的定理

我们将用表象来证明一些定理以说明它的数学价值.

定理 1. 与可观测量 ξ 对易的线性算符也与 ξ 的任意函数对易.

当这一函数可以表示为幂级数时, 这个定理显然正确. 为了普遍地证明此定理, 我们令这个线性算符为 ω, 所以我们有方程

$$\xi\omega-\omega\xi=0. \tag{3.57}$$

让我们引入一个表象, 在其中 ξ 是对角的. 如果 ξ 本身不能组成可观测量的完全集, 我们需要加入某些可观测量, 比如 β, 使它们一起形成一完全集, 并且取一表象使得 ξ 和各 β 都是对角的. (ξ 本身已经形成完全对易集的情况可以看成是上述一般情况在变量 β 个数为零的特例.) 在这一表象中, 方程 (3.57) 变成

$$\langle \xi' \beta' | \xi \omega - \omega \xi | \xi'' \beta'' \rangle = 0,$$

这简化为

$$\xi' \langle \xi' \beta' | \omega | \xi'' \beta'' \rangle - \langle \xi' \beta' | \omega | \xi'' \beta'' \rangle \xi'' = 0.$$

在 ξ 的本征值是分立的情况下, 这个方程表明, ω 的矩阵元 $\langle \xi' \beta' | \omega | \xi'' \beta'' \rangle$ 除了在 $\xi' = \xi''$ 之外全部为零. 在 ξ 的本征值是连续的情况下, 像方程 (3.48) 一样, 它表明 $\langle \xi' \beta' | \omega | \xi'' \beta'' \rangle$ 具有形式

$$\langle \xi' \beta' | \omega | \xi'' \beta'' \rangle = c \delta(\xi' - \xi''),$$

其中 c 是 ξ' 以及各 β' 与各 β'' 的某个函数. 在两种情况下, 我们都能说, 表示 ω 的矩阵 "关于 ξ 是对角的". 如果 $f(\xi)$ 按照 §2.5 的一般理论表示 ξ 的任意函数, 这个理论要求对 ξ 的任意本征值 ξ''', $f(\xi''')$ 都有定义, 在上述两种情况下, 我们都能推导出

$$f(\xi') \langle \xi' \beta' | \omega | \xi'' \beta'' \rangle - \langle \xi' \beta' | \omega | \xi'' \beta'' \rangle f(\xi'') = 0.$$

这给出

$$\langle \xi' \beta' | f(\xi) \omega - \omega f(\xi) | \xi'' \beta'' \rangle = 0,$$

所以

$$f(\xi) \omega - \omega f(\xi) = 0,$$

定理就被证明了.

下述结果作为这个定理的特例: 任何与可观测量 ξ 对易的可观测量, 也必然与 ξ 的任意函数对易. 正如在 §2.7 所讲的那样, 如果把两个可观测量对易的条件等价于相应观测的相容条件, 那么这个结果就成了物理上的必需. 任何与可观测量 ξ 的测量相容的观测必定与 $f(\xi)$ 的测量相容, 因为任何 ξ 的测量本身就包含着 $f(\xi)$ 的测量.

定理 2. 如果线性算符与对易可观测量完全集中的每一可观测量对易, 则它是这些可观测量的函数.

令 ω 为该算符, 令 $\xi_1, \xi_2, \cdots, \xi_u$ 为对易可观测量完全集, 并建立一个使得这些可观测量均对角的表象. 因为 ω 与 ξ 中的每一个都对易, 根据上面的论述, 表示它的矩阵关于每一个 ξ 都是对角的. 因而这个矩阵是对角矩阵且具有式 (3.49) 的形式, 含有一个数 c', 这个数是各个 ξ' 函数. 因此, 这个对角矩阵是 ξ 的函数, 其函数关系就是 c' 作为 ξ' 的函数关系, 而 ω 就等于 ξ 的这个函数.

定理 3. 如果可观测量 ξ 和线性算符 g 有这样的性质, 即任意与 ξ 对易的线性算符都与 g 对易, 那么 g 是 ξ 的函数.

这是定理 1 的逆定理. 为了证明它, 我们用与定理 1 所用的同样的表象, 使 ξ 对角. 首先, 我们看到 g 必然与 ξ 自身对易, 因而 g 的表示必然关于 ξ 是对角的, 也就是说, 根据 ξ 是否有分立或连续的本征值, 它必定有如下形式:

$$\langle \xi'\beta'|g|\xi''\beta'' \rangle = a(\xi'\beta'\beta'')\delta_{\xi'\xi''} \quad \text{或} \quad a(\xi'\beta'\beta'')\delta(\xi' - \xi'').$$

现在令 ω 是与 ξ 对易的任意线性算符, 于是它的表示具有形式

$$\langle \xi'\beta'|\omega|\xi''\beta'' \rangle = b(\xi'\beta'\beta'')\delta_{\xi'\xi''} \quad \text{或} \quad b(\xi'\beta'\beta'')\delta(\xi' - \xi'').$$

按照假设, ω 也一定与 g 对易, 所以

$$\langle \xi'\beta'|g\omega - \omega g|\xi''\beta'' \rangle = 0. \tag{3.58}$$

为明确起见, 如果我们假设, 各 β 有分立的本征值, 借助于矩阵乘法规则, 等式 (3.58) 变成

$$\sum_{\beta'''} \{a(\xi'\beta'\beta''')b(\xi'\beta'''\beta'') - b(\xi'\beta'\beta''')a(\xi'\beta'''\beta'')\} = 0, \tag{3.59}$$

等式 (3.58) 的左边等于方程 (3.59) 的左边乘上 $\delta_{\xi'\xi''}$ 或 $\delta(\xi' - \xi'')$. 方程 (3.59) 必

定对所有的函数 $b(\xi'\beta'\beta'')$ 都成立. 我们能够推导出

$$a(\xi'\beta'\beta'') = 0 \quad 对于 \quad \beta' \neq \beta'',$$

$$a(\xi'\beta'\beta') = a(\xi'\beta''\beta'').$$

上面结果中的第一个表明, 表示 g 的矩阵是对角的, 第二个表明 $a(\xi'\beta'\beta')$ 只是 ξ' 的函数. 我们现在可以推断出, g 是 ξ 的函数, 其形式如 $a(\xi'\beta'\beta')$ 是 ξ' 的函数那样, 所以定理就被证明了. 如果某些 β 有连续的本征值, 证明也是相似的.

如果我们用任意的对易可观测量完全集 $\xi_1, \xi_2, \cdots, \xi_r$ 代替 ξ, 定理 1 与 3 仍然成立, 只是证明中需要一些形式上的变化.

§3.7 符号的发展

我们已经发展的表象理论提供了标记右矢与左矢的一般体系. 在一个对易可观测量 $\xi_1, \cdots, \xi_u$ 都对角的表象中, 任意右矢 $|P\rangle$ 有一个表示 $\langle \xi_1' \cdots \xi_u' |P\rangle$, 或简写为 $\langle \xi' |P\rangle$. 该表示是变量 ξ' 的一个确定函数, 记作 $\psi(\xi')$. 函数 ψ 就完全决定了右矢 $|P\rangle$, 所以它可以用来标记该右矢以替代任意的记号 P. 用符号来表示, 就是

如果 $\qquad\qquad\qquad \left.\begin{aligned}\langle \xi' |P\rangle = \psi(\xi'),\\ |P\rangle = |\psi(\xi)\rangle.\end{aligned}\right\}$ (3.60)

那么我们令

必须让 $|P\rangle$ 等于 $|\psi(\xi)\rangle$, 而不是 $|\psi(\xi')\rangle$, 因为 $|P\rangle$ 不由 ξ 的一组具体本征值决定, 而仅由 ψ 的形式决定.

若 $f(\xi)$ 是可观测量 $\xi_1, \cdots, \xi_u$ 的任意函数, 则 $f(\xi)|P\rangle$ 的表示是

$$\langle \xi' |f(\xi)|P\rangle = f(\xi')\psi(\xi').$$

因而根据方程 (3.60), 我们令

$$f(\xi)|P\rangle = |f(\xi)\psi(\xi)\rangle.$$

应用方程 (3.60) 的第二个等式, 我们现在得

$$f(\xi)|\psi(\xi)\rangle = |f(\xi)\psi(\xi)\rangle. \tag{3.61}$$

这是一个对 ξ 的任意函数 f 与 ψ 都成立的一般结果, 它表明用右矢的新记号, 竖线 | 是不必要的——等式 (3.61) 的两边都可以简单地写成 $f(\xi)\psi(\xi)\rangle$. 因此, 新记号的规则变成:

$$\left.\begin{array}{lr}\text{如果} & \langle\xi'|P\rangle = \psi(\xi'), \\[2mm] \text{那么我们令} & |P\rangle = \psi(\xi)\rangle. \end{array}\right\} \tag{3.62}$$

在不引起混淆的情况下, 我们可以进一步把 $\psi(\xi)\rangle$ 缩写成 $\psi\rangle$ 而省略变量 ξ.

右矢 $\psi(\xi)\rangle$ 可以被看成是线性算符 $\psi(\xi)$ 对一个右矢的乘积, 这个右矢简单地用没有标记的 $\rangle$ 表示. 我们把右矢 $\rangle$ 叫作标准右矢. 任意右矢都可以表达成 ξ 的函数乘上标准右矢. 例如, 把方程 (3.62) 中的 $|P\rangle$ 取作基右矢 $|\xi''\rangle$, 当 $\xi_1, \cdots, \xi_v$ 有分立本征值, $\xi_{v+1}, \cdots, \xi_u$ 有连续本征值时, 我们发现

$$|\xi''\rangle = \delta_{\xi_1\xi_1''} \cdots \delta_{\xi_v\xi_v''}\delta(\xi_{v+1} - \xi_{v+1}'') \cdots \delta(\xi_u - \xi_u'')\rangle. \tag{3.63}$$

表征标准右矢的条件是它的表示 $\langle\xi'|\rangle$ 在变量 ξ' 的全部区域内都是 1, 可以令方程 (3.62) 中 $\psi = 1$ 看出这一点.

符号还可以进行进一步的缩写, 也就是把标准右矢的符号 $\rangle$ 省略不写. 一个右矢就简单地写成可观测量 ξ 的一个函数 $\psi(\xi)$. 按照这种方式用来表示右矢的 ξ 的函数叫作波函数[1]. 波函数所提供的符号系统就是通常多数作者用在量子力学中进行计算的符号系统. 在应用的时候, 我们应当记住, 每一波函数应理解成有一标准右矢乘在它的右边, 这样就阻止我们用算符右乘波函数. 算符只能左乘波函数. 这一点让它们不同于 ξ 的普通函数, 后者是算符, 可以用算符左乘或右乘. 波函数只是右矢的表示, 它表达为可观测量 ξ 的函数而不是可观测量的本征值 ξ' 的函数. 它的模平方给出对所有相应的态, ξ 有具体值或处于具体的小区域的概率 (如果波函数没有归一化, 就是相对概率).

可以用右矢的方法同样地发展左矢的新符号. 我们把一个表示 $\langle Q|\xi'$ 是

---

[1]取这一名称的原因是, 早期的量子力学中, 这些函数的所有例子都具有波的形式. 从现在普遍的观点来看, 这个名称并不形象.

$\phi(\xi')$ 的左矢 $\langle Q|$ 写成 $\langle\phi(\xi)|$. 采用这一符号, $|\psi(\xi)\rangle$ 的共轭虚量是 $\langle\bar{\psi}(\xi)|$. 因此, 我们一直采用的规则, 即右矢与其共轭虚量的左矢都用同一标记的规则, 必须推广为——如果一个右矢的标记包含复数或复函数, 则其共轭虚量左矢包含其共轭复数或共轭复函数. 与右矢的情况一样, 我们可以证明 $\langle\phi(\xi)|f(\xi)$ 与 $\langle\phi(\xi)f(\xi)|$ 相同, 所以竖线可以省略. 我们可以把 $\langle\phi(\xi)$ 看成是线性算符 $\phi(\xi)$ 乘上标准左矢 $\langle$, 它是标准右矢 $\rangle$ 的共轭虚量. 我们还可以把标准左矢省略, 这样一般的左矢就写成 $\phi(\xi)$, 它是波函数的共轭复量. 波函数的共轭复量可以被任意线性算符右乘, 但不可以被线性算符左乘. 我们还可以建立形如 $\langle f(\xi)\rangle$ 的三个量乘积. 这样的乘积是一个数, 等于 $f(\xi)$ 对 ξ 的本征值的整个区域的求和或积分, 在 $\xi_1,\cdots,\xi_v$ 有分立本征值, 而 $\xi_{v+1},\cdots,\xi_u$ 有连续本征值的情况下, 有

$$\langle f(\xi)\rangle = \sum_{\xi_1'\cdots\xi_v'}\int\cdots\int f(\xi')\mathrm{d}\xi_{v+1}'\cdots\mathrm{d}\xi_u'. \tag{3.64}$$

标准右矢与左矢是相对于某一表象而定义的. 如果我们在对易可观测量完全集 η 对角的另一表象中进行上述工作, 或者如果我们就在 ξ 对角的表象里, 只改变了相因子, 我们都应该得到一个不同标准右矢或左矢. 如果在一件工作中出现不止一个标准右矢或左矢, 我们当然必须给它们加上标记以区分它们.

我们现在讨论符号的进一步发展, 这在处理复杂动力学系统时极其重要. 假定我们有一个动力学系统, 描述它的动力学变量可以分成两个集合, 例如集合 A 与集合 B, 使得集合 A 中的任何变量对易于集合 B 中的任何变量. 一般的动力学变量一定可以表示成 A 变量与 B 变量的共同函数. 我们可以考虑另一动力学系统, 其动力学变量都只是 A 变量——让我们称之为 A 系统. 同样地, 我们可以考虑第三个动力学系统, 其动力学变量都只是 B 变量——B 系统. 原先的系统可以被看成是由 A 系统与 B 系统按照下述数学方案而给出的组合.

让我们对 A 系统取任意右矢 $|a\rangle$, 对 B 系统取任意右矢 $|b\rangle$. 我们假设它们有一个乘积 $|a\rangle|b\rangle$, 且乘法的交换律与分配律对这个乘积都成立, 即

$$|a\rangle|b\rangle = |b\rangle|a\rangle,$$

$$\{c_1|a_1\rangle + c_2|a_2\rangle\}|b\rangle = c_1|a_1\rangle|b\rangle + c_2|a_2\rangle|b\rangle,$$

$$|a\rangle\{c_1|b_1\rangle + c_2|b_2\rangle\} = c_1|a\rangle|b_1\rangle + c_2|a\rangle|b_2\rangle,$$

其中各个 c 都是数. 我们通过假定 A 变量只作用于 $|a\rangle$ 因子而与 $|b\rangle$ 因子对易的方式, 给出任意 A 变量作用于乘积 $|a\rangle|b\rangle$ 的意义; 同样地, 我们可以通过假定任意 B 变量只作用于 $|b\rangle$ 因子而与 $|a\rangle$ 因子对易的方式, 给出它作用于这一乘积的意义. (这使得每个 A 变量对易于每个 B 变量.) 这样, 原先系统的任何动力学变量都能作用于乘积 $|a\rangle|b\rangle$, 所以这个乘积可以看成是原先系统的一个右矢, 可写成 $|ab\rangle$, a 与 b 这两个标记足以确定这一右矢. 用这个方法, 我们得到基本方程

$$|a\rangle|b\rangle = |b\rangle|a\rangle = |ab\rangle. \tag{3.65}$$

这里的乘法性质与前面理论中出现的乘法性质很不相同. 右矢量 $|a\rangle$ 与 $|b\rangle$ 存在于不同的矢量空间, 而它们的乘积存在于第三个矢量空间, 而该空间可以被称作是前面两个矢量空间的乘积. 这个乘积空间的维数等于每个因子的空间维数的乘积. 乘积空间中的一般右矢量不是方程 (3.65) 的形式, 而是这一形式的一些右矢的求和或积分.

让我们对 A 系统取一表象, 其中 A 系统的对易可观测量完全集 ξ_A 是对角的. 这样我们就有了 A 系统的基左矢 $\langle\xi'_A|$. 同样地, 取 B 系统的一个使得可观测量 ξ_B 对角的表象. 我们就有了 B 系统的基左矢 $\langle\xi'_B|$. 乘积

$$\langle\xi'_A|\langle\xi'_B| = \langle\xi'_A\xi'_B| \tag{3.66}$$

将为原先的系统提供一个表象的基左矢, 在这一表象中 ξ_A 与 ξ_B 是对角的. 这些 ξ_A 与 ξ_B 一起将形成原先系统的对易可观测量完全集. 由方程 (3.65) 与 (3.66) 我们得到

$$\langle\xi'_A|a\rangle\langle\xi'_B|b\rangle = \langle\xi'_A\xi'_B|ab\rangle, \tag{3.67}$$

这表明, $|ab\rangle$ 的表示等于 $|a\rangle$ 与 $|b\rangle$ 在它们各自表象中的表示的乘积.

我们可以对 A 系统 (ξ_A 在其表象中对角) 引入标准右矢, 比如 $\rangle_A$; 还对 B 系统 (ξ_B 在其表象中对角) 引入标准右矢 $\rangle_B$. 这样, 它们的乘积 $\rangle_A\rangle_B$ 就是原先系统 (ξ_A 与 ξ_B 在其表象中对角) 的标准右矢. 原先系统的任意右矢可以表示为

$$\psi(\xi_A\xi_B)\rangle_A\rangle_B. \tag{3.68}$$

有可能在某一计算中, 我们希望对 B 系统用一特定的表象, 比如上述 ξ_B 是

对角的表象, 但并不希望对 A 系统引入任何特定表象. 此时对 B 系统用标准右矢 $\rangle_B$ 而对 A 系统不用标准右矢是方便的. 在这种情况下, 我们把原先系统的任意右矢写成

$$|\xi_B\rangle\rangle_B, \tag{3.69}$$

其中 $|\xi_B\rangle$ 是 A 系统的一个右矢, 也是 ξ_B 的一个函数, 也就是说, 对于 ξ_B 的每一组值, 它是 A 系统的一个右矢. 事实上, 如果我们让

$$|\xi_B\rangle = \psi(\xi_A\xi_B)\rangle_A,$$

则式 (3.69) 等于式 (3.68). 我们可以把式 (3.69) 中的标准右矢 $\rangle_B$ 省掉, 这样原先系统的一般右矢的形式是 $|\xi_B\rangle$, 它既是 A 系统的一个右矢, 又是 B 系统的变量 ξ_B 的波函数. 这种记号的例子将在 §11.1 中用到.

上面的工作可以直接推广到由多个动力学变量所描述动力学系统, 这些变量可以被分成三个或更多的集合 $A, B, C, \cdots$, 使得一个集合中的任意可观测量对易于另一集合中的任意可观测量. 方程 (3.65) 得以推广成

$$|a\rangle|b\rangle|c\rangle \cdots = |abc\cdots\rangle,$$

左边的因子是各个组分系统的右矢, 右边的右矢是原先系统的右矢. 用同样的方法, 方程 (3.66)、(3.67)、(3.68) 都得以推广至多个因子.

4 量子条件

§4.1 泊松括号

至此, 我们的工作中已经建立了一套普遍的数学方案, 该方案把量子力学中的态与可观测量联系起来. 这一方案的突出性质之一是可观测量——一般地说是动力学变量——以不服从乘法交换律的量出现. 现在有必要获得可以替代乘法交换律的方程, 即给出 $\xi\eta - \eta\xi$ 等于什么的方程, 这里的 ξ 和 η 是任意两个可观测量或动力学变量. 只有知道了这些方程, 才能建立一个能够代替经典力学的完整的力学方案. 这些新的方程叫作量子条件或者对易关系.

寻找量子条件的问题, 与迄今为止所涉及的问题不同, 它不具有普遍性. 相反, 它是在我们要研究的每个特定动力学系统中出现的具体问题. 然而, 也有一个相当普遍的获取量子条件的方法, 它适用于很大一类的动力学系统. 这就是经典类比的方法, 它形成了这一章的主题. 这一方法不适用的动力学系统必须单独处理, 并对每个例子要做特别的考虑.

经典类比在量子力学中的价值依赖于这样的事实, 即经典力学为一些条件下的动力学系统提供了有效的描述, 这些条件是, 构成系统的粒子和物体有足够大的质量以至于能够忽略伴随着观测的扰动. 因而经典力学必定是量子力学的一种极限情形. 我们因此期望发现, 经典力学中的重要概念对应于量子力学中的重要概念; 而且, 通过理解经典力学和量子力学之间类比的普遍性质, 我们希望看到量子力学中的定律和定理以经典力学中已知结果的简单推广的形式出现; 我们特别希望得到的量子条件, 其出现形式是以所有动力学变量都对易这一经典规则的简单推广.

让我们考虑一个由大量相互作用的粒子组成的动力学系统. 我们可以用所有粒子的直角坐标以及所有粒子的速度的对应分量作为处理该系统的动力学变量. 然而, 更方便的做法是用动量分量代替速度分量. 把坐标记作 q_r, 其中 r 从 1

遍历至粒子数的三倍, 其对应的动量分量记作 p_r. 这些 q 与 p 叫作正则坐标与正则动量.

拉格朗日运动方程的方法包含了用更普遍的方式引进坐标 q_r 和动量 p_r, 它也适用于不是由粒子组成的系统 (比如一个包含刚体的系统). 这些更普遍的 q 和 p 也叫作正则坐标与正则动量. 任何动力学变量都能够用一组正则坐标和正则动量来表示.

泊松括号是一般动力学理论中的一个重要概念. 任意两个动力学变量 u 和 v 有一个泊松括号, 用 $[u,v]$ 标记它, 其定义是

$$[u,v] = \sum_r \left\{ \frac{\partial u}{\partial q_r} \frac{\partial v}{\partial p_r} - \frac{\partial u}{\partial p_r} \frac{\partial v}{\partial q_r} \right\}, \tag{4.1}$$

由于微分的需要, 其中 u 和 v 被当作一组正则坐标 q_r 和正则动量 p_r 的函数. 式 (4.1) 的右边与我们采用哪一组正则坐标和正则动量无关, 这是正则坐标与正则动量一般定义的结果, 所以泊松括号 $[u,v]$ 是良好定义的.

由泊松括号的定义式 (4.1) 可以立刻得到泊松括号的主要性质有

$$[u,v] = -[v,u], \tag{4.2}$$

$$[u,c] = 0, \tag{4.3}$$

这里 c 是一个数 (它可以被当作是动力学变量的特殊情形),

$$\left.\begin{aligned} [u_1 + u_2, v] = [u_1, v] + [u_2, v], \\ [u, v_1 + v_2] = [u, v_1] + [u, v_2], \end{aligned}\right\} \tag{4.4}$$

$$\left.\begin{aligned} [u_1 u_2, v] &= \sum_r \left\{ \left(\frac{\partial u_1}{\partial q_r} u_2 + u_1 \frac{\partial u_2}{\partial q_r} \right) \frac{\partial v}{\partial p_r} - \left(\frac{\partial u_1}{\partial p_r} u_2 + u_1 \frac{\partial u_2}{\partial p_r} \right) \frac{\partial v}{\partial q_r} \right\} \\ &= [u_1, v] u_2 + u_1 [u_2, v], \\ [u, v_1 v_2] &= [u, v_1] v_2 + v_1 [u, v_2]. \end{aligned}\right\} \tag{4.5}$$

同时恒等式

$$[u, [v, w]] + [v, [w, u]] + [w, [u, v]] = 0 \tag{4.6}$$

容易被验证. 方程 (4.4) 表明, 泊松括号 $[u, v]$ 线性地包括 u 和 v, 而方程组 (4.5) 相应于对乘积进行微分的一般规则.

现在尝试引入量子泊松括号, 它应是经典泊松括号的类比. 假定量子泊松括号满足 (4.2)-(4.6) 各式的所有条件, 现在必须要求, 方程组 (4.5) 第一式中的因子 u_1 和 u_2 的次序在整个方程中保持不变, 正如这里写的这样, 对方程组 (4.5) 第二式中的 v_1 和 v_2 也有同样的要求. 这些条件已经足以唯一地确定量子泊松括号的形式, 这从下面的论证可以看出. 可以用两种方法计算泊松括号 $[u_1u_2, v_1v_2]$, 因为可以先用方程组 (4.5) 的两个式子中的任何一个, 这样有

$$
\begin{aligned}
[u_1u_2, v_1v_2] &= [u_1, v_1v_2]u_2 + u_1[u_2, v_1v_2] \\
&= \{[u_1, v_1]v_2 + v_1[u_1, v_2]\}u_2 + u_1\{[u_2, v_1]v_2 + v_1[u_2, v_2]\} \\
&= [u_1, v_1]v_2u_2 + v_1[u_1, v_2]u_2 + u_1[u_2, v_1]v_2 + u_1v_1[u_2, v_2]
\end{aligned}
$$

以及

$$
\begin{aligned}
[u_1u_2, v_1v_2] &= [u_1u_2, v_1]v_2 + v_1[u_1u_2, v_2] \\
&= [u_1, v_1]u_2v_2 + u_1[u_2, v_1]v_2 + v_1[u_1, v_2]u_2 + v_1u_1[u_2, v_2].
\end{aligned}
$$

令这两个结果相等, 得到

$$
[u_1, v_1](u_2v_2 - v_2u_2) = (u_1v_1 - v_1u_1)[u_2, v_2].
$$

因为这个条件成立, 并且 u_1 和 v_1 完全独立于 u_2 和 v_2, 必然有

$$
u_1v_1 - v_1u_1 = i\hbar[u_1, v_1],
$$
$$
u_2v_2 - v_2u_2 = i\hbar[u_2, v_2],
$$

其中 $\hbar$ 必然与 u_1 和 v_1 都无关, 也与 u_2 和 v_2 无关, 并且与 $(u_1v_1 - v_1u_1)$ 对易. 由此可知, $\hbar$ 仅仅是一个数. 和经典理论一样, 两个实的变量的泊松括号要求是实的, 根据 §2.2 所讲的理由, 在这里引进系数 i 之后, 这要求 $\hbar$ 是一实数. 因此得出,

任意两个变量 u 和 v 的量子泊松括号 $[u,v]$ 的定义,

$$uv - vu = i\hbar[u,v],\qquad(4.7)$$

这里 $\hbar$ 是新的普适常数. 它有作用量的量纲. 为了让理论与实验一致, 必须让 $\hbar$ 等于 $h/2\pi$, 这里的 h 是普适常数, 由普朗克首先引入, 因此叫作普朗克常数. 容易验证, 量子泊松括号满足方程 (4.2)、(4.3)、(4.4)、(4.5) 和 (4.6) 所有这些条件.

寻找量子条件的问题, 现在简化为在量子力学中确定泊松括号的问题. 式 (4.7) 所定义的量子泊松括号与式 (4.1) 所定义的经典泊松括号之间的极端类似性, 使我们作出假定, 量子泊松括号, 或者至少是其中较简单的, 与对应的经典泊松括号有相同的值. 最简单的泊松括号是那些包含正则坐标与正则动量本身的泊松括号, 它们在经典理论中的取值如下:

$$\left.\begin{array}{ll}[q_r, q_s] = 0, & [p_r, p_s] = 0,\\[2mm] [q_r, p_s] = \delta_{rs}.\end{array}\right\}\qquad(4.8)$$

因此假定, 相应的量子泊松括号也有式 (4.8) 给出的值. 借助式 (4.7) 消去量子泊松括号, 得到方程

$$\left.\begin{array}{ll}q_r q_s - q_s q_r = 0, & p_r p_s - p_s p_r = 0,\\[2mm] q_r p_s - p_s q_r = i\hbar\delta_{rs},\end{array}\right\}\qquad(4.9)$$

这些是基本量子条件. 它们显示了正则坐标与正则动量的不对易性之所在. 它们还为计算其他动力学变量之间的对易关系奠定了基础. 例如, 如果 ξ 和 η 是 q 和 p 的两个任意函数, 函数可表示为幂级数形式, 可以重复地应用方程 (4.2)、(4.3)、(4.4) 和 (4.5) 的规则, 把 $\xi\eta - \eta\xi$ 或 $[\xi, \eta]$ 表示成式 (4.8) 所给出的基本泊松括号, 再计算出结果. 简单情况下的结果通常与经典的结果一致, 或者与经典结果的区别仅在于要求乘积中各因子有一特殊次序, 当然这一次序在经典力学中不重要. 即使 ξ 和 η 是 q 和 p 的更一般的函数, 不能表示成幂级数, 方程 (4.9) 仍然足以决定 $\xi\eta - \eta\xi$ 的值, 这一点在后面的工作中变得明显. 对于那些有经典类比并能用正则坐标和正则动量描述的动力学系统, 方程 (4.9) 给出了寻找量子条件问题的答案. 但这并不包括量子力学所有可能的系统.

方程 (4.7) 和 (4.9) 为量子力学和经典力学之间的类比提供了基础. 它们表明, 经典力学可以看作是量子力学在 $\hbar$ 趋于零时的极限情形. 量子力学中的泊松括号是一个纯粹的代数概念, 因而比经典泊松括号更加基本, 经典泊松括号需在一组正则坐标与正则动量的基础上定义. 正因为如此, 正则坐标与正则动量在量子力学中没有在经典力学中重要; 事实上, 在量子力学中可以有一个不存在正则坐标和正则动量的系统, 但仍然可以给出泊松括号的含义. 这样的系统是一个没有经典类比的系统, 不能通过这里描述的方法得到它的量子条件.

由方程 (4.9) 可见, 带不同下标 r 和 s 的两个变量总是对易的. 由此可知, 当 r 和 s 不相同时, q_r 和 p_r 的任意函数一定与 q_s 和 p_s 的函数对易. r 的不同取值对应于动力学系统的不同自由度, 所以我们得到的结果是, 不同自由度所对应的动力学变量互相对易. 由于这一规则是从方程 (4.9) 推导出的, 仅仅在有经典类比的动力学系统中才可以证明, 但是我们假定它普遍成立. 这样我们就开始了为不存在正则坐标与正则动量的动力学系统寻找量子条件的问题, 只要能够借助于物理洞察力, 给出不同自由度的含义即可.

在前一节里, 我们讨论了把动力学变量划分为几个不同的集合, 某一集合中的任一变量与另一集合中的任一变量均对易, 现在可以看到这一划分的物理意义. 每一集合对应于某些自由度, 或者可能对应于某一自由度. 划分对应于把动力学系统分解成它的组成部分的物理过程, 而其中的每一组成部分能够自成一个物理系统, 且不同的组成部分必须放到一起相互作用以产生原来的系统. 也可能是, 这种划分仅仅是一个数学过程, 把动力学变量分解为物理上无法分开的自由度, 例如, 只包含一个粒子但有内部自由度的系统, 可以被分解为描述粒子质心运动的自由度和那些描述内部结构的自由度.

§4.2 薛定谔表象

研究一个具有 n 个自由度且有经典类比的动力学系统, 因此可以用正则坐标和正则动量 q_r、$p_r(r = 1, 2, ..., n)$ 来描述. 假定坐标 q_r 都是可观测量, 而且有连续范围的本征值, 从 q 的物理意义看, 这些假设都是合理的. 让我们建立一个使得 q 是对角的表象. q 是否形成该动力学系统的完全对易集的问题产生了. q 可以形成完全集这一点看上去非常明显. 这里假定它们确实如此, 而这一假定将在后面证明 (见式 (4.28) 后面的文字). 一旦 q 形成完全对易集, 这个表象就确定了, 只是还有任意相位的因子.

首先, 考虑 $n = 1$ 的情形, 这样只有一个 q 和 p, 它们满足

$$qp - pq = i\hbar. \tag{4.10}$$

任意右矢可以写成标准右矢的符号 $\psi(q)\rangle$. 由此可以形成另一右矢 $d\psi/dq\rangle$, 其表示是原来右矢表示的微商. 这个新右矢是原来右矢的线性函数, 因而是某一线性算符作用于原先右矢的结果. 把这一线性算符命名为 d/dq, 我们有

$$\frac{d}{dq}\psi\rangle = \frac{d\psi}{dq}\rangle. \tag{4.11}$$

对所有函数 ψ 都成立的方程 (4.11) 定义了线性算符 d/dq. 我们有

$$\frac{d}{dq}\rangle = 0. \tag{4.12}$$

让我们按照 §2.1 的线性算符的普遍理论来处理线性算符 d/dq. 于是, 应当把它作用于一个左矢 $\langle \phi(q)$, 根据 §2.1 的式 (1.3), 乘积 $\langle \phi d/dq$ 由下式定义:

$$\left\{ \langle \phi \frac{d}{dq} \right\} \psi\rangle = \langle \phi \left\{ \frac{d}{dq} \psi\rangle \right\} \tag{4.13}$$

对所有函数 $\psi(q)$ 都成立. 取表示, 得到

$$\int \langle \phi \frac{d}{dq} |q'\rangle dq' \psi(q') = \int \phi(q') dq' \frac{d\psi(q')}{dq'}. \tag{4.14}$$

我们用分部积分的方法对右边进行变换, 只要积分上下限的贡献为零, 我们可得

$$\int \langle \phi \frac{d}{dq} |q'\rangle dq' \psi(q') = - \int \frac{d\phi(q')}{dq'} dq' \psi(q'). \tag{4.15}$$

这一点给出

$$\langle \phi \frac{d}{dq} |q'\rangle = - \frac{d\phi(q')}{dq'},$$

它表明

$$\langle \phi \frac{d}{dq} = - \langle \frac{d\phi}{dq}. \tag{4.16}$$

因此, d/dq 向左作用于波函数的共轭复量, 其含义是对 q 微分并加一负号.

这一结果的正确性取决于我们能否使方程 (4.14) 过渡至方程 (4.15), 这要求我们仅限于讨论那些左矢和右矢, 它们对应的波函数满足合适的边条件. 通常在实际上成立的边条件是, 它们在边界上都为零. (下一节将给出更普遍一点的条件.) 这些条件并不限制理论在物理上的应用, 相反, 它们通常也符合物理基础的要求. 例如, 如果 q 是粒子的一个直角坐标分量, 其本征值从 $-\infty$ 到 ∞, 粒子处于无穷远点的概率为零的这一物理要求, 导致波函数在 $q = \pm\infty$ 为零的条件.

由方程 (4.16) 可知, $\mathrm{d}/\mathrm{d}q \cdot \psi\rangle$ 或 $\mathrm{d}\psi/\mathrm{d}q\rangle$ 的共轭虚量是 $\langle \mathrm{d}\bar{\psi}/\mathrm{d}q$ 或 $-\langle \bar{\psi}\mathrm{d}/\mathrm{d}q$, 注意到这一点可以计算线性算符 $\mathrm{d}/\mathrm{d}q$ 的共轭复量. 因此 $\mathrm{d}/\mathrm{d}q$ 的共轭复量是 $-\mathrm{d}/\mathrm{d}q$, 所以 $\mathrm{d}/\mathrm{d}q$ 是一个纯虚的线性算符.

为了得到 $\mathrm{d}/\mathrm{d}q$ 的表示, 我们注意到, 应用 §3.7 的公式 (3.63),

$$|q''\rangle = \delta(q - q'')\rangle, \tag{4.17}$$

所以

$$\frac{\mathrm{d}}{\mathrm{d}q}|q''\rangle = \frac{\mathrm{d}}{\mathrm{d}q}\delta(q - q'')\rangle, \tag{4.18}$$

因而

$$\langle q'|\frac{\mathrm{d}}{\mathrm{d}q}|q''\rangle = \frac{\mathrm{d}}{\mathrm{d}q'}\delta(q' - q''). \tag{4.19}$$

$\mathrm{d}/\mathrm{d}q$ 的表示中含有 δ 函数的微分.

让我们计算 $\mathrm{d}/\mathrm{d}q$ 与 q 的对易关系. 我们有

$$\frac{\mathrm{d}}{\mathrm{d}q}q\psi\rangle = \frac{\mathrm{d}q\psi}{\mathrm{d}q}\rangle = q\frac{\mathrm{d}\psi}{\mathrm{d}q}\rangle + \psi\rangle. \tag{4.20}$$

因为对任意右矢 $\psi\rangle$ 都成立, 我们得到

$$\frac{\mathrm{d}}{\mathrm{d}q}q - q\frac{\mathrm{d}}{\mathrm{d}q} = 1. \tag{4.21}$$

将这一结果与等式 (4.10) 进行比较, 我们发现 $-i\hbar \mathrm{d}/\mathrm{d}q$ 与 q 所满足的对易关系和 p 与 q 的对易关系完全相同.

为了把前面的工作推广到任意 n 的情形, 我们把一般右矢写成 $\psi(q_1 \cdots q_n)\rangle =$

$\psi\rangle$ 并引进 n 个线性算符 $\partial/\partial q_r (r = 1, \cdots, n)$, 它们按照下面公式作用于右矢

$$\frac{\partial}{\partial q_r}\psi\rangle = \frac{\partial \psi}{\partial q_r}\rangle, \qquad (4.22)$$

此公式对应于等式 (4.11). 同样也有

$$\frac{\partial}{\partial q_r}\rangle = 0 \qquad (4.23)$$

对应于等式 (4.12). 如果仅限于研究那些左矢和右矢, 其对应的波函数满足合适的边条件, 那么这些线性算符可以按照下面公式作用于左矢

$$\langle\phi\frac{\partial}{\partial q_r} = -\langle\frac{\partial\phi}{\partial q_r}, \qquad (4.24)$$

此公式对应于等式 (4.16). 因此 $\partial/\partial q_r$ 可以向左作用于波函数的复共轭, 此时, 其含义是对 q_r 微分并加一负号. 与前面一样, 我们发现每个 $\partial/\partial q_r$ 都是纯虚的线性算符. 对应于等式 (4.21), 我们有对易关系

$$\frac{\partial}{\partial q_r}q_s - q_s\frac{\partial}{\partial q_r} = \delta_{rs}. \qquad (4.25)$$

我们还有

$$\frac{\partial}{\partial q_r}\frac{\partial}{\partial q_s}\psi\rangle = \frac{\partial^2\psi}{\partial q_r\partial q_s}\rangle = \frac{\partial}{\partial q_s}\frac{\partial}{\partial q_r}\psi\rangle, \qquad (4.26)$$

这表明

$$\frac{\partial}{\partial q_r}\frac{\partial}{\partial q_s} = \frac{\partial}{\partial q_s}\frac{\partial}{\partial q_r}. \qquad (4.27)$$

将 (4.25) 和 (4.27) 两式与方程组 (4.9) 比较, 我们发现, 线性算符 $-i\hbar\partial/\partial q_r$ 与 q 的对易关系等同于 p 与 q 的对易关系, 它们相互之间的对易关系与各个 p 之间的对易关系相同.

我们有可能取

$$p_r = -i\hbar\frac{\partial}{\partial q_r} \qquad (4.28)$$

而不引起任何的前后矛盾. 这一可能性让我们看到, 这些 q 一定会形成可观测量的完全对易集, 因为这意味着 q 和 p 的任意函数可以写成 q 和 $-i\hbar\partial/\partial q$ 的函数, 这样该函数就不可能与所有的 q 对易, 除非该函数仅仅是 q 的函数.

等式 (4.28) 中的所有方程并不必然成立. 但无论如何每个 $p_r + i\hbar\partial/\partial q_r$ 都与所有 q 对易, 所以由 §3.6 的定理 2 可知, 它们中的每一个都是 q 的函数. 因而

$$p_r = -i\hbar\frac{\partial}{\partial q_r} + f_r(q). \tag{4.29}$$

因为 p_r 和 $-i\hbar\partial/\partial q_r$ 都是实的, $f_r(q)$ 必定是实的. 对 q 的任意函数 f, 我们有

$$\frac{\partial}{\partial q_r}f\psi\rangle = f\frac{\partial}{\partial q_r}\psi\rangle + \frac{\partial f}{\partial q_r}\psi\rangle,$$

这表明

$$\frac{\partial}{\partial q_r}f - f\frac{\partial}{\partial q_r} = \frac{\partial f}{\partial q_r}. \tag{4.30}$$

应用方程 (4.29), 可以得出普遍公式

$$p_r f - f p_r = -i\hbar\frac{\partial f}{\partial q_r}. \tag{4.31}$$

这一公式可以采用泊松括号的记号写成

$$[f, p_r] = \frac{\partial f}{\partial q_r}, \tag{4.32}$$

而这与从式 (4.1) 得到的经典理论完全一致. 方程 (4.27) 两边同时乘上 $(-i\hbar)^2$, 采用式 (4.29) 所给的取值替代 $-i\hbar\partial/\partial q_r$ 和 $-i\hbar\partial/\partial q_s$, 我们得到

$$(p_r - f_r)(p_s - f_s) = (p_s - f_s)(p_r - f_r),$$

借助于量子条件 $p_r p_s = p_s p_r$, 上式可以简化成

$$p_r f_s + f_r p_s = p_s f_r + f_s p_r.$$

采用式 (4.31), 此式进一步简化为

$$\partial f_s/\partial q_r = \partial f_r/\partial q_s, \tag{4.33}$$

这表明函数 f_r 的形式都是

$$f_r = \partial F / \partial q_r, \tag{4.34}$$

其中 F 与 r 无关. 方程 (4.29) 现在变成

$$p_r = -\mathrm{i}\hbar\frac{\partial}{\partial q_r} + \frac{\partial F}{\partial q_r}. \tag{4.35}$$

我们一直在应用一个表象, 该表象只能确定到让 q 必须对角的程度, 但还包含任意的相位因子. 如果相位因子发生改变, 算符 $\partial/\partial q_r$ 也跟着改变. 现在我们来证明, 适当地改变相位因子, 可以让等式 (4.35) 中的函数 F 为零, 从而使得方程 (4.28) 成立.

用星号来标记对应于有新相位因子的新表象中的量, 我们得到新的基左矢与先前的基左矢之间的关系为

$$\langle q_1' \cdots q_n' {}^*| = \mathrm{e}^{\mathrm{i}\gamma'} \langle q_1' \cdots q_n'| \tag{4.36}$$

这里 $\gamma' = \gamma(q')$ 是 q 的实函数. 由于一个右矢的新表示等于 $\mathrm{e}^{\mathrm{i}\gamma'}$ 乘上原来的表示, 所以 $\mathrm{e}^{\mathrm{i}\gamma}\psi)^* = \psi)$, 所以我们得到新的标准右矢与原来的标准右矢之间的关系为

$$)^* = \mathrm{e}^{-\mathrm{i}\gamma}). \tag{4.37}$$

对应于式 (4.22), 线性算符 $(\partial/\partial q)^*$ 满足

$$\left(\frac{\partial}{\partial q_r}\right)^* \psi)^* = \frac{\partial \psi}{\partial q_r})^* = \mathrm{e}^{-\mathrm{i}\gamma}\frac{\partial \psi}{\partial q_r}).$$

推导中应用了等式 (4.37). 利用式 (4.22), 上式给出

$$\left(\frac{\partial}{\partial q_r}\right)^* \psi)^* = \mathrm{e}^{-\mathrm{i}\gamma}\frac{\partial}{\partial q_r}\psi) = \mathrm{e}^{-\mathrm{i}\gamma}\frac{\partial}{\partial q_r}\mathrm{e}^{\mathrm{i}\gamma}\psi)^*,$$

这表明

$$\left(\frac{\partial}{\partial q_r}\right)^* = \mathrm{e}^{-\mathrm{i}\gamma}\frac{\partial}{\partial q_r}\mathrm{e}^{\mathrm{i}\gamma}, \tag{4.38}$$

或者借助于式 (4.30), 有

$$\left(\frac{\partial}{\partial q_r}\right)^* = \frac{\partial}{\partial q_r} + \mathrm{i}\frac{\partial \gamma}{\partial q_r}. \tag{4.39}$$

选择 γ, 使得

$$F = \hbar\gamma + 常数, \tag{4.40}$$

式 (4.35) 变成

$$p_r = -\mathrm{i}\hbar(\partial/\partial q_r)^*. \tag{4.41}$$

方程 (4.40) 确定了 γ, 只是还有一任意常数, 所以该表象确定到仅仅相差一任意常数相位因子的程度.

用这个方法, 我们看到, 建立一个使 q 是对角的, 同时使方程 (4.28) 成立的表象是可能的. 这个表象对很多问题非常有用. 它将被称作薛定谔表象, 因为薛定谔在 1926 年最初做出的量子力学的表述中采用了该表象. 只要有正则坐标 q 和正则动量 p, 薛定谔表象就存在, 并且完全由 q 和 p 确定, 只是相差一个任意的常数相位因子. 它所带来的巨大方便在于, q 和 p 的任意代数函数 (函数形式是 p 幂级数) 可以直接表示为微分算符, 例如, 如果 $f(q_1, ..., q_n, p_1, ..., p_n)$ 是这样的函数, 我们便有

$$f(q_1, ..., q_n, p_1, ..., p_n) = f(q_1, ..., q_n, -\mathrm{i}\hbar\partial/\partial q_1, ..., -\mathrm{i}\hbar\partial/\partial q_n), \tag{4.42}$$

只要在用 $-\mathrm{i}\hbar\partial/\partial q$ 替代 p 时, 保持乘积中各因子的次序不变即可.

由 (4.23) 和 (4.28) 两式, 我们有

$$p_r \rangle = 0. \tag{4.43}$$

因此, 薛定谔表象中的标准右矢的特征由下述条件所描述, 即它是所有动量的共同本征右矢, 且对应于本征值零. 薛定谔表象中基矢量的一些其他性质也值得注意. 方程 (4.22) 给出

$$\langle q_1'...q_n'|\frac{\partial}{\partial q_r}\psi\rangle = \langle q_1'...q_n'|\frac{\partial \psi}{\partial q_r}\rangle = \frac{\partial \psi(q_1'...q_n')}{\partial q_r'} = \frac{\partial}{\partial q_r'}\langle q_1'...q_n'|\psi\rangle.$$

因此

$$\langle q_1'...q_n'|\frac{\partial}{\partial q_r} = \frac{\partial}{\partial q_r'}\langle q_1'...q_n'|, \tag{4.44}$$

所以

$$\langle q_1'...q_n'|p_r = -i\hbar\frac{\partial}{\partial q_r'}\langle q_1'...q_n'|. \tag{4.45}$$

同样地, 方程 (4.24) 给出

$$p_r|q_1'...q_n'\rangle = i\hbar\frac{\partial}{\partial q_r'}|q_1'...q_n'\rangle. \tag{4.46}$$

§4.3 动量表象

让我们考虑只有一个自由度且可以用 q 和 p 描述的系统, q 的本征值从 $-\infty$ 到 ∞, 让我们取 p 的一个本征右矢 $|p'\rangle$. 它在薛定谔表象中的表示 $\langle q'|p'\rangle$ 满足

$$p'\langle q'|p'\rangle = \langle q'|p|p'\rangle = -i\hbar\frac{\mathrm{d}}{\mathrm{d}q'}\langle q'|p'\rangle,$$

这是把式 (4.45) 用于只有一个自由度情形而得到的. 这是 $\langle q'|p'\rangle$ 的微分方程, 其解是

$$\langle q'|p'\rangle = c'\mathrm{e}^{\mathrm{i}p'q'/\hbar}, \tag{4.47}$$

其中 $c' = c(p')$ 独立于 q', 但可以含有 p'.

表示 $\langle q'|p'\rangle$ 并不满足在 $q' = \pm\infty$ 为零的边条件. 这引起了某些困难, 此困难最直接的表现是不符合正交性定理. 如果取 p 的第二个对应于本征值 p'' 的本征右矢 $|p''\rangle$, 其表示是

$$\langle q'|p''\rangle = c''\mathrm{e}^{\mathrm{i}p''q'/\hbar},$$

我们将有

$$\langle p'|p''\rangle = \int_{-\infty}^{\infty}\langle p'|q'\rangle\mathrm{d}q'\langle q'|p''\rangle = \bar{c}'c''\int_{-\infty}^{\infty}\mathrm{e}^{-\mathrm{i}(p'-p'')q'/\hbar}\mathrm{d}q'. \tag{4.48}$$

按照通常的收敛定义, 这一积分并不收敛. 为了规范这一理论, 对积分区间扩展至无穷的积分的收敛采取新的定义, 该定义类似于切萨罗[1] 关于无穷级数求和的

---

[1]Ernesto Cesàro, 意大利数学家. 数列 $\{a_i\}$, 如果 $n \to \infty$ 时, $\frac{1}{n}\sum_{i=1}^{n}(a_1 + \cdots + a_i)$ 的极限存在, 那么该数列是切萨罗可求和的.——译者注

定义. 据此新定义, 一个积分对上限 q' 的值的形式是 $\cos aq'$ 或 $\sin aq'$, 这里 a 是一个不为零的实数, 则当 q' 趋于无穷大时, 这个值就被当作零, 换言之, 取振动的平均值, 下限 q' 区域负无穷大时采用同样的方法. 这使得 $p'' \neq p'$ 时式 (4.48) 的右边为零, 正交性定理恢复有效. 此外, 当 $\langle\phi$ 和 $\psi\rangle$ 是 p 的本征矢量时, 该定义使得式 (4.13) 的右边等于式 (4.14) 的右边, 所以 p 的本征矢量成为可以用算符 $\mathrm{d}/\mathrm{d}q$ 对其进行操作的矢量. 这样, 可容许的左矢或右矢的表示所必须满足的边条件就变宽了, 在 q' 趋于正无穷大或负无穷大时, 允许表示如 $\cos aq'$ 或 $\sin aq'$ 那样振荡.

当 p'' 很接近 p' 时, 式 (4.48) 右边包含 δ 函数. 为了计算它, 我们需要公式

$$\int_{-\infty}^{\infty} \mathrm{e}^{iax}\mathrm{d}x = 2\pi\delta(a), \tag{4.49}$$

这里 a 是实数, 这可以证明如下. a 不为零时, 该公式显然成立, 因为这时两边都是零. 此外, 对于任意连续函数 $f(a)$, 当 g 趋于无穷大的极限时, 我们有

$$\int_{-\infty}^{\infty} f(a)\mathrm{d}a \int_{-g}^{g} \mathrm{e}^{iax}\mathrm{d}x = \int_{-\infty}^{\infty} f(a)\mathrm{d}a\, 2a^{-1}\sin ag = 2\pi f(0).$$

更复杂一些的推理表明, 如果不用 g 与 $-g$ 做积分上下限, 而用 g_1 和 $-g_2$, 并让 g_1 与 g_2 以不同的方式 (相差不是太大) 趋于无穷大, 也得到相同的结果. 这表明式 (4.49) 两边作为被积函数的因子是等价的, 这就证明了该公式.

借助于式 (4.49), 式 (4.48) 变成

$$\langle p'|p''\rangle = \bar{c}'c''2\pi\delta[(p'-p'')/\hbar] = \bar{c}'c''h\,\delta(p'-p'') = |c'|^2\,h\,\delta(p'-p''). \tag{4.50}$$

我们已经得到了 p 的一个对应于任意实本征值 p' 的本征右矢, 它的表示由等式 (4.47) 给出. 任意右矢 $|X\rangle$ 可以用 p 的这些本征右矢进行展开, 因为它的表示 $\langle q'|X\rangle$ 可以用等式 (4.47) 的表示通过傅里叶分析的方式进行展开. 由此得出, 动量 p 是可观测量, 这与动量可以被观测到的实验结果相一致.

q 和 p 之间现在出现了对称性. 它们都是可观测量, 且本征值都从 $-\infty$ 到 ∞, 而且, 如果将 q 和 p 互换, 同时把 i 写成 $-i$, 则联系 q 和 p 的对易关系的方程 (4.10) 保持不变. 我们已经建立了一个表象, 其中 q 是对角的, 而 $p = -i\hbar\mathrm{d}/\mathrm{d}q$.

由对称性可知, 还可以建立一个表象, 其中 p 是对角的, 而

$$q = i\hbar \frac{d}{dp}, \tag{4.51}$$

定义算符 d/dp 的过程与 d/dq 的过程一样. 这一表象被称作动量表象. 动量表象没有前面的薛定谔表象有用. 因为, p 和 q 的任意函数如果是 p 的幂级数, 薛定谔表象能把该函数表示成微分算符; p 和 q 的任意函数如果是 q 的幂级数, 动量表象也能把它表示成微分算符. 然而动力学里重要的量几乎总是 p 的幂级数, 往往不是 q 的幂级数. 尽管如此, 动量表象对某些问题是有价值的 (参见 §8.3).

现在我们来计算联系这两个表象的变换函数 $\langle q'|p' \rangle$. 动量表象的基右矢 $|p'\rangle$ 都是 p 的本征右矢, 它们的薛定谔表示 $\langle q'|p' \rangle$ 由式 (4.47) 给出, 其中系数 c' 需要适当选择. 这些基右矢的相位因子需做选择以使式 (4.51) 成立. 实现这一条件的最容易方法是利用上面所讲的 q 和 p 之间的对称性, 据此对称性, 互换 q' 和 p' 并用 $-i$ 替代 i, 则 $\langle q'|p' \rangle$ 必定变成 $\langle p'|q' \rangle$. 由于 $\langle q'|p' \rangle$ 等于式 (4.47) 的右边, 而 $\langle p'|q' \rangle$ 等于它的复共轭, 因而 c' 必然与 p' 无关. 因此, c' 仅仅是一个数 c. 此外, 我们一定有

$$\langle p'|p'' \rangle = \delta(p' - p''),$$

与等式 (4.50) 比较可得, $|c| = h^{-\frac{1}{2}}$. 我们可以在两个表象中选择适当的任意常数相因子, 使得 $c = h^{-\frac{1}{2}}$, 我们得到变换函数

$$\langle q'|p' \rangle = h^{-\frac{1}{2}} e^{i p' q'/\hbar}. \tag{4.52}$$

上述工作可以容易地推广到有 n 个自由度的系统, 它由 n 个 q 和 n 个 p 描述, 每个 q 的本征值从 $-\infty$ 到 ∞. 这样每个 p 将是一个可观测量, 其本征值从 $-\infty$ 到 ∞, 并且 q 的集合与 p 的集合之间有对称性, 如果我们将每个 q_r 与其对应的 p_r 进行互换, 并用 $-i$ 代替 i, 对易关系保持不变. 我们可以建立一个动量表象, 其中 p 是对角的, 而每一个 q_r 是

$$q_r = i\hbar \frac{\partial}{\partial p_r}. \tag{4.53}$$

联系动量表象和薛定谔表象的变换函数, 等于每个单独自由度的变换函数的乘

积, 这一结论已由 §3.7 的公式 (3.67) 表明, 因而可以写成

$$\langle q'_1 q'_2 ... q'_n | p'_1 p'_2 ... p'_n \rangle = \langle q'_1 | p'_1 \rangle \langle q'_2 | p'_2 \rangle ... \langle q'_n | p'_n \rangle$$
$$= h^{-n/2} \, e^{i(p'_1 q'_1 + p'_2 q'_2 + ... + p'_n q'_n)/\hbar}. \tag{4.54}$$

§4.4 海森伯不确定度原理

对于单个自由度的系统, 右矢 $|X\rangle$ 的薛定谔表示与动量表示之间的关系是

$$\left. \begin{array}{l} \langle p'|X \rangle = h^{-\frac{1}{2}} \displaystyle\int_{-\infty}^{\infty} e^{-iq'p'/\hbar} dq' \langle q'|X \rangle, \\[2mm] \langle q'|X \rangle = h^{-\frac{1}{2}} \displaystyle\int_{-\infty}^{\infty} e^{iq'p'/\hbar} dp' \langle p'|X \rangle. \end{array} \right\} \tag{4.55}$$

上面两个公式有基本的意义. 它们表明除了数值的系数外, 两个表示中的任一个等于另一个的傅里叶分量的振幅.

如果一个右矢的薛定谔表示由所谓的波包组成, 则将方程 (4.55) 应用于该右矢是有价值的. 波包是一个函数, 它在一定区域外的任何地方的取值都很小, 区域有一定宽度, 如 $\Delta q'$, 在区域内, 该函数是近似周期的, 有一确定的频率[2]. 如果对这样的波包进行傅里叶分析, 除了在此确定频率的邻近区域, 区域之外所有傅里叶分量的振幅都很小. 那些振幅不是很小的分量将充满一个频率带, 其宽度的数量级是 $1/\Delta q'$, 因为频率相差这个量的两个分量, 如果在区域 $\Delta q'$ 的中点上相位一致, 那么这两个分量在这个区域的两个端点上的相位恰好相反而相互干涉掉. 现在方程 (4.55) 中第一式的变量 $(2\pi)^{-1} p'/\hbar = p'/h$ 起频率的作用. 因此如果 $\langle q'|X \rangle$ 具有波包的形式, 那么由此波包的傅里叶分量的振幅所组成的函数 $\langle p'|X \rangle$ 在 p'- 空间某一区域之外都将很小, 此区域的宽度是 $\Delta p' = h/\Delta q'$.

让我们应用把右矢表示的模平方当作概率的这一物理解释. 我们发现, 波包表示一个态, 对此态测量 q 几乎肯定得到结果处于宽度为 $\Delta q'$ 的一个区域, 而测量 p 几乎肯定得到结果处于宽度为 $\Delta p'$ 的区域. 我们可以说, 对于此态, q 有确定值并伴有数量级为 $\Delta q'$ 的误差, 而 p 的误差数量级是 $\Delta p'$. 这两个误差的乘积是

$$\Delta q' \Delta p' = h. \tag{4.56}$$

---

[2]这里频率的含义是波长的倒数.

因此, q 和 p 中任一个越精确地有一个确定值, 则另一个就越不精确. 对于多个自由度的系统, 方程 (4.56) 分别适用于每一个自由度.

方程 (4.56) 被称为海森伯不确定度原理. 它清楚地表明, 当两个不对易的可观测量是正则坐标和正则动量时, 对任意特定的态, 给这两个可观测量同时赋值的可能性所受的限制; 同时为量子力学中可观测量如何地不相容提供了清楚的例证. 它还表明, 当 h 可以看成小到足以忽略时, 假定对所有可观测量都可以同时赋值的经典力学如何成为一个有效的近似. 方程 (4.56) 只是在最理想的情况下才成立, 当态的表示具有波包形式时才是理想情况. 表示的其他形式会导致 $\Delta q'$ 与 $\Delta p'$ 的乘积大于 h.

海森伯不确定度原理表明, 在极限情况下, 当 q 或 p 中的任何一个完全确定, 另一个就完全不确定. 这一结果也可以由变换函数 $\langle q'|p' \rangle$ 直接得到. 根据 §3.5 结尾所述, 对于 p 有确定取值 p' 的态, $|\langle q'|p' \rangle|^2 \mathrm{d}q'$ 正比于 q 在 q' 与 $q' + \mathrm{d}q'$ 之间取值的概率, 由等式 (4.52) 可知, 这一概率在 $\mathrm{d}q'$ 给定的情况下与 q' 无关. 因此, 如果 p 肯定有确定的值 p', 则 q 的所有取值概率相等. 同样地, 如果 q 肯定有确定的值 q', p 的所有取值概率相等.

物理上显然的是, q 的所有取值等概率的态, 或者 p 的所有取值等概率的态, 实际上都是无法实现的, 第一种情况是由于尺寸的限制, 第二种情况是由于能量的限制. 因此, p 的本征态或者 q 的本征态都是实际上无法实现的. §2.6 结尾处的论证已经表明这种本征态是不可实现的, 因为建立它们需要无限的精度, 现在我们用另一论证得到同一结论.

§4.5 平移算符

通过研究平移算符, 可以对某些量子条件的意义有新的认识. 当考虑下述情况时, 理论中就出现平移算符: 第 2 章里所讲的态与动力学变量之间关系的方案, 本质上是一个物理的方案, 所以, 如果某些态和动力学变量是由某一关系相联系的, 那么若以一确定的方式平移它们 (比如, 让它们沿直角坐标的 x 轴方向平移一个距离 δx), 则新的态和动力学变量应该仍然由同一关系相联系.

态或者可观测量的平移是物理上完全确定的过程. 因此, 要将态或可观测量沿 x 轴方向平移 δx 的距离, 只要把用来制备此态的全部仪器, 或为测量此可观测量所需的全部仪器, 沿着 x 轴方向平移 δx 的距离, 这些被平移的仪器决定了平移后的态或可观测量. 由于动力学变量和可观测量之间紧密的数学联系, 动力学变量的平移必定与可观测量的平移一样确定. 平移前的态或动力学变量, 加上平移的方向和大小, 就能唯一地决定平移后的态或动力学变量.

但是右矢量的平移并不这样确定. 如果取某一右矢量, 它表示某一态, 可以平移这个态而得到一个完全确定的新态, 但这个新态不能决定平移后的右矢, 而只是决定平移后的右矢的方向. 如果要求平移后的右矢与平移前的右矢有相同的长度, 则有助于确定平移后的右矢, 但是即便如此, 它还没有完全决定, 仍然可以乘上一个任意的相位因子. 初看起来, 有人会认为每一个平移了的右矢可以有不同的任意相位因子, 但是借助于下面的论证可知, 所有右矢的任意相位因子是相同的. 我们应用各态之间叠加关系在平移下保持不变的这一规则. 各态之间的叠加关系在数学上表示为, 对应于这些态的右矢之间的线性方程, 例如

$$|R\rangle = c_1|A\rangle + c_2|B\rangle, \tag{4.57}$$

其中 c_1 和 c_2 都是数; 而叠加关系不变性要求, 平移后的各态相应的右矢之间有相同的线性方程——在我们的例子中, 它们对应的右矢则写成 $|Rd\rangle$、$|Ad\rangle$ 和 $|Bd\rangle$, 它们则满足

$$|Rd\rangle = c_1|Ad\rangle + c_2|Bd\rangle. \tag{4.58}$$

我们取这些右矢为平移后的右矢, 而不取那些乘上了互相无关的任意相位因子的右矢; 若按照后一种取法, 则平移后的右矢所满足线性方程的系数 c_1、c_2 与之前的不同. 现在, 平移后的右矢中留下的唯一任意性在于, 所有平移后的右矢同时乘上某个任意相位因子.

右矢之间的线性方程在平移变换下保持不变, 即只要方程 (4.57) 成立, 就有 (4.58) 这样对应的方程成立, 这个条件意味着, 平移后的右矢是平移前的右矢的线性函数, 因而每个平移后的右矢 $|Pd\rangle$ 是某个线性算符作用于相应的平移前的右矢 $|P\rangle$ 的结果. 用符号写成

$$|Pd\rangle = D|P\rangle, \tag{4.59}$$

这里的 D 是一个与 $|P\rangle$ 无关而仅仅与平移相关的线性算符. 所有平移后的右矢可以乘上的任意相位因子, 导致 D 只能决定到含有模为 1 的任意数值因子的程度.

右矢的平移按照上述方式得以确定, 左矢由于是右矢的共轭虚量, 当然也等

效地确定下来. 我们现在可以断言, 右矢、左矢和动力学变量之间的任何符号的方程, 其中每个符号都进行平移的情况下, 方程保持不变, 原因在于方程具有某种物理意义, 而该物理意义不因平移而改变.

以方程

$$\langle Q|P\rangle = c$$

为例, 其中 c 是一个数. 这时, 必定有

$$\langle Qd|Pd\rangle = c = \langle Q|P\rangle. \tag{4.60}$$

利用方程 (4.59) 的共轭虚量, 并用 Q 代替 P, 可得

$$\langle Qd| = \langle Q|\bar{D}. \tag{4.61}$$

因而方程 (4.60) 给出

$$\langle Q|\bar{D}D|P\rangle = \langle Q|P\rangle.$$

既然对任意的 $\langle Q|$ 和 $\langle P|$ 上式都成立, 则必然有

$$\bar{D}D = 1, \tag{4.62}$$

这给出了一个 D 必须满足的普遍条件.

以方程

$$v|P\rangle = |R\rangle$$

作为第二个例子, 这里 v 是任意的动力学变量. 用 v_d 表示平移后的动力学变量, 必然有

$$v_d|Pd\rangle = |Rd\rangle.$$

利用方程 (4.59), 得到

$$v_d|Pd\rangle = D|R\rangle = Dv|P\rangle = DvD^{-1}|Pd\rangle.$$

由于 $|Pd\rangle$ 是任意右矢, 必然有

$$v_d = DvD^{-1},\qquad(4.63)$$

这表明, 正如决定右矢和左矢的位移一样, 线性算符 D 决定了动力学变量的平移. 需要注意的是, 在 D 中的任意模为 1 的数值因子既不影响 v_d, 也不影响方程 (4.62) 的成立.

让我们转到无穷小的平移, 即取沿 x 轴方向移动距离 δx 的平移, 并让 $\delta x \to 0$. 由物理的连续性, 我们预期位移后的右矢 $|Pd\rangle$ 趋向于原来的右矢 $|P\rangle$, 我们还进一步预期极限

$$\lim_{\delta x \to 0} \frac{|Pd\rangle - |P\rangle}{\delta x} = \lim_{\delta x \to 0} \frac{D-1}{\delta x}|P\rangle$$

是存在的. 这要求极限

$$\lim_{\delta x \to 0} \frac{D-1}{\delta x}\qquad(4.64)$$

应当存在. 这个极限是一个线性算符, 我们称之为 x 方向的平移算符, 并用 d_x 表示. 可以乘在 D 上的任意数值因子 $e^{i\gamma}$ (γ 是实数) 在 $\delta x \to 0$ 时, 必然趋于 1, 这样就在 d_x 中引入了任意性, 即 d_x 被替换为

$$\lim_{\delta x \to 0} (De^{i\gamma} - 1)/\delta x = \lim_{\delta x \to 0} (D - 1 + i\gamma)/\delta x = d_x + ia_x,$$

其中 a_x 是 $\gamma/\delta x$ 的极限. 因此 d_x 包含了一个任意加上去的纯虚数.

由于 δx 很小,

$$D = 1 + \delta x d_x.\qquad(4.65)$$

将上式代入方程 (4.62), 得

$$(1 + \delta x \bar{d}_x)(1 + \delta x d_x) = 1,$$

忽略 δx^2, 得到

$$\delta x(\bar{d}_x + d_x) = 0.$$

所以 d_x 是纯虚的线性算符. 将等式 (4.65) 代入方程 (4.63) 并在此忽略 δx^2, 可得

$$v_d = (1 + \delta x d_x)v(1 - \delta x d_x) = v + \delta x(d_x v - v d_x), \tag{4.66}$$

这表明

$$\lim_{\delta x \to 0} (v_d - v)/\delta x = d_x v - v d_x. \tag{4.67}$$

可以用下列动力学变量描述任意的动力学系统: 系统质心的直角坐标 x、y、z, 系统总动量的分量 p_x、p_y、p_z (它们分别是与 x、y、z 共轭的正则动量), 以及任何描述系统内部自由度所需的动力学变量. 如果我们为测量 x 而设置的一台仪器在 x 轴方向上被移动了距离 δx, 那么它将测得 $x - \delta x$ 的结果, 那么

$$x_d = x - \delta x.$$

令等式 (4.66) 中 $v = x$ 并与上式比较, 得到

$$d_x x - x d_x = -1. \tag{4.68}$$

这就是联系 d_x 和 x 的量子条件. 应用相似的论证, 我们发现 y、z、p_x、p_y、p_z 以及内部动力学变量, 都不受此平移影响, 它们必然与 d_x 对易. 将这些结果与 (4.9) 比较, 我们发现 $i\hbar d_x$ 与 p_x 满足相同的量子条件. 它们之差 $p_x - i\hbar d_x$ 与所有动力学变量对易, 因而必然是一个数. 由于 p_x 和 $i\hbar d_x$ 都是实的, 这个数一定是实的, 并且可以通过适当选取加在 d_x 之上的任意纯虚数, 使得这个数 $p_x - i\hbar d_x$ 为零. 我们于是得到结果

$$p_x = i\hbar d_x, \tag{4.69}$$

即系统的总动量的 x 分量等于平移算符 d_x 乘以 $i\hbar$.

这一基本结果赋予了平移算符新的意义. 当然对于 y 与 z 方向上平移算符 d_y 与 d_z 也有相应的结果. 现在看来, p_x、p_y、p_z 之间互相对易的量子条件与下列事实相联系, 即沿不同方向的平移是次序可交换的操作.

§4.6 幺正变换

令 U 是任一有逆算符 U^{-1} 的线性算符, 并考虑方程

$$\alpha^* = U\alpha U^{-1}, \tag{4.70}$$

α 是一任意的线性算符. 该方程可以看成是表示一个变换, 该变换将任意线性算符 α 变换成其对应的线性算符 α^*, 而且变换本身有一些值得注意的性质. 首先, 应当注意到, 每个 α^* 与相应的 α 有同样的本征值, 因为, 如果 α' 是 α 的任意本征值, $|\alpha'\rangle$ 是属于它的本征右矢, 则有

$$\alpha|\alpha'\rangle = \alpha'|\alpha'\rangle,$$

因此有

$$\alpha^* U|\alpha'\rangle = U\alpha U^{-1}U|\alpha'\rangle = U\alpha|\alpha'\rangle = \alpha'U|\alpha'\rangle,$$

这表明 $U|\alpha'\rangle$ 是 α^* 的本征右矢, 属于同一本征值 α', 同样地, 可以证明 α^* 的任何本征值也都是 α 的本征值. 其次, 如果取几个 α, 它们由代数方程联系在一起, 并将它们整体地按照方程 (4.70) 变换, 这些对应的 α^* 将由相同的代数方程联系在一起. 这一结果来自下述事实, 即加法和乘法这些基本的代数过程在变换 (4.70) 下保持不变, 而这一事实由下列方程证明:

$$(\alpha_1 + \alpha_2)^* = U(\alpha_1 + \alpha_2)U^{-1} = U\alpha_1 U^{-1} + U\alpha_2 U^{-1} = \alpha_1^* + \alpha_2^*,$$
$$(\alpha_1\alpha_2)^* = U\alpha_1\alpha_2 U^{-1} = U\alpha_1 U^{-1}U\alpha_2 U^{-1} = \alpha_1^*\alpha_2^*.$$

现在让我们看, 如果要求任意实算符 α 变换到实的 α^*, 则需要在 U 上施加什么条件. 方程 (4.70) 可以写成

$$\alpha^* U = U\alpha. \tag{4.71}$$

按照 §2.2 的等式 (2.5), 上式两边取复共轭, 我们发现, 若 α 与 α^* 都是实的, 则

$$\bar{U}\alpha^* = \alpha\bar{U}. \tag{4.72}$$

方程 (4.71) 给出

$$\bar{U}\alpha^*U = \bar{U}U\alpha,$$

而方程 (4.72) 给出

$$\bar{U}\alpha^*U = \alpha\bar{U}U.$$

这样有

$$\bar{U}U\alpha = \alpha\bar{U}U.$$

至此, $\bar{U}U$ 与任意实线性算符对易, 因而与任何线性算符对易, 因为任意线性算符可以表示成一个实线性算符加上 i 乘以另一个实线性算符. 所以 $\bar{U}U$ 是一个数. 此数是实数, 因为根据 §2.2 的等式 (2.5) 可知, 它的复共轭是它本身, 此外它必定是一个正数, 因为对任意右矢 $|P\rangle$, $\langle P|\bar{U}U|P\rangle$ 与 $\langle P|P\rangle$ 一样都是正数. 我们可以假定它为 1 而不失去变换 (4.70) 的任何一般性. 于是我们有

$$\bar{U}U = 1. \tag{4.73}$$

方程 (4.73) 等价于下列各式的任一个

$$U = \bar{U}^{-1}, \quad \bar{U} = U^{-1}, \quad U^{-1}\bar{U}^{-1} = 1. \tag{4.74}$$

满足式 (4.73) 和式 (4.74) 的矩阵或线性算符 U 叫作幺正矩阵或幺正算符, 采用幺正算符 U 进行的变换 (4.70) 叫作幺正变换. 幺正变换将实的线性算符变换成实的线性算符, 并使得线性算符之间的任何代数方程都保持不变. 我们也可以考虑让幺正变换按照下列方程的方式作用于右矢和左矢

$$|P^*\rangle = U|P\rangle, \quad \langle P^*| = \langle P|\bar{U} = \langle P|U^{-1}, \tag{4.75}$$

此时它使线性算符、右矢与左矢之间的任意代数方程保持不变. 幺正变换将 α 的本征矢量变换成 α^* 的本征矢量. 由此可以容易地推导出, 幺正变换将可观测量变换成可观测量并且使得可观测量之间的任何函数关系 (按照 §2.5 给出的函数普遍定义) 保持不变.

幺正变换的逆变换也是幺正变换, 因为由式 (4.74) 可知, 如果 U 是幺正的, U^{-1} 也是幺正的. 此外, 如果两个幺正变换相继作用, 其结果是另一个幺正变换,

这一点可以用下述方法验证. 令这两个幺正变换是式 (4.70) 和

$$\alpha^{\dagger} = V\alpha^* V^{-1}.$$

由 §2.5 的等式 (2.42) 可得, $\alpha^{\dagger}$ 与 α 之间的联系是

$$\alpha^{\dagger} = VU\alpha U^{-1}V^{-1}$$
$$= (VU)\alpha(VU)^{-1}. \tag{4.76}$$

而 VU 是幺正的, 因为

$$\overline{VU}VU = \bar{U}\bar{V}VU = \bar{U}U = 1,$$

因此式 (4.76) 是幺正变换.

上一节给出的从平移前的各个量到平移后的各个量之间的变换, 是幺正变换的一个例子, 这一点由下列对应关系体现, 方程 (4.62)、(4.63) 对应于方程 (4.73)、(4.70), 而方程 (4.59)、(4.61) 对应于方程 (4.75).

经典力学中, 可以通过变换, 将正则坐标和正则动量 q_r、$p_r (r = 1, \cdots, n)$ 变换成一组新的变量 q_r^*、$p_r^* (r = 1, \cdots, n)$, 它们满足 q 与 p 所满足的同样的泊松括号关系, 即用 q^* 与 p^* 代替 §4.1 的方程 (4.8) 中的 q 与 p; 而且我们还能用 q^* 与 p^* 表示所有的动力学变量. 于是, 这些 q^* 与 p^* 也叫作正则坐标和正则动量, 而这一变换叫作切变换. 容易验证, 用 q^* 与 p^* 代替 §4.1 的方程 (4.1) 中的 q 与 p, 任意两个动力学变量 u 和 v 的泊松括号都可以由此方程给出, 所以泊松括号关系在切变换下保持不变. 这一点导致, 对一般动力学理论的问题而言, 新的正则坐标和正则动量, 与原先的正则坐标和正则动量起相同的作用, 即使新的坐标 q^* 可能不是一组拉格朗日坐标的函数, 而是拉格朗日坐标与速度的函数.

我们将要证明, 对于有经典类比的量子动力学系统, 量子理论中的幺正变换是经典理论中切变换的类比. 幺正变换比切变换更加普遍, 因为幺正变换适用于量子力学中一些没有经典类比的系统, 但对于量子力学中那些可以用正则坐标和正则动量描述的系统, 两种变换之间的类比是成立的. 为了建立这一类比, 我们注意到, 幺正变换作用于量子变量 q_r 和 p_r 后给出新的变量 q_r^* 和 p_r^*, 它们满足相同的泊松括号关系, 因为泊松括号关系等价于 §4.1 的代数关系 (4.9), 而代数关

系在幺正变换下保持不变. 反过来, 任意实的变量 q_r^* 和 p_r^* 如果满足正则坐标与正则动量之间的泊松括号关系, 那么它们可通过幺正变换与 q_r 和 p_r 联系起来, 这一点通过下述论证来表明.

采用薛定谔表象, 并把基右矢 $|q_1' \cdots q_n'\rangle$ 简写成 $|q'\rangle$. 因为假定 q_r^* 和 p_r^* 满足正则坐标与正则动量的泊松括号关系, 我们可以根据它们建立薛定谔表象, 其中 q_r^* 都对角, 每个 p_r^* 都等于 $-i\hbar\partial/\partial q_r^*$. 后一个薛定谔表象中的基右矢将是 $|q_1^{*\prime} \cdots q_n^{*\prime}\rangle$, 将它简写成 $|q^{*\prime}\rangle$. 现在引入线性算符 U, 其定义是

$$\langle q^{*\prime}|U|q'\rangle = \delta(q^{*\prime} - q'), \tag{4.77}$$

这里 $\delta(q^{*\prime} - q')$ 是

$$\delta(q^{*\prime} - q') = \delta(q_1^{*\prime} - q_1')\delta(q_2^{*\prime} - q_2')\cdots\delta(q_n^{*\prime} - q_n') \tag{4.78}$$

的简写. 式 (4.77) 的复共轭是

$$\langle q'|\bar{U}|q^{*\prime}\rangle = \delta(q^{*\prime} - q'),$$

因此[3]

$$\begin{aligned}
\langle q'|\bar{U}U|q''\rangle &= \int \langle q'|\bar{U}|q^{*\prime}\rangle \mathrm{d}q^{*\prime} \langle q^{*\prime}|U|q''\rangle \\
&= \int \delta(q^{*\prime} - q')\mathrm{d}q^{*\prime}\delta(q^{*\prime} - q'') \\
&= \delta(q' - q''),
\end{aligned}$$

所以

$$\bar{U}U = 1.$$

---

[3]采用单重积分号以及一个 $\mathrm{d}q^{*\prime}$ 的记号来表示对所有变量 $q_1^{*\prime}, q_2^{*\prime}, \cdots, q_n^{*\prime}$ 的积分. 这种缩写也将在以后使用.

因此, U 是幺正算符. 我们进一步有

$$\langle q^{*\prime}|q_r^* U|q'\rangle = q_r^{*\prime}\delta(q^{*\prime}-q')$$

$$\langle q^{*\prime}|U q_r|q'\rangle = \delta(q^{*\prime}-q')q_r'.$$

根据 §3.2 中 δ 函数的性质 (3.11), 上面两个方程的右边相等, 因此

$$q_r^* U = U q_r,$$

或

$$q_r^* = U q_r U^{-1}.$$

另外, 由式 (4.45) 和 (4.46) 可得

$$\langle q^{*\prime}|p_r^* U|q'\rangle = -\mathrm{i}\hbar\frac{\partial}{\partial q_r^{*\prime}}\delta(q^{*\prime}-q'),$$

$$\langle q^{*\prime}|U p_r|q'\rangle = \mathrm{i}\hbar\frac{\partial}{\partial q_r'}\delta(q^{*\prime}-q').$$

这两个方程的右边显然相等, 因而有

$$p_r^* U = U p_r$$

或

$$p_r^* = U p_r U^{-1}.$$

这样, 所有幺正变换的条件都已验证了.

让式 (4.70) 中的 U 与单位算符相差一个无限小量, 这样得到一个无限小的幺正变换. 令

$$U = 1 + \mathrm{i}\epsilon F,$$

这里 ϵ 是无穷小量, 所以它的平方可以忽略. 这样有

$$U^{-1} = 1 - \mathrm{i}\epsilon F.$$

幺正条件 (4.73) 或 (4.74) 要求 F 应该是实算符. 变换方程 (4.70) 现在取下面形式

$$\alpha^* = (1 + \mathrm{i}\epsilon F)\alpha(1 - \mathrm{i}\epsilon F),$$

此式给出

$$\alpha^* - \alpha = \mathrm{i}\epsilon(F\alpha - \alpha F). \tag{4.79}$$

这个可以用泊松括号的符号形式写成

$$\alpha^* - \alpha = \epsilon\hbar[\alpha, F]. \tag{4.80}$$

如果 α 是正则坐标或者正则动量, 那么上面的方程在形式上和经典的无穷小切变换完全相同.

5 运动方程

§5.1 运动方程的薛定谔形式

从 §1.5 到现在, 我们所研究的问题都是某一时刻的. 对于某一时刻的动力学系统, 我们得出了各个态与各个动力学变量之间关系的普遍方案. 为了获得动力学的完整理论, 还要研究不同时刻之间的联系. 当我们对动力学系统进行一次观测, 系统的态会发生不可预知的改变, 但是在相邻的两次观测之间, 因果律适用于量子力学正如适用于经典力学那样, 并且系统完全由运动方程支配, 运动方程使得某一时刻的态决定下一时刻的态. 现在继续研究这些运动方程. 只要系统免于观测或者类似过程[1] 的扰动, 这些运动方程仍然适用. 它们的一般形式可由第 1 章的叠加原理推断而得.

让我们研究系统不受扰动的全部时间里的某一特定的运动态. 令这个态在任意时刻 t 与某一右矢对应, 该右矢依赖于 t, 并写成 $|t\rangle$. 如果处理多个这样的运动态, 要给它们加上记号, 例如 A, 以此来区分它们, 这样我们将对应于 t 时刻态的某一右矢写成 $|At\rangle$. 某一时刻的态决定了另一时刻的态, 这一要求的含义是 $|At_0\rangle$ 决定 $|At\rangle$, 至多有一不确定的数值因子. 叠加原理适用于所有时间里系统未受扰动的这些态, 而这一点的意义是, 如果我们取一个叠加关系, 它对在 t_0 时刻的某些态成立, 并在相应的右矢之间得到一个线性方程, 例如

$$|Rt_0\rangle = c_1|At_0\rangle + c_2|Bt_0\rangle,$$

那么在系统不受扰动的全部时间里, 同样的叠加关系在这些态之间必定成立. 且必定得出, 在任意时刻 t (不受扰动的时间间隔内), 对应于这些态的右矢之间也

---

[1] 态的制备就是这样的一种过程. 它所采取的形式是进行观测, 如果观测结果是某个预定的数, 然后选择这个系统.

有同样的方程成立, 即方程

$$|Rt\rangle = c_1|At\rangle + c_2|Bt\rangle$$

成立, 只要适当地选择乘在这些右矢上的任意数值因子即可. 由此可得, $|Pt\rangle$ 是 $|Pt_0\rangle$ 的线性函数, 并且每个 $|Pt\rangle$ 是某个线性算符作用于 $|Pt_0\rangle$ 的结果. 用符号写成

$$|Pt\rangle = T|Pt_0\rangle, \tag{5.1}$$

其中 T 是与 P 无关的线性算符, 仅仅取决于 t (与 t_0).

现在假定, 每个 $|Pt\rangle$ 都与相应的 $|Pt_0\rangle$ 具有相同的长度. 选择任意数值因子乘上 $|Pt\rangle$, 在不破坏 $|Pt\rangle$ 对 $|Pt_0\rangle$ 的线性相关性的前提下, 做到这一点并不一定可能, 所以这个新的假定是物理要求, 而不只是符号问题. 这一假定是对叠加原理的某种加强. $|Pt\rangle$ 中的任意性现在变成只有一个相位因子, 它必须独立于 P 以保持 $|Pt\rangle$ 对 $|Pt_0\rangle$ 的线性相关性. 对任意的复数 c_1 与 c_2, $c_1|Pt\rangle + c_2|Pt\rangle$ 的长度等于 $c_1|Pt_0\rangle + c_2|Pt_0\rangle$ 的长度, 从这一条件可以推导出

$$\langle Qt|Pt\rangle = \langle Qt_0|Pt_0\rangle. \tag{5.2}$$

$|Pt\rangle$ 和 $|Pt_0\rangle$ 之间的联系, 在形式上类似于我们在 §4.5 中得到的平移后与平移前的右矢之间的联系, 只是用时间平移的过程代替了 §4.5 中的空间平移. 方程 (5.1) 与 (5.2) 起着 §4.5 中方程 (4.59) 与 (4.60) 的作用. 我们可以像 §4.5 那样, 发展出这些方程的结论, 并能推导出 T 包含一个模为 1 的任意数值因子, 而且满足

$$\bar{T}T = 1, \tag{5.3}$$

这对应于 §4.5 的等式 (4.62), 所以 T 是幺正的. 通过令 $t \to t_0$, 我们过渡到无限小的情况, 并且由物理的连续性来假定极限

$$\lim_{t \to t_0} \frac{|Pt\rangle - |Pt_0\rangle}{t - t_0}$$

存在. 这个极限刚好是 $|Pt_0\rangle$ 对 t_0 的导数. 应用方程 (5.1), 此极限等于

$$\frac{\mathrm{d}|Pt_0\rangle}{\mathrm{d}t_0} = \left\{ \lim_{t \to t_0} \frac{T-1}{t-t_0} \right\} |Pt_0\rangle. \tag{5.4}$$

这里出现的极限算符, 正如 §4.5 中的式 (4.64), 是一个纯虚的线性算符, 并且有一个任意加上去的纯虚数而不完全确定. 令这个极限算符乘以 $i\hbar$ 之后等于 H, 或者更准确地说是 $H(t_0)$, 因为它可能依赖 t_0, 方程 (5.4) 用一般的 t 来写, 就变成

$$i\hbar \frac{\mathrm{d}|Pt\rangle}{\mathrm{d}t} = H(t)|Pt\rangle. \tag{5.5}$$

方程 (5.5) 给出了任意时刻的态所对应的右矢随时间变化的普遍规则. 它是运动方程的薛定谔形式. 它只含有一个实的线性算符 $H(t)$, $H(t)$ 必定能够表征所研究的动力学系统. 我们假设 $H(t)$ 是系统的总能量. 这一假设基于两个理由: (i) 与经典力学的类比, 这一点将在下一节讨论; (ii) 我们让 $H(t)$ 以 $i\hbar$ 乘上时间平移算符的形式出现, 这类似于 §4.5 的在 x、y、z 方向的平移算符, 所以对应于 §4.5 的式 (4.69), 我们应该让 $H(t)$ 等于总能量, 因为相对论让能量对时间的关系与动量对距离的关系相同.

基于物理的理由我们假定系统的总能量总是可观测量. 对于一个孤立系统, 它是常数并记作 H. 即使它不是常数, 我们也经常把它简写作 H, 默认它对时间 t 的依赖. 如果能量依赖 t, 这意味着系统受外力影响. 这类影响应当与观测过程导致的扰动区分开来, 因为前者与因果律和运动方程是相容的, 而后者不是.

我们可以得到 $H(t)$ 与方程 (5.1) 中的 T 之间的联系, 方法是把方程 (5.1) 所给的 $|Pt\rangle$ 的值代入方程 (5.5). 这样给出

$$i\hbar \frac{\mathrm{d}T}{\mathrm{d}t} |Pt_0\rangle = H(t)T|Pt_0\rangle.$$

因为 $|Pt_0\rangle$ 可以是任何右矢, 我们可得

$$i\hbar \frac{\mathrm{d}T}{\mathrm{d}t} = H(t)T. \tag{5.6}$$

方程 (5.5) 对一些实际问题很重要, 在这些问题中, 它通常与某个表象一起使用. 引入一个使得对易可观测量 ξ 对角化的完全集, 并让 $\langle \xi'|Pt \rangle$ 等于 $\psi(\xi't)$, 变换到

标准右矢记号的形式, 我们有

$$|Pt\rangle = \psi(\xi t)\rangle.$$

方程 (5.5) 现在变成

$$i\hbar\frac{\partial}{\partial t}\psi(\xi t)\rangle = H(t)\psi(\xi t)\rangle. \tag{5.7}$$

方程 (5.7)被称作薛定谔波动方程, 而它的解 $\psi(\xi t)\rangle$ 是含时波函数. 每一个解对应于系统的一个运动的状态, 而它的模平方给出 ξ 在任意时刻 t 有某一具体取值的概率. 对于可以用正则坐标与正则动量描述的系统, 我们可以用薛定谔表象, 并能按照 §4.2 的式 (4.42) 把 H 当成一个微分算符.

§5.2 运动方程的海森伯形式

上一节, 我们为未受扰动的运动态建立图像, 方法是让每一个这样的态对应于一个运动的右矢, 任何时刻的态对应于该时刻的右矢. 我们称之为薛定谔图像. 让我们对右矢做幺正变换, 这使得每个右矢 $|a\rangle$ 变成

$$|a^*\rangle = T^{-1}|a\rangle. \tag{5.8}$$

这一变换具有 §4.6 的式 (4.75) 所给出的变换的形式, 只是用 T^{-1} 替换了 U, 但是由于 T 依赖于 t, 这一变换依赖于 t. 因此, 该变换可以图像地看成是一连续的运动 (包括转动和均匀的变形) 作用于整个右矢量空间. 原先固定的右矢变成运动的右矢, 其运动由式 (5.8) 给出, 其中 $|a\rangle$ 独立于 t. 另一方面, 原先按照方程 (5.1) 运动而对应于一个不受扰动的运动态的右矢变成固定的, 因为在式 (5.8) 中用 $|Pt\rangle$ 代替 $|a\rangle$, 我们得到独立于 t 的 $|a^*\rangle$. 所以, 这个变换使相应于不受扰动的运动态的右矢变成静止的.

这个幺正变换也必须能够作用于左矢与线性算符, 才能使各种量之间的方程保持不变. 此变换作用于左矢由式 (5.8) 的共轭虚量给出, 而作用于线性算符, 由 §4.6 的式 (4.70) 中以 T^{-1} 替换 U 而给出, 即

$$\alpha^* = T^{-1}\alpha T. \tag{5.9}$$

原先固定的线性算符通常变换成运动的线性算符. 既然一个动力学变量对应于

原先固定的线性算符 (因为它根本就与 t 无关), 那么在经过这样的变换之后, 它对应于运动的线性算符. 这一变换使我们得出一个新的运动图像, 其中, 态对应于固定的矢量, 而动力学变量对应于运动的线性算符. 我们称这样的图像为海森伯图像.

任意时刻的动力学系统的物理条件包含着动力学变量与态之间的联系, 而物理条件随时间的变化可以归因于态的变化而保持动力学变量固定, 这就给出薛定谔图像; 或者也可以归因于动力学变量的变化而保持态固定, 这就给出海森伯图像.

动力学变量的运动方程存在于海森伯图像之中. 取一个与薛定谔图像中的固定线性算符 v 相对应的动力学变量. 在海森伯图像中, 它对应于一个运动的线性算符, 我们把它写成 v_t 来代替 v^*, 以体现它与 t 的相关, 它由下式给出:

$$v_t = T^{-1}vT \tag{5.10}$$

或

$$Tv_t = vT.$$

对 t 微分, 我们得到

$$\frac{\mathrm{d}T}{\mathrm{d}t}v_t + T\frac{\mathrm{d}v_t}{\mathrm{d}t} = v\frac{\mathrm{d}T}{\mathrm{d}t}.$$

借助于式 (5.6), 上述等式给出

$$HTv_t + \mathrm{i}\hbar T\frac{\mathrm{d}v_t}{\mathrm{d}t} = vHT$$

或

$$\begin{aligned}
\mathrm{i}\hbar\frac{\mathrm{d}v_t}{\mathrm{d}t} &= T^{-1}vHT - T^{-1}HTv_t \\
&= v_tH_t - H_tv_t,
\end{aligned} \tag{5.11}$$

其中

$$H_t = T^{-1}HT. \tag{5.12}$$

方程 (5.11) 可以用泊松括号写成

$$\frac{\mathrm{d}v_t}{\mathrm{d}t} = [v_t, H_t]. \tag{5.13}$$

方程 (5.11) 或 (5.13) 显示了海森伯表象中的动力学变量如何随时间变化并给出运动方程的海森伯形式. 这些运动方程由一个线性算符 H_t 所决定, 它正是运动方程的薛定谔形式中出现的线性算符 H 的变换, 且对应于海森伯图像中的能量. 我们把在海森伯图像中随时间变化的动力学变量叫作海森伯动力学变量, 以区别于薛定谔图像中固定的动力学变量, 后者叫作薛定谔动力学变量. 每个海森伯动力学变量与对应的薛定谔动力学变量通过方程 (5.10) 相联系. 由于这个联系是一个幺正变换, 两类动力学变量的所有代数关系与函数关系都相同. 当 $t = t_0$ 时, 我们有 $T = 1$, 所以 $v_{t_0} = v$, 即任何海森伯动力学变量在 t_0 时等于对应的薛定谔动力学变量.

方程 (5.13) 可以与经典力学进行比较, 经典力学中也有随时间变化的动力学变量. 经典力学的运动方程可以写成哈密顿形式

$$\frac{\mathrm{d}q_r}{\mathrm{d}t} = \frac{\partial H}{\partial p_r}, \quad \frac{\mathrm{d}p_r}{\mathrm{d}t} = -\frac{\partial H}{\partial q_r}, \tag{5.14}$$

这里, q 与 p 是一组正则坐标与正则动量, 而 H 是表示为 q 与 p 的函数的能量, 也可能是 t 的函数. 用这种方式表示的能量叫作哈密顿量. 对任意不显含时间 t 的 q 与 p 的函数 v, 方程 (5.14) 给出

$$\begin{aligned}
\frac{\mathrm{d}v}{\mathrm{d}t} &= \sum_r \left\{ \frac{\partial v}{\partial q_r} \frac{\mathrm{d}q_r}{\mathrm{d}t} + \frac{\partial v}{\partial p_r} \frac{\mathrm{d}p_r}{\mathrm{d}t} \right\} \\
&= \sum_r \left\{ \frac{\partial v}{\partial q_r} \frac{\partial H}{\partial p_r} - \frac{\partial v}{\partial p_r} \frac{\partial H}{\partial q_r} \right\} \\
&= [v, H]
\end{aligned} \tag{5.15}$$

其中应用了泊松括号的经典定义, 即 §4.1 的方程 (4.1). 此式与量子理论中的方程 (5.13) 形式相同. 我们因此在哈密顿形式的经典运动方程与海森伯形式的量子运动方程之间找到了一个类比. 我们假定上一节引入的线性算符 H 是量子力学系统的能量, 这一类比为这一假设提供了一个理由.

经典力学中, 当哈密顿量已知, 即能量由一组正则坐标与正则动量给定之后,

我们就在数学上定义了一个动力学系统, 因为这样就足以确定其运动方程. 量子力学中, 当一个动力学系统的能量由一组对易关系已知的动力学变量给定之后, 我们就在数学上定义了这个动力学系统, 因为这就足以决定其运动方程 (包括薛定谔形式的与海森伯形式的). 我们需要表示成薛定谔动力学变量的 H 或者表示成海森伯动力学变量的 H_t, 两种情况下的函数关系当然是一样的. 量子力学中, 我们把用这种方式表示的能量叫作动力学系统的哈密顿量, 以保持与经典力学之间的类比性.

量子力学中的系统总有哈密顿量, 无论系统是否有经典类比, 或者系统是否可以用正则坐标与正则动量描述. 然而, 如果系统确实有经典类比, 那么它与经典力学的关系就特别紧密, 而且我们通常可以假定, 哈密顿量作为正则坐标与正则动量的函数形式在量子力学和在经典力学中一样.[2] 当然, 如果经典哈密顿量包含几个因子的乘积, 而这些因子的量子类比又不对易, 那么这里就会出现困难, 因为我们不知道在量子哈密顿量中如何安排这些因子的次序, 但是大多数初等的动力学系统 (这些系统的研究对原子物理很重要) 中并不出现这种情况. 这样的结果是, 我们能够大量地应用与经典理论中相同的语言来描述量子理论中的动力学系统 (例如, 能够讨论具有已知质量的粒子在给定的力场中运动), 并且当经典力学中给定了一个系统, 我们通常可以在量子力学中给 "相同的" 系统以意义.

方程 (5.13) 对不显含时的海森伯动力学变量的任意函数 v_t 都成立, 也就是对薛定谔图像中的任意常线性算符 v 都成立. 它表明, 这样的函数 v_t, 如果它与 H_t 对易, 或者如果 v 与 H 对易, 那么它是一常量. 此时我们有

$$v_t = v_{t_0} = v,$$

并且我们把 v_t 或 v 叫作运动常量[3]. 必要的是, v 应在所有时间内与 H 都对易, 只有在 H 为常量时这才有可能. 在这种情况下, 我们用 H 代替方程 (5.13) 中的 v, 并推导出 H_t 是常量, 这表明 H 本身就是一个运动常量. 所以, 如果哈密顿量在薛定谔图像中是常量, 那么它在海森伯图像中也是常量.

对于一孤立系统, 即不受任何外力影响的系统, 总存在某些运动常量. 其中

---

[2]实际上发现, 只有当应用于直角坐标系的动力学坐标与动量, 这一假设才是有效的, 而不能用于更普遍的曲线坐标系.

[3]现在叫 "守恒量". ——译者注

之一就是总能量或哈密顿量. §4.5 的平移定理提供了其他的一些运动常量. 物理上显然的是, 如果所有动力学变量按某种方式平移, 总能量一定保持不变, 所以 §4.5 的方程 (4.65) 在 $v_d = v = H$ 时一定成立. 因此 D 与 H 对易且是运动常量. 转入无穷小平移的情形, 我们看到平移算符 d_x、d_y、d_z 都是运动常量, 因而由 §4.5 的式 (4.69) 可得, 总动量是运动常量. 此外, 如果所有动力学变量受某一转动作用, 总能量一定保持不变. 这导出的结论是总角动量是运动常量, §6.2 将证明这一结论. 对孤立系统而言, 能量、动量与角动量的守恒定律, 在量子力学的海森伯图像中与在经典力学中一样都成立.

量子力学中运动方程的两种形式都已经给出. 其中, 薛定谔形式对实际问题更有用, 因为它提供了较简单的方程. 薛定谔波动方程中的未知数是那些形成右矢量表示的数; 而动力学变量的海森伯运动方程如果用表象来表示, 它所包含的未知数就是形成动力学变量表示的那些数. 而后者比薛定谔运动方程的未知数更多, 也因而更难于计算. 运动方程的海森伯形式的价值在于, 它提供了与经典力学的直接类比, 并且让我们看到, 经典力学中的各种特征 (比如上面提到的守恒律) 是如何转化为量子理论的.

§5.3 定态

这里将研究能量是常数的动力学系统. 某些特别简单的关系在这一情况下成立. 方程 (5.6) 可以积分[4] 给出

$$T = e^{-iH(t-t_0)/\hbar},$$

这里利用了 $t = t_0$ 时 $T = 1$ 的初始条件. 把这一结果代入方程 (5.1), 给出

$$|Pt\rangle = e^{-iH(t-t_0)/\hbar}|Pt_0\rangle, \tag{5.16}$$

这是薛定谔运动方程 (5.5) 的积分, 将它代入等式 (5.10), 给出

$$v_t = e^{iH(t-t_0)/\hbar} \, v \, e^{-iH(t-t_0)/\hbar}, \tag{5.17}$$

---

[4]完成积分的过程中可以把 H 当成是一个普通的代数变量而不当成线性算符, 因为这里没有任何量与 H 不对易.

这是海森伯运动方程 (5.11) 的积分, H_t 现在等于 H. 这样我们就得到了运动方程的解的简单形式. 然而, 这些解并没有什么实际价值, 因为除非 H 特别简单, 否则计算算符 $e^{-iH(t-t_0)/\hbar}$ 很困难, 因而对于实际目的, 通常都必须回到薛定谔波动方程.

考虑一个运动态, 在时刻 t_0 它是能量的本征态. 在这一时刻相应于它的右矢 $|Pt_0\rangle$ 一定是 H 的本征右矢. 如果 H' 是它所属的本征值, 那么方程 (5.16) 给出

$$|Pt\rangle = e^{-iH'(t-t_0)/\hbar}|Pt_0\rangle,$$

这表明 $|Pt\rangle$ 与 $|Pt_0\rangle$ 的差别仅仅是一个相位因子. 因而态总保持在能量本征态, 而且根本不随时间变化, 因为右矢 $|Pt\rangle$ 的方向不随时间变化. 这样的态就叫作定态. 对定态观测到任何具体结果的概率与时间无关. 由能量是一个可观测量的假设可知, 有足够的定态能够叠加出任意一个态.

表示具有能量 H' 的定态的含时波函数 $\psi(\xi t)$ 按照下面的规律随时间变化:

$$\psi(\xi t) = \psi_0(\xi)e^{-iH't/\hbar}, \tag{5.18}$$

而它的薛定谔方程 (5.7) 简化为

$$H'\psi_0\rangle = H\psi_0\rangle. \tag{5.19}$$

这个方程只是断定, ψ_0 所表示的态是 H 的本征态. 我们把满足方程 (5.19) 的函数 ψ_0 叫作 H 的本征函数, 属于本征值 H'.

海森伯图像中, 定态对应于能量的固定本征矢量. 我们可以建立一个表象, 其中所有的基矢量都是能量的本征矢量, 因而都对应于海森伯图像中的定态. 这样的表象称为海森伯表象. 量子力学的最初形式是海森伯于 1925 年发现的, 就是用这种表象表示的. 能量在这个表象中是对角的. 任何其他对角的动力学变量一定与能量对易, 因而是运动常量. 因此, 建立海森伯表象的问题简化成寻找对易可观测量完全集的问题, 它们中的每一个都是运动常量, 然后使这些可观测量成为对角的. 由 §3.6 的定理 2 可知, 能量一定是这些可观测量的函数. 有时把能量本身作为这些可观测量的其中之一是方便的.

令 α 代表海森伯表象中的对易可观测量完全集, 这样基矢量写成 $\langle\alpha'|$、$|\alpha''\rangle$.

能量是这些可观测量 α 的函数, 写成 $H = H(\alpha)$. 由式 (5.17), 我们得到

$$\langle \alpha'|v_t|\alpha'' \rangle = \langle \alpha'|e^{iH(t-t_0)/\hbar}\, v\, e^{-iH(t-t_0)/\hbar}|\alpha'' \rangle$$

$$= e^{i(H'-H'')(t-t_0)/\hbar}\langle \alpha'|v|\alpha'' \rangle, \tag{5.20}$$

其中 $H' = H(\alpha')$, $H'' = H(\alpha'')$. 上式右边的因子 $\langle \alpha'|v|\alpha'' \rangle$ 独立于 t, 是表示固定线性算符 v 的一个矩阵元. 式 (5.20) 显示了海森伯动力学变量的海森伯矩阵元是如何随时间变化的, 而且容易验证, 式 (5.20) 使得 v_t 满足运动方程 (5.11). 式 (5.20) 给出的变化是简单的周期变化, 其频率是

$$|H'-H''|/2\pi\hbar = |H'-H''|/h, \tag{5.21}$$

它只决定于这个矩阵元所相联系的两个定态的能量之差. 这个结果紧密地联系于光谱的组合定律与玻尔的频率条件. 根据这一频率条件, 当系统在辐射的影响下, 在定态 α' 与 α'' 之间发生跃迁, 其辐射或吸收电磁波的频率是 (5.21), H 的本征值就是玻尔能级. §7.4 将处理这些问题.

§5.4 自由粒子

量子力学最基本且最初等的应用就是应用于仅包含单个自由粒子或者不受外力作用的粒子. 为研究这个系统, 用三个直角坐标 x、y、z 及其共轭动量 p_x、p_y、p_z 作为动力学变量. 根据牛顿力学, 哈密顿量等于粒子的动能, 即

$$H = \frac{1}{2m}(p_x^2 + p_y^2 + p_z^2) \tag{5.22}$$

其中 m 是质量. 只有当粒子的速度跟光速 c 相比很小时, 这一公式才正确. 对于快速运动的粒子, 例如我们在原子理论中经常碰到的情况, 式 (5.22) 必须用相对论的公式

$$H = c(m^2c^2 + p_x^2 + p_y^2 + p_z^2)^{\frac{1}{2}} \tag{5.23}$$

来代替. 在 p_x、p_y、p_z 取值很小的情况下, 式 (5.23) 就直接变成式 (5.22), 只是多了对应于相对论中粒子的静止能的常数项 mc^2, 这一项对运动方程并无影响. 式 (5.22) 与 (5.23) 可以直接用于量子理论, 式 (5.23) 中的平方根现在可以理解成 §2.5 末尾所定义的正平方根. 在 p_x、p_y、p_z 取值很小的情况下, 式 (5.23) 与 (5.22)

相差的常数项 mc^2 仍然没有物理效应, 因为量子力学中按照 §5.1 所引入的哈密顿量是不完全确定的, 可以加上任意的实常数.

这里将采用更加准确的公式 (5.23) 来研究. 首先要解海森伯运动方程. 由 §4.1 的量子条件 (4.9) 可知, p_x 与 p_y、p_z 均对易, 因而, 由 §3.6 的定理 1 (已推广到对易可观测量集), p_x 对易于 p_x、p_y、p_z 的任意函数, 因此对易于 H. 由此可知, p_x 是运动常量. 同样地, p_y 与 p_z 也都是运动常量. 这些结果与经典理论中的一样. 另外, 根据 (5.11), 坐标 x_t 的运动方程是

$$\mathrm{i}\hbar\dot{x}_t = \mathrm{i}\hbar\frac{\mathrm{d}x_t}{\mathrm{d}t} = x_t c(m^2c^2 + p_x^2 + p_y^2 + p_z^2)^{\frac{1}{2}} - c(m^2c^2 + p_x^2 + p_y^2 + p_z^2)^{\frac{1}{2}}x_t.$$

采用 §4.2 的等式 (4.31), 并对换其中的坐标与动量, 这样可以计算上式的右边, 于是它写成

$$q_r f - f q_r = \mathrm{i}\hbar\,\partial f/\partial p_r. \tag{5.24}$$

这里 f 是 p 的任意函数. 这给出

$$\dot{x}_t = \frac{\partial}{\partial p_x}c(m^2c^2 + p_x^2 + p_y^2 + p_z^2)^{\frac{1}{2}} = \frac{c^2 p_x}{H}. \left.\right\}$$

同样地,
$$\dot{y}_t = \frac{c^2 p_y}{H}, \quad \dot{z}_t = \frac{c^2 p_z}{H}. \left.\right\} \tag{5.25}$$

速度的大小是

$$v = (\dot{x}_t^2 + \dot{y}_t^2 + \dot{z}_t^2)^{\frac{1}{2}} = c^2(p_x^2 + p_y^2 + p_z^2)^{\frac{1}{2}}/H. \tag{5.26}$$

方程 (5.25) 与 (5.26) 都恰好与经典理论中的情况一样.

现在研究一个动量的本征态, 属于本征值 p_x'、p_y'、p_z'. 这个态必定是哈密顿量的本征态, 属于本征值

$$H' = c(m^2c^2 + p_x'^2 + p_y'^2 + p_z'^2)^{\frac{1}{2}}, \tag{5.27}$$

因而也必定是定态. H' 的可能取值是从 mc^2 到 ∞ 之间的全部数, 这与经典理论一样. 薛定谔表象中, 任意时刻表示此态的波函数 $\psi(xyz)$ 一定满足

$$p_x'\psi(xyz)\rangle = p_x\psi(xyz)\rangle = -\mathrm{i}\hbar\frac{\partial\psi(xyz)}{\partial x}\rangle,$$

对于 p_y 与 p_z 也有同样的方程. 这些方程表明 $\psi(xyz)$ 具有形式

$$\psi(xyz) = a\mathrm{e}^{\mathrm{i}(p'_x x + p'_y y + p'_z z)/\hbar}, \tag{5.28}$$

这里 a 独立于 x、y、z. 现在由式 (5.18) 可知, 含时波函数 $\psi(xyzt)$ 具有形式

$$\psi(xyzt) = a_0\mathrm{e}^{\mathrm{i}(p'_x x + p'_y y + p'_z z - H't)/\hbar}, \tag{5.29}$$

其中 a_0 独立于 x、y、z、t.

x、y、z、t 的函数 (5.29) 描述的是时空中的平面波. 从这个例子可以看到, "波函数" 与 "波动方程" 等名词是恰当的. 波的频率是

$$\nu = H'/h, \tag{5.30}$$

而波的波长是

$$\lambda = h/(p'^2_x + p'^2_y + p'^2_z)^{\frac{1}{2}} = h/P', \tag{5.31}$$

P' 是矢量 (p'_x, p'_y, p'_z) 的长度, 并且它们运动沿着矢量 (p'_x, p'_y, p'_z) 所确定的方向, 波速是

$$\lambda\nu = H'/P' = c^2/v', \tag{5.32}$$

v' 是对应于动量 (p'_x, p'_y, p'_z) 的粒子速度, 由公式 (5.26) 给出. 容易看出, 方程 (5.30)、(5.31)、(5.32) 在所有的洛伦兹参考系中都成立, 事实上, 如果把 p'_x、p'_y、p'_z、H' 当作一个四维矢量的分量, 则式 (5.29) 的右边表达式是相对论不变的. 这些具有相对论不变性的性质, 使德布罗意 (de Broglie) 在量子力学发现之前就假定存在形如式 (5.29) 的波, 伴随着任意粒子的运动. 它们因此被称作德布罗意波.

在质量 m 趋于零的极限情况下, 粒子的经典速度 v 变成 c, 因而, 由式 (5.32) 可得, 波速也变成 c. 这样的波就像伴随着光子的光波, 不同之处在于它们不涉及偏振, 而且包含一个复数指数而不是正弦与余弦. 如果把光波的频率与光子的能量联系起来, 把光波的波长与光子的动量联系起来, 那么公式 (5.30) 与 (5.31) 仍然有效.

对于式 (5.29) 所表示的态, 当对粒子位置做观测时, 在任意特定的小体积中

发现粒子的概率与该体积位于何处无关. 这为海森伯不确定度原理提供了一个例子, 这个态的动量是准确给出的, 结果是它的位置完全未知. 当然这样的态是一种极限情况, 现实中不会出现. 现实中通常遇到的那些态是由波包表示的态, 这些波包可能是由许多式 (5.29) 那样类型的波叠加而成, 这些波属于取值略有不同的 (p'_x, p'_y, p'_z), 这曾在 §4.4 中讨论过. 这样的波包的速度——波的群速度——在流体力学中的普通公式是

$$\frac{\mathrm{d}\nu}{\mathrm{d}(1/\lambda)} \tag{5.33}$$

利用式 (5.30) 和式 (5.31), 可得

$$\frac{\mathrm{d}H'}{\mathrm{d}P'} = c\frac{\mathrm{d}}{\mathrm{d}P'}(m^2c^2 + P'^2)^{\frac{1}{2}} = \frac{c^2P'}{H'} = v'. \tag{5.34}$$

这恰好是粒子的速度. 波包的运动方向与速度都和经典力学中粒子的运动一样.

§5.5 波包的运动

刚才对自由粒子所推导出的结果只是普遍原理的一个例子. 对任何一个有经典类比的动力学系统, 如果一个态的经典描述作为近似是有效的, 那么量子力学中的这个态就可以用一个波包表示, 所有坐标与动量都有近似值, 其精度受限于海森伯不确定度原理. 现在薛定谔波动方程确定了这样的波包如何随时间变化, 所以为了使经典描述保持有效, 波包应当保持为波包, 并按照经典动力学的规律运动. 我们将验证, 情况确实如此.

考虑一个有经典类比的动力学系统, 其哈密顿量是 $H(q_r, p_r)(r = 1, 2, \cdots, n)$. 其相应的经典动力学系统的哈密顿量是 $H_c(q_r, p_r)$, 它是用普通的代数变量替代 $H(q_r, p_r)$ 中的 q_r 与 p_r 并令 $\hbar \to 0$ (如果它出现于 $H(q_r, p_r)$) 而获得的. 经典哈密顿量 H_c 当然是其变量的实函数. 通常它是动量 p_r 的二次函数, 但也不总是如此, 自由粒子的相对论理论就是这样一个并非如此的例子. 对 H_c 是 p 的任意代数函数, 下面的论证都是有效的.

假定薛定谔表象中的含时波函数的形式是

$$\psi(qt) = Ae^{\mathrm{i}S/\hbar}, \tag{5.35}$$

其中 A 与 S 都是 q 与 t 的实函数, 且不很快地随变量变化. 这样, 波函数具有波

的形式, A 与 S 分别决定了振幅与相位. 薛定谔波动方程 (5.7) 给出

$$\mathrm{i}\hbar\frac{\partial}{\partial t}A\mathrm{e}^{\mathrm{i}S/\hbar}\rangle = H(q_r, p_r)A\mathrm{e}^{\mathrm{i}S/\hbar}\rangle$$

或

$$\left\{\mathrm{i}\hbar\frac{\partial A}{\partial t} - A\frac{\partial S}{\partial t}\right\}\rangle = \mathrm{e}^{-\mathrm{i}S/\hbar}H(q_r, p_r)A\mathrm{e}^{\mathrm{i}S/\hbar}\rangle. \tag{5.36}$$

现在 $\mathrm{e}^{-\mathrm{i}S/\hbar}$ 显然是幺正线性算符, 可以用作 §4.6 中方程 (4.70) 的 U 而给出一个幺正变换. 在这一变换下, 借助于 §4.2 的方程 (4.31) 可得, 每个 q 保持不变, 每个 p_r 变成

$$\mathrm{e}^{-\mathrm{i}S/\hbar}p_r\mathrm{e}^{\mathrm{i}S/\hbar} = p_r + \partial S/\partial q_r,$$

而由于变换中代数关系保持不变, H 变成

$$\mathrm{e}^{-\mathrm{i}S/\hbar}H(q_r, p_r)\mathrm{e}^{\mathrm{i}S/\hbar} = H(q_r, p_r + \partial S/\partial q_r).$$

因此, 式 (5.36) 变成

$$\left\{\mathrm{i}\hbar\frac{\partial A}{\partial t} - A\frac{\partial S}{\partial t}\right\}\rangle = H\left(q_r, p_r + \frac{\partial S}{\partial q_r}\right)A\rangle. \tag{5.37}$$

让我们现在假定 $\hbar$ 可以被看作小量, 并忽略式 (5.37) 中包含 $\hbar$ 的项. 这包含了略去式 (5.37) 中的 H 中出现的所有的 p_r, 因为每个 p_r 等价于作用于其右边的 q 的函数上的算符 $-\mathrm{i}\hbar\partial/\partial q_r$. 剩下的项给出

$$-\frac{\partial S}{\partial t} = H\left(q_r, \frac{\partial S}{\partial q_r}\right). \tag{5.38}$$

这是相位函数 S 必须满足的微分方程. 这个方程由经典哈密顿量函数 H_c 决定, 在经典动力学中被称作哈密顿-雅可比方程. 它容许 S 是实函数, 所以表明式 (5.35) 波的形式的假设并不引起矛盾.

为了得到 A 的方程, 我们必须保留式 (5.37) 中 $\hbar$ 的线性项, 并看它会给出什么. 在 H 是一般函数的情况下, 直接计算这些项是很棘手的, 然而我们通过对式 (5.37) 的两边首先乘上左矢 $\langle Af$, 这样可以更简单地得到我们所需要的结果,

其中 f 是 q 的任意实函数. 这给出

$$\langle Af\left\{ i\hbar\frac{\partial A}{\partial t} - A\frac{\partial S}{\partial t}\right\}\rangle = \langle AfH\left(q_r, p_r + \frac{\partial S}{\partial q_r}\right)A\rangle.$$

其共轭复量方程是

$$\langle Af\left\{ -i\hbar\frac{\partial A}{\partial t} - A\frac{\partial S}{\partial t}\right\}\rangle = \langle AH\left(q_r, p_r + \frac{\partial S}{\partial q_r}\right)fA\rangle.$$

两式相减并除以 $i\hbar$, 我们得到

$$2\langle Af\frac{\partial A}{\partial t}\rangle = \langle A\left[f, H\left(q_r, p_r + \frac{\partial S}{\partial q_r}\right)\right]A\rangle. \tag{5.39}$$

现在必须计算泊松括号

$$[f, H\left(q_r, p_r + \partial S/\partial q_r\right)].$$

我们假定 $\hbar$ 可以被看作小量, 这使得我们能把 $H(q_r, p_r + \partial S/\partial q_r)$ 展开成 p 的幂级数. 零级项对泊松括号没有贡献. p 的一级项对泊松括号有贡献, 这可以借助于 §4.1 的经典公式 (4.1)(如果 u 独立于 p 而 v 线性地依赖 p, 这个公式在量子理论中仍成立) 很容易地计算出来. 这一贡献的大小是

$$\sum_s \frac{\partial f}{\partial q_s}\left[\frac{\partial H(q_r, p_r)}{\partial p_s}\right]_{p_r = \partial S/\partial q_r},$$

这里的符号的含义是: 我们要把 q 与 p 的函数 [ ] 中的每个 p_r 都用 $\partial S/\partial q_r$ 代替, 这样得到一个只含 q 的函数. 在 $\hbar \to 0$ 的极限下 p 的高阶项对泊松括号的贡献都为零. 因此, 略去含有 $\hbar$ 的项 (这等价于略去式 (5.37) 中的 $\hbar^2$ 项), 式 (5.39) 变成

$$\langle f\frac{\partial A^2}{\partial t}\rangle = \langle A^2\sum_s \frac{\partial f}{\partial q_s}\left[\frac{\partial H_c(q_r, p_r)}{\partial p_s}\right]_{p_r = \partial S/\partial q_r}\rangle. \tag{5.40}$$

现在如果 $a(q)$ 与 $b(q)$ 是 q 的任意两个函数, 则只要 $a(q)$ 与 $b(q)$ 满足适当的边界条件, 应用 §3.7 的公式 (3.64) 就能给出

$$\langle a(q)b(q)\rangle = \int a(q')\mathrm{d}q'b(q'),$$

因而有

$$\langle a(q)\frac{\partial b(q)}{\partial q_r}\rangle = -\langle\frac{\partial a(q)}{\partial q_r}b(q)\rangle, \tag{5.41}$$

这一点在 §4.2 与 §4.3 中讨论过. 因此, 式 (5.40) 可以写成

$$\langle f\frac{\partial A^2}{\partial t}\rangle = -\langle f\sum_s\frac{\partial}{\partial q_s}\left\{A^2\left[\frac{\partial H_c(q_r,p_r)}{\partial p_s}\right]_{p_r=\partial S/\partial q_r}\right\}\rangle.$$

由于这对任意实函数 f 都成立, 我们一定有

$$\frac{\partial A^2}{\partial t} = -\sum_s\frac{\partial}{\partial q_s}\left\{A^2\left[\frac{\partial H_c(q_r,p_r)}{\partial p_s}\right]_{p_r=\partial S/\partial q_r}\right\}. \tag{5.42}$$

这就是波函数的振幅 A 的方程. 为了理解它的意义, 让我们假定有一流体, 在变量 q 的空间中运动, 在任意点任意时刻流体的密度是 A^2, 其速度是

$$\frac{\mathrm{d}q_s}{\mathrm{d}t} = \left[\frac{\partial H_c(q_r,p_r)}{\partial p_s}\right]_{p_r=\partial S/\partial q_r}. \tag{5.43}$$

这样, 方程 (5.42) 恰好就是这样的流体的守恒方程. 流体的运动由满足方程 (5.38) 的函数 S 决定, 对方程 (5.38) 的每一个解都有一种可能的运动.

对一给定的 S, 让我们取方程 (5.42) 的一个解, 在某一确定的时刻, 这个解的密度 A^2 在某一小区域之外处处为零. 我们可以假定这个区域随流体运动, 它在每一点的速度由方程 (5.43) 给出, 此时守恒方程 (5.42) 要求, 在此区域之外的密度为零. 对这个区域可能小到怎样的程度有一个限制, 这个限制是由我们在方程 (5.39) 忽略 $\hbar$ 所做的近似而施加的. 这个近似仅在

$$\hbar\frac{\partial}{\partial q_r}A \ll \frac{\partial S}{\partial q_r}A,$$

或

$$\frac{1}{A}\frac{\partial A}{\partial q_r} \ll \frac{1}{\hbar}\frac{\partial S}{\partial q_r},$$

时才成立. 这个条件要求: A 在 q 的一个区域内改变它本身的一个可观的分数, 而 S 在此区域内的改变是 $\hbar$ 的很多倍, 也就是说, 这个区域包含了波函数 (5.35) 的很多波长. 这样, 我们的解就是 §4.4 所讨论的类型的波包, 且在所有时间里都保持这样.

这样我们就得到了一个代表运动态的波函数, 对这个态, 坐标与动量在所有时间内都有近似的数值. 量子理论中的这样的运动态对应于经典理论所研究的态. 我们的波包的运动由方程 (5.38) 与 (5.43) 决定. 把 p_s 定义成 $\partial S/\partial q_s$, 我们可以由这些方程得到

$$
\frac{\mathrm{d}p_s}{\mathrm{d}t} = \frac{\mathrm{d}}{\mathrm{d}t}\frac{\partial S}{\partial q_s} = \frac{\partial^2 S}{\partial t \partial q_s} + \sum_u \frac{\partial^2 S}{\partial q_u \partial q_s}\frac{\mathrm{d}q_u}{\mathrm{d}t}
$$

$$
= -\frac{\partial}{\partial q_s}H_c\left(q_r, \frac{\partial S}{\partial q_r}\right) + \sum_u \frac{\partial^2 S}{\partial q_u \partial q_s}\frac{\partial H_c(q_r, p_r)}{\partial p_u}
$$

$$
= -\frac{\partial H_c(q_r, p_r)}{\partial q_s}, \tag{5.44}
$$

其中最后一行中, 在偏微分之前 p 看作独立于 q. 方程 (5.43) 与 (5.44) 恰好是经典运动方程的哈密顿形式, 它们表明波包按照经典力学的规律运动. 我们从这一方法看到, 经典运动方程是如何作为一极限情况从量子理论推导而来的.

应用波动方程的更精确的解可以证明, 坐标和动量同时有数值的准确性不能永远保持为海森伯不确定原理所允许的极限, 即 §4.4 的方程 (4.56) 中最有利情况, 而是如果开始时是这样, 它将变得越来越不准确, 波包会发生扩展.[5]

§5.6 作用量原理 [6]

方程 (5.10) 表明, 海森伯动力学变量在 t 时刻的值 v_t 与 t_0 时刻的值 v_{t_0} (或 v), 由幺正变换相联系. $t + \delta t$ 时刻的海森伯变量与它们在 t 时刻的值由无限小幺正变换相联系, 正如运动方程 (5.11) 或 (5.13) 显示的那样, 这一变换给出了 $v_{t+\delta t}$ 与 v_t 之间的联系, 其形式是 §4.6 的等式 (4.79) 或 (4.80), 其中用 H_t 替代 F 并用 $\delta t/\hbar$ 替代 ϵ. 这样, 海森伯动力学变量随时间的变化可以被看作是幺正变换的连续展开. 经典力学中, 时刻 $t + \delta t$ 的动力学变量与其在时刻 t 的值通过无限小的切变换联系, 其全部运动可以看成是切变换的连续展开. 这里我们有了经典运动方程与量子运动方程之间类比的数学基础, 我们可以发展这一基础以得到经典力学理论的所有主要特征的量子类比.

假定有一个表象, 其中对易可观测量的完全集 ξ 是对角的, 这样基左矢是

[5]参见 Knenard, *Z. f. Physik*, 44(1927), 344; Darwin, *Proc. Roy. Soc. A*, 117(1927), 258.
[6]不太关心高等动力学的读者可以跳过这一节.

$\langle \xi' |$. 我们可以引入第二个表象, 其中基左矢是

$$\langle \xi'^* | = \langle \xi' | T. \tag{5.45}$$

这一新的基左矢依赖于时间 t, 并给出一个运动的表象, 正如普通矢量空间中的运动坐标系. 把等式 (5.45) 与 (5.8) 的共轭虚量进行比较, 我们发现新的基矢量刚好就是把原先薛定谔图像中的基矢量变换到海森伯图像的结果, 因此, 它们与海森伯动力学变量 v_t 的关系一定和原先的基矢量与薛定谔变量 v 的关系相同. 例如, 每个 $\langle \xi'^* |$ 必定是 ξ_t 的本征矢量, 属于本征值 ξ'. 因而它可以写成 $\langle \xi_t' |$, 同时认为数 ξ_t' 是 ξ_t 的本征值, 且与 ξ 的本征值 ξ' 相等. 由式 (5.45) 我们得

$$\langle \xi_t' | \xi'' \rangle = \langle \xi' | T | \xi'' \rangle, \tag{5.46}$$

这表明变换函数就是 T 在原先表象中的表示.

把等式 (5.45) 对 t 求导并采用等式 (5.6), 借助于式 (5.12) 可得

$$i\hbar \frac{d}{dt} \langle \xi_t' | = i\hbar \langle \xi' | \frac{dT}{dt} = \langle \xi' | HT = \langle \xi_t' | H_t.$$

右乘不依赖于 t 的任意右矢 $|a\rangle$, 如果为明确起见, 采用 ξ 有连续本征值的情况, 得到

$$i\hbar \frac{d}{dt} \langle \xi_t' | a \rangle = \langle \xi_t' | H_t | a \rangle = \int \langle \xi_t' | H_t | \xi_t'' \rangle d\xi_t'' \langle \xi_t'' | a \rangle. \tag{5.47}$$

现在方程 (5.5) 用表示写出来, 是

$$i\hbar \frac{d}{dt} \langle \xi' | Pt \rangle = \int \langle \xi' | H | \xi'' \rangle d\xi'' \langle \xi'' | Pt \rangle. \tag{5.48}$$

因为 $\langle \xi_t' | H_t | \xi_t'' \rangle$ 作为变量 ξ_t' 与 ξ_t'' 的函数, 其形式与 $\langle \xi' | H | \xi'' \rangle$ 作为 ξ' 与 ξ'' 的函数相同, 方程 (5.47) 与 (5.48) 的形式完全相同, 方程 (5.47) 中的变量 ξ_t'、ξ_t'' 起着方程 (5.48) 中变量 ξ'、ξ'' 的作用, 因而函数 $\langle \xi_t' | a \rangle$ 起着函数 $\langle \xi' | Pt \rangle$ 的作用. 这样我们就把方程 (5.47) 当成薛定谔波动方程的一种形式, 而把变量 ξ_t' 的函数 $\langle \xi_t' | a \rangle$ 看成波函数. 用这种方式, 薛定谔方程表现出新的意义, 它被看成是: 在海森伯变量 ξ_t 对角的运动表象中, 一个固定的右矢如果要与海森伯表象中的态对应, 那么它的表示所必须满足的条件. 函数 $\langle \xi_t' | a \rangle$ 随时间的变化归结于它的左因子 $\langle \xi_t' |$,

相反, 函数 $\langle \xi'|Pt\rangle$ 随时间的变化归结于右因子 $|Pt\rangle$.

如果在方程 (5.47) 中令 $|a\rangle = |\xi''\rangle$, 那么得到

$$i\hbar \frac{\mathrm{d}}{\mathrm{d}t}\langle \xi'_t|\xi''\rangle = \int \langle \xi'_t|H_t|\xi'''_t\rangle \mathrm{d}\xi'''_t \langle \xi'''_t|\xi''\rangle, \tag{5.49}$$

这表明变换函数 $\langle \xi'_t|\xi''\rangle$ 满足薛定谔波动方程. 既然 $\xi_{t_0} = \xi$, 我们一定有

$$\langle \xi'_{t_0}|\xi''\rangle = \delta(\xi'_{t_0} - \xi''), \tag{5.50}$$

这里的 δ 函数应该理解为一些因子的乘积, 对每一 ξ 变量有一个 δ 因子, 就像 §3.3 的方程 (3.34) 的右边对变量 $\xi_{v+1}, \cdots, \xi_u$ 所出现的因子一样. 因此, 变换函数 $\langle \xi'_t|\xi''\rangle$ 是薛定谔波动方程的一个解, 对这个解, ξ 在时间 t_0 肯定有值 ξ''. 如果 ξ 在时间 t_0 肯定有值 ξ'', 则它们在时间 $t > t_0$ 有值 ξ'_t 的相对概率就是变换函数的模平方 $|\langle \xi'_t|\xi''\rangle|^2$. 我们可以把 $\langle \xi'_t|\xi''\rangle$ 写成 $\langle \xi'_t|\xi''_{t_0}\rangle$, 并把它当成是 t_0 与 t 的函数. 要得到它对 t_0 的依赖关系, 我们取方程 (5.49) 的共轭复量, 交换 t 与 t_0, 并交换单撇与双撇. 这样给出

$$-i\hbar \frac{\mathrm{d}}{\mathrm{d}t_0}\langle \xi'_t|\xi''_{t_0}\rangle = \int \langle \xi'_t|\xi'''_{t_0}\rangle \mathrm{d}\xi'''_{t_0} \langle \xi'''_{t_0}|H_{t_0}|\xi''_{t_0}\rangle. \tag{5.51}$$

关于变换函数 $\langle \xi'_t|\xi''\rangle$ 的上述讨论, 在 ξ 为任何对易可观测量完全集时都有效. 这些方程是在 ξ 有连续本征值的情况下写出来的, 但是, 如果 ξ 中的任意几个有分立的本征值, 只要在公式中做必要的形式上的变更, 这些方程仍然有效. 现在考虑一个有经典类比的动力学系统, 并把 ξ 取为坐标 q. 令

$$\langle q'_t|q''\rangle = \mathrm{e}^{iS/\hbar} \tag{5.52}$$

这样就定义了变量 q'_t、q'' 的函数 S. 这个函数明显依赖于 t. 式 (5.52) 是薛定谔波动方程的一个解, 如果 $\hbar$ 可以被看作是小量, 就能按照处理式 (5.35) 的相同方式处理这个解. 式 (5.52) 中的 S 与式 (5.35) 中的 S 区别在于式 (5.52) 中没有 A, 这一点使式 (5.52) 中的 S 是复数, 但这个 S 的实部等于式 (5.35) 中的 S, 而它的虚部的量级是 $\hbar$. 因此, 在 $\hbar \to 0$ 的极限下, 式 (5.52) 中的 S 将等于式 (5.35) 中的

S, 因此满足对应于式 (5.38) 的下式

$$- \partial S/\partial t = H_c(q'_{rt}, p'_{rt}), \tag{5.53}$$

其中

$$p'_{rt} = \partial S/\partial q'_{rt}, \tag{5.54}$$

而 H_c 是我们量子动力学系统的经典类比的哈密顿量. 但式 (5.52) 也是方程 (5.51) 的一个解, 式中用 q 代替 ξ, 方程 (5.51) 是变量 q'' 或 q''_{t_0} 的薛定谔波动方程的共轭复量. 这使得 S 也满足[7]

$$- \partial S/\partial t_0 = H_c(q''_r, p''_r), \tag{5.55}$$

其中

$$p''_r = \partial S/\partial q''_r. \tag{5.56}$$

哈密顿-雅可比方程 (5.53) 和 (5.55) 的解是在 t_0 到 t 的时间间隔内的经典力学的作用量函数, 即它是拉格朗日量 L 的时间积分,

$$S = \int_{t_0}^{t} L(t') \mathrm{d}t'. \tag{5.57}$$

这样, 由式 (5.52) 定义的 S 是经典作用量函数的量子类比, 它在 $\hbar \to 0$ 的极限下等于经典作用量函数. 为了得到经典的拉格朗日量的量子类比, 我们考虑无穷小的时间间隔, 令 $t = t_0 + \delta t$, 就有 $\langle q'_{t_0+\delta t} | q''_{t_0} \rangle$ 作为 $\mathrm{e}^{\mathrm{i} L(t_0) \delta t/\hbar}$ 的类比. 为了类比起见, 我们应当把 $L(t_0)$ 看成是时刻 $t_0 + \delta t$ 的坐标 q' 与时刻 t_0 的坐标 q'' 的函数, 而不像通常那样看成是时刻 t_0 的坐标与速度的函数.

经典力学中的最小作用量原理表明, 对系统轨迹的微小变化只要不改变端点, 也就是保持 q_{t_0} 与 q_t 固定, 对在 t_0 与 t 之间的所有中间时刻的 q 的微小变化, 作用量函数 (5.57) 就会保持稳定. 让我们看看它在量子理论中对应于什么.

令

$$\exp \left\{ \mathrm{i} \int_{t_a}^{t_b} L(t) \mathrm{d}t / \hbar \right\} = \exp \left\{ \mathrm{i} S(t_b, t_a)/\hbar \right\} = B(t_b, t_a), \tag{5.58}$$

这样 $B(t_b, t_a)$ 就对应于量子理论中的 $\langle q'_{t_b} | q'_{t_a} \rangle$. (这里允许 q'_{t_a} 与 q'_{t_b} 代

---

[7]关于变换函数与经典理论的更准确的比较, 参考: Van Vleck, *Proc. Nat. Acad.* **14**, 178.

q_{t_a} 与 q_{t_b} 的不同本征值, 以免分析中引入大量的撇号.) 现在假定引进一系列中间时刻 $t_1, t_2, \cdots, t_m$, 把时间间隔 $t_0 \to t$ 分割成大量的小时间间隔 $t_0 \to t_1, t_1 \to t_2, \cdots, t_{m-1} \to t_m, t_m \to t$. 此时

$$B(t, t_0) = B(t, t_m)B(t_m, t_{m-1}) \cdots B(t_2, t_1)B(t_1, t_0). \qquad (5.59)$$

由 §3.3 的基矢量的性质 (3.35) 可得, 上式对应的量子方程是

$$\langle q'_t | q'_0 \rangle = \iint \cdots \int \langle q'_t | q'_m \rangle \mathrm{d}q'_m \langle q'_m | q'_{m-1} \rangle \mathrm{d}q'_{m-1} \cdots \langle q'_2 | q'_1 \rangle \mathrm{d}q'_1 \langle q'_1 | q'_0 \rangle, \qquad (5.60)$$

其中 q'_k 是 q'_{t_k} 的简写. 初一看, 等式 (5.59) 与 (5.60) 之间似乎不存在任何紧密的对应. 然而, 我们必须更仔细地分析式 (5.59) 的意义. 我们必须把每个因子 B 当作在与它相关的时间间隔的两个端点上的 q 的函数. 这使式 (5.59) 的右边成为不仅是 q_t 与 q_{t_0} 的函数, 而且也是所有中间 q 的函数. 只有当我们把式 (5.59) 右边的中间 q 用它们在实际轨迹上的值替代时, 方程 (5.59) 才有效, 实际轨道上的值的微小变化让 S 保持稳定, 另外由式 (5.58) 可知, 因而也让 $B(t, t_0)$ 保持稳定. 正是用这些值代替中间的各个 q 的过程对应于在式 (5.60) 中对各个中间 q 的所有值进行积分. 因此, 作用量原理的量子类比归结为合成规则 (5.60), 中间的 q 的值应使 S 稳定, 这对应于量子力学中的条件: 中间的 q 所有的值都重要, 其重要程度正比于它们对式 (5.60) 中积分的贡献.

让我们看看, 当 $\hbar$ 是小量时, 式 (5.59) 如何能成为式 (5.60) 的极限情况. 我们必须假定, 式 (5.60) 中的被积函数具有 $\mathrm{e}^{\mathrm{i}F/\hbar}$ 的形式, 其中 F 是 $q'_0, q'_1, q'_2, \cdots, q'_m, q'_t$ 的函数, 这个函数在 $\hbar$ 趋于零时保持连续, 所以, 当 $\hbar$ 是小量时, 被积函数是一个快速振荡的函数. 这样的快速振荡函数的积分非常小, 例外情况是, 在积分区域中有一个范围, 在此范围内 q'_k 较大的变化仅仅使 F 有很小的变化, 这个范围对积分的贡献是不小的. 这样的范围一定处于 F 对 q'_k 的小变化是稳定的那一点的邻域. 因此式 (5.60) 的积分主要由被积函数在一点的值决定, 在这一点被积函数对中间的 q' 的小变化是稳定的, 所以式 (5.60) 就变成了式 (5.59).

方程 (5.54) 与 (5.56) 表示, 变量 q'_t、p'_t 与变量 q''、p'' 之间通过切变换相联系, 并且是切变换方程写法的标准形式之一. 量子力学中幺正变换的方程写法也

有一个类比的形式. 借助于 §4.2 的式 (4.45), 我们从式 (5.52) 得到

$$\langle q'_t|p_{rt}|q''\rangle = -i\hbar\frac{\partial}{\partial q'_{rt}}\langle q'_t|q''\rangle = \frac{\partial S(q'_t, q'')}{\partial q'_{rt}}\langle q'_t|q''\rangle. \tag{5.61}$$

同样地, 借助于 §4.2 的式 (4.46), 可得

$$\langle q'_t|p_r|q''\rangle = i\hbar\frac{\partial}{\partial q''_r}\langle q'_t|q''\rangle = -\frac{\partial S(q'_t, q'')}{\partial q''_r}\langle q'_t|q''\rangle. \tag{5.62}$$

由对易可观测量的函数的普遍定义, 我们有

$$\langle q'_t|f(q_t)g(q)|q''\rangle = f(q'_t)g(q'')\langle q'_t|q''\rangle, \tag{5.63}$$

其中 $f(q_t)$ 与 $g(q)$ 分别是 q_t 与 q 的函数. 令 $G(q_t, q)$ 是 q_t 与 q 的任意函数, 由形为 $f(q_t)g(q)$ 的各项的一个求和或积分所组成, 因而 G 中的所有 q_t 都出现于所有 q 的右边. 这样的函数我们称之为良序的. 把等式 (5.63) 应用于 G 的每一项并相加或积分, 我们得到

$$\langle q'_t|G(q_t, q)|q''\rangle = G(q'_t, q'')\langle q'_t|q''\rangle.$$

现在让我们假设每个 p_{rt} 与 p_r 可以表示为 q_t 与 q 的良序函数, 并把这些函数写成 $p_{rt}(q_t, q)$、$p_r(q_t, q)$. 用这些函数替代 G, 我们得

$$\langle q'_t|p_{rt}|q''\rangle = p_{rt}(q'_t, q'')\langle q'_t|q''\rangle,$$
$$\langle q'_t|p_r|q''\rangle = p_r(q'_t, q'')\langle q'_t|q''\rangle.$$

把这些方程分别与方程 (5.61)、(5.62) 比较, 我们看到

$$p_{rt}(q'_t, q'') = \frac{\partial S(q'_t, q'')}{\partial q'_{rt}}, \quad p_r(q'_t, q'') = -\frac{\partial S(q'_t, q'')}{\partial q''_r}.$$

只要下式 (5.64) 的右边能写成良序函数, 上式就意味着

$$p_{rt} = \frac{\partial S(q_t, p)}{\partial q_{rt}}, \qquad p_r = -\frac{\partial S(q_t, p)}{\partial q_r}. \tag{5.64}$$

这些方程与方程 (5.54)、(5.56) 有相同的形式, 但与它们相关的是不对易的量子变量 q_t、q, 而不是普通的代数变量 q'_t、q''. 它们表明, 量子变量之间有幺正变换的条件如何类比于经典变量之间有切变换的条件. 然而, 这一类比并不完全, 因为经典的 S 必须是实函数, 而式 (5.64) 的 S 则没有简单的条件对应于这一点.

§5.7 吉布斯系综

到目前为止, 我们的工作中始终假定动力学系统在任何一个时刻处于确定的态, 也就是说, 在与理论的一般原理不冲突的情况下, 系统的运动被尽可能完全而准确地确定了. 当然, 在经典理论中, 这意味着所有的坐标和动量都有确定的值. 现在我们感兴趣的运动是, 其确定程度不及这种最大可能的程度. 这一节将专门讨论在这种情况下所采用的方法.

经典力学中的做法就是引入所谓吉布斯系综, 它的思想如下. 我们把所有的动力学坐标和动量当作某一空间中的直角坐标, 该空间叫作 相空间, 相空间的维数是系统自由度的两倍. 系统的任何状态可由该空间中的一点表示. 这个点将按照经典运动方程 (5.14) 移动. 现在假定, 我们已知的并不是系统在任意时刻所处的确定的状态, 而仅仅是系统按一定的概率规律处于大量状态中的这个或那个状态. 那么, 我们可以用相空间的流体来表示它, 任意相空间体积内流体的质量, 是系统处于其代表点在这一体积内的任意状态的总概率. 流体中的每个粒子都按照运动方程 (5.14) 移动. 如果引入流体在任意点的密度 ρ, 它等于系统处于相应状态邻域的单位相空间体积内的概率, 那么就有守恒方程

$$
\begin{aligned}
\frac{\partial \rho}{\partial t} &= -\sum_r \left\{ \frac{\partial}{\partial q_r} \left(\rho \frac{\mathrm{d}q_r}{\mathrm{d}t} \right) + \frac{\partial}{\partial p_r} \left(\rho \frac{\mathrm{d}p_r}{\mathrm{d}t} \right) \right\} \\
&= -\sum_r \left\{ \frac{\partial}{\partial q_r} \left(\rho \frac{\partial H}{\partial p_r} \right) - \frac{\partial}{\partial p_r} \left(\rho \frac{\partial H}{\partial q_r} \right) \right\} \\
&= -[\rho, H].
\end{aligned}
\tag{5.65}
$$

这可以看成是流体的运动方程, 因为如果开始时 ρ 作为 q 与 p 的函数是已知的, 则此方程决定了所有时刻的密度 ρ. 若不考虑这个负号, 它与动力学变量的普通运动方程 (5.15) 具有相同的形式.

系统处于任意态的总概率等于 1 的这个要求给出 ρ 的归一化条件

$$
\iint \rho \mathrm{d}q \mathrm{d}p = 1,
\tag{5.66}
$$

积分遍历整个相空间, 而单重微分 dq 与 dp 代表所有 dq 与 dp 的乘积. 如果 β 表示动力学变量的任意函数, 那么 β 的平均值是

$$\iint \beta\rho \, dq \, dp. \tag{5.67}$$

如果我们采用的密度 ρ 与上面所述的相差一个正的常数 k, 虽然这仅仅是一个平凡的改变, 但这通常使得讨论更方便, 所以我们这里用

$$\iint \rho \, dq \, dp = k$$

代替等式 (5.66). 有了这一密度, 我们可以图像地把这一流体看成代表 k 个相同动力学系统, 它们独立地坚持各自的运动, 它们即使在相同的地点也无相互影响和扰动. 这样, 任意一点的密度就是系统处于任意态的相邻单位相空间体积内的可能数或平均数, 而表达式 (5.67) 就给出对所有系统的 β 总值的平均. 这样的动力学系统的集合, 即吉布斯提出的系综, 通常在实际中无法实现, 仅作为粗略的近似, 但它仍然成为有效的理论抽象.

我们将会看到, 量子力学中有一相应的密度 ρ 有与上述性质类似的性质. 它由冯诺依曼 (von Neumann) 首先提出. 由于量子力学中不可能对 q 与 p 同时赋值, 相空间在量子力学中没意义, 由这个事实出发, 相应的密度的存在是令人惊异的.

我们研究一个动力学系统, 在某一时刻, 它按照某种已知的概率规则处于许多可能的态中的某一个或另一个. 这些态可能是一个分立集合, 或者是一个连续的范围, 或者是两种情况都有. 为明确起见, 我们这里考虑分立集合的情形并假定用参数 m 标记这些态. 令对应于这些态的归一化的右矢量为 $|m\rangle$, 且系统处于态 m 的概率是 P_m. 这样我们用

$$\rho = \sum_m |m\rangle P_m \langle m| \tag{5.68}$$

来定义量子密度 ρ. 令 ρ' 是 ρ 的任意本征值, 而 $|\rho'\rangle$ 是属于该本征值的本征右矢. 这样就有

$$\sum_m |m\rangle P_m \langle m|\rho'\rangle = \rho|\rho'\rangle = \rho'|\rho'\rangle$$

所以

$$\sum_m \langle \rho'|m \rangle P_m \langle m|\rho' \rangle = \rho' \langle \rho'|\rho' \rangle$$

或

$$\sum_m P_m |\langle m|\rho' \rangle|^2 = \rho' \langle \rho'|\rho' \rangle.$$

既然 P_m 是概率, 那么它不可能是负数. 由此得出 ρ' 不能为负. 所以 ρ 没有负的本征值, 这与经典密度 ρ 非负的事实类似.

现在让我们获取量子 ρ 的运动方程. 在薛定谔图像中, 等式 (5.68) 中的左矢和右矢将分别按照薛定谔方程 (5.5) 以及其共轭虚量方程而随时间变化, 而这些 P_m 保持常数, 因为只要该系统未受扰动, 它就不会从对应于满足薛定谔方程的右矢的态变到相应于另一个右矢的态. 这样我们就有

$$
\begin{aligned}
i\hbar \frac{d\rho}{dt} &= \sum_m i\hbar \left\{ \frac{d|m\rangle}{dt} P_m \langle m| + |m\rangle P_m \frac{d\langle m|}{dt} \right\} \\
&= \sum_m \{ H|m\rangle P_m \langle m| - |m\rangle P_m \langle m|H \} \\
&= H\rho - \rho H. \quad\quad (5.69)
\end{aligned}
$$

这是经典运动方程 (5.65) 的量子类比. 我们量子的 ρ 与经典的一样, 在开始已知的情况下, 后面所有时间内都被决定了.

由 §2.6 的假设可知, 当系统处于 m 态时, 任意可观测量 β 的平均值是 $\langle m|\beta|m \rangle$. 因而, 如果系统按照概率规律 P_m 分布于几个不同的态 m 之间, 则 β 的平均值就是 $\sum_m P_m \langle m|\beta|m \rangle$. 如果我们引入具有分立集的基右矢的表象, 例如 $|\xi'\rangle$, 此平均值等于

$$
\begin{aligned}
\sum_{m\xi'} P_m \langle m|\xi' \rangle \langle \xi'|\beta|m \rangle &= \sum_{\xi'm} \langle \xi'|\beta|m \rangle P_m \langle m|\xi' \rangle \\
&= \sum_{\xi'} \langle \xi'|\beta\rho|\xi' \rangle = \sum_{\xi'} \langle \xi'|\rho\beta|\xi' \rangle, \quad\quad (5.70)
\end{aligned}
$$

用 §3.4 的方程 (3.44) 的矩阵乘法规则, 容易验证上式的最后一步. 表达式 (5.70) 是经典理论中的表达式 (5.67) 的类比. 在经典理论中, 我们要用 ρ 乘 β, 并在整个相空间对该乘积进行积分, 而在量子理论中, 我们要用 ρ 乘 β, 乘积中的因子次

序任意, 并对此乘积在表象中进行对角求和. 如果该表象包含连续范围的基矢量 $|\xi'\rangle$, 我们就得到

$$\int \langle \xi'|\beta\rho|\xi'\rangle \mathrm{d}\xi' = \int \langle \xi'|\rho\beta|\xi'\rangle \mathrm{d}\xi' \tag{5.71}$$

以替代等式 (5.70), 这样我们必须采用 "沿对角积分" 的手续来代替对角元的求和. 我们把等式 (5.71) 定义成在连续情况下 $\beta\rho$ 的对角求和. 根据 §3.5 的变换函数 (3.56) 的性质, 容易验证, 对所有的表象而言, 对角求和是一样的.

由 $|m\rangle$ 都是归一化的这一条件, 在 ξ' 是分立的情况下, 我们有

$$\sum_{\xi'} \langle \xi'|\rho|\xi'\rangle = \sum_{m\xi'} \langle \xi'|m\rangle P_m \langle m|\xi'\rangle = \sum_m P_m = 1, \tag{5.72}$$

因为系统处于任意态的总概率等于 1. 这是方程 (5.66) 的类比. 根据 §3.5 中解释右矢表示的规则 (3.51), 系统处于态 ξ' 的概率, 或者说可观测量 ξ (它在此表象中是对角的) 取值 ξ' 的概率是

$$\sum_m |\langle \xi'|m\rangle|^2 P_m = \langle \xi'|\rho|\xi'\rangle, \tag{5.73}$$

这给出了等式 (5.72) 左边求和中的每一项的含义. 对于连续的 ξ', 等式 (5.73) 的右边给出在 ξ' 的单位变化区间内 ξ 在 ξ' 的领域内有值的概率.

正如经典理论中一样, 我们让密度等于上述 ρ 的 k 倍, 并把它当作代表 k 个相同动力学系统的吉布斯系综, 这些相同系统之间没有相互作用或干扰. 此时等式 (5.72) 的右边将等于 k, 而等式 (5.70) 或 (5.71) 将给出对于系综中所有系统的 β 的总平均值, 等式 (5.73) 则给出对于系综中一个系统其 ξ 取值 ξ' (或者在 ξ' 的单位变化区间内 ξ 在 ξ' 的领域内有值) 的总概率.

吉布斯系综的一个重要应用是应用于一个与周围给定温度为 T 的环境处于热力学平衡的动力学系统. 吉布斯证明了这样的系统在经典力学中用密度

$$\rho = c\,\mathrm{e}^{-H/kT} \tag{5.74}$$

表示, 其中 H 是哈密顿量, 它现在与时间无关, k 是玻尔兹曼常数, c 是选来使归一化条件 (5.66) 成立的数. 这一公式可以原封不动地搬到量子理论中来. 在高温条件下, 等式 (5.74) 变成 $\rho = c$, 代入等式 (5.73) 的右边, 在分立 ξ' 的情况下, 给出

$c\langle\xi'|\xi'\rangle = c.$ 这表明, 在高温条件下所有的分立态是等概率的.

6 初等应用

§6.1 谐振子

谐振子是量子力学中动力学系统的一个简单而有价值的例子. 这个例子对普遍理论很重要, 因为它是辐射理论的基础. 描述这个系统所需的动力学变量只有坐标 q 与它的共轭动量 p. 经典力学中的哈密顿量是

$$H = \frac{1}{2m}(p^2 + m^2\omega^2 q^2), \tag{6.1}$$

其中 m 是振动粒子的质量, ω 等于 2π 乘上频率. 我们假定量子力学中的哈密顿量完全相同. 这一哈密顿量和 §4.2 的量子条件 (4.10) 完全确定了该系统.

海森伯运动方程是

$$\left.\begin{aligned} \dot{q}_t &= [q_t, H] = p_t/m, \\ \dot{p}_t &= [p_t, H] = -m\omega^2 q_t. \end{aligned}\right\} \tag{6.2}$$

为方便起见, 引入无量纲的复数动力学变量

$$\eta = (2m\hbar\omega)^{-\frac{1}{2}}(p + \mathrm{i}m\omega q). \tag{6.3}$$

运动方程 (6.2) 给出

$$\dot{\eta}_t = (2m\hbar\omega)^{-\frac{1}{2}}(-m\omega^2 q_t + \mathrm{i}\omega p_t) = \mathrm{i}\omega\eta_t.$$

上式积分得到

$$\eta_t = \eta_0 \mathrm{e}^{\mathrm{i}\omega t}, \tag{6.4}$$

这里的 η_0 是独立于 t 的线性算符, 等于 $t = 0$ 时的 η_t. 上面的各个方程与经典理论中的一样.

我们可以用 η 及其共轭复量 $\bar{\eta}$ 来表示 q 和 p, 并完全用 η 和 $\bar{\eta}$ 来讨论问题. 我们有

$$\hbar\omega\eta\bar{\eta} = (2m)^{-1}(p + im\omega q)(p - im\omega q)$$
$$= (2m)^{-1}[p^2 + m^2\omega^2 q^2 + im\omega(qp - pq)]$$
$$= H - \tfrac{1}{2}\hbar\omega \tag{6.5}$$

同样地,

$$\hbar\omega\bar{\eta}\eta = H + \tfrac{1}{2}\hbar\omega. \tag{6.6}$$

因而,

$$\bar{\eta}\eta - \eta\bar{\eta} = 1. \tag{6.7}$$

方程 (6.5) 和 (6.6) 把 H 表示成 η 和 $\bar{\eta}$ 的函数, 方程 (6.7) 给出了 η 和 $\bar{\eta}$ 的对易关系. 由式 (6.5) 得

$$\hbar\omega\bar{\eta}\eta\bar{\eta} = \bar{\eta}H - \tfrac{1}{2}\hbar\omega\bar{\eta}$$

由式 (6.6) 得

$$\hbar\omega\bar{\eta}\eta\bar{\eta} = H\bar{\eta} + \tfrac{1}{2}\hbar\omega\bar{\eta}.$$

因此

$$\bar{\eta}H - H\bar{\eta} = \hbar\omega\bar{\eta}. \tag{6.8}$$

同时, 式 (6.7) 可以推出, 对任意的正整数 n,

$$\bar{\eta}\eta^n - \eta^n\bar{\eta} = n\eta^{n-1} \tag{6.9}$$

这可以用数学归纳法验证, 因为如果用 η 左乘等式 (6.9), 我们推导出以 $n + 1$ 代替 n 的等式 (6.9).

令 H' 是 H 的一个本征值, 而 $|H'\rangle$ 是属于该本征值的本征右矢. 由式 (6.5) 得

$$\hbar\omega\langle H'|\eta\bar{\eta}|H'\rangle = \langle H'|H - \tfrac{1}{2}\hbar\omega|H'\rangle = (H' - \tfrac{1}{2}\hbar\omega)\langle H'|H'\rangle.$$

由于 $\langle H'|\eta\bar{\eta}|H'\rangle$ 是右矢 $\bar{\eta}|H'\rangle$ 长度的平方, 因此

$$\langle H'|\eta\bar{\eta}|H'\rangle \geqslant 0,$$

只有当 $\bar{\eta}|H'\rangle = 0$ 时, 等号才成立. 而且 $\langle H'|H'\rangle > 0$. 因此

$$H' \geqslant \tfrac{1}{2}\hbar\omega, \tag{6.10}$$

只有当 $\bar{\eta}|H'\rangle = 0$ 时, 等号才成立. 由于式 (6.1) 中的 H 是平方和的形式, 我们预期其本征值都是正数或零 (因为 H 在任意态上的平均值必然是正数或零). 我们现在有更严格条件的式 (6.10).

由式 (6.8) 得

$$H\bar{\eta}|H'\rangle = (\bar{\eta}H - \hbar\omega\bar{\eta})|H'\rangle = (H' - \hbar\omega)\bar{\eta}|H'\rangle. \tag{6.11}$$

如果 $H' \neq \tfrac{1}{2}\hbar\omega$, 则 $\bar{\eta}|H'\rangle$ 不为零, 那么按照式 (6.11), $\bar{\eta}|H'\rangle$ 是 H 的本征右矢, 属于本征值 $H' - \hbar\omega$. 因此, 只要 H' 是 H 的任意本征值, 且不等于 $\tfrac{1}{2}\hbar\omega$, 则 $H' - \hbar\omega$ 就是 H 的另一本征值. 我们可以重复这个推导而断言, 如果 $H' - \hbar\omega \neq \tfrac{1}{2}\hbar\omega$, $H' - 2\hbar\omega$ 就是 H 的另一本征值. 按照该方法延续下去, 得到一系列本征值, 即 $H', H' - \hbar\omega, H' - 2\hbar\omega, H' - 3\hbar\omega, \cdots$, 该系列不能无限地延伸下去, 否则会得到与式 (6.10) 矛盾的本征值, 因而只能中断于 $\tfrac{1}{2}\hbar\omega$. 另外, 从式 (6.8) 的共轭复数方程可得

$$H\eta|H'\rangle = (\eta H + \hbar\omega\eta)|H'\rangle = (H' + \hbar\omega)\eta|H'\rangle,$$

此式表明, $H' + \hbar\omega$ 是 H 的另一本征值, $\eta|H'\rangle$ 是属于它的本征右矢, 除非 $\eta|H'\rangle = 0$. 而 $\eta|H'\rangle = 0$ 的例外可以排除, 因为它会导致

$$0 = \hbar\omega\bar{\eta}\eta|H'\rangle = (H + \tfrac{1}{2}\hbar\omega)|H'\rangle = (H' + \tfrac{1}{2}\hbar\omega)|H'\rangle,$$

这与式 (6.10) 矛盾. 因此, $H' + \hbar\omega$ 总是 H 的另一个本征值, 而 $H' + 2\hbar\omega$、$H' + 3\hbar\omega$ 等等都是. 于是, H 的本征值是一系列的数, 即

$$\tfrac{1}{2}\hbar\omega, \quad \tfrac{3}{2}\hbar\omega, \quad \tfrac{5}{2}\hbar\omega, \quad \tfrac{7}{2}\hbar\omega, \quad \cdots \tag{6.12}$$

以至无穷. 这些都是谐振子可能的能量取值.

令 $|0\rangle$ 是 H 的本征右矢, 属于最低的本征值 $\frac{1}{2}\hbar\omega$, 所以

$$\bar{\eta}|0\rangle = 0, \tag{6.13}$$

并形成一系列的右矢

$$|0\rangle, \quad \eta|0\rangle, \quad \eta^2|0\rangle, \quad \eta^3|0\rangle, \quad \cdots. \tag{6.14}$$

这些右矢全是 H 的本征右矢, 分别属于式 (6.12) 中的一系列本征值. 由式 (6.9) 和 (6.13) 可知, 对任意的非负整数 n, 有

$$\bar{\eta}\eta^n|0\rangle = n\eta^{n-1}|0\rangle. \tag{6.15}$$

因此, 右矢集合 (6.14) 是这样的, η 或 $\bar{\eta}$ 对集合中的任一右矢作用都会产生一个与此集合相关的右矢. 至此, 我们问题中的所有动力学变量都可以表示成 η 或 $\bar{\eta}$, 所以右矢集合 (6.14) 必然构成一个完全集 (否则还会有更多的力学变量). 对于 H 的本征值 (6.12) 中的每一个, 只有一个本征右矢, 所以 H 就只有它自己组成一个对易可观测量完全集. 式 (6.14) 中的各个右矢对应于振子的各个定态. 能量为 $(n + \frac{1}{2})\hbar\omega$ 的定态对应于 $\eta^n|0\rangle$, 这被称为第 n 级量子态.

借助于式 (6.15), 右矢 $\eta^n|0\rangle$ 长度的平方是

$$\langle 0|\bar{\eta}^n\eta^n|0\rangle = n\langle 0|\bar{\eta}^{n-1}\eta^{n-1}|0\rangle.$$

应用归纳法, 我们发现, 只要 $|0\rangle$ 是归一化的, 就有

$$\langle 0|\bar{\eta}^n\eta^n|0\rangle = n!. \tag{6.16}$$

因此, 式 (6.14) 中的各右矢分别乘上系数 $n!^{-\frac{1}{2}}$, 这里 $n = 0, 1, 2, \cdots$, 就可以组成一个表象的基右矢, H 在该表象中是对角的. 任意右矢 $|x\rangle$ 可以展开为

$$|x\rangle = \sum_0^\infty x_n\eta^n|0\rangle, \tag{6.17}$$

其中 x_n 是数. 用此方法, 我们使右矢 $|x\rangle$ 对应于变量 η 的幂级数 $\sum x_n\eta^n$, 这个

幂级数中的不同项对应于不同的定态. 如果 $|x\rangle$ 是归一化的, 这一展开式定义了一个态, 对于这个态, 振子处于第 n 级量子态的概率——H 取值 $(n + \frac{1}{2})\hbar\omega$ 的概率——是

$$P_n = n!|x_n|^2, \tag{6.18}$$

这一点可以应用得出 §3.5 中式 (3.51) 的推理方法获得.

我们可以把 $|0\rangle$ 看作标准右矢, 把 η 的幂级数看作波函数, 因为任意右矢可以表示为该波函数乘在这个标准右矢上. 于是我们得到一类新的波函数, 它不同于由 §3.7 方程 (3.62) 所引入的通常一类的波函数, 这里的波函数是复数动力学变量 η 的函数, 而不是可观测量的函数. 这一观点由福克 (V. Fock) 首先提出, 所以我们称这一表象为福克表象. 许多情形中, 它是描述谐振子态的最方便的方法. 标准右矢 $|0\rangle$ 满足条件 (6.13), 它替代了 §4.2 中式 (4.43) 对薛定谔表象中标准右矢的条件.

让我们引入薛定谔表象, 使得 q 是对角的, 并求得各定态的表示. 由式 (6.13) 与式 (6.3) 可得

$$(p - \mathrm{i}m\omega q)|0\rangle = 0,$$

所以

$$\langle q'|(p - \mathrm{i}m\omega q)|0\rangle = 0.$$

借助于 §4.2 的式 (4.45), 上式给出

$$\hbar\frac{\partial}{\partial q'}\langle q'|0\rangle + m\omega q'\langle q'|0\rangle = 0. \tag{6.19}$$

这一微分方程的解是

$$\langle q'|0\rangle = (m\omega/\pi\hbar)^{\frac{1}{4}}\mathrm{e}^{-m\omega q'^2/2\hbar}, \tag{6.20}$$

这样选取数值系数是为了把 $|0\rangle$ 归一化. 至此得到了基态 (最低能量的态) 的表

示. 其他定态的表示可以由基态的表示获取. 由式 (6.3) 可得

$$\langle q'|\eta^n|0\rangle = (2m\hbar\omega)^{-n/2}\langle q'|(p+im\omega q)^n|0\rangle$$

$$= (2m\hbar\omega)^{-n/2}i^n\left(-\hbar\frac{\partial}{\partial q'}+m\omega q'\right)^n\langle q'|0\rangle$$

$$= i^n(2m\hbar\omega)^{-n/2}\left(\frac{m\omega}{\pi\hbar}\right)^{\frac{1}{4}}\left(-\hbar\frac{\partial}{\partial q'}+m\omega q'\right)^n e^{-m\omega q'^2/2\hbar}. \tag{6.21}$$

在 n 很小的情况下, 上式可以很容易地计算. 所得结果的形式是 $e^{-m\omega q'^2/2\hbar}$ 乘以 q' 的 n 次幂级数. 附加的因子 $n!^{-\frac{1}{2}}$ 必须放入式 (6.21), 以得到第 n 级量子态的归一化表示. 相因子 i^n 可以去掉.

§6.2 角动量

让我们考虑一个粒子, 它由三个直角坐标 x、y、z 及其共轭动量 p_x、p_y、p_z 描述. 和经典理论一样, 它对原点的角动量定义为

$$m_x = yp_z - zp_y \quad m_y = zp_x - xp_z \quad m_z = xp_y - yp_x, \tag{6.22}$$

或者用矢量方程

$$\boldsymbol{m} = \boldsymbol{x} \times \boldsymbol{p}.$$

必须计算角动量的各分量与动力学变量 x、p_x 等之间的泊松括号. 最方便的方法是借助于 §4.1 中的规则 (4.4) 和 (4.5), 这样有

$$\left.\begin{array}{l}[m_z,x] = [xp_y-yp_x,x] = -y[p_x,x] = y,\\ [m_z,y] = [xp_y-yp_x,y] = x[p_y,y] = -x,\end{array}\right\} \tag{6.23}$$

$$[m_z,z] = [xp_y-yp_x,z] = 0, \tag{6.24}$$

类似地有

$$[m_z,p_x] = p_y, \quad [m_z,p_y] = -p_x, \tag{6.25}$$

$$[m_z,p_z] = 0, \tag{6.26}$$

对于 m_x 和 m_y, 也有相应的关系. 此外,

$$\left.\begin{aligned}
[m_y, m_z] = [zp_x - xp_z, m_z] &= z[p_x, m_z] - [x, m_z]p_z \\
&= -zp_x + yp_z = m_x, \\
[m_z, m_x] = m_y, \qquad [m_x, m_y] &= m_z.
\end{aligned}\right\} \tag{6.27}$$

这些结果全部和经典理论中的一样. 式 (6.23)、(6.25)、(6.27) 结果中的符号可以用下面的规则简单地记住: 如果包括等式左边泊松括号里的两个变量和等式右边结果中的一个变量在内的三个变量, 其循环次序与 (xyz) 相同, 则符号为 +; 否则符号为 −. 方程 (6.27) 可以写成矢量的形式

$$\boldsymbol{m} \times \boldsymbol{m} = \mathrm{i}\hbar\boldsymbol{m}. \tag{6.28}$$

现在假定有好几个粒子分别具有角动量 $\boldsymbol{m}_1, \boldsymbol{m}_2, \cdots$. 这些角动量矢量的每一个都应满足等式 (6.28), 因而

$$\boldsymbol{m}_r \times \boldsymbol{m}_r = \mathrm{i}\hbar\boldsymbol{m}_r,$$

而且其中任何一个都与任意其他的对易, 所以

$$\boldsymbol{m}_r \times \boldsymbol{m}_s + \boldsymbol{m}_s \times \boldsymbol{m}_r = 0 \quad (r \neq s).$$

因此, 如果 $\boldsymbol{M} = \sum_r \boldsymbol{m}_r$ 是总角动量, 则

$$\begin{aligned}
\boldsymbol{M} \times \boldsymbol{M} = \sum_{r,s} \boldsymbol{m}_r \times \boldsymbol{m}_s &= \sum_r \boldsymbol{m}_r \times \boldsymbol{m}_r + \sum_{r<s} (\boldsymbol{m}_r \times \boldsymbol{m}_s + \boldsymbol{m}_s \times \boldsymbol{m}_r) \\
&= \mathrm{i}\hbar \sum_r \boldsymbol{m}_r = \mathrm{i}\hbar\boldsymbol{M}.
\end{aligned} \tag{6.29}$$

这个结果的形式和等式 (6.28) 相同, 所以, 任意数目粒子的总角动量 $\boldsymbol{M}$ 的各分量所满足的对易关系, 与单个粒子角动量的完全相同.

令 A_x、A_y、A_z 代表任意一个粒子的三个坐标或动量的三个分量. 这些 A

与其他粒子的角动量都对易, 因而, 由方程 (6.23)、(6.24)、(6.25)、(6.26) 可得

$$[M_z, A_x] = A_y, \quad [M_z, A_y] = -A_x, \quad [M_z, A_z] = 0. \tag{6.30}$$

如果 B_x、B_y、B_z 是另一组三个量, 代表一个粒子的坐标或者动量分量, 它们将满足与式 (6.30) 类似的关系. 这样我们有

$$
\begin{aligned}
[M_z, A_x B_x &+ A_y B_y + A_z B_z] \\
&= [M_z, A_x]B_x + A_x[M_z, B_x] + [M_z, A_y]B_y + A_y[M_z, B_y] \\
&= A_y B_x + A_x B_y - A_x B_y - A_y B_x \\
&= 0.
\end{aligned}
$$

这样, 标量积 $A_x B_x + A_y B_y + A_z B_z$ 与 M_z 对易, 类似地也与 M_x 和 M_y 对易. 引入矢量乘积

$$\boldsymbol{A} \times \boldsymbol{B} = \boldsymbol{C}$$

或者

$$A_y B_z - A_z B_y = C_x, \quad A_z B_x - A_x B_z = C_y, \quad A_x B_y - A_y B_z = C_z.$$

我们有

$$[M_z, C_x] = -A_x B_z + A_z B_x = C_y$$

同样地有

$$[M_z, C_y] = -C_x, \quad [M_z, C_z] = 0.$$

这些方程又是式 (6.30) 的形式, 只是用 $\boldsymbol{C}$ 替代了 $\boldsymbol{A}$. 由此, 可以得出结论: 形如式 (6.30) 的方程, 对于用动力学变量构造的任意矢量的三个分量都成立; 而任意标量都与 $\boldsymbol{M}$ 对易.

我们曾在 §4.5 中引入线性算符 D 表示平移, 这里用同样的方法引入线性算符 R 表示绕原点的转动. 考虑绕 z 轴旋转角度 $\delta\phi$, 并使 $\delta\phi$ 趋于无限小, 与 §4.5

的式 (4.64) 对应, 可以得到这一极限算符

$$\lim_{\delta\phi\to 0} (R - 1)/\delta\phi,$$

我们称之为绕 z 轴的转动算符, 用 r_z 表示. 与位移算符一样, r_z 是纯虚的线性算符并且可以加上任一纯虚数而不确定. 与 §4.5 的式 (4.66) 对应, 由绕 z 轴转动一小角 $\delta\phi$ 引起的任意动力学变量 v 的变化, 精确到 $\delta\phi$ 的一级, 是

$$\delta\phi(r_z v - v r_z). \tag{6.31}$$

现在将绕 z 轴 $\delta\phi$ 的转动 (右旋) 作用于所有测量仪器, 矢量的三个分量 A_x、A_y、A_z 产生的变化分别是 $\delta\phi A_y$、$-\delta\phi A_x$、0, 而任意的标量不因旋转而变化. 令这些变化与式 (6.31) 相等, 我们发现

$$r_z A_x - A_x r_z = A_y, \qquad r_z A_y - A_y r_z = -A_x,$$
$$r_z A_z - A_z r_z = 0,$$

且 r_z 与任意标量对易. 把这些结果和式 (6.30) 比较, 我们发现 $\mathrm{i}\hbar r_z$ 和 M_z 满足相同的对易关系. 它们的差 $M_z - \mathrm{i}\hbar r_z$ 与所有的动力学变量对易, 所以一定是一个数. 由于 M_z 和 $\mathrm{i}\hbar r_z$ 都是实的, 这个数必然是实数; 而且恰当地选取 r_z 可任意加上去的纯虚数, 就可以使得此实数为零. 这样得到下面的结果:

$$M_z = \mathrm{i}\hbar r_z. \tag{6.32}$$

对 M_x 和 M_y 也有相似的方程成立. 它们是 §4.5 的式 (4.69) 的类比. 因此, 总角动量与转动算符的关系, 和总动量与位移算符的关系一样. 这一结论对以任何点作为原点的情形都成立.

　　上述推理可应用于多个粒子运动所引起的角动量, 对每个粒子, 角动量按式 (6.22) 定义. 原子理论中有另一种角动量出现, 即自旋角动量. 我们将前一种角动量称为轨道角动量, 以示区别. 一个粒子的自旋角动量应该想象为由于粒子的内部运动而引起的, 所以它所关联的自由度与那些描述粒子整体运动的自由度不同, 因而描述自旋的动力学变量一定与 x、y、z、p_x、p_y、p_z 都对易. 自旋不

与经典力学中的任何事物有严密对应, 所以经典类比的方法不适于研究自旋. 然而, 仅仅从下列假设出发, 仍能建立自旋理论, 即假定自旋角动量的各分量与转动算符的关系, 与上面已有的轨道角动量各分量与转动算符的关系相同, 也就是在方程 (6.32) 中用 m_z 作为一个粒子的自旋角动量的 z 分量, 并用 r_z 作为与此粒子的自旋态相关的绕 z 轴的转动算符, 该方程仍然成立. 有了这一假设, 自旋角动量 $\boldsymbol{M}$ 各分量与相关于自旋的任意矢量 $\boldsymbol{A}$ 的对易关系必然有式 (6.30) 的标准形式, 因此, 取 $\boldsymbol{A}$ 为自旋角动量本身, 我们得出, 方程 (6.29) 对于自旋也同样成立. 我们现在得到, 方程 (6.29) 对自旋与轨道角动量的任意相加都普遍成立, 方程 (6.30) 对自旋和轨道的总角动量 $\boldsymbol{M}$ 以及任意动力学变量 $\boldsymbol{A}$ 都普遍成立, 而且角动量和转动算符之间的联系也总是成立的.

作为这一关系的一个直接结果, 可以推导出角动量守恒定律. 对于一个孤立系统, 其哈密顿量一定不会因为绕原点的任何转动而改变, 换言之, 它必定是标量, 也就必然与绕原点的角动量对易. 因此, 角动量是一个运动常量. 这一推理中的原点可以是任意点.

作为第二个直接结果, 可以推导出总角动量为零的态是球对称的. 这个态对应于一个右矢, 比如 $|S\rangle$, 满足

$$M_x|S\rangle = M_y|S\rangle = M_z|S\rangle = 0, \tag{6.33}$$

因此,

$$r_x|S\rangle = r_y|S\rangle = r_z|S\rangle = 0.$$

此式表明, 右矢 $|S\rangle$ 在无限小转动下保持不变, 因此在有限转动下它必然仍保持不变, 因为有限转动可以由无限小转动实现. 因此这个态是球对称的. 这个结果可以用下面的方式理解: 如果一个态的总角动量为零, 则动力学系统沿各个方向的可能性相同, 球对称因而出现. 这与下述表述类似: 总动量为零的态, 出现于空间任何地方的可能性相同.

上述命题的逆命题也正确, 即一个球对称的态, 其总角动量为零. 这个结论物理上是明显的, 因为角动量具有矢量的性质, 如果它不为零, 其存在必定破坏球对称性.

需要注意的是, 方程 (6.33) 中的右矢 $|S\rangle$ 是非对易可观测量的共同本征右矢. 通常这是不可能的, 但是在现在的特定场合是可能的, 因为三个方程 (6.33) 和对

易关系 (6.29) 并不引起任何矛盾.

§6.3 角动量的性质

有一些角动量的一般性质, 可以直接从三个分量之间的对易关系推导出来. 这些性质对自旋和轨道角动量都成立. 令 m_x、m_y、m_z 为一角动量的三个分量, 并引入物理量 β, 定义为

$$\beta = m_x^2 + m_y^2 + m_z^2.$$

由于 β 是标量, 它一定与 m_x、m_y、m_z 均对易. 让我们假定有一动力学系统, m_x、m_y、m_z 是这个系统仅有的动力学变量. 这样, β 与所有变量对易, 它必然是一个数. 我们采用和 §6.1 研究谐振子几乎一样的方法来研究这一系统.

令

$$m_x - \mathrm{i}m_y = \eta.$$

从对易关系式 (6.27), 我们可得

$$\bar{\eta}\eta = (m_x + \mathrm{i}m_y)(m_x - \mathrm{i}m_y) = m_x^2 + m_y^2 - \mathrm{i}(m_x m_y - m_y m_x)$$
$$= \beta - m_z^2 + \hbar m_z \tag{6.34}$$

同样地,

$$\eta\bar{\eta} = \beta - m_z^2 - \hbar m_z. \tag{6.35}$$

因此,

$$\bar{\eta}\eta - \eta\bar{\eta} = 2\hbar m_z. \tag{6.36}$$

另外,

$$m_z \eta - \eta m_z = \mathrm{i}\hbar m_y - \hbar m_x = -\hbar\eta. \tag{6.37}$$

我们假定角动量的各个分量都是可观测量, 所以 m_z 有本征值. 令 m_z' 是本征值之一, $|m_z'\rangle$ 是属于 m_z' 的本征右矢. 由式 (6.34) 可得

$$\langle m_z'|\bar{\eta}\eta|m_z'\rangle = \langle m_z'|\beta - m_z^2 + \hbar m_z|m_z'\rangle = (\beta - m_z'^2 + \hbar m_z')\langle m_z'|m_z'\rangle.$$

等式左边是右矢 $\eta|m_z'\rangle$ 长度的平方, 因此大于或等于零, 当且仅当 $\eta|m_z'\rangle = 0$, 等

于零的情况才出现. 因而

$$\beta - m_z'^2 + \hbar m_z' \geqslant 0,$$

或

$$\beta + \tfrac{1}{4}\hbar^2 \geqslant (m_z' - \tfrac{1}{2}\hbar)^2. \tag{6.38}$$

因此

$$\beta + \tfrac{1}{4}\hbar^2 \geqslant 0.$$

数 k 由

$$k + \tfrac{1}{2}\hbar = (\beta + \tfrac{1}{4}\hbar^2)^{\frac{1}{2}} = (m_x^2 + m_y^2 + m_z^2 + \tfrac{1}{4}\hbar^2)^{\frac{1}{2}} \tag{6.39}$$

定义, 所以 $k \geqslant -\tfrac{1}{2}\hbar$, 不等式 (6.38) 变成

$$k + \tfrac{1}{2}\hbar \geqslant |m_z' - \tfrac{1}{2}\hbar|$$

或者

$$k + \hbar \geqslant m_z' \geqslant -k. \tag{6.40}$$

当且仅当 $\eta|m_z'\rangle = 0$, 等号情况出现. 同样地从式 (6.35) 可得

$$\langle m_z'|\eta\bar{\eta}|m_z'\rangle = (\beta - m_z'^2 - \hbar m_z')\langle m_z'|m_z'\rangle,$$

这表明

$$\beta - m_z'^2 - \hbar m_z' \geqslant 0$$

或者

$$k \geqslant m_z' \geqslant -k - \hbar,$$

当且仅当 $\bar{\eta}|m_z'\rangle = 0$, 等号情况出现. 这个结果和式 (6.40) 结合起来表明 $k \geqslant 0$, 并且

$$k \geqslant m_z' \geqslant -k, \tag{6.41}$$

这里, 如果 $\bar{\eta}|m_z'\rangle = 0$, 则 $m_z' = k$; 如果 $\eta|m_z'\rangle = 0$, 则 $m_z' = -k$.

从式 (6.37) 可得

$$m_z \eta |m'_z\rangle = (\eta m_z - \hbar\eta)|m'_z\rangle = (m'_z - \hbar)\eta|m'_z\rangle.$$

如果 $m'_z \neq -k$, 则 $\eta|m\rangle$ 不为零, 而且是 m_z 的一个本征右矢, 属于本征值 $m'_z - \hbar$. 同样地, 如果 $m'_z - \hbar \neq -k$, 则 $m'_z - 2\hbar$ 是 m_z 的另一个本征值, 依此类推. 用该方法, 我们得到一系列的本征值 $m'_z, m'_z - \hbar, m'_z - 2\hbar, \cdots$, 由式 (6.41) 知, 它们必须中断, 且只能中断于 $-k$. 同时, 由方程 (6.37) 的共轭复量可得

$$m_z \bar{\eta} |m'_z\rangle = (\bar{\eta} m_z + \hbar\bar{\eta})|m'_z\rangle = (m'_z + \hbar)\bar{\eta}|m'_z\rangle,$$

这表明 $m'_z + \hbar$ 是 m_z 的另一本征值, 除非 $\bar{\eta}|m'_z\rangle = 0$, 而在 $\bar{\eta}|m'_z\rangle = 0$ 的情况下, $m'_z = k$. 用这个方法延续下去, 得到一系列本征值 $m'_z, m'_z + \hbar, m'_z + 2\hbar, \cdots$, 由式 (6.41) 知, 它们必须中断, 且只能中断于 k. 我们可以推断, $2k$ 是 $\hbar$ 的整数倍, 而 m_z 的本征值是

$$k, \quad k - \hbar, \quad k - 2\hbar, \quad \cdots, \quad -k + \hbar, \quad -k. \tag{6.42}$$

由对称性可知, m_x 和 m_y 的本征值也是这些. 这些本征值——按照 $2k$ 是 $\hbar$ 的偶数或奇数倍——是 $\hbar$ 的整数或者半奇数倍.

令 $|\text{max}\rangle$ 是 m_z 的本征右矢, 属于最大本征值 k, 所以

$$\bar{\eta}|\text{max}\rangle = 0, \tag{6.43}$$

同时形成一系列右矢

$$|\text{max}\rangle, \quad \eta|\text{max}\rangle, \quad \eta^2|\text{max}\rangle, \quad \cdots, \quad \eta^{2k/\hbar}|\text{max}\rangle. \tag{6.44}$$

上面的右矢都是 m_z 的本征右矢, 分别属于式 (6.42) 中的一系列本征值. 右矢的集合 (6.44) 是这样的, 如果算符 η 作用于其中任何一个就给出一个与此集合相关的右矢 (η 作用于最后一个右矢给出零), 从式 (6.36) 和 (6.43), 我们看到, $\bar{\eta}$ 作用于此集合中任一右矢也给出与此集合相关的右矢. 对于我们现在研究的系统, 所有动力学变量都能表示为 η 和 $\bar{\eta}$ 的函数, 所以右矢集合 (6.44) 是完全集. 对 m_z 的

本征值 (6.42) 中的每一个, 只有一个这样的右矢与之对应, 所以 m_z 本身就组成了对易可观测量的完全集.

为了方便, 把角动量 $\boldsymbol{m}$ 的绝对值定义为式 (6.39) 中的 k, 而不用 $\beta^{\frac{1}{2}}$, 因为 k 的可能值是

$$0, \quad \tfrac{1}{2}\hbar, \quad \hbar, \quad \tfrac{3}{2}\hbar, \quad 2\hbar, \quad \cdots, \tag{6.45}$$

一直延续至无穷, 而 $\beta^{\frac{1}{2}}$ 的可能值是更复杂的一组数.

对于一个在 m_x、m_y、m_z 之外还包含其他动力学变量的动力学系统, 可能存在与 β 不对易的变量. 因此 β 不再是一个数, 而是一个普通的线性算符. 这种情况出现于任意轨道角动量 (6.22), 因为 x、y、z、p_x、p_y、p_z 都不与 β 对易. 我们将假定 β 总是可观测量, 并且 k 是由式 (6.39) 定义的正的平方根函数, 也是可观测量. 一般情况下, 我们把这样定义的 k 称作角动量矢量 $\boldsymbol{m}$ 的绝对值. 如果用对易可观测量 k 和 m_z 的共同本征右矢 $|k'm_z'\rangle$ 代替 $|m_z'\rangle$, 则用来获得 m_z 本征值的上述分析依然有效, 从而得出的结果是: k 的可能本征值是式 (6.45) 中的数值, 而对于 k 的每一本征值 k', m_z 的本征值是式 (6.42) 中的数值, 其中用 k' 代替 k. 这里我们有以前没有遇到的一种现象的例子, 即两个对易可观测量, 其中一个的本征值依赖于我们赋予另一个的本征值. 这一现象可以理解为, 这两个可观测量不是完全独立的, 而是部分地互为函数. 属于本征值 k' 和 m_z' 的 k 与 m_z 的独立的共同本征右矢的个数一定与 m_z' 无关, 因为对每一独立的 $|k'm_z'\rangle$, 对序列 (6.42) 中的任意 m_z'', 都能够用 η 或 $\bar{\eta}$ 的适当的幂乘上 $|k'm_z'\rangle$, 得到一个独立的 $|k'm_z''\rangle$.

作为一个例子, 现在研究一个包含两个相互对易的角动量 $\boldsymbol{m}_1$ 和 $\boldsymbol{m}_2$ 的动力学系统. 如果没有其他的动力学变量, 那么所有的动力学变量都与角动量 $\boldsymbol{m}_1$ 和 $\boldsymbol{m}_2$ 的绝对值对易, 所以 k_1 和 k_2 都是数. 然而, 合成角动量 $\boldsymbol{M} = \boldsymbol{m}_1 + \boldsymbol{m}_2$ 的绝对值 K 并不是一个数 (它与 $\boldsymbol{m}_1$ 和 $\boldsymbol{m}_2$ 的各个分量都不对易), 而计算出 K 的本征值是有意义的. 实现这一计算的最简单方法是计算独立右矢的数目. m_{1z} 和 m_{2z} 有一个共同的本征右矢, 本征值 m_{1z}' 是 $k_1, k_1 - \hbar, k_1 - 2\hbar, \cdots, -k_1$ 中的某个值, m_{2z}' 是 $k_2, k_2 - \hbar, k_2 - 2\hbar, \cdots, -k_2$ 中的某个值, 而该右矢是 M_z 的本征右矢, 本征值为 $M_z' = m_{1z}' + m_{2z}'$. 因此, M_z' 的可能取值是 $k_1 + k_2, k_1 + k_2 - \hbar, k_1 + k_2 - 2\hbar, \cdots, -k_1 - k_2$, 它们中的每一取值

出现的次数由下图给出 (为了明确起见, 假定 $k_1 \geqslant k_2$),

$$
\left.
\begin{array}{ccccccc}
k_1 + k_2, & k_1 + k_2 - \hbar, & k_1 + k_2 - 2\hbar, & \cdots, & k_1 - k_2, & k_1 - k_2 - \hbar, & \cdots \\
1 & 2 & 3 & \cdots & 2k_2 + 1 & 2k_2 + 1 & \cdots \\
& & \cdots & -k_1 + k_2, & -k_1 + k_2 - \hbar, & \cdots, & -k_1 + k_2 \\
& & \cdots & 2k_2 + 1 & 2k_2 & \cdots & 1
\end{array}
\right\}
$$
(6.46)

现在 K 的每一个本征值 K' 将伴随着 M_z 的一系列本征值 $K', K' - \hbar, K' - 2\hbar, \cdots, -K'$; 对每一个 K', M_z 的这些本征值的数目等于 K 和 M_z 的独立的共同本征态的数目. 属于任意本征值 M_z' 的 M_z 的独立本征右矢的总数必定一样, 不管我们把它们当作是 m_{1z} 和 m_{2z} 的共同本征右矢或者 K 和 M_z 的共同本征右矢, 即该数目总是由图 (6.46) 给出. 由此可知, K 的本征值是

$$
k_1 + k_2, \quad k_1 + k_2 - \hbar, \quad k_1 + k_2 - 2\hbar, \quad \cdots, \quad k_1 - k_2, \tag{6.47}
$$

并且对于 K 的这些本征值中的每一个以及与之相伴的 M_z 的一个本征值, 仅仅存在一个独立的 K 与 M_z 的共同本征态.

应该注意到转动对角动量变量的本征右矢的作用. 对任意动力学系统, 取总角动量 z 分量的本征右矢 $|M_z'\rangle$, 并对其施加一个绕 z 轴转动 $\delta\phi$ 角度的小转动. 应用式 (6.32), 本征右矢将变为

$$
(1 + \delta\phi r_z)|M_z'\rangle = (1 - \mathrm{i}\delta\phi M_z/\hbar)|M_z'\rangle.
$$

精确至 $\delta\phi$ 的一级, 上式等于

$$
(1 - \mathrm{i}\delta\phi M_z'/\hbar)|M_z'\rangle = \mathrm{e}^{-\mathrm{i}\delta\phi M_z'/\hbar}|M_z'\rangle.
$$

这样, $|M_z'\rangle$ 被乘上了数值因子 $\mathrm{e}^{-\mathrm{i}\delta\phi M_z'/\hbar}$. 相继应用一系列这样的小转动, 我们发现, 绕 z 轴转动角度为 ϕ 的有限转动, 会让 $|M_z'\rangle$ 乘上因子 $\mathrm{e}^{-\mathrm{i}\phi M_z'/\hbar}$. 令 $\phi = 2\pi$, 我们发现, 绕 z 轴一周的作用是, 如果 M_z' 是 $\hbar$ 的整数倍, 则 $|M_z'\rangle$ 保持不变; 如果 M_z' 是 $\hbar$ 的半奇数倍, 则 $|M_z'\rangle$ 有一负号. 现在考虑绝对值为 K 的总角动量的本征右矢 $|K'\rangle$. 如果本征值 K' 是 $\hbar$ 的整数倍, M_z 的本征值的可能取值都是 $\hbar$ 的

整数倍, 绕 z 轴转动一周的作用一定是使 $|K'\rangle$ 不变. 反之, 如果 K' 是 $\hbar$ 的半奇数倍, M_z 的本征值的可能取值都是 $\hbar$ 的半奇数倍, 转动一周一定改变 $|K'\rangle$ 的符号. 根据对称性, 绕任意轴转动一周对 $|K'\rangle$ 影响的结果必定与绕 z 轴转动一周的结果相同. 因此我们得到普遍的结论, 绕任意轴转动一周使一个右矢保持不变或者改变符号, 取决于该右矢所属的总角动量绝对值的本征值是 $\hbar$ 的整数倍还是半奇数倍. 态当然不受转动一周的影响, 因为对应于态的右矢改变符号时, 态保持不变.

对只含轨道角动量的动力学系统, 绕轴转动一周必然不会改变右矢, 因为可以构建薛定谔表象, 使所有粒子的坐标是对角的, 右矢的薛定谔表示在转动一周之后将回到其原先的值. 由此得出, 轨道角动量的绝对值的本征值总是 $\hbar$ 的整数倍. 轨道角动量分量的本征值也总是 $\hbar$ 的整数倍. 对自旋角动量, 薛定谔表象不存在, 两种本征值都可能.

§6.4 电子的自旋

电子和其他的某些基本粒子 (质子、中子) 具有绝对值为 $\frac{1}{2}\hbar$ 的自旋. 这是从实验中发现的, 另外有理论推理表明, 该自旋值比其他的自旋值都更基本, 甚至比零自旋还要基本 (参看第 11 章). 因此研究这种特定的自旋非常重要.

研究绝对值为 $\frac{1}{2}\hbar$ 的角动量 $\boldsymbol{m}$, 为了方便, 令

$$\boldsymbol{m} = \tfrac{1}{2}\hbar\boldsymbol{\sigma}. \tag{6.48}$$

由式 (6.27) 可知, 矢量 $\boldsymbol{\sigma}$ 的各分量满足

$$\left.\begin{aligned}
\sigma_y\sigma_z - \sigma_z\sigma_y &= 2\mathrm{i}\sigma_x, \\
\sigma_z\sigma_x - \sigma_x\sigma_z &= 2\mathrm{i}\sigma_y, \\
\sigma_x\sigma_y - \sigma_y\sigma_x &= 2\mathrm{i}\sigma_z.
\end{aligned}\right\} \tag{6.49}$$

m_z 的本征值是 $\frac{1}{2}\hbar$ 和 $-\frac{1}{2}\hbar$, 所以 σ_z 的本征值是 1 和 -1, 而 σ_z^2 只有一个本征值 1. 由此可知, σ_z^2 必然等于 1, 对 σ_x^2 和 σ_y^2 也一样, 即

$$\sigma_x^2 = \sigma_y^2 = \sigma_z^2 = 1. \tag{6.50}$$

我们采用一些直接的非对易代数, 可以使得方程 (6.49) 和 (6.50) 的形式更简单.

由方程 (6.50) 可得

$$\sigma_y^2\sigma_z - \sigma_z\sigma_y^2 = 0$$

或者

$$\sigma_y(\sigma_y\sigma_z - \sigma_z\sigma_y) + (\sigma_y\sigma_z - \sigma_z\sigma_y)\sigma_y = 0$$

或者

$$\sigma_y\sigma_x + \sigma_x\sigma_y = 0$$

最后一步应用了方程 (6.49) 中的第一个等式. 这意味着 $\sigma_x\sigma_y = -\sigma_y\sigma_x$. 两个动力学变量或者线性算符, 它们如果满足只是多了一个负号的乘法交换律, 这种关系被称作反对易. 因而 σ_x 与 σ_y 反对易. 由对称性可知, 三个动力学变量 σ_x、σ_y、σ_z 中的每一个必然与另外一个反对易. 方程 (6.49) 现在可以写成

$$\left.\begin{aligned}\sigma_y\sigma_z = \mathrm{i}\sigma_x = -\sigma_z\sigma_y,\\ \sigma_z\sigma_x = \mathrm{i}\sigma_y = -\sigma_x\sigma_z,\\ \sigma_x\sigma_y = \mathrm{i}\sigma_z = -\sigma_y\sigma_x,\end{aligned}\right\} \tag{6.51}$$

而由方程 (6.50) 可得

$$\sigma_x\sigma_y\sigma_z = \mathrm{i}. \tag{6.52}$$

方程 (6.50)、(6.51)、(6.52) 是描述绝对值为 $\frac{1}{2}\hbar$ 的自旋的各自旋分量 σ 所满足的基本方程.

现在要为各个 σ 建立一个矩阵表象, 并且要让 σ_z 对角. 如果动力学系统中, 除 m 和 σ 之外没有其他的独立动力学变量, 那么 σ_z 自身组成对易可观测量完全集, 因为方程 (6.50) 和 (6.51) 的形式使得我们无法由 σ_x、σ_y、σ_z 构造出任意与 σ_z 对易的新的动力学变量. 表示 σ_z 的矩阵的对角元是 σ_z 的本征值 1 和 -1, 该矩阵本身便是

$$\begin{pmatrix} 1 & 0 \\ 0 & -1 \end{pmatrix}.$$

令 σ_x 的矩阵表示为

$$\begin{pmatrix} a_1 & a_2 \\ a_3 & a_4 \end{pmatrix}.$$

该矩阵必定是厄米的, 所以 a_1 和 a_4 必定是实数, 且 a_2 和 a_3 互为复共轭. 方程 $\sigma_z\sigma_x = -\sigma_x\sigma_z$ 给出

$$\begin{pmatrix} a_1 & a_2 \\ -a_3 & -a_4 \end{pmatrix} = -\begin{pmatrix} a_1 & -a_2 \\ a_3 & -a_4 \end{pmatrix},$$

所以 $a_1 = a_4 = 0$. 因此 σ_x 由下面的矩阵形式所表示

$$\begin{pmatrix} 0 & a_2 \\ a_3 & 0 \end{pmatrix}.$$

方程 $\sigma_x^2 = 1$ 现在得出 $a_2 a_3 = 1$. 因此互为复共轭的 a_2 和 a_3, 分别具有的形式必然是 $e^{i\alpha}$ 和 $e^{-i\alpha}$, 其中 α 是一个实数, 这样 σ_x 的矩阵表示形式是

$$\begin{pmatrix} 0 & e^{i\alpha} \\ e^{-i\alpha} & 0 \end{pmatrix}.$$

同样可以证明 σ_y 的矩阵表示也是这一形式. σ_z 是对角的这一条件并未完全确定这一表象, 适当选取该表象中的相位因子, 我们可以约定 σ_x 的矩阵表示为

$$\begin{pmatrix} 0 & 1 \\ 1 & 0 \end{pmatrix}.$$

σ_y 的表示由方程 $\sigma_y = i\sigma_x\sigma_z$ 确定. 最后, 我们得到三个矩阵

$$\begin{pmatrix} 0 & 1 \\ 1 & 0 \end{pmatrix}, \quad \begin{pmatrix} 0 & -i \\ i & 0 \end{pmatrix}, \quad \begin{pmatrix} 1 & 0 \\ 0 & -1 \end{pmatrix}, \tag{6.53}$$

分别表示 σ_x、σ_y、σ_z, 它们满足所有的代数关系式 (6.49)、(6.50)、(6.51)、(6.52). 矢量 $\boldsymbol{\sigma}$ 在由方向余弦 l、m、n 所确定的任意方向上投影的分量, 即 $l\sigma_x + m\sigma_y + n\sigma_z$ 表示为

$$\begin{pmatrix} n & l-im \\ l+im & -n \end{pmatrix}. \tag{6.54}$$

右矢的表示只包含两个数, 分别对应于 σ_z' 的两个值 $+1$ 和 -1. 这两个数组

成变量 σ_z' 的一个函数, σ_z' 的定义域仅仅包含两个点 $+1$ 和 -1. σ_z 取值 1 的态由函数 $f_\alpha(\sigma_z')$ 表示, 它由两个数 1、0 组成, 而 σ_z 取值 -1 的态由函数 $f_\beta(\sigma_z')$ 表示, 它由 0、1 组成. 变量 σ_z' 的任意函数, 即任意两个数的数对可以表示成这两个函数的线性叠加. 因此, 任何态可以用 σ_z 分别等于 $+1$ 和 -1 的两个态进行线性叠加而得到. 例如, 由式 (6.54) 表示的 $\boldsymbol{\sigma}$ 在方向 l、m、n 上分量, 取值 $+1$ 的态, 由数对 a、b 表示, 它们满足

$$\begin{pmatrix} n & l-\mathrm{i}m \\ l+\mathrm{i}m & -n \end{pmatrix} \begin{pmatrix} a \\ b \end{pmatrix} = \begin{pmatrix} a \\ b \end{pmatrix}$$

或者

$$na + (l-\mathrm{i}m)b = a,$$
$$(l+\mathrm{i}m)a - nb = b.$$

这样有

$$\frac{a}{b} = \frac{l-\mathrm{i}m}{1-n} = \frac{1+n}{l+\mathrm{i}m}.$$

这个态可以看作是 σ_z 等于 $+1$ 和 -1 的两个态的叠加, 叠加过程中的相对权重是

$$|a|^2 : |b|^2 = |l-\mathrm{i}m|^2 : |1-n|^2 = 1+n : 1-n. \tag{6.55}$$

为了完全描述一个电子 (或自旋为 $\frac{1}{2}\hbar$ 的其他基本粒子), 除了直角坐标 x、y、z 和动量 p_x、p_y、p_z 之外, 还需要自旋动力学变量 σ, 它与自旋角动量的关系由式 (6.48) 确定. 自旋动力学变量与这些坐标和动量都对易. 因此, 对于只包含单个电子的系统, 其对易可观测量的完全集是 x、y、z、σ_z. 在一个使得它们均为对角的表象中, 任何态的表示都是四个变量 x'、y'、z'、σ_z' 的函数. 因为 σ_z' 的定义域仅仅包含两个点, 即 1 和 -1, 这个四变量函数等价于两个三变量函数, 即下面的两个函数

$$\langle x'y'z'|\rangle_+ = \langle x',y',z',+1|\rangle, \quad \langle x'y'z'|\rangle_- = \langle x',y',z',-1|\rangle. \tag{6.56}$$

因此, 自旋的存在可以看作是在态的表示中引入一个新变量, 或者可以看作是把

这个表示写成二分量.

§6.5 中心力场中的运动

原子由一个质量大且带正电荷的核以及在其周围运动的一些电子组成. 这些电子受到核的吸引以及它们之间的互相排斥的共同作用. 对这个动力学系统的严格处理是非常困难的数学问题. 然而, 我们可以用下述粗略近似方法对该系统的主要特征有所了解, 即认为每个电子独立地在某种中心力场中运动, 此中心力场来自原子核 (假定静止的) 和其他电子的某种平均. 因此, 我们现在面对的粒子在中心力场中运动的问题奠定了原子理论的基础.

令 x、y、z 为粒子的直角坐标, 以力的中心点作为坐标系的原点, 并令 p_x、p_y、p_z 为相应的动量分量. 忽略相对论力学, 哈密顿量的形式是

$$H = \frac{1}{2m}(p_x^2 + p_y^2 + p_z^2) + V, \tag{6.57}$$

这里的势能 V 仅仅是 $(x^2 + y^2 + z^2)$ 的函数. 引入极坐标动力学变量有利于发展此理论. 首先引入半径 r, 定义为平方根

$$r = (x^2 + y^2 + z^2)^{\frac{1}{2}}.$$

它的本征值范围从 0 到 ∞. 如果计算它与 p_x、p_y、p_z 的泊松括号, 借助 §4.2 的式 (4.32), 我们可得

$$[r, p_x] = \frac{\partial r}{\partial x} = \frac{x}{r}, \quad [r, p_y] = \frac{y}{r}, \quad [r, p_z] = \frac{z}{r},$$

这与经典理论的结果一致. 再引进动力学变量 p_r, 其定义为

$$p_r = r^{-1}(xp_x + yp_y + zp_z). \tag{6.58}$$

它与 r 的泊松括号是

$$r[r, p_r] = [r, rp_r] = [r, xp_x + yp_y + zp_z]$$
$$= x[r, p_x] + y[r, p_y] + z[r, p_z]$$
$$= x \cdot x/r + y \cdot y/r + z \cdot z/r$$
$$= r.$$

因此,

$$[r, p_r] = 1$$

或

$$rp_r - p_r r = \mathrm{i}\hbar.$$

r 和 p_r 的对易关系正是正则坐标和正则动量的对易关系, 即 §4.2 的方程 (4.10). 这使得 p_r 像是与坐标 r 共轭的动量, 但它并不严格等于该动量, 因为它不是实的, 其共轭复量是

$$\bar{p}_r = (p_x x + p_y y + p_z z)r^{-1} = (xp_x + yp_y + zp_z - 3\mathrm{i}\hbar)r^{-1}$$
$$= (rp_r - 3\mathrm{i}\hbar)r^{-1} = p_r - 2\mathrm{i}\hbar r^{-1}. \tag{6.59}$$

因此 $p_r - \mathrm{i}\hbar r^{-1}$ 是实的, 且是 r 的真正共轭动量.

粒子相对于原点的角动量 $\boldsymbol{m}$ 由式 (6.22) 给出, 角动量的绝对值 k 由式 (6.39) 给出. 因为 r 和 p_r 都是标量, 它们与 $\boldsymbol{m}$ 对易, 也与 k 对易.

可以用 r、p_r、k 表示哈密顿量. 如果用 $\sum\limits_{xyz}$ 表示对下标 x、y、z 的循环求

和, 应用式 (6.59), 我们有

$$
\begin{aligned}
k(k+\hbar) &= \sum_{xyz} m_z^2 = \sum_{xyz}(xp_y - yp_x)^2 \\
&= \sum_{xyz}(xp_y xp_y + yp_x yp_x - xp_y yp_x - yp_x xp_y) \\
&= \sum_{xyz}(x^2 p_y^2 + y^2 p_x^2 - xp_x p_y y - yp_y p_x x + x^2 p_x^2 - xp_x p_x x - 2i\hbar xp_x) \\
&= (x^2 + y^2 + z^2)(p_x^2 + p_y^2 + p_z^2) \\
&\qquad - (xp_x + yp_y + zp_z)(p_x x + p_y y + p_z z + 2i\hbar) \\
&= r^2(p_x^2 + p_y^2 + p_z^2) - rp_r(\bar{p}_r r + 2i\hbar) \\
&= r^2(p_x^2 + p_y^2 + p_z^2) - rp_r^2 r.
\end{aligned}
$$

因此

$$
H = \frac{1}{2m}\left(\frac{1}{r}p_r^2 r + \frac{k(k+\hbar)}{r^2}\right) + V. \tag{6.60}
$$

H 的这种形式使得 k 不仅与 H 对易 (这是必然的, 因为 k 是运动常量), 还与出现在 H 中每一动力学变量, 即 r、p_r、作为 r 的函数的 V 对易. 因而, 可能有一个简单的处理方法, 即我们可以研究 k 的一个本征态, 属于本征值 k', 然后我们用 k' 代替式 (6.60) 中的 k, 于是我们得到只有 r 这一个自由度的问题.

我们引入使得 x、y、z 对角的薛定谔表象. 这样, p_x、p_y、p_z 分别等于算符 $-i\hbar\partial/\partial x$、$-i\hbar\partial/\partial y$、$-i\hbar\partial/\partial z$. 态是由满足 §5.1 的薛定谔波动方程 (5.7) 的波函数 $\psi(xyzt)$ 表示的, 采用式 (6.57) 所给的 H, 薛定谔波动方程现在写成

$$
i\hbar\frac{\partial\psi}{\partial t} = \left\{-\frac{\hbar^2}{2m}\left(\frac{\partial^2}{\partial x^2} + \frac{\partial^2}{\partial y^2} + \frac{\partial^2}{\partial z^2}\right) + V\right\}\psi. \tag{6.61}
$$

我们通过方程

$$
\left.\begin{aligned}
x &= r\sin\theta\cos\phi, \\
y &= r\sin\theta\sin\phi, \\
z &= r\cos\theta
\end{aligned}\right\} \tag{6.62}
$$

从直角坐标 x、y、z 转至极坐标 r、θ、ϕ, 且用极坐标表示波函数, 其形式为

$\psi(r\theta\phi t)$. 方程 (6.62) 给出算符方程

$$\frac{\partial}{\partial r} = \frac{\partial x}{\partial r}\frac{\partial}{\partial x} + \frac{\partial y}{\partial r}\frac{\partial}{\partial y} + \frac{\partial z}{\partial r}\frac{\partial}{\partial z} = \frac{x}{r}\frac{\partial}{\partial x} + \frac{y}{r}\frac{\partial}{\partial y} + \frac{z}{r}\frac{\partial}{\partial z},$$

与式 (6.58) 比较, 上式表明 $p_r = -i\hbar\partial/\partial r$. 因此, 用式 (6.60) 作为 H, 薛定谔波动方程是

$$i\hbar\frac{\partial\psi}{\partial t} = \left\{ \frac{\hbar^2}{2m}\left(-\frac{1}{r}\frac{\partial^2}{\partial r^2}r + \frac{k(k+\hbar)}{\hbar^2 r^2} \right) + V \right\}\psi. \tag{6.63}$$

这里的 k 是某种线性算符, 由于它与 r 及 $\partial/\partial r$ 都对易, 它只能包含 θ、ϕ、$\partial/\partial\theta$、$\partial/\partial\phi$. 由来自 (6.39) 的公式

$$k(k+\hbar) = m_x^2 + m_y^2 + m_z^2, \tag{6.64}$$

和公式 (6.62), 我们可以计算出 $k(k+\hbar)$ 的形式, 发现

$$k(k+\hbar) = -\frac{1}{\sin\theta}\frac{\partial}{\partial\theta}\sin\theta\frac{\partial}{\partial\theta} - \frac{1}{\sin^2\theta}\frac{\partial^2}{\partial\phi^2}. \tag{6.65}$$

这一算符在数学物理中是众所周知的. 其本征函数叫作球谐函数, 其本征值是 $n(n+1)$, 这里的 n 是整数. 因此, 球谐函数提供了另一方法以证明 k 的本征值是 $\hbar$ 的整数倍.

对于属于本征值 $n\hbar$ (n 是一非负整数) 的 k 的一个本征态, 其波函数有

$$\psi = r^{-1}\chi(rt)S_n(\theta\phi) \tag{6.66}$$

的形式, 其中 $S_n(\theta\phi)$ 满足

$$k(k+\hbar)S_n(\theta\phi) = n(n+1)\hbar^2 S_n(\theta\phi), \tag{6.67}$$

由式 (6.65) 可知, S_n 即是 n 阶的球谐函数. 式 (6.66) 中放入因子 r^{-1} 是为了方便. 将式 (6.66) 代入式 (6.63), 得到 χ 的方程

$$i\hbar\frac{\partial\chi}{\partial t} = \left\{ \frac{\hbar^2}{2m}\left(-\frac{\partial^2}{\partial r^2} + \frac{n(n+1)}{r^2} \right) + V \right\}\chi. \tag{6.68}$$

如果此态是属于能量本征值 H' 的定态, 则 χ 将具有

$$\chi(rt) = \chi_0(r)\mathrm{e}^{-\mathrm{i}H't/\hbar}$$

的形式, 而式 (6.68) 就简化为

$$H'\chi_0 = \left\{ \frac{\hbar^2}{2m}\left(-\frac{\mathrm{d}^2}{\mathrm{d}r^2} + \frac{n(n+1)}{r^2} \right) + V \right\}\chi_0. \qquad (6.69)$$

这个方程可以用来确定系统的能级 H'. 每个给定的 n 决定方程 (6.69) 的一个解 χ_0, 每个 χ_0 对应于 $2n+1$ 个独立的状态, 因为方程 (6.67) 是有 $2n+1$ 个独立的解, 对应于角动量的某一分量, 比如 m_z, 所能取的 $2n+1$ 个不同的值.

粒子处于体积元 $\mathrm{d}x\mathrm{d}y\mathrm{d}z$ 的概率正比于 $|\psi|^2\mathrm{d}x\mathrm{d}y\mathrm{d}z$. ψ 取式 (6.66) 的形式, 概率写成 $r^{-2}|\chi|^2|S_n|^2\mathrm{d}x\mathrm{d}y\mathrm{d}z$. 粒子处于 r 与 $r+\mathrm{d}r$ 之间的球壳内的概率正比于 $|\chi|^2\mathrm{d}r$. 现在清楚的是, 在解方程 (6.68) 或 (6.69) 时, 必须对函数 χ 在 $r=0$ 处加上一个边界条件, 即这个函数必须使得积分 $\int_0 |\chi|^2\mathrm{d}r$ 在原点收敛. 如果这一积分不收敛, 那么波函数表示一个状态, 对于该状态的粒子处于原点的机会是无穷大, 物理上是不允许这样的态存在.

然而, 上述对概率的考虑而得到的在 $r=0$ 处的边界条件并不足够严格. 通过验证这样的事实, 即由求解极坐标系中的波动方程 (6.63) 而得到的波函数完全满足直角坐标中的波动方程 (6.61), 我们得到更为严格的条件. 让我们考虑 $V=0$ 的情形, 这就是自由粒子的问题. 将方程 (6.61) 应用于能量 $H'=0$ 的定态, 得到

$$\nabla^2\psi = 0, \qquad (6.70)$$

其中 ∇^2 是拉普拉斯算符 $\partial^2/\partial x^2 + \partial^2/\partial y^2 + \partial^2/\partial z^2$ 的写法, 而方程 (6.63) 给出

$$\left(\frac{1}{r}\frac{\partial^2}{\partial r^2}r - \frac{k(k+\hbar)}{\hbar^2 r^2} \right)\psi = 0. \qquad (6.71)$$

$k=0$ 条件下 (6.71) 的解是 $\psi = r^{-1}$. 这并不满足方程 (6.70), 原因是, 尽管对任何取有限值的 r, $\nabla^2 r^{-1}$ 都是零, 但是在包含原点的体积上积分是 -4π (这个可以通过应用高斯定理将体积积分转化为面积积分的方法验证), 这样就有

$$\nabla^2 r^{-1} = -4\pi\delta(x)\delta(y)\delta(z). \qquad (6.72)$$

因此, 方程 (6.71) 的每个解并不都能给出方程 (6.70) 的一个解, 更一般的说, 不是方程 (6.63) 的每一个解都是方程 (6.61) 的一个解. 我们必须给方程 (6.63) 的解加上一个条件, 使得在 $r \to 0$ 时, 它不会像 r^{-1} 一样快地趋于无穷, 这是为了把它代入方程 (6.61) 时, 它不会在右边给出像式 (6.72) 右边那样的 δ 函数. 只有当方程 (6.63) 补上了这个条件, 它才与方程 (6.61) 等价. 我们就得到边界条件, 当 $r \to 0$ 时, $r\psi \to 0$ 或 $\chi \to 0$.

在 $r = \infty$ 的情况下, 波函数也有边条件. 如果我们只是关心 "闭合" 态[1], 即粒子不走向无穷远的那些态, 必须要求趋于无穷的积分 $\int^{\infty} |\chi(r)|^2 \mathrm{d}r$ 收敛. 然而, 并不只有这些闭合态才是物理上允许的, 因为也有一些态, 其中粒子从无穷远处来, 受到有心力场的散射后再向无穷远处去. 对于这些态, 波函数在 $r \to \infty$ 时保持有限. 第 8 章 "碰撞问题" 中会处理这类态. 无论如何, 当 $r \to \infty$ 时波函数一定不能趋于无穷, 否则它表示的态没有物理意义.

§6.6 氢原子能级

忽略相对论力学和电子自旋, 上面的分析可以应用于氢原子问题. 现在势能 V 是 $-e^2/r^2$, 所以方程 (6.69) 变成

$$\left\{ \frac{\mathrm{d}^2}{\mathrm{d}r^2} - \frac{n(n+1)}{r^2} + \frac{2me^2}{\hbar^2} \frac{1}{r} \right\} \chi_0 = -\frac{2mH'}{\hbar^2} \chi_0. \tag{6.73}$$

薛定谔[3] 已经彻底研究了这个方程. 这里将用初等方法求解它的本征值 H'.

为了方便, 令

$$\chi_0 = f(r)\mathrm{e}^{-r/a}, \tag{6.74}$$

这样引入新的函数 $f(r)$, 其中 a 是平方根

$$a = \pm\sqrt{-\hbar^2/2mH'} \tag{6.75}$$

中的一个. 方程 (6.73) 现在变成

$$\left\{ \frac{\mathrm{d}^2}{\mathrm{d}r^2} - \frac{2}{a} \frac{\mathrm{d}}{\mathrm{d}r} - \frac{n(n+1)}{r^2} + \frac{2me^2}{\hbar^2} \frac{1}{r} \right\} f(r) = 0. \tag{6.76}$$

---

[1]现在叫 "束缚态"(bound state).——译者注
[2]这里 e 表示电子电荷的负值, 当然与表示指数基的 e 不同.
[3]Schrödinger, *Ann. d. Physik*, **79** (1926), 361.

我们寻求这个方程的一个幂级数形式的解

$$f(r) = \sum_s c_s r^s,$$ (6.77)

其中相继的 s 值相差为 1, 这些值本身并不必需是整数. 将式 (6.77) 代入方程 (6.76), 我们得到

$$\sum_s c_s \{s(s-1)r^{s-2} - (2s/a)r^{s-1} - n(n+1)r^{s-2} + (2me^2/\hbar^2)r^{s-1}\} = 0,$$

令 r^{s-2} 的系数等于零, 上式给出相继的系数 c_s 之间的关系是

$$c_s[s(s-1) - n(n+1)] = c_{s-1}[2(s-1)/a - 2me^2/\hbar^2].$$ (6.78)

上一节看到, 只有那些随着 r 而趋于 0 的本征函数 χ 才是容许的, 因此, 由式 (6.74) 可知, $f(r)$ 也必须随着 r 而趋于 0. 级数 (6.77) 因此必须在 s 小的这一端中断, 而 s 的最小取值必须大于零. 现在最小的 s 值只可能是使得式 (6.78) 中 c_s 的系数为零的那些值, 也就是 $n+1$ 和 $-n$, 其中 $-n$ 是负数或零. 因此 s 的最小取值必定是 $n+1$. 由于 n 是整数, s 的值也必定是整数. 在 s 增大的这端, 级数 (6.77) 一般会扩大至无穷. 对于取很大值的 s, 据等式 (6.78) 可得, 相继的两项之间的比值是

$$\frac{c_s}{c_{s-1}} r = \frac{2r}{sa}.$$

因此级数 (6.77) 总是收敛的, 因为高次项之间的比值与下列级数

$$\sum_s \frac{1}{s!} \left(\frac{2r}{a}\right)^s$$ (6.79)

相同, 此级数收敛于 $e^{2r/a}$.

现在必须检查解 χ_0 在 r 取值很大时的表现. 需将 H' 为正和 H' 为负两种情况区分开来. 对于负数的 H', 由式 (6.75) 给出的 a 是实数. 假定我们取 a 为正的值. 这样, 当 $r \to \infty$ 时, 级数 (6.77) 的和将与级数 (6.79) 的和以相同的规律 (即 $e^{2r/a}$ 的规律) 趋于无穷. 因此, 由式 (6.74) 可知, χ_0 将以 $e^{r/a}$ 的规律趋于无穷, 因而不表示物理上可能的态. 因此, 一般说来, 对负数的 H', 方程 (6.73) 没有可容许

的解. 然而, 存在例外的情形, 只要级数 (6.77) 在 s 大的一端中断, 所有边条件就都满足了. 这种中断级数的条件是: 不小于最小值 $n+1$ 的下指标 $s-1$, 取某一值, 使得式 (6.78) 中 c_{s-1} 的系数为零. 这一条件与下面的条件相同, 即对于某一不小于 $n+1$ 的整数 s, 有

$$\frac{s}{a} - \frac{me^2}{\hbar^2} = 0.$$

借助于式 (6.75), 此条件变成

$$H' = -\frac{me^4}{2s^2\hbar^2}, \tag{6.80}$$

因而是一个关于能级 H' 的条件. 由于 s 可以是任意正整数, 公式 (6.80) 给出了关于氢原子负能级的分立集合. 这些与实验一致. 其中的每一能级 (除最低能级 $s = 1$ 外) 都对应若干独立的态, 因为 n 有好几个可能值, 即任意小于 s 的正数或零. 对应于一个能级的这种态的多重性, 是在上一节所说的由角动量某一分量的各种可能取值所引起的多重性之外出现的, 后一种多重性出现于任何中心力场之中. 而 n 的多重性出现于力服从平方反比规律的情形, 即便如此, 当我们考虑相对论力学时, 这一多重性会被消除, 这一点将在第 11 章中讲到. 当 H' 满足式 (6.80) 时, 方程 (6.73) 的解 χ_0 随 $r \to \infty$ 而指数地趋于零, 因而它表示闭合态 (对应于玻尔理论的椭圆轨道).

对于取任意正数的 H', 由式 (6.75) 给出的 a 是纯虚数. 当 r 很大时, 级数 (6.77) 就像级数 (6.79) 一样, 将有一个求和, 在 $r \to \infty$ 的情况下保持有限. 因此, 由式 (6.74) 给出的 χ_0 在 $r \to \infty$ 的情况下保持有限, 因而将是方程 (6.73) 的一个可容许的解, 给出的波函数 ψ 随 $r \to \infty$ 而按照 r^{-1} 的方式趋于零. 因此, 除式 (6.80) 的负能级的分立集之外, 所有正能级都是允许的. 正能级的态不是闭合的, 因为对于这些态, 趋于无穷的积分 $\int^{\infty} |\chi_0|^2 dr$ 并不收敛. (这些态对应于玻尔理论中的双曲线轨道.)

§6.7 选择定则

如果一动力学系统处于某一定态, 只要没有外力的影响, 它将保持在此定态. 但是, 实际上, 任何原子系统经常受到外部电磁场的作用, 在其影响下, 系统倾向于不再处于定态, 而是跃迁至另一态. §7.3 和 §7.4 将发展这类跃迁的理论. 这一理论的一个结果是, 如果在包含这两个定态作为基底的海森伯表象中, 系统的总电位移 D 的表示中, 与这两个态有关的矩阵元为零, 那么, 在电磁辐射的影响下,

这两个态之间的跃迁不会发生, 这一结论高度精确. 现在对于许多原子系统出现的情况是, 海森伯表象中 D 的绝大多数矩阵元确实为零, 因而对跃迁的可能性就有了严格的限制. 表示这些限制的规则就叫作选择定则.

更详细地应用 §7.3 与 §7.4 的理论, 使得选择定则的概念更精确, 根据这一理论, 矢量 D 的各个直角分量的矩阵元与电磁辐射的偏振状态相联系. 这种联系的性质是, 如果把矩阵元, 或者更准确地说是它们的实部, 看成是某些谐振子的振幅, 而这些谐振子按照经典电动力学与辐射场相互作用, 那么就会得到这种联系.

下面讨论一个得到所有选择定则的普遍方法. 将那些在海森伯表象中对角的运动常量记作 α, D 是 $\boldsymbol{D}$ 的某一直角坐标分量. 我们必须得到一个将 D 和 α 联系起来的代数方程, 方程不包括 D 和 α 之外的任何变量且线性依赖 D. 这样的方程应具有形式

$$\sum_r f_r D g_r = 0, \tag{6.81}$$

其中 f_r 与 g_r 都只是 α 的函数. 如果用表示来表达该方程, 则给出

$$\sum_r f_r(\alpha')\langle\alpha'|D|\alpha''\rangle g_r(\alpha'') = 0,$$

或

$$\langle\alpha'|D|\alpha''\rangle \sum_r f_r(\alpha')g_r(\alpha'') = 0,$$

这表明 $\langle\alpha'|D|\alpha''\rangle = 0$, 除非有

$$\sum_r f_r(\alpha')g_r(\alpha'') = 0. \tag{6.82}$$

这最后的方程给出了使得 $\langle\alpha'|D|\alpha''\rangle$ 可能不为零所必需的 α' 与 α'' 之间的联系, 这就组成了与 $\boldsymbol{D}$ 的分量 D 有关的选择定则.

§6.1 中有关谐振子的工作提供了选择定则的一个例子. 方程 (6.8) 和 (6.81) 有相同的形式, 用 $\bar{\eta}$ 作为 D, H 起着 α 的作用, 它表明 $\bar{\eta}$ 的矩阵元 $\langle H'|\bar{\eta}|H''\rangle$ 除了满足 $H'' - H' = \hbar\omega$ 的那些矩阵元之外全部为零. 这个结果的共轭复数是, η 的矩阵元 $\langle H'|\eta|H''\rangle$, 除了满足 $H'' - H' = -\hbar\omega$ 的那些矩阵元之外全部为零. 由于 q 等于 $\eta - \bar{\eta}$ 乘以数, 它的矩阵元 $\langle H'|q|H''\rangle$, 除了满足 $H'' - H' = \pm\hbar\omega$ 那些

之外, 全部为零. 如果谐振子带有电荷, 它的电位移 D 正比于 q. 此时的选择定则是, 只有能量 H 改变等于单个量子 $\hbar\omega$ 的那些跃迁才能发生.

一个电子在中心力场中运动, 现在要获取关于 m_z 和 k 的选择定则. 这里电位移的各分量与直角坐标 x、y、z 成正比. 首先考虑 m_z, 我们已知 m_z 与 z 对易, 即

$$m_z z - z m_z = 0.$$

这是符合要求的形如 (6.81) 那样的方程, 这给出电位移 z 分量的选择定则

$$m_z' - m_z'' = 0.$$

另外, 根据方程 (6.23), 我们有

$$[m_z, [m_z, x]] = [m_z, y] = -x$$

即

$$m_z^2 x - 2 m_z x m_z + x m_z^2 - \hbar^2 x = 0,$$

这也是形如 (6.81) 的公式, 它给出电位移的 x 分量的选择定则是

$$m_z'^2 - 2 m_z' m_z'' + m_z''^2 - \hbar^2 = 0$$

或

$$(m_z' - m_z'' - \hbar)(m_z' - m_z'' + \hbar) = 0.$$

关于 y 分量的选择定则是相同的. 因此, 关于 m_z 的选择定则是: 如果与跃迁相关的辐射的偏振, 对应于 z 方向的电偶极矩, 则在此跃迁过程中, m_z' 不变; 如果与跃迁相关的辐射的偏振, 对应于 x 方向或 y 方向的电偶极矩, 则 m_z' 一定要改变 $\pm\hbar$.

通过考虑 $x + \mathrm{i}y$ 与 $x - \mathrm{i}y$ 的矩阵元不为零的条件, 可以更准确地确定 m' 改变 $\pm\hbar$ 的跃迁所关联的辐射的偏振状态. 我们有

$$[m_z, x + \mathrm{i}y] = y - \mathrm{i}x = -\mathrm{i}(x + \mathrm{i}y)$$

或

$$m_z(x + \mathrm{i}y) - (x + \mathrm{i}y)(m_z + \hbar) = 0,$$

这又是形如 (6.81) 的公式. 它给出 $\langle m'_z|x + \mathrm{i}y|m''_z \rangle$ 不为零的条件是

$$m'_z - m''_z - \hbar = 0.$$

同样地, $\langle m'_z|x - \mathrm{i}y|m''_z \rangle$ 不为零的条件是

$$m'_z - m''_z + \hbar = 0.$$

因而

$$\langle m'_z|x - \mathrm{i}y|m'_z - \hbar \rangle = 0$$

或

$$\langle m'_z|x|m'_z - \hbar \rangle = \mathrm{i}\langle m'_z|y|m'_z - \hbar \rangle = (a + ib)\mathrm{e}^{\mathrm{i}\omega t}$$

a, b 与 ω 都是实数. 此方程的共轭复数是

$$\langle m'_z - \hbar|x|m'_z \rangle = -\mathrm{i}\langle m'_z - \hbar|y|m'_z \rangle = (a - ib)\mathrm{e}^{-\mathrm{i}\omega t}.$$

因此, 矢量 $\frac{1}{2}\{\langle m'_z|\boldsymbol{D}|m'_z - \hbar \rangle + \langle m'_z - \hbar|\boldsymbol{D}|m'_z \rangle\}$ 决定了伴随着 $m''_z = m'_z - \hbar$ 跃迁的辐射的偏振态, 它有下列三个分量:

$$
\left.
\begin{aligned}
&\tfrac{1}{2}\{\langle m'_z|x|m'_z - \hbar \rangle + \langle m'_z - \hbar|x|m'_z \rangle\} \\
&\quad = \tfrac{1}{2}\{(a + ib)\mathrm{e}^{\mathrm{i}\omega t} + (a - ib)\mathrm{e}^{-\mathrm{i}\omega t}\} = a\cos\omega t - b\sin\omega t, \\
&\tfrac{1}{2}\{\langle m'_z|y|m'_z - \hbar \rangle + \langle m'_z - \hbar|y|m'_z \rangle\} \\
&\quad = \tfrac{1}{2}\mathrm{i}\{-(a + ib)\mathrm{e}^{\mathrm{i}\omega t} + (a - ib)\mathrm{e}^{-\mathrm{i}\omega t}\} = a\sin\omega t + b\cos\omega t, \\
&\tfrac{1}{2}\{\langle m'_z|z|m'_z - \hbar \rangle + \langle m'_z - \hbar|z|m'_z \rangle\} = 0.
\end{aligned}
\right\} \tag{6.83}
$$

从这些分量的形式我们可以看到, 沿 z 方向运动的辐射是圆偏振的, 沿 xy 平面内任意方向运动的辐射在该平面内线偏振, 沿上述两个方向之间的方向运动则是椭圆偏振的. 沿 z 方向运动的辐射的圆偏振方向取决于 ω 的正负, 而这个取决于两个态 m'_z 与 $m''_z = m'_z - \hbar$ 中的哪一个有较高能级.

现在来决定 k 的选择定则. 我们有

$$[k(k+\hbar), z] = [m_x^2, z] + [m_y^2, z]$$

$$= -ym_x - m_xy + xm_y + m_yx$$

$$= 2(m_yx - m_xy + \mathrm{i}\hbar z)$$

$$= 2(m_yx - ym_x)$$

$$= 2(xm_y - m_xy).$$

同样地,

$$[k(k+\hbar), x] = 2(ym_z - m_yz)$$

还有

$$[k(k+\hbar), y] = 2(m_xz - xm_z).$$

因而有

$$[k(k+\hbar), [k(k+\hbar), z]] = 2[k(k+\hbar), m_yx - m_xy + \mathrm{i}\hbar z]$$

$$= 2m_y[k(k+\hbar), x] - 2m_x[k(k+\hbar), y] + 2\mathrm{i}\hbar[k(k+\hbar), z]$$

$$= 4m_y(ym_z - m_yz) - 4m_x(m_xz - xm_z) + 2\{k(k+\hbar)z - zk(k+\hbar)\}$$

$$= 4(m_xx + m_yy + m_zz)m_z - 4(m_x^2 + m_y^2 + m_z^2)z$$
$$+ 2\{k(k+\hbar)z - zk(k+\hbar)\}.$$

由式 (6.22) 得

$$m_xx + m_yy + m_zz = 0 \tag{6.84}$$

因而得

$$[k(k+\hbar), [k(k+\hbar), z]] = -2\{k(k+\hbar)z + zk(k+\hbar)\}.$$

这给出

$$k^2(k+\hbar)^2z - 2k(k+\hbar)zk(k+\hbar) + zk^2(k+\hbar)^2$$
$$- 2\hbar^2\{k(k+\hbar)z + zk(k+\hbar)\} = 0. \tag{6.85}$$

关于 x 和 y 的类似方程也成立. 这些方程都是所需的等式 (6.81) 的形式, 并给出选择定则

$$k'^2(k'+\hbar)^2 - 2k'(k'+\hbar)k''(k''+\hbar) + k''^2(k''+\hbar)^2$$
$$- 2\hbar^2 k'(k'+\hbar) - 2\hbar^2 k''(k''+\hbar) = 0,$$

这可以简化成

$$(k'+k''+2\hbar)(k'+k'')(k'-k''+\hbar)(k'-k''-\hbar) = 0.$$

只要这四个因子中的某一个为零, 两个态 k' 和 k'' 之间的跃迁就能发生.

现在第一个因子 $(k'+k''+2\hbar)$ 不可能为零, 因为 k 的本征值全部为正或零. 第二个因子 $(k'+k'')$, 只有在 $k'=0$ 和 $k''=0$ 时才等于零. 但是考虑到其他的选择定则, k 取这两个值的态之间的跃迁不能发生, 这一点由下述论证看出. 如果两个态 (分别用单撇和双撇标记) 对应于 $k'=0$ 与 $k''=0$, 那么由式 (6.41) 以及关于 m_x 和 m_y 的对应结果可知, $m'_x = m'_y = m'_z = 0$, 并且 $m''_x = m''_y = m''_z = 0$. 此时, m_z 的选择定则表明, 与这两个态相联系的 x 和 y 的矩阵元必定为零, 因为 m_z 的值在这一跃迁中不变; m_x 与 m_y 的同样的选择定则表明, z 的矩阵元也为零. 因此, 这两个态之间的不会发生跃迁. 我们关于 k 的选择定则现在简化成

$$(k'-k''+\hbar)(k'-k''-\hbar) = 0,$$

这表明 k 必须改变 $\pm\hbar$. 这一选择定则可以写成

$$k'^2 - 2k'k'' + k''^2 - \hbar^2 = 0,$$

并且由于这是矩阵元 $\langle k'|z|k''\rangle$ 不为零的条件, 我们得到方程

$$k^2 z - 2kzk + zk^2 - \hbar^2 z = 0,$$

或

$$[k, [k, z]] = -z, \tag{6.86}$$

这是用更直接的方法不容易得到的一个结果.

作为最后一个例子, 要得出一般原子系统的总角动量 $\boldsymbol{M}$ 的绝对值 K 的选择定则. 令 x、y、z 表示某个电子的坐标. 我们必须得到 x、y 或 z 的 (K', K'') 矩阵元不为零的条件. 显然, 这与 λ_1、λ_2 或 λ_3 的 (K', K'') 不为零的条件一样, 这里的 λ_1、λ_2、λ_3 是 x、y、z 的任意三个独立的线性函数, 并以数值作为系数, 或更一般地, 以可与 K 对易的任意量为系数, 因此这些系数可以用对于 K 对角的矩阵来表示. 令

$$\lambda_0 = M_x x + M_y y + M_z z,$$

$$\lambda_x = M_y z - M_z y - \mathrm{i}\hbar x,$$

$$\lambda_y = M_z x - M_x z - \mathrm{i}\hbar y,$$

$$\lambda_z = M_x y - M_y x - \mathrm{i}\hbar z.$$

根据式 (6.29) 有

$$M_x \lambda_x + M_y \lambda_y + M_z \lambda_z = \sum_{xyz} (M_x M_y z - M_x M_z y - \mathrm{i}\hbar M_x x)$$

$$= \sum_{xyz} (M_x M_y - M_y M_x - \mathrm{i}\hbar M_z) z = 0. \qquad (6.87)$$

因此, λ_x、λ_y、λ_z 不是 x、y、z 的线性独立的函数. 然而它们中的任意两个与 λ_0 一起, 是 x、y、z 的三个线性独立的函数, 并且可以当作是上述的 λ_x、λ_y、λ_z, 因为系数 M_x、M_y、M_z 全都与 K 对易. 问题因此简化成, 寻找使得 λ_0、λ_x、λ_y 以及 λ_z 的 (K', K'') 矩阵元不为零的条件. 这些 λ 的物理含义是: λ_0 正比于矢量 (x, y, z) 在矢量 $\boldsymbol{M}$ 方向上的分量; 而 λ_x、λ_y、λ_z 正比于矢量 (x, y, z) 垂直于矢量 $\boldsymbol{M}$ 的那部分的直角分量.

因为 λ_0 是标量, 它必然与 K 对易. 由此可得, 只有 λ_0 的对角元 $\langle K' | \lambda_0 | K' \rangle$ 可以不为零, 所以, 与 λ_0 相关的选择定则是 K 不改变. 将式 (6.30) 应用于矢量 λ_x、λ_y、λ_z, 我们有

$$[M_z, \lambda_x] = \lambda_y, \quad [M_z, \lambda_y] = -\lambda_x, \quad [M_z, \lambda_z] = 0.$$

M_z 与 λ_x、λ_y、λ_z 之间的这些关系, 其形式完全等同于 m_z 与 x、y、z 之间的

关系式 (6.23)、(6.24); 并且式 (6.87) 也与式 (6.84) 有相同形式. 因此, 动力学变量 λ_x、λ_y、λ_z 相对于角动量 M 的关系, 与 x、y、z 相对于 m 的关系有相同的性质. 所以, 当电位移正比于 (x, y, z) 时我们对 k 的选择定则的推导, 可以直接拿来用于推导当电位移正比于 $(\lambda_x, \lambda_y, \lambda_z)$ 时 K 的选择定则. 通过这个方法, 我们发现, 与 λ_x、λ_y、λ_z 有关的 K 的选择定则是必须改变 $\pm\hbar$.

总结上述结果, K 的选择定则是, 它必须改变 0 或 $\pm\hbar$. 我们已经研究了只是某个电子产生的电位移的情况, 但是对每个电子, 完全相同的选择定则成立, 因此对总的电位移也成立.

§6.8 氢原子的塞曼效应

现在考虑置于均匀磁场中的氢原子系统. 带有 $V = -e^2/r$ 的哈密顿量 (6.57) 描述没有外场的氢原子, 考虑磁场之后它要被修改, 按照经典力学, 用 $p_x + eA_x/c$、$p_y + eA_y/c$、$p_z + eA_z/c$ 代替 p_x、p_y、p_z. 这里 A_x、A_y、A_z 是描述外磁场的矢势的各分量. 对于沿 z 轴方向且大小为 $\mathscr{H}$ 的均匀磁场, 我们可以取 $A_x = -\mathscr{H}y/2$、$A_y = \mathscr{H}x/2$、$A_z = 0$. 经典哈密顿量是

$$H = \frac{1}{2m}\left\{\left(p_x - \frac{1}{2}\frac{e}{c}\mathscr{H}y\right)^2 + \left(p_y + \frac{1}{2}\frac{e}{c}\mathscr{H}x\right)^2 + p_z^2\right\} - \frac{e^2}{r}.$$

这个经典哈密顿量可以拿来用于量子理论, 只要增加一项电子自旋的效应即可. 根据实验证据和第 11 章的理论, 电子具有磁矩 $e\hbar/2mc \cdot \boldsymbol{\sigma}$, 其中 $\boldsymbol{\sigma}$ 是 §6.4 的自旋矢量. 这个磁矩在磁场中的能量是 $e\hbar\mathscr{H}/2mc \cdot \sigma_z$. 因此总的哈密顿量是

$$H = \frac{1}{2m}\left\{\left(p_x - \frac{1}{2}\frac{e}{c}\mathscr{H}y\right)^2 + \left(p_y + \frac{1}{2}\frac{e}{c}\mathscr{H}x\right)^2 + p_z^2\right\} - \frac{e^2}{r} + \frac{e\hbar\mathscr{H}}{2mc}\sigma_z. \tag{6.88}$$

严格地说, 该哈密顿量中应该包括其他的项, 它们给出电子磁矩与原子核的电场之间的相互作用, 但这种效应很小, 与考虑相对论力学所得的修正具有相同的量级, 所以我们在这里忽略了这一项. 在第 11 章给出的电子相对论理论中将考虑这一项.

如果磁场不是太强, 可以忽略包含 $\mathcal{H}^2$ 的项, 所以哈密顿量 (6.88) 简化成

$$H = \frac{1}{2m}(p_x^2 + p_y^2 + p_z^2) - \frac{e^2}{r} + \frac{e\mathcal{H}}{2mc}(xp_y - yp_x) + \frac{e\hbar\mathcal{H}}{2mc}\sigma_z$$

$$= \frac{1}{2m}(p_x^2 + p_y^2 + p_z^2) - \frac{e^2}{r} + \frac{e\mathcal{H}}{2mc}(m_z + \hbar\sigma_z). \tag{6.89}$$

来自磁场的附加项现在是 $e\mathcal{H}/2mc \cdot (m_z + \hbar\sigma_z)$. 但是这些附加项与总哈密顿量对易, 因此是运动常量. 这使问题变得非常简单. 系统的定态, 即哈密顿量 (6.89) 的本征态, 就是可观测量 m_z 和 σ_z 的本征态, 或者至少是可观测量 $m_z + \hbar\sigma_z$ 的本征态, 而系统的能级将是由式 (6.80) 给出的没有外场时的系统的能级 (如果我们只考虑闭合态), 加上 $e\mathcal{H}/2mc \cdot (m_z + \hbar\sigma_z)$ 的本征值. 因此, 没有外场时系统的定态 (对这些态, m_z 有数值 m', 它等于 $\hbar$ 的整数倍, 而 σ_z 也有数值 $\sigma_z' = \pm 1$), 在加上外场后仍然是系统的定态. 它们的能量将增加一个量, 它是两部分之和, 一部分 $e\mathcal{H}/2mc \cdot m'$ 来自轨道运动, 这部分可以认为是由于轨道磁矩 $-em'/2mc$ 引起的, 另一部分 $e\mathcal{H}/2mc \cdot \hbar\sigma_z'$ 来自自旋. 轨道磁矩对轨道角动量 m' 的比值是 $-e/2mc$, 而这是自旋磁矩对自旋角动量的这一比值的一半. 这一事实有时被称作自旋磁矩反常.

由于现在的能级包含 m_z, 上一节得到的 m_z 的选择定则就能够直接地与实验进行比较. 取海森伯表象, 与其他运动常量一样, m_z 和 σ_z 都是对角的. m_z 的选择定则现在需要 m_z 的变化是 $\hbar$, 0 或 $-\hbar$, 而 σ_z 由于与电位移对易, 根本无需变化. 因此参与跃迁过程的两个态之间的能量差, 与无磁场时的值相差的量是 $e\hbar\mathcal{H}/2mc$, 0 或 $-e\hbar\mathcal{H}/2mc$. 因此, 根据玻尔频率条件, 其伴随的电磁辐射的频率与无磁场情况下的比较相差 $e\mathcal{H}/4\pi mc$, 0 或 $-e\mathcal{H}/4\pi mc$. 这意味着, 无磁场时的每条光谱线由于磁场而分裂成三个组分. 如果我们考虑沿 z 方向运动的辐射, 根据式 (6.83), 两个外边的组分是圆偏振的, 而中间未移动的谱线强度为零. 这些计算结果与实验一致, 也与塞曼效应的经典理论相符.

7 微扰理论

§7.1 概述

上一章给出了量子理论中一些简单动力学系统的精确求解. 然而, 用现有的数学工具, 我们无法精确地解决大多数量子问题, 因为这些问题所导致的方程的解无法用普通的分析函数表示为有限项. 对于这类问题我们经常应用微扰方法. 这个方法在于将哈密顿量分成两部分, 一部分一定要简单, 另一部分一定要微小. 第一部分可以看成是简化了的或未微扰系统的哈密顿量, 这部分可以严格处理, 而加上第二部分就要求在未微扰系统的解中加入具有微扰性质的小的修正. 第一部分应该简单的这一条件, 实际上要求它不显含时间. 如果第二部分包含一个小的数值因子 ϵ, 我们就能够得到 ϵ 幂级数形式的微扰系统方程的解, 只要级数收敛, 这个解可以给出问题的任意精度的解. 即使级数不收敛, 用这一方法得到的一级近似通常也相当精确.

微扰理论中有两种不同的方法. 其中一种是把微扰当作是引起了对未微扰系统运动态的修正. 另一种方法中, 并不考虑对未微扰系统的态进行任何修正, 而是假定微扰系统在微扰的影响下, 不再永久保持在这些态中的一个, 而是不断地从一个态变到另一个态, 或者说发生跃迁. 具体情况下采用哪一种方法, 由待解决问题的性质决定. 只有当微扰能量 (对未微扰系统哈密顿量的修正) 不显含时间时, 第一种方法通常才有用, 此时该方法应用于定态. 它可以用来计算一些不与任何确定时间相关的物理量, 例如微扰系统的定态能级, 或者在碰撞问题的情况中沿某一给定角度的散射概率. 另一方面, 要解决所有含时问题, 必须要用第二种方法, 例如, 当突然加上微扰时出现的与瞬态现象相关的那些问题, 或者更一般地, 微扰按各种方式随时间变化的问题 (即微扰能量显含时间的问题). 此外, 碰撞问题中, 如果我们希望计算吸收和发射概率, 即使微扰能量此时并不显含时间, 也必须用第二种方法, 因为这些概率不同于散射概率, 如果不考虑随时间变化的状态, 则这些概率无法定义.

这两种方法的区别性特征总结如下: 用第一种方法对未微扰系统的定态与微扰系统的定态进行比较; 用第二种方法考虑未微扰系统的一个定态, 并研究它在微扰影响下如何随时间变化.

§7.2 微扰引起的能级变化

上述方法中的第一种可以用来计算微扰所引起的系统能级的变化. 假定微扰能量和未微扰系统的哈密顿量一样都不显含时间. 当然, 只有未微扰系统的能级是分立的, 且能级之间的差距比微扰引起的能级变化要大, 我们的问题才有意义. 由于这一情况, 根据未微扰系统能级是分立还是连续, 第一种方法对微扰问题的处理有一些不同的特点.

令微扰系统的哈密顿量为

$$H = E + V, \tag{7.1}$$

E 是未微扰系统的哈密顿量, V 是小的微扰能量. 按照假设, H 的每个本征值 H' 很接近于 E 的一个且仅有的一个本征值 E'. 我们将使用同样多的撇号数来标记 H 的任意本征值以及很接近于它的 E 的本征值. 这样, 我们会有, H'' 与 E'' 相差一个数量级为 V 的小量, 而与 E' 则相差一个不小的量, 除非 $E' = E''$. 现在要一直注意, 用不同的撇号数来标记那些我们不要求两者非常接近的 H 与 E 的本征值.

为了获得 H 的本征值, 必须解方程

$$H|H'\rangle = H'|H'\rangle$$

或

$$(H' - E)|H'\rangle = V|H'\rangle. \tag{7.2}$$

令 $|0\rangle$ 是 E 的本征右矢, 属于本征值 E', 并且假定满足方程 (7.2) 的 $|H'\rangle$ 及 H' 与 $|0\rangle$ 及 E' 之差是一个小量, 且可以表示为

$$\left.\begin{array}{l} |H'\rangle = |0\rangle + |1\rangle + |2\rangle + \cdots, \\ H' = E' + a_1 + a_2 + \cdots, \end{array}\right\} \tag{7.3}$$

其中 $|1\rangle$ 与 a_1 是一级小量 (即与 V 同量级), $|2\rangle$ 与 a_2 是二级小量, 依此类推. 把这些代入方程 (7.2), 我们得到

$$\{E' - E + a_1 + a_2 + \cdots\}\{|0\rangle + |1\rangle + |2\rangle + \cdots\} = V\{|0\rangle + |1\rangle + |2\rangle + \cdots\}.$$

如果现在分出零级项, 一级项, 二级项, 等等, 就得出下列一组方程:

$$\left.\begin{array}{r}
(E' - E)|0\rangle = 0, \\
(E' - E)|1\rangle + a_1|0\rangle = V|0\rangle, \\
(E' - E)|2\rangle + a_1|1\rangle + a_2|0\rangle = V|1\rangle, \\
\vdots
\end{array}\right\} \tag{7.4}$$

上面这些方程中的第一个告诉我们, $|0\rangle$ 是 E 的本征右矢, 属于本征值 E', 这是已经假设的. 其余的方程可以计算各种修正 $|1\rangle, |2\rangle, \cdots, a_1, a_2, \cdots$.

为了这些方程的进一步讨论, 引进使 E 对角的表象较方便, 也就是对未微扰系统引入海森伯表象, 并取 E 为可观测量之一, 用其本征值作为表示的标记. 在需要其他可观测量的情况下, 比如当 E 有不止一个本征态属于任意本征值时, 令其他可观测量为 β. 这样, 基左矢是 $\langle E''\beta''|$. 由于 $|0\rangle$ 是 E 的本征右矢, 属于本征值 E', 我们有

$$\langle E''\beta''|0\rangle = \delta_{E''E'}f(\beta''), \tag{7.5}$$

其中 $f(\beta'')$ 是变量 β'' 的某一函数. 借助于这一结果, 式 (7.4) 的第二个方程用表示写出就是

$$(E' - E'')\langle E''\beta''|1\rangle + a_1\delta_{E''E'}f(\beta'') = \sum_{\beta'}\langle E''\beta''|V|E'\beta'\rangle f(\beta'). \tag{7.6}$$

这里令 $E'' = E'$, 我们得到

$$a_1f(\beta'') = \sum_{\beta'}\langle E'\beta''|V|E'\beta'\rangle f(\beta'). \tag{7.7}$$

就变量 β' 而言, 方程 (7.7) 具有本征值理论中的标准方程的形式. 它表明 a_1 的各个可能的值是矩阵 $\langle E'\beta''|V|E'\beta'\rangle$ 的本征值. 这个矩阵是微扰能量在未微扰

系统的海森伯表象中表示的一部分, 也就是说, 该矩阵中矩阵元的行与列联系于同一个未微扰能级 E' 所对应的各个态. 在一级近似下, a_1 的这些值中的每一个给出微扰系统的 (靠近未微扰系统能级 E') 一个能级.[1] 因此, 微扰系统可能有多个能级都接近于未微扰系统的一个能级 E', 其数目可以是任何数, 但不超过未微扰系统属于能级 E' 的独立态数. 用这一方法, 微扰能够引起那些在未微扰系统中重合于 E' 的能级分裂或部分分裂.

方程 (7.7) 在零级近似下也决定了微扰系统的 (属于接近于 E' 能级的) 定态的表示 $\langle E''\beta''|0\rangle$, 即把方程 (7.7) 的任意解 $f(\beta')$ 代入方程 (7.5) 就给出一个这样的表示. 微扰系统的这些定态中的每一个定态接近于未微扰系统中各定态中的某个定态, 但是, 如果反过来说, 未微扰系统的每一个定态接近于微扰系统的定态之一, 则不正确, 因为未微扰系统属于能量 E' 的一般定态是由方程 (7.5) 的右边表示的, 其中包含一个任意函数 $f(\beta'')$. 找到未微扰系统的哪些定态接近于微扰系统的定态, 即找出方程 (7.7) 的解 $f(\beta')$ 的问题, 对应于经典力学中的 "久期微扰" 问题. 应当指出, 上述结果与微扰能量联系于未微扰系统的两个不同能级的所有矩阵元的值无关.

让我们考虑特别简单的情形, 当未微扰系统中属于每一能级只有一个定态[2]时, 上述结果会怎样. 在此情况下, E 单独就能确定表象, 不需要任何 β. 方程 (7.7) 中的求和简化为一项, 我们得

$$a_1 = \langle E'|V|E'\rangle. \tag{7.8}$$

对于未微扰系统中的任一能级, 已微扰系统中仅有一个能级与之接近, 而且能量变化的一级近似等于未微扰系统的海森伯表象中微扰能量的相应对角矩阵元, 或者说是微扰能量等于相应的未微扰态的平均值. 这一结果的后一表述与经典力学中当未微扰系统为多周期时的情况一样.

我们将进一步计算当未微扰系统是非简并情况下能级的二阶修正项 a_2. 这种情况下, 方程 (7.5) 成为

$$\langle E''|0\rangle = \delta_{E''E'},$$

---

[1] 为了区分这些能级, 我们需要更细致的符号, 因为根据现在的符号, 它们肯定要用同样数目的撇号来具体表示, 即用表明它们所来自的未微扰系统能级的撇号来表示. 然而, 对于我们现在的目的, 这种更细致的符号并不必需.

[2] 如果一个系统中属于每个能级的态只有一个, 则常常被称为 "非简并"; 而如果有两个或更多定态属于一个能级, 则被称为 "简并". 尽管从现代的观点看, 这些词并不很恰当.

略去一个不重要的数值因子, 方程 (7.6) 成为

$$(E' - E'')\langle E''|1\rangle + a_1\delta_{E''E'} = \langle E''|V|E'\rangle.$$

这给出了在 $E'' \neq E'$ 情况下 $\langle E''|1\rangle$ 的值, 即

$$\langle E''|1\rangle = \frac{\langle E''|V|E'\rangle}{E' - E''}. \tag{7.9}$$

式 (7.4) 中的第三个方程用表示可以写成

$$(E' - E'')\langle E''|2\rangle + a_1\langle E''|1\rangle + a_2\delta_{E''E'} = \sum_{E'''}\langle E''|V|E'''\rangle\langle E'''|1\rangle.$$

这里令 $E'' = E'$, 我们得

$$a_1\langle E'|1\rangle + a_2 = \sum_{E'''}\langle E'|V|E'''\rangle\langle E'''|1\rangle,$$

借助于等式 (7.8), 上式简化为

$$a_2 = \sum_{E'' \neq E'}\langle E'|V|E''\rangle\langle E''|1\rangle.$$

用式 (7.9) 替代上式中的 $\langle E''|1\rangle$, 最终得到

$$a_2 = \sum_{E'' \neq E'}\frac{\langle E'|V|E''\rangle\langle E''|V|E'\rangle}{E' - E''},$$

这给出二级近似下的总能量改变

$$a_1 + a_2 = \langle E'|V|E'\rangle + \sum_{E'' \neq E'}\frac{\langle E'|V|E''\rangle\langle E''|V|E'\rangle}{E' - E''}. \tag{7.10}$$

如有必要, 这个方法可以发展用来计算更高级的近似. 玻恩、海森伯与约当 (Jordan)[3] 曾得到用较低级的修正项表示 n 级修正项的普遍递推公式.

---

[3]*Z. f. Physik*, **35**(1925), 565.

§7.3 引起跃迁的微扰

现在开始研究 §7.1 中所述的两种微扰方法中的第二种方法. 再次假定, 未微扰系统由不显含时间的哈密顿量 E 所支配, 而微扰能量 V 现在是时间的任意函数. 微扰系统的哈密顿量还是 $H = E + V$. 对目前的方法而言, 未微扰系统的能级 (E 的本征值) 形成分立或者连续集合并没有本质区别. 然而, 为了明确起见, 我们采取分立的情况. 我们还是在未微扰系统的海森伯表象中进行研究, 但是由于现在用 E 本身作为可观测量 (它们的本征值用来标记表示) 之一并无优势, 我们假定有一般的集合 α 可用于标记表示.

我们假定, 在初始时刻 t_0, 系统处于一个 α 有确定值 α' 的态. 对应于此态的右矢是基右矢 $|\alpha'\rangle$. 假如没有微扰, 即哈密顿量是 E, 则这个态是定态. 微扰引起这个态的变化. 在时刻 t, 根据 §5.1 的方程 (5.1) 可知, 对应于这个态的右矢在薛定谔图像中是 $T|\alpha'\rangle$. 此时 α 有值 α'' 的概率是

$$P(\alpha'\alpha'') = |\langle\alpha''|T|\alpha'\rangle|^2. \tag{7.11}$$

对于 $\alpha'' \neq \alpha'$, $P(\alpha'\alpha'')$ 是在 $t_0 \to t$ 的时间间隔内, 发生从态 α' 到态 α'' 的跃迁的概率, 而 $P(\alpha'\alpha')$ 是完全不发生跃迁的概率. $P(\alpha'\alpha'')$ 对所有的 α'' 求和当然等于 1.

让我们假定, 一开始系统并不确定地处于态 α', 而是处于不同的态 α' 中的这个或那个, 对每个态有一概率 $P_{\alpha'}$. 根据 §5.7 的式 (5.68), 对应于这种分布的吉布斯密度是

$$\rho = \sum_{\alpha'} |\alpha'\rangle P_{\alpha'} \langle\alpha'|. \tag{7.12}$$

在时刻 t, 每个右矢 $|\alpha'\rangle$ 变成 $T|\alpha'\rangle$, 每个左矢 $\langle\alpha'|$ 变成 $\langle\alpha'|\bar{T}$, 所以 ρ 将变成

$$\rho_t = \sum_{\alpha'} T|\alpha'\rangle P_{\alpha'} \langle\alpha'|\bar{T}. \tag{7.13}$$

由 §5.7 的式 (5.73) 可知, α 取值 α'' 的概率是

$$\langle \alpha''|\rho_t|\alpha''\rangle = \sum_{\alpha'} \langle \alpha''|T|\alpha'\rangle P_{\alpha'} \langle \alpha'|\bar{T}|\alpha''\rangle$$

$$= \sum_{\alpha'} P_{\alpha'} P(\alpha'\alpha''), \tag{7.14}$$

后一个等式用到了等式 (7.11). 这一结果表示, t 时刻系统处于 α'' 态的概率, 是系统开始处于任意 $\alpha' \neq \alpha''$ 态并发生从 α' 态跃迁到 α'' 态的概率, 与系统开始即处于 α'' 态而没有发生跃迁的概率之和. 所以, 各种跃迁概率按照普通的概率规则互相独立地起作用.

因此, 计算跃迁的整个问题就简化成确定概率幅 $\langle \alpha''|T|\alpha'\rangle$. 这些计算可以由 T 的微分方程来实现, 即 §5.1 的方程 (5.6), 或者

$$i\hbar dT/dt = HT = (E+V)T. \tag{7.15}$$

采用

$$T^* = e^{iE(t-t_0)/\hbar}T \tag{7.16}$$

可以简化计算. 我们有

$$i\hbar dT^*/dt = e^{iE(t-t_0)/\hbar}(-ET + i\hbar dT/dt)$$

$$= e^{iE(t-t_0)/\hbar}VT = V^*T^*, \tag{7.17}$$

其中

$$V^* = e^{iE(t-t_0)/\hbar}Ve^{-iE(t-t_0)/\hbar}, \tag{7.18}$$

即 V^* 是对 V 应用某个幺正变换的结果. 方程 (7.17) 具有比方程 (7.15) 更方便的形式, 因为方程 (7.17) 可以使 T^* 的变化完全由微扰 V 决定, 而当 $V = 0$ 时, 方程 (7.17) 会使 T^* 等于它的初值 1. 由式 (7.16) 我们有

$$\langle \alpha''|T^*|\alpha'\rangle = e^{iE''(t-t_0)/\hbar}\langle \alpha''|T|\alpha'\rangle,$$

所以

$$P(\alpha'\alpha'') = |\langle\alpha''|T^*|\alpha'\rangle|^2, \tag{7.19}$$

这表明, T^* 与 T 对决定跃迁概率而言是等效的.

至此, 我们的工作一直是严格的. 现在假定 V 是一级小量, 并将 T^* 写成

$$T^* = 1 + T_1^* + T_2^* + \cdots, \tag{7.20}$$

其中 T_1^* 是一级小量, T_2^* 是二级小量, 依此类推. 把式 (7.20) 代入方程 (7.17) 并令同级项相等, 我们得到

$$\left.\begin{aligned}
\mathrm{i}\hbar \mathrm{d}T_1^*/\mathrm{d}t &= V^*, \\
\mathrm{i}\hbar \mathrm{d}T_2^*/\mathrm{d}t &= V^* T_1^*, \\
&\vdots
\end{aligned}\right\} \tag{7.21}$$

从这些方程中的第一个, 我们得

$$T_1^* = -\mathrm{i}\hbar^{-1} \int_{t_0}^{t} V^*(t')\mathrm{d}t', \tag{7.22}$$

从第二个我们得

$$T_2^* = -\hbar^{-2} \int_{t_0}^{t} V^*(t')\mathrm{d}t' \int_{t_0}^{t'} V^*(t'')\mathrm{d}t'', \tag{7.23}$$

依此类推. 对于很多实际问题, 仅保留到 T_1^* 项就足够精确了, 这给出 $\alpha'' \neq \alpha'$ 条件下的跃迁概率 $P(\alpha'\alpha'')$

$$\left.\begin{aligned}
P(\alpha'\alpha'') &= \hbar^{-2} \left|\langle\alpha''| \int_{t_0}^{t} V^*(t')\mathrm{d}t'|\alpha'\rangle\right|^2 \\
&= \hbar^{-2} \left|\int_{t_0}^{t} \langle\alpha''|V^*(t')|\alpha'\rangle \mathrm{d}t'\right|^2.
\end{aligned}\right\} \tag{7.24}$$

用这一方法可以得到精确到二级的跃迁概率. 其结果仅依赖于 $V^*(t')$ 关于两个相关态的矩阵元 $\langle\alpha''|V^*(t')|\alpha'\rangle$, t' 从 t_0 变化至 t. 由于 V^* 与 V 一样是实的, 所以

$$\langle\alpha''|V^*(t')|\alpha'\rangle = \overline{\langle\alpha'|V^*(t')|\alpha''\rangle}.$$

因而, 在保留到二级精度的条件下有

$$P(\alpha'\alpha'') = P(\alpha''\alpha').$$ (7.25)

有时我们关心的是与矩阵元 $\langle\alpha''|V^*|\alpha'\rangle$ 为零或者比起其他矩阵元为小量的跃迁 $\alpha' \to \alpha''$. 此时, 有必要求得更高级近似. 如果只保留 T_1^* 与 T_2^* 两项, 得到 $\alpha'' \neq \alpha'$ 条件下

$$P(\alpha'\alpha'') = \hbar^{-2}\left| \int_{t_0}^t \langle\alpha''|V^*(t')|\alpha'\rangle \mathrm{d}t' \right.$$

$$\left. - \mathrm{i}\hbar^{-1} \sum_{\alpha''' \neq \alpha',\alpha''} \int_{t_0}^t \langle\alpha''|V^*(t')|\alpha'''\rangle \mathrm{d}t' \int_{t_0}^{t'} \langle\alpha'''|V^*(t'')|\alpha'\rangle \mathrm{d}t'' \right|^2.$$ (7.26)

求和中略去了 $\alpha''' = \alpha'$ 与 $\alpha''' = \alpha''$ 的这些项, 因为它们比起求和中的其他项都是小量, 这是由于 $\langle\alpha''|V^*|\alpha'\rangle$ 是小量. 为解释式 (7.26) 的结果, 我们假定第一项

$$\int_{t_0}^t \langle\alpha''|V^*(t')|\alpha'\rangle \mathrm{d}t'$$ (7.27)

引起从态 α' 到 α'' 的直接跃迁, 第二项

$$- \mathrm{i}\hbar^{-1} \int_{t_0}^t \langle\alpha''|V^*(t')|\alpha'''\rangle \mathrm{d}t' \int_{t_0}^{t'} \langle\alpha'''|V^*(t'')|\alpha'\rangle \mathrm{d}t''$$ (7.28)

引起从态 α' 到 α''' 的跃迁, 接着从态 α''' 跃迁到 α''. 在这一解释中, 态 α''' 叫作中间态. 必须把 (7.27) 项与对应于各个不同中间态的 (7.28) 的各项加在一起, 然后取该求和的模平方, 这样做的含义是, 在不同的跃迁过程——直接的过程与那些包含中间态的各个跃迁过程——之间存在干涉, 并且不能给这些跃迁过程中的任何一个本身以概率的意义. 然而, 这些过程中的每一个都有一个概率幅. 如果把这个微扰方法推进到更高的精度, 得到的结果可以同样地进行解释, 只是要借助于包含一系列中间态的更复杂的跃迁过程.

§7.4 应用于辐射

上一节发展了关于原子系统微扰的普遍理论, 其中微扰能量以任意方式随时间变化. 在现实中这一类微扰的实现方法是让入射电磁波照射这一系统. 让我们看一看在此情况下式 (7.24) 的结果将推导出什么.

如果略去入射辐射的磁场效应, 又如果再假定, 这个辐射的各个简谐分量的波长与原子系统的尺度比较起来都是大的, 那么微扰能量就可以简单地是标量乘积

$$V = \boldsymbol{D} \cdot \boldsymbol{\mathscr{E}} \tag{7.29}$$

其中 $\boldsymbol{D}$ 是系统的总电位移, $\boldsymbol{\mathscr{E}}$ 是入射辐射的电场. 假定 $\boldsymbol{\mathscr{E}}$ 是时间的已知函数. 如果为简化起见, 让入射辐射是平面偏振的, 其电场矢量沿一确定方向, 并用 D 表示 $\boldsymbol{D}$ 在这一方向上的投影, 则表示 V 的式 (7.29) 简化为普通乘积

$$V = D\mathscr{E},$$

其中 $\mathscr{E}$ 是矢量 $\boldsymbol{\mathscr{E}}$ 的大小. 由于 $\mathscr{E}$ 是一个数, V 的矩阵元为

$$\langle \alpha'' | V | \alpha' \rangle = \langle \alpha'' | D | \alpha' \rangle \mathscr{E}.$$

矩阵元 $\langle \alpha'' | D | \alpha' \rangle$ 独立于时间 t. 由式 (7.18) 可得

$$\langle \alpha'' | V^*(t) | \alpha' \rangle = \langle \alpha'' | D | \alpha' \rangle \mathrm{e}^{\mathrm{i}(E''-E')(t-t_0)/\hbar} \mathscr{E}(t),$$

因而表示跃迁概率的式 (7.24) 变成

$$P(\alpha'\alpha'') = \hbar^{-2} |\langle \alpha'' | D | \alpha' \rangle|^2 \left| \int_{t_0}^{t} \mathrm{e}^{\mathrm{i}(E''-E')(t'-t_0)/\hbar} \mathscr{E}(t') \mathrm{d}t' \right|^2 . \tag{7.30}$$

如果在 t_0 到 t 的时间间隔里, 入射辐射分解为傅里叶分量, 根据经典电动力学, 在频率 ν 附近每单位频率范围内流过单位面积的能量是

$$E_\nu = \frac{c}{2\pi} \left| \int_{t_0}^{t} \mathrm{e}^{2\pi \mathrm{i}\nu(t'-t_0)/\hbar} \mathscr{E}(t') \mathrm{d}t' \right|^2 . \tag{7.31}$$

将上式与式 (7.30) 比较, 我们得

$$P(\alpha'\alpha'') = 2\pi c^{-1} \hbar^{-2} |\langle \alpha'' | D | \alpha' \rangle|^2 E_\nu, \tag{7.32}$$

其中

$$\nu = |E'' - E'|/h. \tag{7.33}$$

从这一结果我们首先看到, 跃迁概率只决定于入射辐射频率为 ν(它与能量改变的关系由式 (7.33) 决定) 的傅里叶分量. 这给出了玻尔频率条件, 并展示了曾是开创量子力学的玻尔原子理论的思想是如何与量子力学相符合的.

现在的初等理论还没有说明关于辐射场能量的任何情况. 但是, 我们可以合理地假定, 在跃迁过程中原子系统所吸收 (或放出) 的能量, 来自 (或进入) 辐射中由式 (7.33) 所给出的频率 ν 的分量. 第 10 章将要给出的关于辐射的更完整理论将证明这个假定. 这样, 式 (7.32) 的结果可以解释为: 如果系统开始处于较低能量的态, 式 (7.32) 就是系统吸收辐射而被带到较高能态的概率; 如果系统开始处于较高能态, 式 (7.32) 就是系统受到入射辐射的激发而发射出辐射, 并落到较低能态的概率. 现在的理论不能解释的实验事实是, 如果系统处于较高能态但没有入射辐射, 系统能够自发地发射辐射而落入较低能态, 但是, 这个事实也将由第 10 章的更完整理论来解释.

在量子力学尚未出现之前很久, 爱因斯坦[4] 从原子与满足普朗克定律的黑体辐射场之间的统计平衡的研究中, 提出了存在受激发射的现象. 爱因斯坦证明, 受激辐射的跃迁概率一定等于在同样两个态之间的吸收跃迁概率, 这与现在的量子理论一致, 并且他还推导出了将该跃迁概率与自发发射的跃迁概率相联系的关系式, 此关系式与第 10 章的理论一致.

式 (7.32) 中的矩阵元 $\langle \alpha'' | D | \alpha' \rangle$ 所起的作用, 相当于与辐射相互作用的多周期系统的经典理论中 D 的某一傅里叶分量的振幅. 事实上, 促使海森伯在 1925 年发现量子力学的, 正是这种用矩阵代替经典的傅里叶分量的思想. 海森伯假定, 量子理论中表述系统与辐射相互作用的公式可由经典公式得到, 方法是把系统的总电位移的傅里叶分量都用相应的矩阵元代替. 把这个假定应用于自发发射, 当一个具有电矩 D 的系统处于态 α' 时, 将以一定的速率自发地发射频率为 $\nu = (E' - E'')/h$ 的辐射, 其中 E'' 是某一态 α'' 的能级, 比 E' 小, 发射的速率是

$$\frac{4}{3} \frac{(2\pi\nu)^4}{c^3} |\langle \alpha'' | D | \alpha' \rangle|^2. \tag{7.34}$$

这个辐射在不同发射方向上的分布和它在每个方向的偏振态, 都将与一个电偶极矩等于 $\langle \alpha'' | D | \alpha' \rangle$ 的实部的经典电偶极矩所发出的辐射相同. 为了把这个发射能量的速率解释为跃迁概率, 我们必须除以这个频率的能量量子, 即除以 $h\nu$, 而

[4]Einstein, *Phys. Zeits.* **18**(1917), 121.

把它称为在单位时间内原子系统自发地发射出这种量子并落到较低能态 α'' 的概率. 在用第 10 章的自发跃迁理论补充之后, 现在的辐射理论可以证明海森伯的这些假定.

§7.5 独立于时间的微扰引起的跃迁

当微扰能量 V 不显含时间 t 时, §7.3 的微扰方法仍然有效. 由于在此情况下的总哈密顿量 H 不显含 t, 如果愿意的话, 我们现在也可以用 §7.2 的微扰方法来研究这个系统, 并求出其定态. 这个方法是否方便取决于我们要对此系统计算什么. 如果我们要计算的是与时间有明显关系的, 例如, 如果我们要计算的是, 当我们已知系统在某一时刻确定地处于某个态, 而计算系统在另一时刻某个态的概率, 则 §7.3 的方法是较方便的方法.

让我们看一看当 V 不显含 t 时, 跃迁概率 (7.24) 的结果会变成什么, 我们取 $t_0 = 0$ 以简化写法. 现在矩阵元 $\langle \alpha''|V|\alpha' \rangle$ 与 t 无关, 且由式 (7.18) 得

$$\langle \alpha''|V^*(t')|\alpha' \rangle = \langle \alpha''|V|\alpha' \rangle \mathrm{e}^{\mathrm{i}(E''-E')t'/\hbar}, \tag{7.35}$$

所以, 如果 $E'' \neq E'$, 则

$$\int_0^t \langle \alpha''|V^*(t')|\alpha' \rangle \mathrm{d}t' = \langle \alpha''|V|\alpha' \rangle \frac{\mathrm{e}^{\mathrm{i}(E''-E')t/\hbar} - 1}{\mathrm{i}(E''-E')/\hbar}.$$

因此, 跃迁概率 (7.24) 变成

$$P(\alpha'\alpha'') = |\langle \alpha''|V|\alpha' \rangle|^2 [\mathrm{e}^{\mathrm{i}(E''-E')t/\hbar} - 1][\mathrm{e}^{-\mathrm{i}(E''-E')t/\hbar} - 1]/(E''-E')^2$$
$$= 2|\langle \alpha''|V|\alpha' \rangle|^2 [1 - \cos\{(E''-E')t/\hbar\}]/(E''-E')^2. \tag{7.36}$$

如果 E'' 与 E' 相差很大, 该跃迁概率就很小, 而且对 t 的所有值都保持很小. 这个结果是能量守恒定律所要求的. 总能量 H 是常量, 因而原能量[5] E (即忽略了来自微扰的部分 V 之后的能量) 近似地等于 H, 必定近似地是常量. 这一点的含义是, 如果在开始时 E 有数值 E', 则在以后任何时刻, E 有与 E' 相差很大的数值的概率一定很小.

另一方面, 当初态满足这样的条件, 即存在另一个与 α' 有相同或很接近相同的原能量 E 的态 α'', 则跃迁到末态 α'' 的概率可以相当大. 现在具有物理意

---

[5]原文 proper-energy, proper 有 "严格解" 的含义.——译者注

义的情况是, 在一连续范围内有许多末态 α'', α'' 的原能级 E'' 具有连续范围, 这个范围包含初态的原能量值 E'. 初态一定不是末态的连续范围内的一个态, 而可能是一个单独的分立态或另一连续范围内的一个态. 记得我们在 §3.5 中解释在态的连续范围情况的概率振幅的规则, 我们现在就有: 如果初态 α' 是分立的, 则跃迁到一个处于 α'' 至 $\alpha'' + d\alpha''$ 的小范围的末态的概率是 $P(\alpha'\alpha'')d\alpha''$, 其中 $P(\alpha'\alpha'')$ 有式 (7.36) 的取值; 如果初态 α' 是一连续范围内的一个值, 则该概率正比于 $P(\alpha'\alpha'')d\alpha''$.

我们可以假定, 描述末态的这些 α 包括 E 与一些其他的动力学变量 β, 这样我们得到一个类似于 §7.2 中简并情况下的表象一样的表象. (然而, 对于初态 α', 这些 β 不需要有意义.) 为明确起见, 我们假定 β 只有分立的本征值. 跃迁到 β 取值 β'' 而 E 取任意值的末态 α'' 的总概率 (E 有靠近初始值 E' 取值的概率非常大) 等于 (或正比于)

$$\int P(\alpha'\alpha'')\mathrm{d}E''$$
$$= 2\int_{-\infty}^{\infty} |\langle E''\beta''|V|\alpha'\rangle|^2 [1-\cos\{(E''-E')t/\hbar\}]/(E''-E')^2 \mathrm{d}E''$$
$$= 2t\hbar^{-1}\int_{-\infty}^{\infty} |\langle E'+\hbar x/t,\beta''|V|\alpha'\rangle|^2 [1-\cos x]/x^2 \mathrm{d}x. \tag{7.37}$$

后一步中我们做了 $(E''-E')t/\hbar = x$ 的替换. t 取值很大时, 则此式简化为

$$2t\hbar^{-1}|\langle E'\beta''|V|\alpha'\rangle|^2 \int_{-\infty}^{\infty} [1-\cos x]/x^2 \mathrm{d}x$$
$$= 2\pi t\hbar^{-1}|\langle E'\beta''|V|\alpha'\rangle|^2. \tag{7.38}$$

因此, 到时刻 t 系统跃迁到 β 等于 β'' 的末态的总概率正比于 t. 所以, 对所研究的过程有一个确定的概率系数, 即单位时间的概率, 其值是

$$2\pi\hbar^{-1}|\langle E'\beta''|V|\alpha'\rangle|^2. \tag{7.39}$$

它与联系于这个跃迁的微扰能量的矩阵元的模平方成正比.

如果矩阵元 $\langle E'\beta''|V|\alpha'\rangle$ 与 V 的其他矩阵元相比都是小量, 我们就必须采

用更精确的公式 (7.26). 由式 (7.35) 我们可得

$$\int_0^t \langle \alpha''|V^*(t')|\alpha'''\rangle \mathrm{d}t' \int_0^{t'} \langle \alpha'''|V^*(t'')|\alpha'\rangle \mathrm{d}t''$$

$$= \langle \alpha''|V|\alpha'''\rangle \langle \alpha'''|V|\alpha'\rangle \int_0^t \mathrm{e}^{\mathrm{i}(E''-E''')t'/\hbar} \mathrm{d}t' \int_0^{t'} \mathrm{e}^{\mathrm{i}(E'''-E')t''/\hbar} \mathrm{d}t''$$

$$= \frac{\langle \alpha''|V|\alpha'''\rangle \langle \alpha'''|V|\alpha'\rangle}{\mathrm{i}(E'''-E')/\hbar} \int_0^t \{\mathrm{e}^{\mathrm{i}(E''-E')t'/\hbar} - \mathrm{e}^{\mathrm{i}(E''-E''')t'/\hbar}\} \mathrm{d}t'$$

由于 E'' 接近 E', 只有这里的被积函数中的第一项才会引起有物理意义的跃迁概率, 而第二项可以舍弃. 把这一结果用于式 (7.26), 我们得

$$P(\alpha'\alpha'') = 2 \left| \langle \alpha''|V|\alpha'\rangle - \sum_{\alpha''' \neq \alpha', \alpha''} \frac{\langle \alpha''|V|\alpha'''\rangle \langle \alpha'''|V|\alpha'\rangle}{E''' - E'} \right|^2$$
$$\times \frac{1 - \cos\{(E''-E')t/\hbar\}}{(E''-E')^2},$$

这代替了式 (7.36). 与前面一样, 我们得到, 单位时间内系统跃迁到 β 等于 β'' 而 E 有接近于 E' 的初值的末态的概率是

$$\frac{2\pi}{\hbar} \left| \langle E'\beta''|V|\alpha'\rangle - \sum_{\alpha''' \neq \alpha', \alpha''} \frac{\langle E'\beta''|V|\alpha'''\rangle \langle \alpha'''|V|\alpha'\rangle}{E''' - E'} \right|^2. \tag{7.40}$$

这个公式显示, 不同于初态及末态的中间态在决定概率系数中起到怎样的作用.

为了使得在推导式 (7.39) 与 (7.40) 中所使用的近似方法有效, 时间 t 一定不能太小, 也不能太大. 它与原子系统的周期相比必须是大的, 才能使由积分 (7.37) 推出结果 (7.38) 的近似计算有效, 然而同时它一定不能太大, 否则普遍公式 (7.24) 或 (7.26) 就会失效. 事实上, 如果我们让 t 足够大, 可以使概率 (7.38) 大于 1. 决定 t 的上限的条件是: 式 (7.24) 或 (7.26) 所代表的概率, 或者 t 乘上式 (7.39) 或 (7.40) 之后, 与 1 相比是小量. 只要微扰能量 V 足够小, 让 t 同时满足这些条件并不困难.

§7.6 反常塞曼效应

§7.2 的微扰方法的最简单例子之一是计算由均匀磁场所引起的原子能级的一级变化. 氢原子在均匀磁场中的问题已经在 §6.8 中研究过, 它非常简单, 以致

于无需微扰理论. 如果我们做一些近似, 可以建立原子的简单模型, 那么一般原子的情况也不太复杂.

我们首先考虑没有磁场时的原子, 找出某些运动常量或近似为运动常量的量. 原子的总角动量, 即矢量 j 肯定是一个运动常量. 该角动量可以看成是两部分之和, 一部分是所有电子的总轨道角动量, 记作 l, 另一部分是总自旋角动量, 记作 s. 这样, 我们有 $j = l + s$. 现在, 自旋磁矩对电子运动的影响与库仑力相比是小量, 在一级近似下可以忽略. 在这一近似下, 每个电子的自旋角动量是运动常量, 因为没有力去改变其取向. 因此, s 是运动常量, 而且 l 也是运动常量. 矢量 l、s、j 的绝对值 l、s、j 由下列等式给出:

$$l + \tfrac{1}{2}\hbar = (l_x^2 + l_y^2 + l_z^2 + \tfrac{1}{4}\hbar^2)^{\frac{1}{2}},$$

$$s + \tfrac{1}{2}\hbar = (s_x^2 + s_y^2 + s_z^2 + \tfrac{1}{4}\hbar^2)^{\frac{1}{2}},$$

$$j + \tfrac{1}{2}\hbar = (j_x^2 + j_y^2 + j_z^2 + \tfrac{1}{4}\hbar^2)^{\frac{1}{2}},$$

这对应于 §6.3 的方程 (6.39). 它们相互对易, 从 §6.3 的式 (6.47) 我们看到, 在 l 与 s 取值已知的情况下, j 的可能取值是

$$l + s, \quad l + s - \hbar, \quad \cdots, \quad |l - s|.$$

让我们研究一个定态, 其中 l、s、j 有符合上述方案的确定数值. 这个态的能量与 l 相关, 但有人可能想到, 由于忽略了自旋磁矩, 它应该与 s 无关, 也与矢量 s 相对于 l 的方向无关, 因此与 j 无关. 但是, 我们将在第 9 章发现, 虽然忽略自旋磁矩时能量与矢量 s 的方向无关, 可是能量与它的绝对值 s 的关系很大, 这是由于电子相互之间不可分辨的这一事实所引起的某些现象的结果. 这样, 对 l 与 s 每组不同的取值, 系统有不同的能级. 按照 §2.5 所提出的函数的普遍定义, 这一点的意义是 l 与 s 是能量的函数, 因为当一个定态的能量固定了, 它的 l 与 s 也固定了.

现在, 我们考虑自旋磁矩的效应, 用 §7.2 的方法把它当作一个小的微扰进行处理. 未微扰系统的能量仍然近似地是运动常量, 因而作为这个能量的函数的 l 与 s, 也仍然近似是运动常量. 但是, 矢量 l 与 s 的方向不是未微扰能量的函数, 因而现在就不一定近似是运动常量, 且可能经历长期而缓慢的变化[6]. 由于矢量 j

---

[6]原文是 large secular variation.——译者注

是常量, l 与 s 唯一可能的变化是绕矢量 j 进动. 这样, 我们得到一个原子的近似模型, 它由两个长度为常数的矢量 l 与 s 绕它们之和 j 进动, 矢量 j 是固定的. 能量主要由 l 与 s 的大小决定, 而与它们的相对方向 (由 j 确定) 只有较弱的关系. 因此, 具有相同的 l 与 s 而 j 不同的各态, 其能级相差细微, 形成所谓的多重态项.

让我们取这样的原子模型作为我们的未微扰系统, 并假定它受到一个均匀磁场的作用, 磁场的大小是 $\mathscr{H}$, 方向沿 z 轴. 由此磁场所引起的附加的能量包括一项

$$e\mathscr{H}/2mc \cdot (m_z + \hbar\sigma_z), \tag{7.41}$$

这与 §6.8 的方程 (6.89) 的最后一项一样, 由每个电子贡献, 因而加在一起, 写成

$$\frac{e\mathscr{H}}{2mc}\sum(m_z + \hbar\sigma_z) = \frac{e\mathscr{H}}{2mc}(l_z + 2s_z) = \frac{e\mathscr{H}}{2mc}(j_z + s_z). \tag{7.42}$$

这是我们的微扰能量 V. 现在我们采用 §7.2 的方法来决定这个 V 所引起的能级变化. 只有假设磁场很小, 以至于 V 与多重态之间的能量差相比很小, 这个方法才合适.

我们的未微扰系统是简并的, 因为矢量 j 的方向是不确定的. 我们要从未微扰系统的海森伯表象中 V 的表示中取出那些行与列联系于一个特定能级的矩阵元, 并求出这样形成的矩阵的本征值. 我们做到这一点的最好方法是, 首先把 V 分成两部分, 其中一部分是未微扰系统的运动常量, 因而它的表示只含有行与列联系于同一未微扰能级的矩阵元; 而另一部分的表示只含有行与列联系于两个不同未微扰能级的矩阵元, 因而第二部分不影响一级微扰. 式 (7.42) 中含有 j_z 的项是未微扰系统的运动常量, 因而完全属于第一部分. 至于含有 s_z 的项, 我们有

$$s_z(j_x^2 + j_y^2 + j_z^2) = j_z(s_xj_x + s_yj_y + s_zj_z) + (s_zj_x - j_zs_x)j_x + (s_zj_y - j_zs_y)j_y$$

或

$$s_z = \frac{j_z}{j(j+\hbar)}\frac{1}{2}[j(j+\hbar) - l(l+\hbar) + s(s+\hbar)] - [\gamma_yj_x - \gamma_xj_y]\frac{1}{j(j+\hbar)}, \tag{7.43}$$

其中

$$\left.\begin{array}{l} \gamma_x = s_z j_y - j_z s_y = s_z l_y - l_z s_y = l_y s_z - l_z s_y, \\ \gamma_y = j_z s_x - s_z j_x = l_z s_x - s_z l_x = l_z s_x - l_x s_z. \end{array}\right\} \tag{7.44}$$

s_z 的表达式中的第一项是未微扰系统的运动常量, 因而完全属于第一部分, 我们现在看到, 第二项完全属于第二部分.

对应于式 (7.44), 我们可以引入

$$\gamma_z = l_x s_y - l_y s_x.$$

现在容易验证

$$j_x \gamma_x + j_y \gamma_y + j_z \gamma_z = 0$$

并从 §6.2 的式 (6.30) 可得

$$[j_z, \gamma_x] = \gamma_y, \quad [j_z, \gamma_y] = -\gamma_x, \quad [j_z, \gamma_z] = 0.$$

这些 j_x, j_y, j_z 与 $\gamma_x, \gamma_y, \gamma_z$ 之间的关系, 在形式上与 §6.7 中计算 k 为对角的表象中 z 的矩阵元的选择定则时 m_x, m_y, m_z 与 x, y, z 之间的关系相同. 在那里我们得到的结果是, 除了联系于两个 k 值相差为 $\pm\hbar$ 的矩阵元外, 所有 z 的其他矩阵元都是零, 从而可以推断, 所有 γ_z 的矩阵元, 类似地还有 γ_x 与 γ_y 的矩阵元, 在一个使 j 对角的表象中, 除了那些联系于 j 的两个相差为 $\pm\hbar$ 的值的矩阵元之外, 都是零. 式 (7.43) 右边的第二项中 γ_x 与 γ_y 的系数与 j 对易, 所以整个这一项的表示将只含有那些联系于两个 j 值相差 $\pm\hbar$ 的矩阵元, 也就是联系于未微扰系统的两个不同能级的矩阵元.

因此, 当我们忽略能量 V 中其表示含有联系于两个不同未微扰能级的矩阵元的那一部分时, 微扰能量 V 变成

$$\frac{e\mathscr{H}}{2mc} j_z \left\{ 1 + \frac{j(j+\hbar) - l(l+\hbar) + s(s+\hbar)}{2j(j+\hbar)} \right\}. \tag{7.45}$$

上式的本征值是能级的一级变化. 我们通过选取表象使得上式的表示是对角的, 这样, 上式就直接给出由磁场引起的能级的一级变化. 该表达式称为朗德 (Landé) 公式.

只有假定微扰能量 V 与多重态之间的能级差相比是小量, 式 (7.45) 的结果才成立. 对于较大值的 V, 需要更复杂的理论. 然而, 对于很强的磁场, 即 V 比起多重态之间的能级差很大, 理论再次变得非常简单. 此时, 我们可以对没有外场的原子完全忽略自旋磁矩能量, 因而对于未微扰系统, 矢量 l 与 s 本身都是运动常量, 而不只是它们的绝对值是运动常量. 我们的微扰能量 V 仍然是 $e\mathcal{H}/2mc \cdot (j_z + s_z)$, 此时它是未微扰系统的运动常量, 所以, 它的本征值直接给出能级的变化. 这些本征值是 $e\mathcal{H}\hbar/2mc$ 的整数倍或半奇数倍, 这由原子中电子的数目是偶数还是奇数而定.

8 碰撞问题

§8.1 概述

来自无穷远处的一个粒子, 与某原子系统相遇或 "碰撞", 在被散射后沿某一角度走向无穷远处, 这一章将研究与这样的粒子有关的一些问题. 我们把进行散射的原子系统简称为散射中心. 这样, 我们就有一个由彼此相互作用着的入射粒子与散射中心所组成的动力学系统, 我们必须按照量子力学的规则来研究此系统, 特别是, 我们对此必须计算偏转任意给定角度的散射概率. 通常假定散射中心具有无穷大的质量, 且在整个散射过程中静止不动. 这个问题最先是由玻恩解决的, 他的方法本质上等价于下一节所述的方法. 散射中心本身作为一个系统, 可能有多个不同的定态, 如果粒子从无穷远处到达, 开始时散射中心处于这些态中的一个, 而当粒子又走向无穷远时, 散射中心可能留在另一个不同的态, 我们必须考虑这种可能性. 碰撞粒子可能因此引起散射中心的跃迁.

散射中心加上粒子的这一整个系统的哈密顿量不显含时间, 所以, 整个系统将有定态, 这些定态可由薛定谔波动方程的周期解来表示. 正确理解这些定态的意义需小心一点. 显然, 此系统的任意运动态, 粒子在几乎所有的时间内都在无穷远处, 所以粒子处于任意有限体积内的概率对时间的平均将是零. 现在, 对一个定态, 粒子处于一给定的有限体积内的概率, 与其他任何观测结果一样, 一定与时间无关, 因而这个概率将等于它的时间平均值, 这已经看到等于零. 因此, 只有粒子处于不同有限体积内的相对概率才有物理意义, 它们的绝对值都是零. 系统的总能量有连续的本征值, 因为粒子的初始能量可以是任意值. 这样, 对应于一个定态的右矢, 例如 $|s\rangle$, 是总能量的本征右矢, 它一定有无穷大的长度. 我们能看出这一点的物理原因是: 因为如果 $|s\rangle$ 是归一化的, 又如果让 Q 代表这样一个可观测量 (粒子位置的某一函数), 当粒子处在一给定的有限体积内时它等于1, 否则就等于零, 那么 $\langle s|Q|s\rangle$ 就等于零, 这意味着 Q 的平均值, 即粒子处于给定体积

185

内的概率是零. 用这样的一个右矢 $|s\rangle$ 讨论问题是不方便的. 然而, 如果让 $|s\rangle$ 具有无穷长度, 则 $\langle s|Q|s\rangle$ 可能是有限的, 这样给出粒子在给定体积内的相对概率.

一个右矢 $|x\rangle$ 如果不是归一化的, 但满足 $\langle x|x\rangle = n$, 则在描述对应于它的系统的态时, 方便的办法是我们假定有 n 个相同的系统, 全都占据着同一空间, 而它们之间没有相互作用, 每一个按照自己的方式运动而与其他的无关, 正如 §5.7 的吉布斯系综理论中所讲的那样. 这样, 我们可以把 $\langle x|\alpha|x\rangle$ (其中 α 是任意可观测量) 直接解释为对全部 n 个系统总的 α. 把这些思想应用于上述具有无穷长度的 $|s\rangle$, 即对应于散射中心加上碰撞粒子的系统的定态, 则我们应该描绘出无穷多个这样的系统, 所有的散射中心都位于同一点, 而粒子连续地分布于全部空间. 在一给定有限体积内的粒子数目可以表示为 $\langle s|Q|s\rangle$, Q 是上面定义的可观测量, 即当粒子在此给定体积内时它的值是 1, 否则是零. 如果表示此右矢的薛定谔波函数包含粒子的直角坐标, 那么此波函数的模平方就能直接被解释为此图像中的粒子密度. 然而, 我们必须记住, 这些粒子中的每一个有其独自的散射中心. 不同的粒子可能属于处于不同态的散射中心. 因此, 对于散射中心的每个态, 都有一个粒子密度, 即属于处于此态的散射中心的那些粒子的密度. 考虑到这个, 我们让波函数既包含描述粒子位置的变量, 也包括描述散射中心的变量.

为了确定散射系数, 我们必须研究散射中心加粒子这个完整系统的定态. 例如, 当散射中心开始时处于一已知定态, 入射粒子开始时沿给定方向有一给定速度, 如果我们要去确定沿各个方向的散射概率, 则我们必须研究整个系统的定态, 按照上述方法, 这个定态的图像包括离散射中心所在点很远处的一些粒子, 它们以给定的初速与方向运动, 其中每一个都属于处在给定的初始定态的散射中心, 再加上从散射中心所在点向外运动的, 可能属于不同定态的散射中心的一些粒子. 这个图像严密地对应于确定散射系数实验中的实际情况, 不同点是此图像实际上所描述的只是一个散射中心加粒子的实际系统. 在此图像中, 向无穷远处运动的粒子的分布直接告诉我们散射系数的所有信息, 而这可由实验获得. 为了对由此图像所描述的定态进行实际计算, 我们可以采用类似于 §7.2 中的微扰法, 例如, 可以取散射中心与粒子之间无相互作用的系统作为未微扰系统.

在处理碰撞问题时还需考虑的另一种可能性是, 散射中心有时能吸收并再发射粒子. 当整个系统存在一个或多个吸收态时, 这种可能性就会出现, 系统的吸收态是一个近似的定态, 它在 §6.5 末尾的意义下是闭合的 (即对于这个态, 粒子离散射中心距离大于 r 的概率随 $r \to \infty$ 而趋于零). 由于吸收态只是近似的定态, 它是闭合态的性质也是暂时的, 经过足够长的时间后, 粒子将有有限概率走向无穷远. 物理上这意味着粒子的自发发射有一有限概率. 在叙述出现吸收与发射现象所要求的条件时, 我们不得不采用 "近似" 一词, 这个事实表明, 这些条件无法用严格的数学语言来表达. 我们只能比照微扰方法给出这些现象的意义. 当未微扰系统 (由散射中心加粒子组成) 有闭合的定态, 这些现象就出现. 引入了微扰就破坏了这些态的定态性质, 并引起自发发射及与其相反的吸收.

为了计算吸收与发射概率, 有必要研究系统的非定态, 这与计算散射概率的情况正相反, 所以必须采用 §7.3 的微扰法. 因此, 为了计算发射系数, 我们必须考虑上面描述的吸收的非定态. 另外, 由于一个吸收总跟随着一个重新发射, 所以在任何包含稳定事态 (即对应于系统的定态) 的实验中, 它无法与散射区分开. 要实现这种区分, 只有通过参考不稳定事态, 例如, 用一束有尖锐起点的入射粒子, 这样, 被散射的粒子将在入射粒子遇到散射中心后立刻出现, 而那些曾被吸收又重新发射的粒子, 只在稍后一些时间才出现. 这种粒子束是某一具有无穷长度的右矢的图像, 可以用来计算吸收系数.

§8.2 散射系数

现在研究散射系数的计算, 首先考虑没有吸收与发射的情况, 这意味着未微扰系统没有闭合的定态. 我们可以方便地将这个未微扰系统取作粒子与散射中心之间没有相互作用的系统. 这样, 其哈密顿量的形式是

$$E = H_s + W, \tag{8.1}$$

其中 H_s 是散射中心单独存在时的哈密顿量, 而 W 是粒子单独存在时的哈密顿量, 不考虑相对论力学, 就有

$$W = \frac{1}{2m}(p_x^2 + p_y^2 + p_z^2). \tag{8.2}$$

微扰能量 V 假定为小量, 现在是粒子的直角坐标 x、y、z 的函数, 可能也是粒子动量 p_x、p_y、p_z 以及描述散射中心的动力学变量的函数.

由于现在只有整个系统的定态对我们有意义, 我们采用类似于 §7.2 的微扰方法. 由于未微扰系统包含一个自由粒子, 必然有连续范围的能级, 这引起对微扰法的某些修改. 由微扰引起的能级变化的问题曾是 §7.2 的主要问题, 现在不再有意义, 而且 §7.2 中关于用同样数目的撇号表示 E 与 H 的近似相等的本征值的

约定, 现在也不用了. 此外, 当未微扰系统是简并的, 我们在 §7.2 中所遇到的能级分裂现在不会出现, 因为如果未微扰系统是简并的, 则微扰系统也一定有一连续范围的能级, 且简并到完全相同的程度.

我们再次采用 §7.2 的开头所发展的方程的普遍方案, 即方程 (7.1)-(7.4), 但是, 现在选取的组成零级近似的未微扰定态, 要求其所属的能级 E' 恰好等于微扰定态的能级 H'. 这样, §7.2 的方程 (7.3) 的第二式中所引进的那些 a, 现在全是零, 而方程 (7.4) 中的第二式现在成为

$$(E' - E)|1\rangle = V|0\rangle. \tag{8.3}$$

同样地, §7.2 方程 (7.4) 中的第三式现在成为

$$(E' - E)|2\rangle = V|1\rangle. \tag{8.4}$$

我们开始解方程 (8.3), 并求出一级近似的散射系数. §8.4 将用到方程 (8.4).

描述散射中心的对易可观测量的完全集记作 α, 当只有散射中心时, 这些可观测量都是运动常量, 因而可以用来标记散射中心的定态. 这要求 H_s 与各 α 对易, 并且是它们的函数. 现在取整个系统的一个表象, 其中各 α 以及粒子的坐标 x、y、z 都是对角的. 这使得 H_s 是对角的. 用 $\langle x\alpha'|0\rangle$ 表示 $|0\rangle$, 用 $\langle x\alpha'|1\rangle$ 表示 $|1\rangle$, 其中单个变量 x 用来代表 x、y、z, 而且为了简单起见, x 上的撇号也略去了. 此外, 单一的微分 d^3x 用来代表乘积 $\mathrm{d}x\mathrm{d}y\mathrm{d}z$. 借助于式 (8.1) 与 (8.2), 方程 (8.3) 用表示写出来是

$$\{E' - H_s(\alpha') + \frac{\hbar^2}{2m}\nabla^2\}\langle x\alpha'|1\rangle = \sum_{\alpha''}\int \langle x\alpha'|V|x''\alpha''\rangle \mathrm{d}^3x''\langle x''\alpha''|0\rangle. \tag{8.5}$$

假定入射粒子的动量是 p^0, 且散射中心的初始定态是 α^0. 未微扰系统的定态现在就是 $p = p^0$、$\alpha = \alpha^0$ 的态, 因而它的表示是

$$\langle x\alpha'|0\rangle = \delta_{\alpha'\alpha^0}\mathrm{e}^{\mathrm{i}(p^0\cdot x)/\hbar}. \tag{8.6}$$

这使方程 (8.5) 简化为

$$\{E' - H_s(\alpha') + \frac{\hbar^2}{2m}\nabla^2\}\langle x\alpha'|1\rangle = \int \langle x\alpha'|V|x^0\alpha^0\rangle \mathrm{d}^3x^0\mathrm{e}^{\mathrm{i}(p^0\cdot x^0)/\hbar}$$

或

$$(k^2 + \nabla^2)\langle \boldsymbol{x}\alpha'|1\rangle = F, \tag{8.7}$$

其中

$$k^2 = 2m\hbar^{-2}\{E' - H_s(\alpha')\} \tag{8.8}$$

并且

$$F = 2m\hbar^{-2}\int \langle \boldsymbol{x}\alpha'|V|\boldsymbol{x}^0\alpha^0\rangle \mathrm{d}^3x^0 \mathrm{e}^{\mathrm{i}(\boldsymbol{p}^0\cdot\boldsymbol{x}^0)/\hbar}, \tag{8.9}$$

F 是 x、y、z、α 的确定的函数. 我们一定有

$$E' = H_s(\alpha^0) + \boldsymbol{p}^{0^2}/2m. \tag{8.10}$$

现在的问题是获得方程 (8.7) 的一个解 $\langle \boldsymbol{x}\alpha'|1\rangle$, 对于远离散射中心的点的 x、y、z 的值, 这个解只代表向外运动的粒子. 当入射粒子密度是 $|\langle \boldsymbol{x}\alpha^0|0\rangle|^2$ (这等于 1) 时, 这个解的模平方 $|\langle \boldsymbol{x}\alpha'|1\rangle|^2$ 给出属于 α' 态散射中心的被散射粒子密度. 如果变换到极坐标 r、θ、ϕ, 方程 (8.7) 变为

$$\left\{ k^2 + \frac{\partial^2}{\partial r^2} + \frac{2}{r}\frac{\partial}{\partial r} + \frac{1}{r^2\sin\theta}\frac{\partial}{\partial\theta}\sin\theta\frac{\partial}{\partial\theta} + \frac{1}{r^2\sin^2\theta}\frac{\partial^2}{\partial\phi^2} \right\}\langle r\theta\phi\alpha'|1\rangle = F \tag{8.11}$$

根据物理上的要求, 这里的 F 必须随 $r \to \infty$ 而趋于零, 因为当散射中心与粒子的距离趋于无穷大时, 它们之间的相互作用能一定趋于零. 如果完全忽略方程 (8.11) 中的 F, 则对于大的 r 的近似解是

$$\langle r\theta\phi\alpha'|1\rangle = u(\theta\phi\alpha')r^{-1}\mathrm{e}^{\mathrm{i}kr}, \tag{8.12}$$

其中 u 是 θ、ϕ、α' 的任意函数, 因为这个表达式代入方程 (8.11) 的左边会给出一个量级 r^{-3} 的结果. 如果不忽略 F, 只要 F 随 $r \to \infty$ 足够快地趋于零, 对于大的 r, 方程 (8.11) 的解仍然具有式 (8.12) 的形式, 但此时函数 u 是确定的, 而且由当 r 较小时的解所决定.

α 有一些取值 α' 能使等式 (8.8) 定义的 k^2 为正, 对这些值, 式 (8.12) 中的 k 一定要选取为 k^2 的正平方根, 这样才能使式 (8.12) 代表只向外运动的粒子, 也就是代表动量的径向分量 (按 §6.5 定义等于 $p_r - \mathrm{i}\hbar r^{-1}$ 或 $-\mathrm{i}\hbar(\partial/\partial r + r^{-1})$ 有正值的那些粒子. 我们现在得出, 属于 α' 态散射中心的被散射粒子密度, 等于式

(8.12) 的模平方, 随 r 的增加而平方反比地下降, 这一点是物理上必要的, 而这些被散射粒子的角分布由 $|u(\theta\phi\alpha')|^2$ 给出. 此外, 这些被散射粒子的动量的大小 P' 必须等于 $k\hbar$, 在 r 取值较大时, 动量是径向的, 所以, 借助于等式 (8.8) 与 (8.10), 被散射粒子的能量等于

$$\frac{P'^2}{2m} = \frac{k^2\hbar^2}{2m} = E' - H_s(\alpha') = H_s(\alpha^0) - H_s(\alpha') + \frac{p^{02}}{2m}.$$

这恰好是入射粒子的能量 $p^{02}/2m$ 减去散射中心的能量增加 $H_s(\alpha') - H_s(\alpha^0)$ 的结果, 这与能量守恒一致. 对于 α 的那些使 k^2 为负的取值 α', 就不存在被散射粒子, 因为初始的能量不足以使散射中心最后留在 α' 态.

现在必须对使 k^2 为正的一组 α 的取值 α' 计算出 $u(\theta\phi\alpha')$, 并求出属于 α' 态散射中心的被散射粒子的角分布. 只要计算出极坐标的极轴方向 (即 $\theta = 0$ 的方向) 上的 u 就够了, 因为这个方向的选取是任意的. 利用格林 (Green) 定理, 该定理说, 对位置的任意两个函数 A 与 B, 在任意体积内的体积分 $\int(A\nabla^2 B - B\nabla^2 A)\mathrm{d}^3 x$ 等于在这个体积的边界上的面积分 $\int(A\partial B/\partial n - B\partial A/\partial n)\mathrm{d}S$, 其中 $\partial/\partial n$ 代表沿此表面法向的微分. 取

$$A = \mathrm{e}^{-\mathrm{i}kr\cos\theta}, \quad B = \langle r\theta\phi\alpha'|1\rangle$$

并将此定理应用于一个以原点为中心的大球上. 这样, 由方程 (8.7) 或 (8.11) 可得, 体积分的被积函数是

$$\mathrm{e}^{-\mathrm{i}kr\cos\theta}\nabla^2\langle r\theta\phi\alpha'|1\rangle - \langle r\theta\phi\alpha'|1\rangle\nabla^2\mathrm{e}^{-\mathrm{i}kr\cos\theta}$$

$$= \mathrm{e}^{-\mathrm{i}kr\cos\theta}(\nabla^2 + k^2)\langle r\theta\phi\alpha'|1\rangle = \mathrm{e}^{-\mathrm{i}kr\cos\theta}F,$$

而借助于等式 (8.12), 面积分的被积函数是

$$\mathrm{e}^{-\mathrm{i}kr\cos\theta}\frac{\partial}{\partial r}\langle r\theta\phi\alpha'|1\rangle - \langle r\theta\phi\alpha'|1\rangle\frac{\partial}{\partial r}\mathrm{e}^{-\mathrm{i}kr\cos\theta}$$

$$= \mathrm{e}^{-\mathrm{i}kr\cos\theta}u\left(-\frac{1}{r^2} + \frac{\mathrm{i}k}{r}\right)\mathrm{e}^{\mathrm{i}kr} + \mathrm{i}\frac{u}{r}\mathrm{e}^{\mathrm{i}kr}k\cos\theta\mathrm{e}^{-\mathrm{i}kr\cos\theta}$$

$$= \mathrm{i}kur^{-1}(1 + \cos\theta)\mathrm{e}^{\mathrm{i}kr(1-\cos\theta)}.$$

后一步中忽略了 r^{-2} 的项. 因而我们得到

$$\int e^{-ikr\cos\theta}Fd^3x = \int_0^{2\pi}d\phi\int_0^{\pi}r^2\sin\theta d\theta \cdot ikur^{-1}(1+\cos\theta)e^{ikr(1-\cos\theta)},$$

上式左边的体积积分是在整个空间进行. 在对 θ 进行分部积分后, 右边等于

$$\int_0^{2\pi}d\phi\left\{[u(1+\cos\theta)e^{ikr(1-\cos\theta)}]_{\theta=0}^{\theta=\pi}\right.$$
$$\left.-\int_0^{\pi}e^{ikr(1-\cos\theta)}\frac{\partial}{\partial\theta}[u(1+\cos\theta)]d\theta\right\}.$$

括号 {} 内的第二项的量级是 r^{-1}, 这一点可由进一步的分部积分显示, 因而可以忽略它. 我们因此只剩下

$$\int e^{-ikr\cos\theta}Fd^3x = -2\int_0^{2\pi}d\phi\, u(0\phi\alpha') = -4\pi\, u(0\phi\alpha'),$$

它给出在 $\theta=0$ 方向上的 $u(\theta\phi\alpha')$ 的值.

由于 $P'=k\hbar$, 这个结果可以写成

$$u(0\phi'\alpha') = -(4\pi)^{-1}\int e^{-iP'r\cos\theta/\hbar}Fd^3x. \tag{8.13}$$

如果矢量 $\boldsymbol{p}'$ 表示沿某一方向离开的被散射粒子的动量 (因而它的大小是 P'), 则在此方向上的 u 的值是

$$u(\theta'\phi'\alpha') = -(4\pi)^{-1}\int e^{-i(\boldsymbol{p}'\cdot\boldsymbol{x})/\hbar}Fd^3x.$$

这是从式 (8.13) 得出的, 只要取此方向为极坐标的极轴即可. 如果从粒子的坐标 $\boldsymbol{x}$ 变换到粒子的动量 $\boldsymbol{p}$, 利用 §4.3 的变换函数 (4.54), 并借助于式 (8.9), 上式变成

$$u(\theta'\phi'\alpha') = -(2\pi)^{-1}m\hbar^{-2}\iint e^{-i(\boldsymbol{p}'\cdot\boldsymbol{x})/\hbar}d^3x\langle\boldsymbol{x}\alpha'|V|\boldsymbol{x}^0\alpha^0\rangle d^3x^0 e^{i(\boldsymbol{p}^0\cdot\boldsymbol{x}^0)/\hbar}$$
$$= -2\pi mh\langle\boldsymbol{p}'\alpha'|V|\boldsymbol{p}^0\alpha^0\rangle. \tag{8.14}$$

这里用单个字母 $\boldsymbol{p}$ 标记动量的三个分量.

属于 α' 态散射中心的被散射粒子密度现在由 $|u(\theta'\phi'\alpha')|^2/r^2$ 给出. 由于它

们的速度是 P'/m, 这些粒子在围绕矢量 $\boldsymbol{p}'$ 方向的单位立体角中出现的概率是 $P'/m \cdot |u(\theta'\phi'\alpha')|^2$. 我们已经看到, 入射粒子的密度是 1, 所以单位时间内穿过单位面积的入射粒子数等于它们的速度 P^0/m, 其中 P^0 是 $\boldsymbol{p}^0$ 的大小. 因此, 为了使被散射之后的粒子在 $\boldsymbol{p}'$ 方向上的单位立体角内且属于 α' 态散射中心, 则入射粒子必须击中的有效面积是

$$\frac{P'}{P^0}|u(\theta'\phi'\alpha')|^2 = \frac{4\pi^2 m^2 h^2 P'}{P^0}|\langle \boldsymbol{p}'\alpha'|V|\boldsymbol{p}^0\alpha^0\rangle|^2. \tag{8.15}$$

这是散射中心 $\alpha^0 \to \alpha'$ 跃迁的散射系数. 它决定于微扰能量 V 的矩阵元 $\langle \boldsymbol{p}'\alpha'|V|\boldsymbol{p}^0\alpha^0\rangle$, 它的行 $\boldsymbol{p}^0\alpha^0$ 与列 $\boldsymbol{p}'\alpha'$ 分别联系于未微扰系统的初态与末态, 散射跃迁过程就发生在这两个态之间. 因此, 式 (8.15) 的结果在某种方式上与 §7.3 的结果 (7.24) 相似, 尽管两个性质不同的跃迁过程所对应的两种情况下的数值因子是不同的.

§8.3 动量表象中的解

散射系数的结果 (8.15) 只涉及动量 $\boldsymbol{p}$ 是对角的表象. 因此人们期望能得到这一结果的更直接的证明, 即全部时间都在 $\boldsymbol{p}$ 表象中研究, 而不像 §8.2 所作的那样, 先在 $\boldsymbol{x}$ 表象研究, 再在结束时变换到 $\boldsymbol{p}$ 表象. 一眼看上去, 这可能不是一个大的改进, 因为 $\boldsymbol{x}$ 表象方法的不够直接的缺点被它的可以直接应用的这一优点抵消掉, 即我们可以把一个态的 $\boldsymbol{x}$ 表示的模平方图像地看成是被散射过程中的粒子流密度. 但 $\boldsymbol{x}$ 表象方法还有其他更严重的缺点. 碰撞理论的主要应用之一是以光子作为入射粒子的情况. 而光子不是一个简单的粒子, 它有偏振. 由经典电磁理论显然可知, 有确定动量的光子, 即以确定频率沿确定方向运动的光子, 可以有一个确定的偏振态 (线偏振、圆偏振、等等), 而有确定位置的光子应该被图像地看成是被限制在一个很小体积内的电磁扰动, 不可能有任何确定的偏振. 这些事实的意义是, 光子的偏振这一可观测量与它的动量对易, 而与它的位置不对易. 这导致 $\boldsymbol{p}$ 表象方法可直接应用于光子的情况, 只需把偏振变量引入表示中, 与描述散射中心的各个 α 一样处理即可, 而 $\boldsymbol{x}$ 表象方法是无法应用的. 此外, 在研究光子时, 考虑相对论力学是必要的. 这一点在 $\boldsymbol{p}$ 表象中容易做到, 而在 $\boldsymbol{x}$ 表象方法中难以做到.

方程 (8.3) 在相对论力学中仍然成立, 但现在 W 由

$$W^2/c^2 = m^2c^2 + P^2 = m^2c^2 + p_x^2 + p_y^2 + p_z^2 \tag{8.16}$$

给出, 而不由式 (8.2) 给出. 用 $\boldsymbol{p}$ 表示写出来, 方程 (8.3) 给出

$$\{E' - H_s(\alpha') - W\}\langle \boldsymbol{p}\alpha'|1\rangle = \langle \boldsymbol{p}\alpha'|V|0\rangle,$$

为简单起见, 我们用 $\boldsymbol{p}$ 代替 $\boldsymbol{p}'$, 而 W 理解成由式 (8.16) 给出的 p_x、p_y、p_z 的函数. 上式可以写成

$$(W' - W)\langle \boldsymbol{p}\alpha'|1\rangle = \langle \boldsymbol{p}\alpha'|V|0\rangle, \tag{8.17}$$

其中

$$W' = E' - H_s(\alpha') \tag{8.18}$$

W' 是对属于 α' 态散射中心的被散射粒子按能量守恒定律所要求的能量. 右矢 $|0\rangle$ 在 $\boldsymbol{x}$ 表象中由式 (8.6) 表示, 而基右矢 $|\boldsymbol{p}^0\alpha^0\rangle$ 的表示是

$$\langle \boldsymbol{x}\alpha'|\boldsymbol{p}^0\alpha^0\rangle = \delta_{\alpha'\alpha^0}\langle \boldsymbol{x}|\boldsymbol{p}^0\rangle = \delta_{\alpha'\alpha^0}h^{-\frac{3}{2}}\mathrm{e}^{\mathrm{i}(\boldsymbol{p}^0\cdot\boldsymbol{x})/\hbar}$$

这是由 §4.3 的变换函数 (4.54) 得出的. 因而,

$$|0\rangle = h^{\frac{3}{2}}|\boldsymbol{p}^0\alpha^0\rangle \tag{8.19}$$

而方程 (8.17) 可以写成

$$(W' - W)\langle \boldsymbol{p}\alpha'|1\rangle = h^{\frac{3}{2}}\langle \boldsymbol{p}\alpha'|V|\boldsymbol{p}^0\alpha^0\rangle. \tag{8.20}$$

我们现在从 $\boldsymbol{p}$ 的直角坐标系 p_x、p_y、p_z 转向由下式给出的极坐标系 P、ω、χ

$$p_x = P\cos\omega, \quad p_y = P\sin\omega\cos\chi, \quad p_z = P\sin\omega\sin\chi.$$

如果在新表象中我们取权重函数为 $P^2\sin\omega$, 那么, 与 $\boldsymbol{p}$ 空间中任意体积对应的权重与前面的 $\boldsymbol{p}$ 表象一样, 所以这个变换的意义是简单地重新标记了矩阵的行

与列, 而对矩阵元没有任何改变. 因此, 在此新表象中, 方程 (8.20) 变成

$$(W' - W)\langle P\omega\chi\alpha'|1\rangle = h^{\frac{3}{2}}\langle P\omega\chi\alpha'|V|P^0\omega^0\chi^0\alpha^0\rangle, \qquad (8.21)$$

W 现在是单个变量 P 的函数.

$\langle P\omega\chi\alpha'|1\rangle$ 的系数 $W' - W$, 现在简单地是一个相乘因子, 而不像它在 x 表象方法中那样是一个微分算符. 所以可以用这个因子除方程 (8.21) 而得到 $\langle P\omega\chi\alpha'|1\rangle$ 的明显表达式. 然而, 当 α' 使得由式 (8.18) 定义的 W' 大于 mc^2 时, 对于变量 P 的范围内某一点, 这个因子取值为零, 这一点就是由式 (8.16) 中用 W' 表示出的 $P = P'$. 这样, 函数 $\langle P\omega\chi\alpha'|1\rangle$ 将在这一点有一个奇点. 这个奇点表明 $\langle P\omega\chi\alpha'|1\rangle$ 代表无穷多个粒子在离开散射中心很远处运动, 它们的能量无限接近 W', 因此必须研究这个奇点以得到粒子在无穷远处的角分布.

按照 §3.2 的式 (3.13), 用因子 $W' - W$ 除方程 (8.21) 的结果是

$$\langle P\omega\chi\alpha'|1\rangle = h^{\frac{3}{2}}\langle P\omega\chi\alpha'|V|P^0\omega^0\chi^0\alpha^0\rangle/(W' - W) + \lambda(\omega\chi\alpha')\delta(W' - W) \quad (8.22)$$

其中 λ 是 ω、χ、α' 的任意函数. 为了给出方程 (8.22) 右边的第一项的含义, 我们作一个约定: 它对 P 在一个包含 P' 在内的范围内的积分, 是把 $P' - \epsilon$ 到 $P' + \epsilon$ 之间小区域从积分范围中除去的积分, 在 $\epsilon \to 0$ 极限情况下的结果. 这个约定足以使方程 (8.22) 含义准确, 因为当表象有连续范围的行与列时, 从效果上看对我们有意义的只是态的表示的积分. 由于方程 (8.22) 中出现了任意函数 λ, 方程 (8.21) 不足以完全决定表示 $\langle P\omega\chi\alpha'|1\rangle$. 我们必须选择这个 λ, 使得 $\langle P\omega\chi\alpha'|1\rangle$ 只代表向外运动的粒子, 因为我们要求只有相应于 $|0\rangle$ 的粒子才向内运动.

首先考虑普遍的情况, 即粒子的态的表示 $\langle P\omega\chi|\rangle$ 满足形如

$$(W' - W)\langle P\omega\chi|\rangle = f(P\omega\chi) \qquad (8.23)$$

的方程, 其中 $f(P\omega\chi)$ 是 P、ω、χ 的任意函数, 而 W' 是一个大于 mc^2 的数, 所以 $\langle P\omega\chi|\rangle$ 具有形式

$$\langle P\omega\chi|\rangle = f(P\omega\chi)/(W' - W) + \lambda(\omega\chi)\delta(W' - W), \qquad (8.24)$$

现在让我们决定, 为使 $\langle P\omega\chi|\rangle$ 代表只向外运动的粒子, λ 必须是怎样的. 我们能

做到这一点的方法是, 把 $\langle P\omega\chi|\rangle$ 变换到 $\boldsymbol{x}$ 表象, 更确切说是 $(r\theta\phi)$ 表象, 并把它与式 (8.12) 在 r 值很大时作比较. 变换函数是

$$\langle r\theta\phi|P\omega\chi\rangle = h^{-\frac{3}{2}}\mathrm{e}^{\mathrm{i}(\boldsymbol{p}\cdot\boldsymbol{x})/\hbar} = h^{-\frac{3}{2}}\mathrm{e}^{\mathrm{i}Pr[\cos\omega\cos\theta+\sin\omega\sin\theta\cos(\chi-\phi)]/\hbar}.$$

对 $\theta = 0$ 的方向, 我们得到

$$\langle r0\phi|\rangle = h^{-\frac{3}{2}}\int_0^\infty P^2\mathrm{d}P\int_0^{2\pi}\mathrm{d}\chi\int_0^\pi \sin\omega\mathrm{d}\omega\mathrm{e}^{\mathrm{i}Pr\cos\omega/\hbar}\langle P\omega\chi|\rangle$$

$$= h^{-\frac{3}{2}}\int_0^\infty P^2\mathrm{d}P\int_0^{2\pi}\mathrm{d}\chi\left\{-\left[\frac{\mathrm{e}^{\mathrm{i}Pr\cos\omega/\hbar}}{\mathrm{i}Pr/\hbar}\langle P\omega\chi|\rangle\right]_{\omega=0}^{\omega=\pi}\right.$$

$$\left. +\int_0^\pi \mathrm{d}\omega\frac{\mathrm{e}^{\mathrm{i}Pr\cos\omega/\hbar}}{\mathrm{i}Pr/\hbar}\frac{\partial}{\partial\omega}\langle P\omega\chi|\rangle\right\}$$

括号 {} 中的第二项的量级是 r^{-2}, 这一点可用进一步对 ω 的分部积分来验证, 因而这一项可以略去, 剩下的是

$$\langle r0\phi|\rangle = \mathrm{i}h^{-\frac{1}{2}}(2\pi r)^{-1}\int_0^\infty P\mathrm{d}P\int_0^{2\pi}\mathrm{d}\chi\{\mathrm{e}^{-\mathrm{i}Pr/\hbar}\langle P\pi\chi|\rangle - \mathrm{e}^{\mathrm{i}Pr/\hbar}\langle P0\chi|\rangle\}$$

$$= \mathrm{i}h^{-\frac{1}{2}}r^{-1}\int_0^\infty P\mathrm{d}P\{\mathrm{e}^{-\mathrm{i}Pr/\hbar}\langle P\pi\chi|\rangle - \mathrm{e}^{\mathrm{i}Pr/\hbar}\langle P0\chi|\rangle\}. \tag{8.25}$$

当我们把 $\langle P\omega\chi|\rangle$ 用式 (8.24) 所给的值代入时, 式 (8.25) 的被积函数的第一项给出

$$\mathrm{i}h^{-\frac{1}{2}}r^{-1}\int_0^\infty P\mathrm{d}P\mathrm{e}^{-\mathrm{i}Pr/\hbar}\{f(P\pi\chi)/(W'-W) + \lambda(\pi\chi)\delta(W'-W)\}. \tag{8.26}$$

当我们利用由式 (8.16) 所得的关系式 $P\mathrm{d}P = W\mathrm{d}W/c^2$ 时, 这里包含 $\delta(W'-W)$ 的项可以直接积分出来, 即

$$\mathrm{i}h^{-\frac{1}{2}}c^{-2}r^{-1}\int_0^\infty W\mathrm{d}W\mathrm{e}^{-\mathrm{i}Pr/\hbar}\lambda(\pi\chi)\delta(W'-W)$$

$$= \mathrm{i}h^{-\frac{1}{2}}c^{-2}r^{-1}W'\lambda(\pi\chi)\mathrm{e}^{-\mathrm{i}P'r/\hbar}. \tag{8.27}$$

为了对式 (8.26) 中的另一项积分, 我们采用公式

$$\int_0^\infty g(P)\frac{\mathrm{e}^{-\mathrm{i}Pr/\hbar}}{P'-P}\mathrm{d}P = g(P')\int_0^\infty \frac{\mathrm{e}^{-\mathrm{i}Pr/\hbar}}{P'-P}\mathrm{d}P, \tag{8.28}$$

其中略去了包含 r^{-1} 的项, 此式对任意连续函数 $g(P)$ 都成立, 因为对任意连续函数 $K(P)$, $\int_0^\infty K(P)\mathrm{e}^{-\mathrm{i}Pr/\hbar}\mathrm{d}P$ 的量级是 r^{-1}, 而且还因为

$$g(P)/(P'-P) - g(P')/(P'-P)$$

是连续的. 当计算中略去含 r^{-1} 的项, 并且略去积分区域中 $P'-\epsilon$ 到 $P'+\epsilon$ 的小区域, 等式 (8.28) 右边给出

$$g(P')\int_{-\infty}^\infty \frac{\mathrm{e}^{-\mathrm{i}Pr/\hbar}}{P'-P}\mathrm{d}P = g(P')\mathrm{e}^{-\mathrm{i}P'r/\hbar}\int_{-\infty}^\infty \frac{\mathrm{e}^{\mathrm{i}(P'-P)r/\hbar}}{P'-P}\mathrm{d}P$$

$$= \mathrm{i}g(P')\mathrm{e}^{-\mathrm{i}P'r/\hbar}\int_{-\infty}^\infty \frac{\sin(P'-P)r/\hbar}{P'-P}\mathrm{d}P = \mathrm{i}\pi g(P')\mathrm{e}^{-\mathrm{i}P'r/\hbar}. \tag{8.29}$$

我们现在例子中的 $g(P)$ 是

$$g(P) = \mathrm{i}h^{-\frac{1}{2}}r^{-1}Pf(P\pi\chi)(P'-P)/(W'-W),$$

当 $P=P'$ 时, 它有极限值

$$g(P') = \mathrm{i}h^{-\frac{1}{2}}r^{-1}P'f(P'\pi\chi)W'/P'c^2 = \mathrm{i}h^{-\frac{1}{2}}c^{-2}r^{-1}W'f(P'\pi\chi).$$

把此式代入式 (8.29), 并加上表达式 (8.27), 我们得到积分 (8.26) 的值

$$h^{-\frac{1}{2}}c^{-2}r^{-1}W'\{-\pi f(P'\pi\chi) + \mathrm{i}\lambda(\pi\chi)\}\mathrm{e}^{-\mathrm{i}P'r/\hbar}. \tag{8.30}$$

同样地, 式 (8.25) 中的被积函数的第二项给出

$$h^{-\frac{1}{2}}c^{-2}r^{-1}W'\{-\pi f(P'0\chi) - \mathrm{i}\lambda(0\chi)\}\mathrm{e}^{\mathrm{i}P'r/\hbar}. \tag{8.31}$$

这两个表达式之和就是当 r 很大时 $\langle r0\phi|\rangle$ 的值.

我们要求 $\langle r0\phi|\rangle$ 表示只向外运动的粒子, 因而, 它的形式一定是 $\mathrm{e}^{\mathrm{i}P'r/\hbar}$ 的倍

数. 因此, 式 (8.30) 必须为零, 所以有

$$\lambda(\pi\chi) = -\mathrm{i}\pi f(P'\pi\chi).\tag{8.32}$$

在这一方法中, 我们看到, 在 $\theta = 0$ 的方向 $\langle r\theta\phi|\rangle$ 表示只向外运动的粒子的条件, 决定了在相反方向即 $\theta = \pi$ 时 λ 的值. 由于极坐标系的极轴方向 $\theta = 0$ 或 $\theta = \pi$ 在任何方面都不是特有的, 我们能把方程 (8.32) 推广为

$$\lambda(\omega\chi) = -\mathrm{i}\pi f(P'\omega\chi),\tag{8.33}$$

这给出了任意方向的 λ 值. 这个值代入等式 (8.24) 给出的结果可以写成

$$\langle P\omega\chi|\rangle = f(P\omega\chi)\{1/(W' - W) - \mathrm{i}\pi\delta(W' - W)\},\tag{8.34}$$

这是因为在一个含 $\delta(W' - W)$ 项的系数里, 可以用 P 代替 P' 作为因子而不改变这项的值. 因此, $\langle P\omega\chi|\rangle$ 代表只向外运动的粒子的条件是它应该包含因子

$$\{1/(W' - W) - \mathrm{i}\pi\delta(W' - W)\}.\tag{8.35}$$

值得指出的是, 这个因子的形式与 §3.2 的方程 (3.15) 的右边相同.

有了式 (8.33) 给出的 λ, 表达式 (8.30) 等于零, 而对于 r 很大时的 $\langle r0\phi|\rangle$ 值由式 (8.31) 单独给出, 因此

$$\langle r0\phi|\rangle = -2\pi h^{-\frac{1}{2}}c^{-2}r^{-1}W'f(P'0\chi)\mathrm{e}^{\mathrm{i}P'r/\hbar}.$$

上式可以推广为

$$\langle r\theta\phi|\rangle = -2\pi h^{-\frac{1}{2}}c^{-2}r^{-1}W'f(P'\omega\chi)\mathrm{e}^{\mathrm{i}P'r/\hbar},$$

它给出用 $f(P'\omega\chi)$ 表示的在任意方向 θ、ϕ 上 $\langle r\theta\phi|\rangle$ 的值, 其中 ω、χ 与 θ、ϕ 代表同一方向. 如果取

$$u(\theta\phi) = -2\pi h^{-\frac{1}{2}}c^{-2}W'f(P'\omega\chi),$$

上式就有式 (8.12) 的形式, 因此它代表动量为 P' 的向外运动的粒子的分布, 单位时间, 单位立体角内这些粒子的数目是

$$\frac{c^2 P'}{W'}|u|^2 = \frac{4\pi^2 W' P'}{hc^2}|f(P'\omega\chi)|^2. \tag{8.36}$$

这个分布就是式 (8.34) 的 $\langle P\omega\chi|$ 所表示的分布.

从这个普遍结果我们可以推断, 每当我们有一个表示 $\langle P\omega\chi|$, 它代表只向外运动的粒子, 并满足形如 (8.23) 的方程, 则单位时间单位立体角内的这些粒子的数目就由式 (8.36) 给出. 如果在单位体积内有一个入射粒子数的问题中出现了这个 $\langle P\omega\chi|$, 则与它相对应的散射系数是

$$\frac{4\pi^2 W^0 W' P'}{hc^4 P^0}|f(P'\omega\chi)|^2. \tag{8.37}$$

重要的只是函数 $f(P\omega\chi)$ 在 $P = P'$ 这一点的值.

如果现在把这一普遍理论应用于方程 (8.21) 与 (8.22), 就有

$$f(P\omega\chi) = h^{\frac{3}{2}}\langle P\omega\chi\alpha'|V|P^0\omega^0\chi^0\alpha^0\rangle.$$

因此, 由式 (8.37) 得到散射系数是

$$\frac{4\pi^2 h^2 W^0 W' P'}{c^4 P^0}|\langle P'\omega\chi\alpha'|V|P^0\omega^0\chi^0\alpha^0\rangle|^2. \tag{8.38}$$

如果我们不考虑相对论, 并令 $W^0 W'/c^4 = m^2$, 这一结果就简化为在上一节用格林定理所得的结果 (8.15).

§8.4 色散散射

现在我们要决定入射粒子被吸收时的散射, 即散射中心加上粒子的未微扰系统具有粒子被吸收的闭合定态时的散射. 我们发现未微扰系统的这些闭合态的存在对微扰系统的散射有相当大的效应, 实际上是与入射粒子的能量很有关的效应, 当入射粒子是光子时, 这个效应产生光学中的色散现象.

我们采用一个表象, 它的基右矢对应于未微扰系统的定态, 就像上一节中 p 表象的情况一样. 我们把这些定态取为: 粒子有一确定动量 p' 而散射中心处于确定态 α' 的那些态 $(p'\alpha')$, 以及形成单独的分立集合的那些闭合态如 k; 并且假

设这些态都是相互独立而正交的. 当粒子是电子或原子核时, 这个假设并不准确, 因为在这种情况下, 对一个吸收态 k, 粒子仍将肯定在某一地方, 所以人们会期望能够把 k 展开为 x、y、z 与 α 的本征右矢 $|x'\alpha'\rangle$ 的线性组合, 因而也能展开为 $|p'\alpha'\rangle$ 的线性组合. 另一方面, 当粒子是光子时, 对于吸收态, 粒子将不再存在, 吸收态此时肯定与有粒子存在的各个态 $(p'\alpha')$ 相互独立且正交. 因此, 在这种情况下, 这一假设是有效的, 而这种情况是一个重要的实际情况.

因为我们关心的是散射, 我们仍然必须研究整个系统的定态. 然而, 现在必须用二级近似的精度来进行, 所以不能仅仅采用一级近似的方程 (8.3), 而一定要用方程 (8.4). 用现在表象中的表示写出来, 方程 (8.3) 变为

$$
\left.\begin{array}{l}
(W' - W)\langle p\alpha'|1\rangle = \langle p\alpha'|V|0\rangle, \\
(E' - E_k)\langle k|1\rangle = \langle k|V|0\rangle,
\end{array}\right\} \tag{8.39}
$$

其中 W' 是由式 (8.18) 给出的那些 α 以及 E' 的函数, 而 E_k 是未微扰系统的定态 k 的能量. 同样, 方程 (8.4) 变为

$$
\left.\begin{array}{l}
(W' - W)\langle p\alpha'|2\rangle = \langle p\alpha'|V|1\rangle, \\
(E' - E_k)\langle k|2\rangle = \langle k|V|1\rangle,
\end{array}\right\} \tag{8.40}
$$

用矩阵乘法把右边展开, 我们得到

$$
\left.\begin{array}{l}
(W' - W)\langle p\alpha'|2\rangle \\
= \displaystyle\sum_{\alpha''} \int \langle p\alpha'|V|p''\alpha''\rangle \mathrm{d}^3 p'' \langle p''\alpha''|1\rangle + \sum_{k''} \langle p\alpha'|V|k''\rangle\langle k''|1\rangle, \\
(E' - E_k)\langle k|2\rangle \\
= \displaystyle\sum_{\alpha''} \int \langle k|V|p''\alpha''\rangle \mathrm{d}^3 p'' \langle p''\alpha''|1\rangle + \sum_{k''} \langle k|V|k''\rangle\langle k''|1\rangle,
\end{array}\right\} \tag{8.41}
$$

右矢 $|0\rangle$ 仍然由式 (8.19) 给出, 所以式 (8.39) 可以写成

$$
(W' - W)\langle p\alpha'|1\rangle = h^{\frac{3}{2}} \langle p\alpha'|V|p^0\alpha^0\rangle, \tag{8.42}
$$

$$
(E' - E_k)\langle k|1\rangle = h^{\frac{3}{2}} \langle k|V|p^0\alpha^0\rangle. \tag{8.43}
$$

可以假定, V 的矩阵元 $\langle k'|V|k''\rangle$ 等于零, 因为这些矩阵元对所研究的现象不重要, 而且如果它们不为零, 那么这仅仅意味着没有适当地选取吸收态 k. 我们还将进一步假设, 若矩阵元 $\langle k'|V|\boldsymbol{p}''\alpha''\rangle$ 与 $\langle \boldsymbol{p}'\alpha'|V|k''\rangle$ 都被取为一级小量, 则矩阵元 $\langle k\boldsymbol{p}'\alpha'|V|\boldsymbol{p}''\alpha''\rangle$ 是二级小量. 这个假设将在 §10.6 中对光子的情况加以证明. 我们现在从方程 (8.43) 与 (8.42) 可以得出, 如果 E' 并不靠近分立能级 E_k 中的一个, 则 $\langle k|1\rangle$ 是一级小量, 而 $\langle \boldsymbol{p}\alpha'|1\rangle$ 是二级小量. 因此, 应用方程 (8.41) 的第一式, 二级近似的 $\langle \boldsymbol{p}\alpha'|2\rangle$ 的值由

$$(W' - W)\langle \boldsymbol{p}\alpha'|2\rangle = h^{\frac{3}{2}} \sum_{k''} \langle \boldsymbol{p}\alpha'|V|k''\rangle\langle k''|V|\boldsymbol{p}^0\alpha^0\rangle/(E' - E_k)$$

给出. 波函数的全部二级修正, 即 $\langle \boldsymbol{p}\alpha'|1\rangle$ 加上 $\langle \boldsymbol{p}\alpha'|2\rangle$, 它们因而满足

$$\begin{aligned}(W' - W)\{\langle \boldsymbol{p}\alpha'|1\rangle + \langle \boldsymbol{p}\alpha'|2\rangle\} \\ = h^{\frac{3}{2}}\{\langle \boldsymbol{p}\alpha'|V|\boldsymbol{p}^0\alpha^0\rangle + \sum_{k}\langle \boldsymbol{p}\alpha'|V|k\rangle\langle k|V|\boldsymbol{p}^0\alpha^0\rangle/(E' - E_k)\}.\end{aligned}$$

如果 α' 能使 $W' > mc^2$, 即作为散射中心定态的 α' 与能量守恒定律不矛盾, 则这个方程具有式 (8.23) 的形式. 因此我们能从式 (8.37) 普遍结果推出, 散射系数是

$$\frac{4\pi^2 h^2 W^0 W' P'}{hc^4 P^0}\left|\langle \boldsymbol{p}'\alpha'|V|\boldsymbol{p}^0\alpha^0\rangle + \sum_{k}\frac{\langle \boldsymbol{p}'\alpha'|V|k\rangle\langle k|V|\boldsymbol{p}^0\alpha^0\rangle}{(E' - E_k)}\right|^2. \tag{8.44}$$

这个散射现在可以看成由两部分组成, 一部分由微扰能量的矩阵元 $\langle \boldsymbol{p}'\alpha'|V|\boldsymbol{p}^0\alpha^0\rangle$ 引起的, 而另一部分由矩阵元 $\langle \boldsymbol{p}'\alpha'|V|k\rangle$ 与 $\langle k|V|\boldsymbol{p}^0\alpha^0\rangle$ 引起的. 第一部分与前面所得的结果 (8.38) 一样, 可以称之为直接散射. 第二部分可以看成是先把入射粒子吸收进某个 k 态, 紧接着沿不同方向再发射的过程所引起的, 这一部分类似于 §7.3 中研究过的经过中间态的跃迁. 我们必须在取模平方之前把这两项加起来, 这一事实表示这两种散射之间的干涉. 没有实验方法能区分这两种散射, 它们之间的区别只是数学上的.

§8.5 共振散射

假定入射粒子的能量连续地变化, 而散射中心的初态 α^0 保持不变, 这样, 总能量 E' 或 H' 就连续地变化. 现在公式 (8.44) 表明, 当 E' 趋近于分立能级 E_k 中之一时, 散射变得很大. 事实上, 按照公式 (8.44), 当 E' 恰好等于某个 E_k 时, 散射应为无限大. 当然, 无限大的散射系数在物理上是不可能的. 所以我们可以确定,

当 E' 靠近某个 E_k 时, 用来推导式 (8.44) 的渐近方法不再合理. 因此, 为研究在此情况下的散射, 我们必须回到精确方程

$$(E' - E)|H'\rangle = V|H'\rangle,$$

即 §7.2 中的方程 (7.2), 只是用 E' 代替了其中的 H', 并且要用不同的方法来求它的近似解. 采用类似于式 (8.41) 的表示写出来, 这个精确的方程就变成

$$\left.\begin{aligned}
&(W' - W)\langle \boldsymbol{p}\alpha'|H'\rangle \\
&= \sum_{\alpha''} \int \langle \boldsymbol{p}\alpha'|V|\boldsymbol{p}''\alpha''\rangle \mathrm{d}^3 p''\langle \boldsymbol{p}''\alpha''|H'\rangle + \sum_{k''} \langle \boldsymbol{p}\alpha'|V|k''\rangle\langle k''|H'\rangle, \\
&(E' - E_k)\langle k|H'\rangle \\
&= \sum_{\alpha''} \int \langle k|V|\boldsymbol{p}''\alpha''\rangle \mathrm{d}^3 p''\langle \boldsymbol{p}''\alpha''|H'\rangle + \sum_{k''} \langle k|V|k''\rangle\langle k''|H'\rangle.
\end{aligned}\right\} \quad (8.45)$$

让我们取一个特定的 E_k, 并研究当 E' 接近于它的情况. 现在, 散射系数 (8.44) 中的大项来自表示 V 的矩阵在 k 行或 k 列的那些矩阵元, 即那些形如 $\langle k|V|\boldsymbol{p}\alpha'\rangle$ 或 $\langle \boldsymbol{p}\alpha'|V|k\rangle$ 的矩阵元. V 的其他矩阵元所引起的散射具有较小的量级. 这提示我们, 在精确方程 (8.45) 中做一近似, 即忽略 V 的其他矩阵元, 只保留那些形如 $\langle k|V|\boldsymbol{p}\alpha'\rangle$ 或 $\langle \boldsymbol{p}\alpha'|Vk\rangle|$ 的重要矩阵元, 其中 α' 是散射中心的一个态, 它的能量不能太大, 这样才能按照能量守恒定律容许它作为末态. 这样, 这些方程简化为

$$\left.\begin{aligned}
(W' - W)\langle \boldsymbol{p}\alpha'|H'\rangle &= \langle \boldsymbol{p}\alpha'|V|k\rangle\langle k|H'\rangle, \\
(E' - E_k)\langle k|H'\rangle &= \sum_{\alpha'} \int \langle k|V|\boldsymbol{p}\alpha'\rangle \mathrm{d}^3 p\langle \boldsymbol{p}\alpha'|H'\rangle,
\end{aligned}\right\} \quad (8.46)$$

对所有满足 $W' > mc^2$ 的那些 α' 求和, W' 由式 (8.18) 给出. 现在这些方程已经足够简单, 我们能够精确地求解它们而不用进一步的近似.

由方程 (8.46) 的第一式, 用除法得

$$\langle \boldsymbol{p}\alpha'|H'\rangle = \langle \boldsymbol{p}\alpha'|V|k\rangle\langle k|H'\rangle/(W' - W) + \lambda\delta(W' - W). \quad (8.47)$$

其中 λ 可能是动量 $\boldsymbol{p}$ 与 α' 的任意函数, 我们应该恰当地选取它, 使得式 (8.47) 代

表相应于 $|0\rangle$ 或 $h^{\frac{3}{2}}|\boldsymbol{p}^0\alpha^0\rangle$ 的入射粒子加上只向外运动的粒子. [$h^{\frac{3}{2}}|\boldsymbol{p}^0\alpha^0\rangle$ 的表示实际上具有 $\lambda\delta(W'-W)$ 的形式, 因为它不为零的条件 $\alpha' = \alpha^0$、$\boldsymbol{p} = \boldsymbol{p}^0$ 导致 $W' = E' - H_s(\alpha') = E' - H_s(\alpha^0) = W^0 = W$.] 因此, 式 (8.47) 一定是

$$\langle\boldsymbol{p}\alpha'|H'\rangle = h^{\frac{3}{2}}\langle\boldsymbol{p}\alpha'|\boldsymbol{p}^0\alpha^0\rangle$$
$$+ \langle\boldsymbol{p}\alpha'|V|k\rangle\langle k|H'\rangle\{1/(W'-W) - \mathrm{i}\pi\delta(W'-W)\}, \quad (8.48)$$

从普遍公式 (8.37) 得知, 散射系数是

$$\frac{4\pi^2 W^0 W' P'}{hc^4 P^0}|\langle\boldsymbol{p}'\alpha'|V|k\rangle|^2|\langle k|H'\rangle|^2. \tag{8.49}$$

剩下的问题是决定 $\langle k|H'\rangle$ 的值. 把等式 (8.48) 给出的 $\langle\boldsymbol{p}\alpha'|H'\rangle$ 的值代入方程 (8.46) 的第二个方程就能做到这一点. 这样就给出

$$(E' - E_k)\langle k|H'\rangle = h^{\frac{3}{2}}\langle k|V|\boldsymbol{p}^0\alpha^0\rangle$$
$$+ \langle k|H'\rangle\sum_{\alpha'}\int|\langle k|V|\boldsymbol{p}\alpha'\rangle|^2\{1/(W'-W) - \mathrm{i}\pi\delta(W'-W)\}\mathrm{d}^3p$$
$$= h^{\frac{3}{2}}\langle k|V|\boldsymbol{p}^0\alpha^0\rangle + \langle k|H'\rangle(a - \mathrm{i}b),$$

其中

$$a = \sum_{\alpha'}\int|\langle k|V|\boldsymbol{p}\alpha'\rangle|^2\mathrm{d}^3p/(W'-W) \tag{8.50}$$

而

$$b = \pi\sum_{\alpha'}\int|\langle k|V|\boldsymbol{p}\alpha'\rangle|^2\delta(W'-W)\mathrm{d}^3p$$
$$= \pi\sum_{\alpha'}\iiint|\langle k|V|P\omega\chi\alpha'\rangle|^2\delta(W'-W)P^2\mathrm{d}P\sin\omega\mathrm{d}\omega\mathrm{d}\chi$$
$$= \pi\sum_{\alpha'}P'W'c^{-2}\iint|\langle k|V|P'\omega\chi\alpha'\rangle|^2\sin\omega\mathrm{d}\omega\mathrm{d}\chi. \tag{8.51}$$

因此

$$\langle k|H'\rangle = h^{\frac{3}{2}}\langle k|V|\boldsymbol{p}^0\alpha^0\rangle/(E' - E_k - a + \mathrm{i}b). \tag{8.52}$$

这里的 a 与 b 都是实数, 而且 b 是正的.

把 $\langle k|H'\rangle$ 的这个值代入式 (8.49) 就给出散射系数

$$\frac{4\pi^2 h^2 W^0 W' P'}{c^4 P^0} \frac{|\langle \boldsymbol{p}'\alpha'|V|k\rangle|^2 |\langle k|V|\boldsymbol{p}^0\alpha^0\rangle|^2}{(E'-E_k-a)^2+b^2}. \tag{8.53}$$

我们可以算出, 为了让入射粒子被散射到所有地方, 入射粒子所必须击中的总有效面积, 方法是把式 (8.53) 对所有方向积分, 即对矢量 $\boldsymbol{p}'$ 的所有方向积分, 同时使其大小保持为 P', 然后对所有应考虑的 α' 求和 (也就是对所有满足 $W' > mc^2$ 的 α' 求和). 借助于等式 (8.51), 这给出的结果是

$$\frac{4\pi h^2 W^0}{c^2 P^0} \frac{b|\langle k|V|\boldsymbol{p}^0\alpha^0\rangle|^2}{(E'-E_k-a)^2+b^2}. \tag{8.54}$$

如果假定 E' 连续地变化并通过 E_k 值, 则式 (8.53) 或 (8.54) 的主要变化来自小的分母 $(E'-E_k-a)^2+b^2$. 如果忽略式 (8.53) 与 (8.54) 中其他因子与 E' 的关系, 那么, 当 E' 等于 E_k+a 时, 将出现最大散射, 而当 E' 与该值相差为 b 时, 散射将为其最大值的一半. 在入射粒子的能量使 E' 几乎等于 E_k 时出现的大量散射, 产生一条吸收线的现象. 吸收线的中心偏离入射粒子的共振能量 (即使得总能量等于 E_k 的入射粒子的能量) 一个量 a, 而 b 就是我们有时称之为吸收线的半宽度的量.

§8.6 发射与吸收

为了研究发射与吸收, 必须考虑系统的非定态, 并且必须采用 §7.3 的微扰方法. 要决定自发发射的系数, 必须让粒子被吸收了的初始态对应于一个右矢 $|k\rangle$, 并决定在某一稍后的时间粒子以一确定的动量走向无限远处的概率. 现在可以采用 §7.5 的方法. 从那一节的结果 (7.39) 看到, 让散射中心保留在态 α', 而单位时间内并在 ω 与 χ 的单位范围内的粒子沿任意方向 ω'、χ' 发射出的概率是

$$2\pi\hbar^{-1}|\langle W'\omega'\chi'\alpha'|V|k\rangle|^2, \tag{8.55}$$

当然前提是 α' 能使式 (8.18) 所给出的粒子能量 W' 大于 mc^2. 对于那些不满足这个条件的 α' 的取值, 就没有发射的可能. 这里的矩阵元 $\langle W'\omega'\chi'\alpha'|V|k\rangle$ 必须与这样的表象相关, 即 W、ω、χ、α 在其中都是对角的, 而表象的权重函数是 1. 前面三节中出现的 V 的矩阵元所相关的表象是, p_x、p_y、p_z 是对角的, 权重函

数为 1, 或者 P、ω、χ 是对角的, 权重函数是 $P^2 \sin \omega$. 因此, 它们所相关的表象是 W、ω、χ 是对角的, 权重函数是 $\mathrm{d}P/\mathrm{d}W \cdot P^2 \sin \omega = WP/c^2 \cdot \sin \omega$. 所以式 (8.55) 的矩阵元 $\langle W'\omega'\chi'\alpha'|V|k\rangle$ 等于 $(W'P'/c^2 \cdot \sin \omega')^{\frac{1}{2}}$ 乘上我们前面的矩阵元 $\langle W'\omega'\chi'\alpha'|V|k\rangle$ 或 $\langle \boldsymbol{p}'\alpha'|V|k\rangle$, 这样式 (8.55) 就等于

$$\frac{2\pi}{\hbar} \frac{W'P'}{c^2} \sin \omega' |\langle \boldsymbol{p}'\alpha'|V|k\rangle|^2.$$

因此, 单位时间单位立体角内发射粒子同时使散射中心落至 α' 态的概率为

$$\frac{2\pi}{\hbar} \frac{W'P'}{c^2} |\langle \boldsymbol{p}'\alpha'|V|k\rangle|^2. \tag{8.56}$$

为了获得散射中心处于任意末态, 单位时间内粒子向任意方向发射的总概率, 必须把式 (8.56) 对所有的角度 ω'、χ' 积分, 并对所有其能量 $H_s(\alpha')$ 满足 $H_s(\alpha') + mc^2 < E_k$ 的态 α' 求和. 结果正是 $2b/\hbar$, 这里的 b 由式 (8.51) 定义. 因此, 在总发射系数与吸收线的半宽度 b 之间, 有这样的一个简单的关系.

现在让我们考虑吸收. 这要求我们取一个初态, 其中粒子肯定未被吸收而是以确定动量入射. 因此, 相应于初态的右矢一定具有式 (8.19) 的形式. 我们现在必须决定在时间 t 以后, 粒子被吸收的概率. 由于末态 k 不是有连续范围的态, 我们不能直接用 §7.5 的结果 (7.39). 然而, 如果我们取

$$|0\rangle = |\boldsymbol{p}^0\alpha^0\rangle, \tag{8.57}$$

作为相应于初态的右矢, 则 §7.3 与 §7.5 的分析仍然可以采用, 直到方程 (7.36) 都可用, 并且表明在时间 t 以后粒子被吸收到 k 态的概率是

$$2|\langle k|V|\boldsymbol{p}^0\alpha^0\rangle|^2[1 - \cos\{(E_k - E')t/\hbar\}]/(E_k - E')^2.$$

上式对应于入射粒子密度为 h^{-3} 的分布, 这是由于式 (8.57) 与 (8.19) 相比略去了一个因子 $h^{\frac{3}{2}}$. 因此, 当单位时间穿过单位面积有一个入射粒子时, 在时间 t 以后有一个粒子被吸收的概率是

$$2h^3 W^0/c^2 P^0 \cdot |\langle k|V|\boldsymbol{p}^0\alpha^0\rangle|^2[1 - \cos\{(E_k - E')t/\hbar\}]/(E_k - E')^2. \tag{8.58}$$

为了获得吸收系数, 我们必须考虑, 入射粒子不全有同样的能量 $W^0 = E' - H_s(\alpha^0)$, 而是在吸收所要求的正确取值 $E_k - H_s(\alpha^0)$ 附近有一个能量取值的分布. 如果我们取一束粒子, 单位时间单位能量范围内有一个粒子穿过单位面积, 则在时间 t 以后有一个粒子被吸收的概率将由式 (8.58) 对 E' 的积分给出. 这个积分可用 §7.5 的等式 (7.37) 的方法计算, 它等于

$$4\pi^2 h^2 W^0 t/c^2 P^0 \cdot |\langle k|V|\boldsymbol{p}^0\alpha^0\rangle|^2.$$

因而, 当入射粒子束在单位能量范围单位时间单位面积内有一个粒子时, 单位时间内出现一个粒子被吸收的概率是

$$4\pi^2 h^2 W^0/c^2 P^0 \cdot |\langle k|V|\boldsymbol{p}^0\alpha^0\rangle|^2, \tag{8.59}$$

这就是吸收系数.

吸收系数 (8.59)、发射系数 (8.56) 以及上一节算出的共振散射系数之间的联系是值得注意的. 如果入射粒子束不是全部由具有相同能量的粒子组成, 而是由单位时间通过单位面积的粒子在单位能量范围内有一个粒子的这种分布的粒子组成, 则能量在吸收线附近而被散射的入射粒子的总数将由式 (8.54) 对 E' 的积分给出. 如果我们忽略式 (8.54) 中的分子对 E' 的依赖关系, 则由于

$$\int_{-\infty}^{\infty} \frac{b}{(E' - E_k - a)^2 + b^2} \mathrm{d}E' = \pi,$$

这个积分刚好是式 (8.59). 因此, 在吸收线邻域内被散射的粒子总数等于被吸收的粒子总数. 因而, 我们认为, 所有这些被散射的粒子都是被吸收的粒子, 它们是随后在不同方向上被再次发射出来的. 另外, 在吸收线的邻域内, 在微扰一给定方向 (由 $\boldsymbol{p}'$ 确定) 的单位立体角内被散射并属于 α' 态散射中心的粒子数目, 可由式 (8.53) 对 E' 的积分给出, 用这个方法, 这个积分的值是

$$\frac{4\pi^2 h^2 W^0 W' P'}{c^4 P^0} \frac{\pi}{b} |\langle \boldsymbol{p}'\alpha'|V|k\rangle|^2 |\langle k|V|\boldsymbol{p}^0\alpha^0\rangle|^2.$$

这刚好等于吸收系数 (8.59) 乘上发射系数 (8.56) 除以总发射系数 $2b/\hbar$. 这与下述观点相符合, 即认为共振散射的粒子是那些被吸收又再次发射的粒子, 而吸收

与发射过程各自独立地受它自身的概率规则所支配; 因为按照这一观点, 围绕一给定方向的单位立体角内再次发射出的被吸收粒子数与粒子总数之比, 应刚好为该方向的发射系数除以总发射系数.

9 含多个同类粒子的系统

§9.1 对称态与反对称态

如果原子物理中的一个系统含有大量同类粒子, 例如大量电子, 那么这些粒子之间是绝对无法分辨的. 当它们中的任意两个互换时, 不会引起可观测的变化. 这一情况在量子力学中会导致某些经典理论中没有类比的奇特现象, 而这起源于这样的事实, 即量子力学中可能出现一种跃迁, 结果只是两个同类粒子的互换, 这一跃迁不能用任何观测方法检验出来. 当然, 一个令人满意的理论必须要把观测上无法分辨的两个态看作是同一个态, 并且否认两个同类粒子交换位置时出现任何跃迁. 我们将发现有可能通过重新构建理论, 使之符合要求.

假定有一个包含 n 个同类粒子的系统. 我们选取描述第一个粒子的一组变量 ξ_1, 描述第二个粒子的相应的一组变量 ξ_2, 一直到描述第 n 个粒子的一组变量 ξ_n 作为动力学变量. 于是我们有, 在 $r \neq s$ 时, 各 ξ_r 与各 ξ_s 对易. (我们可能需要某些额外的变量来描述除了 n 个同类粒子以外系统中的其他事物, 但在本章没有必要明确地把它们提出来.) 描述该系统运动的哈密顿量现在可以表示为 $\xi_1, \xi_2, \cdots, \xi_n$ 的函数. 这些粒子是同类的这一事实要求哈密顿量必须是 $\xi_1, \xi_2, \cdots, \xi_n$ 的对称函数, 也就是说, 当变量组 ξ_r 以任何方式互换或置换 (permutate), 哈密顿量保持不变. 无论什么微扰作用于该系统, 这个条件一定要成立. 事实上, 任何有物理意义的量一定是这些 ξ 的对称函数.

令 $|a_1\rangle, |b_1\rangle, \cdots$ 是只把第一个粒子作为单独动力学系统时的右矢. 对于单独的第二个粒子, 有相应的右矢 $|a_2\rangle, |b_2\rangle, \cdots$, 依此类推. 通过取每个单独粒子的右矢之积, 从而得到这一系集 (assembly) 的一个右矢, 例如采用 §3.7 的式 (3.65) 的记号, 有

$$|a_1\rangle |b_2\rangle |c_3\rangle \cdots |g_n\rangle = |a_1 b_2 c_3 \cdots g_n\rangle. \tag{9.1}$$

这个右矢 (9.1) 对应于系集的一个特殊类型的态, 通过说出每个粒子处于其自身的一个态来描述系集, 每个态对应于等式 (9.1) 左边其自身的因子. 系集的一般右矢是像 (9.1) 那样的各个右矢之和或积分, 并且对应于系集的一个态. 对于这个态, 我们不能说每个粒子处于它自己的某个态, 而只能说每个粒子部分地处于多个态, 其方式是与部分地处于多个态的其他粒子相关联. 如果右矢 $|a_1\rangle, |b_1\rangle, \cdots$ 是只有单独第一个粒子时的一组基右矢, 右矢 $|a_2\rangle, |b_2\rangle, \cdots$ 是只有单独第二个粒子时的一组基右矢, 依此类推, 则右矢 (9.1) 就是系集的一组基右矢. 由系集的这种基右矢所提供的表象, 我们称之为对称表象, 因为它等同地对待所有这些粒子.

在右矢 (9.1) 中可以互换前两个粒子的右矢, 而得到系集的另一个右矢, 即

$$|b_1\rangle |a_2\rangle |c_3\rangle \cdots |g_n\rangle = |b_1 a_2 c_3 \cdots g_n\rangle.$$

更普遍的是, 可以在系集的任意右矢中互换前两个粒子的角色, 而得到系集的另一个右矢. 互换前两个粒子的过程是可以作用于系集右矢上的算符, 而且显然是线性算符, 其形式在 §2.1 中研究过. 同样地, 互换任意一对粒子的过程是一线性算符, 并且通过这些互换的重复使用, 我们得到, 这些粒子的任意置换都表现为作用于系集右矢的线性算符. 根据一个置换是通过偶数次或奇数次互换来实现, 我们称之为偶置换或奇置换.

如果系集的右矢 $|X\rangle$ 在任意置换下都保持不变, 也就是, 如果对于任意置换 P 都有

$$P|X\rangle = |X\rangle, \tag{9.2}$$

那么 $|X\rangle$ 称为对称的. 如果它在任何偶置换下保持不变, 而在奇置换下改变符号, 也就是, 如果

$$P|X\rangle = \pm|X\rangle, \tag{9.3}$$

+ 或 − 号的选取根据 P 的奇偶而定, 那么 $|X\rangle$ 称为反对称. 对应于对称右矢的态叫作对称态, 对应于反对称右矢的态叫作反对称态. 在对称表象中, 对称右矢的表示是不同粒子变量的对称函数, 而反对称右矢的表示是这些变量的反对称函数.

在薛定谔图像中, 与系集的态对应的右矢按照薛定谔运动方程随时间变化. 如果开始时它是对称的, 则它一定总保持对称, 因为哈密顿量是对称的, 且没有什么扰动对称性. 同样地, 如果开始时右矢是反对称的, 则它一定总保持反对称.

因此, 开始时对称的态总保持对称, 开始时反对称的态总保持反对称. 结果是, 有可能对某一特定种类的粒子, 在自然界中只出现对称态, 或者只出现反对称态. 如果这两种可能之一成立, 则对所研究的粒子, 会引起某些特别的现象.

首先假定, 自然界中只出现反对称态. 右矢 (9.1) 不是反对称的, 所以它不对应于自然界出现的态. 通常可以由右矢 (9.1) 组成一个反对称右矢, 方法是对它进行所有可能的置换, 并在那些由奇置换产生的项前面插入系数 -1, 再把所有的结果相加, 这样就得到

$$\sum_P \pm P|a_1 b_2 c_3 \cdots g_n\rangle, \tag{9.4}$$

$+$ 或 $-$ 号的选取根据 P 的奇偶而定. 右矢 (9.4) 可以写成行列式的形式

$$\begin{vmatrix} |a_1\rangle & |a_2\rangle & |a_3\rangle & \ldots & |a_n\rangle \\ |b_1\rangle & |b_2\rangle & |b_3\rangle & \ldots & |b_n\rangle \\ |c_1\rangle & |c_2\rangle & |c_3\rangle & \ldots & |c_n\rangle \\ \vdots & \vdots & \vdots & \vdots & \vdots \\ |g_1\rangle & |g_2\rangle & |g_3\rangle & \ldots & |g_n\rangle \end{vmatrix} \tag{9.5}$$

而且它在对称表象中的表示是一行列式. 右矢 (9.4) 或 (9.5) 不是一般的反对称右矢, 而是特别简单的一个. 它对应于系集的一个态, 对这个态, 我们可以说某些单粒子态, 即态 $a, b, c, \cdots, g$ 是被占据的, 但不能说, 哪一个粒子处于哪一个态, 每个粒子处于任何态的可能性是相等的. 如果粒子态 $a, b, c, \cdots, g$ 中有两个是相同的, 右矢 (9.4) 或 (9.5) 就等于零, 而不对应于系集的任何态. 因此, 两个粒子不能占据相同的态. 更一般地说, 被占据的态一定全部互相独立, 否则右矢 (9.4) 或 (9.5) 就等于零. 这是那些在自然界只出现反对称态的粒子的一个重要特征. 它导致一种特殊的统计, 它是由费米首先研究的, 所以我们把那些自然界只出现反对称态的粒子称为费米子.

现在假定自然界只出现对称态. 右矢 (9.1) 通常不是对称的, 除了一种特殊情况, 即所有粒子态 $a, b, c, \cdots, g$ 全都相同, 但是我们可以用它获得一个对称右

矢, 方法是对它进行所有可能的置换操作, 并把结果相加, 这样就得到

$$\sum_P P|a_1 b_2 c_3 \cdots g_n\rangle. \tag{9.6}$$

式 (9.6) 不是一般的对称右矢, 而是特别简单的一个. 它对应于系集的一个态, 对于此态, 我们可以说某些粒子态即态 $a, b, c, \cdots, g$ 被占据, 而不能说哪一个粒子处于哪一个态. 现在态 $a, b, c, \cdots, g$ 中有两个或更多个相同是可能的, 所以两个或更多个粒子可以处于同一个态. 尽管如此, 粒子的统计却与经典理论中通常的统计不同. 这种新的统计是由玻色首先研究的, 所以我们把自然界中只出现对称态的那些粒子叫作玻色子.

通过研究一个具体例子——只有两个粒子、每个粒子只有两个独立态 a 与 b——可以看出玻色统计与通常统计的差别. 根据经典力学, 如果这两个粒子的系集在高温下处于热力学平衡, 则每个粒子处于任一态是等概率的. 因此, 两个粒子都处于 a 态的概率是 $\frac{1}{4}$, 两个粒子都处于 b 态的概率也是 $\frac{1}{4}$, 而在每个态都有一个粒子的概率是 $\frac{1}{2}$. 在量子理论中, 对于一对粒子通常有三个独立的对称态, 相应于对称右矢 $|a_1\rangle|a_2\rangle$、$|b_1\rangle|b_2\rangle$ 与 $|a_1\rangle|b_2\rangle + |a_2\rangle|b_1\rangle$, 它们分别描述两个粒子都处于 a 态、两个粒子都处于 b 态以及每个态都有一个粒子的情况. 在高温下处于热力学平衡时, 这三个态是等概率的, 这一点我们已经在 §5.7 中证明过, 所以两个粒子都处于 a 态的概率是 $\frac{1}{3}$, 两个粒子都处于 b 态的概率是 $\frac{1}{3}$, 而每个态都有一个粒子的概率也是 $\frac{1}{3}$. 因此, 两个粒子按玻色统计处于同一个态的概率大于按经典统计的概率. 玻色统计相对于经典统计的差别, 与费米统计相对于经典统计的差别刚好相反, 在费米统计中, 两个粒子处于同一态的概率是零.

按 §6.5 开头所讲的路线建立原子理论时, 为了符合实验, 必须假定两个电子永远不会处于同一个态. 这个规则称作泡利不相容原理. 它表明电子是费米子. 普朗克辐射定律表明光子是玻色子, 因为对光子, 只有玻色统计才能导出普朗克定律. 同样地, 对于物理中已知的其他各种粒子的每一种, 都有实验证据表明它们是费米子或玻色子. 质子、中子、正电子是费米子; 而 α 粒子是玻色子. 看来出现在自然界的所有粒子, 要么是费米子, 要么就是玻色子, 因此, 对实际上所遇到的同类粒子的系集, 只有反对称态或对称态. 其他更复杂的对称类型只是数学上有可能, 不适用于任何已知的粒子. 对特定种类的粒子, 只允许反对称态或对称态的理论中, 人们无法区分这样的两个态, 即它们的差别仅仅在粒子的置换上,

所以本节开头所说的跃迁就不出现了.

§9.2 置换作为动力学变量

当允许任意类型对称性质的态出现, 即不局限于仅有对称态或反对称态出现时, 我们要建立包含 n 个同类粒子的系统的一般理论. 此时的一般态既不是对称态也不是反对称态, 当 $n > 2$ 时, 它不能表示为对称态与反对称态的线性叠加. 这种理论不直接应用于自然界出现的任何粒子, 但为了对电子系集建立一种近似的处理, 它还是有用的. 这一点将在 §9.5 中体现出来.

我们已经知道, n 个粒子的每一置换 P 都是一个线性算符, 它能作用于系集的任何右矢. 因此, 可以把 P 看成是 n 个粒子系统的动力学变量. 存在 $n!$ 个置换, 其中每一个都能看成是一个动力学变量. 其中之一如 P_1 是恒等置换, 它等于 1. 任意两个置换的乘积是第三个置换, 因而置换的任意函数可以简化为它们的线性函数. 任意置换 P 都有一个逆置换, 它满足

$$PP^{-1} = P^{-1}P = P_1 = 1.$$

置换 P 可以作用于系集的左矢 $\langle X|$ 而给出另一个左矢, 我们暂时用 $P\langle X|$ 表示它. 如果 P 作用于乘积 $\langle X|Y\rangle$ 的两个因子, 此乘积一定不变, 因为它只是一个数, 与粒子的任何次序无关. 因此有

$$(P\langle X|)P|Y\rangle = \langle X|Y\rangle,$$

这表明

$$P\langle X| = \langle X|P^{-1}. \tag{9.7}$$

既然 $P\langle X|$ 是 $P|X\rangle$ 的共轭虚量, 所以它应该等于 $\langle X|\bar{P}$, 因而由等式 (9.7) 可得

$$\bar{P} = P^{-1}. \tag{9.8}$$

因此, 置换一般不是实动力学变量, 它的共轭复量等于它的逆.

数字 $1, 2, 3, \cdots, n$ 的任意置换可以用轮换 (cyclic) 符号表示, 例如, 在 $n = 8$ 时

$$P_a = (143)(27)(58)(6), \tag{9.9}$$

其中每个数要被括号中它后面的数替代, 除非这个数是括号中的最后一个数, 此时它要被该括号中的第一个数替代. 这样 P_a 就把数字 12345678 变成 47138625. 任意置换的类型是由数目 n 的一种分割 (partition) 来标记, 而这种分割就是每个括号中数字的数目. 因而 P_a 的类型就由分割 $8 = 3 + 2 + 2 + 1$ 所标记. 同一类型的置换 (即对应于相同分割的置换), 我们称它们是相似的. 所以, 例如式 (9.9) 中的 P_a 就与

$$P_b = (871)(35)(46)(2) \tag{9.10}$$

相似. 所有 $n!$ 个可能的置换可以分为由相似置换组成的许多集合, 每个这样的集合叫作一类. 置换 $P_1 = 1$ 自己形成一类. 任何置换都与它的逆置换相似.

当两个置换 P_a 与 P_b 相似时, 其中任一个 P_b 可以由在 P_a 中做某种置换 P_x 而得到. 例如, 在例子 (9.9) 与 (9.10) 中, 我们可以把 P_x 取为能够把 14327586 变成 87135462 的置换, 也就是置换

$$P_x = (18623)(475).$$

用轮换符号写出 P_a 与 P_b 的不同方法, 会得到不同的 P_x. 这些 P_x 中的任意一个作用于乘积 $P_a|X\rangle$ 就会把它变成 $P_b \cdot P_x|X\rangle$, 即

$$P_x P_a |X\rangle = P_b P_x |X\rangle.$$

因而

$$P_b = P_x P_a P_x^{-1}, \tag{9.11}$$

此式把 P_a 与 P_b 相似的条件表示成代数方程. 只要存在任何满足等式 (9.11) 的 P_x 就足以证明 P_a 与 P_b 相似.

§9.3 置换作为运动常量

由所有粒子的动力学变量形成的任意对称函数 V 在任何置换 P 的作用下保持不变, 所以 P 应用于乘积 $V|X\rangle$ 的结果只对因子 $|X\rangle$ 有影响, 因此,

$$PV|X\rangle = VP|X\rangle.$$

这样

$$PV = VP, \tag{9.12}$$

它表明动力学变量的对称函数与任何置换都对易. 哈密顿量是动力学变量的对称函数, 因而与每个置换对易. 由此可得, 每个置换都是运动常量. 甚至在哈密顿量不是常量的情况下这一点也成立. 如果 $|Xt\rangle$ 是薛定谔运动方程的任何一个解, $P|Xt\rangle$ 就是另一个解.

在处理量子力学的任何系统时, 如果已经找到了一个运动常量 α, 我们就知道, 如果开始时 α 对某个运动态有值 α', 那么它总是有这个值, 所以我们能给不同的态指定不同的数 α', 这样就实现了对态的分类. 然而, 当我们有多个互相不对易的运动常量 α 时, 这个方法就不再这样简单直接, 因为我们一般不能就某个态给所有的 α 同时赋值 (对于置换 P, 情况就是这样). 首先考虑系统哈密顿量不显含时间的情形. 此时, 相互不对易的几个运动常量 α 的存在, 是系统简并的标志. 这是因为, 对非简并系统而言, 哈密顿量 H 自身就组成了对易可观测量的完全集, 于是根据 §3.6 的定理 2, 每个 α 都是 H 的函数, 所以应与其他的任何 α 对易.

现在我们必须找到这些 α 的一个函数 β, 这个函数对所有那些属于能级 H' 的态, 有一个相同的数值 β', 这样可以用 β 来对系统的能级进行分类. 我们可以把 β 的这个条件表述为 β 一定是 H 的函数, 因而一定要与每一个同 H 对易的动力学变量均对易, 也就是与每一个运动常量对易. 如果这些 α 是仅有的运动常量, 或者如果它们是与所有其他独立的运动常量都对易的一组运动常量, 则我们的问题简化为寻找 α 的一个函数 β, 它与所有这些 α 对易. 这样, 就能对系统的每个能级指定 β 的一个数值 β'. 如果能找到多个这样的函数 β, 则它们一定全都是互相对易的, 于是就能对它们全部同时赋值. 这样, 我们就得到能级的一个分类. 当哈密顿量显含时间时, 我们不能讨论能级, 但是这些 β 仍然给出态的有用的分类.

按照这个方法来处理置换 P. 我们必须找到这些 P 的一个函数 χ, 使得对每个 P 都有 $P\chi P^{-1} = \chi$. 显然, 一个可能的 χ 是某一类 c 中所有的置换之和 $\sum P_c$, 也就是一组相似置换之和, 因为 $\sum PP_cP^{-1}$ 一定是由同样的这些置换组成, 只是求和次序不同. 对于每一个类, 都有一个这样的 χ. 而且不能有其他独立的 χ, 因为 P 的任何函数都可以表示为这些 P 各自乘上系数的线性函数, 所以除非其中各个相似的 P 所乘的系数全部相同, 否则这个函数不会与每个 P 对易. 因此, 我们获得了能用来对态进行分类的全部 χ. 为方便起见, 把每个 χ 定义为一个平均值而不定义为求和, 所以

$$\chi_c = n_c^{-1} \sum P_c,$$

其中 n_c 是类 c 中 P 的个数. χ_c 的另一表达式是

$$\chi_c = n!^{-1} \sum_P P P_c P^{-1}, \tag{9.13}$$

这里的求和遍历全部 $n!$ 个置换 P, 容易验证, 这个求和中类 c 的每个置换出现相同的次数. 对每一置换 P 都有一个 χ, 例如写成 $\chi(P)$, 它等于所有相似于 P 的置换的平均. $\chi(P_1) = 1$ 是所有 χ 中的一个.

用这一方法得到的运动常量 $\chi_1, \chi_2, \cdots, \chi_m$, 对于系统的每一定态, 都有确定的数值, 在哈密顿量不显含时间的情况以及一般的情况下, 都能用它们对态进行分类, 对 χ 的每一组可允许值 $\chi'_1, \chi'_2, \cdots, \chi'_m$, 都有一个态的集合与之对应. 由于这些 χ 总是运动常量, 这些态的集合是互斥的 (exclusive), 也就是说, 一个集合中的态至另一集合中的态的跃迁绝不会发生.

这些 χ 之间存在代数关系的事实, 限制了我们可以给予这些 χ 可允许值的集合 χ'. 任意两个 χ 的乘积 $\chi_p \chi_q$, 当然可以表示为 P 的线性函数, 并且由于它与每个 P 对易, 它一定可以表示为 χ 的线性函数, 因此

$$\chi_p \chi_q = a_1 \chi_1 + a_2 \chi_2 + \cdots + a_m \chi_m, \tag{9.14}$$

其中各个 a 是数. 我们给予这些 χ 的任意数值 χ' 一定是 χ 的本征值, 它们一定满足同样的代数方程. 对这些方程的每个解 χ' 都有态的一个互斥集合. 对每个 χ_p 有 $\chi'_p = 1$ 显然是一个解, 它给出对称态的集合. 第二个明显的解给出反对称态的集合, 它是 $\chi'_p = \pm 1$, $+$ 或 $-$ 号的选取根据类 p 中的置换的奇偶而定. 在任何特殊情况下, 其余的解可以用普通代数方法求得, 因为考虑到 χ 有关的置换的类型, 可以直接求出方程 (9.14) 中的系数 a. 任何解, 除了相差某一因子外, 在群论中被称为置换群的特征标. 这些 χ 都是实的动力学变量, 因为每个 P 与其共轭复量 P^{-1} 相似, 并且它们总是相加在一起而出现在任何 χ 的定义中, 因此 χ' 一定全是实数.

容易确定方程 (9.14) 可能的解的数目, 因为它一定等于 χ 的任意函数 B 的

不同本征值的数目. 借助于方程 (9.14), 我们可以把 B 表示成 χ 的线性函数, 即

$$B = b_1\chi_1 + b_2\chi_2 + \cdots + b_m\chi_m. \tag{9.15}$$

同样地, 我们能把 $B^2, B^3, \cdots, B^m$ 这些量中的每一个表示成 χ 的线性函数. 由这样得到的 m 个方程连同方程 $\chi(P_1) = 1$, 我们可以消去这 m 个未知量 $\chi_1, \chi_2, \cdots, \chi_m$, 得到的结果是一个 B 的 m 次代数方程

$$B^m + c_1 B^{m-1} + c_2 B^{m-2} + \cdots + c_m = 0.$$

这个方程的 m 个解给出 B 的 m 个可能本征值, 其中每一个按照式 (9.15), 是 $b_1, b_2, \cdots, b_m$ 的线性函数, 其系数就是一组可以允许的 $\chi'_1, \chi'_2, \cdots, \chi'_m$ 的值. 这样得到的 χ' 的各组的值一定全不相同, 因为对于这些 χ, 如果不同的可允许的 χ' 值的组数少于 m, 则会存在一个 χ 的线性函数, 它的每一个本征值都是零, 这就意味着线性函数本身为零, 而这些 χ 就不是线性无关的了. 因此 χ' 值的可允许的组数恰好等于 m, 它是置换的类的数目, 也就是 n 的不同分割的数目. 因而这个数是态的互斥集合的数目.

所有有物理意义的动力学变量以及所有可观测量在各粒子之间都是对称的, 因而与所有的置换 P 对易. 所以, P 的函数中有物理意义的只有这些 χ. 相应于 $|\chi'\rangle$ 的态与相应于 $f(P)|\chi'\rangle$ 的态 (其中 $|\chi'\rangle$ 是 χ 的任意本征右矢, 属于本征值 χ', $f(P)$ 是 P 的任意函数, 但要求 $f(P)|\chi'\rangle \neq 0$) 在观测上不可分辨, 因而物理上是等价的. 用 P 的函数乘上 $|\chi'\rangle$ 所能形成的独立右矢的数目是确定的, 例如写成 $n(\chi')$, 这个数只依赖于 χ'. 在使每个 χ 等于 χ' 的 P 的矩阵表象里, 行与列的数目就是这个数. 如果 $|\chi'\rangle$ 对应于一个定态, $n(\chi')$ 就是它的简并度 (只考虑由粒子间的对称性引起的简并). 在粒子间对称的任何微扰都不能解除这种简并.

§9.4 能级的确定

让我们采用 §7.2 的微扰方法, 并取一级近似, 来计算哈密顿量不显含时间情况下的能级. 我们假定, 在系集的未微扰定态中, 同类粒子中的每一个都有它自己的单独的态. 在有 n 个粒子时, 我们有 n 个这样的态, 相应于 n 个右矢, 如 $|\alpha^1\rangle, |\alpha^2\rangle, \cdots, |\alpha^n\rangle$, 我们暂时假设它们全部正交. 这样, 系集的右矢是

$$|X\rangle = |\alpha_1^1\rangle|\alpha_2^2\rangle \cdots |\alpha_n^n\rangle, \tag{9.16}$$

正如用 $\alpha^1, \alpha^2, \cdots$ 代替了 $a, b, \cdots$ 的右矢 (9.1) 那样. 如果用任意置换 P 作用于它, 我们得到另一右矢

$$P|X\rangle = |\alpha_r^1\rangle |\alpha_s^2\rangle \cdots |\alpha_z^n\rangle, \tag{9.17}$$

这里的 $r, s, \cdots, z$ 是数字 $1, 2, \cdots, n$ 的某种排列, 这个右矢对应于系集的有相同能量的另一个定态. 因此, 如果我们假定不存在其他导致简并的原因, 具有这个能量的未微扰态共有 $n!$ 个. 按照 §7.2 的方法, 当未微扰系统简并时, 我们必须考虑联系于相同能量的两个态的微扰能量 V 的矩阵元, 即考虑形如 $\langle X|P_a V P_b|X \rangle$ 的那些矩阵元. 这些矩阵元将组成一个 $n!$ 行 $n!$ 列的矩阵, 这个矩阵的本征值是能级的一级修正.

现在, 必须引入另一种置换算符, 它能作用于形如 (9.17) 的右矢, 即作用于这些 α 指标上的置换算符. 我们用 P^α 表示这些置换算符. P 与 P^α 的主要差别可由下列方法看出. 让我们考虑一般意义上的一个置换, 例如它是由 2 与 3 的互换实现的. 这可以解释成对象 2 与对象 3 的互换, 或者解释成处于位置 2 与位置 3 上的对象的互换, 这两个操作通常产生很不同的结果. 这两个解释中的第一个是我们给予算符 P 的解释, 有关的对象就是同类粒子. 置换可以作用于系集的任意右矢上. 然而, 采用第二种解释的置换要有意义, 那么必须作用于具有 (9.17) 形式的右矢 (其中每个粒子处于一个由一个 α 所标记的 "位置") 或者具有 (9.17) 形式的右矢之和. 置换 P 可以看成一个普通动力学变量. 置换 P^α 可以看成是狭义上的动力学变量, 当我们仅仅处理由 (9.17) 形式的态叠加而成的态时, 这一看法才有效. 对我们现在的微扰问题, 情况正是如此.

我们可以组成 P^α 的代数函数, 它们是可以作用于具有 (9.17) 形式的右矢的另外一些算符. 特别是, 我们可以组成 $\chi(P_c^\alpha)$, 即某一个类 c 中全部 P^α 的平均. 它必定等于 $\chi(P_c)$, 即同一类中置换算符 P 的平均, 因为在一给定的类中, 不管置换是作用于粒子, 还是作用于粒子所处的位置, 所有置换的总集合显然是相同的. 任何 P 对易于任何 P^α, 也就是

$$P_a P_b^\alpha = P_b^\alpha P_a. \tag{9.18}$$

用与标记粒子一样的数字 $1, 2, 3, \cdots, n$ 来标记所有 α, 我们就在所有 α 与粒子之间建立起一一对应, 因而如果给定了作用于粒子的任何置换 P_a, 我们就可以给出作用于 α 的同一置换 P_a^α 的定义. 其定义是这样的, 对由 (9.16) 给出的右矢

$|X\rangle$, 总有

$$P_a^\alpha P_a |X\rangle = |X\rangle. \tag{9.19}$$

因为不同的右矢 $|\alpha^1\rangle, |\alpha^2\rangle, \cdots$ 是正交的, 所以 $|X\rangle$ 与 $P|X\rangle$ 也是正交的, 除非 $P = 1$. 由此可知, 如果 $|X\rangle$ 是归一化的, 对任意系数 c_P, 有

$$\sum_P c_P \langle X| P^\alpha P_a |X\rangle = c_{P_a}, \tag{9.20}$$

求和遍历所有的 $n!$ 个置换 P 或 P^α, 而让 P_a 固定. 现在把 V_P 定义为

$$V_P = \langle X|VP|X\rangle. \tag{9.21}$$

这样, 对任意两个置换 P_x 与 P_y, 我们有

$$\langle X|P_x V P_y|X\rangle = \langle X|V P_x P_y|X\rangle = V_{P_x P_y}$$
$$= \sum_P V_P \langle X|P^\alpha P_x P_y|X\rangle,$$

最后一步推导用到了式 (9.20). 由 (9.18) 得知, 此式给出

$$\langle X|P_x V P_y|X\rangle = \sum_P V_P \langle X|P_x P^\alpha P_y|X\rangle. \tag{9.22}$$

我们把这个结果写成

$$V \approx \sum_P V_P P^\alpha, \tag{9.23}$$

其中符号 $\approx$ 的含义是指狭义下的等式, 即两边的算符只在它们与形如 $P|X\rangle$ 的右矢及其共轭虚量左矢一起用的时候才是相等的.

公式 (9.23) 表明, 微扰能量 V 在狭义上等于置换 P^α 的一个线性函数, 其系数 V_P 由式 (9.21) 给出. 这种狭义的方法在计算能级的一级修正上是充分的, 因为这种计算只涉及式 (9.22) 所给出的 V 的那些矩阵元. 公式 (9.23) 是很方便的公式, 因为其右边的表达式易于处理.

作为应用公式 (9.23) 的例子, 我们现在来确定由未微扰态 (9.16) 所产生的属于一个互斥集的所有那些态的平均能量. 这要求我们对那些 χ 有值 χ' 的那

些态 (9.17) 来计算 V 的平均本征值. 现在对于这些态的 P_a^α 的平均本征值等于 $P^\alpha P_a^\alpha (P^\alpha)^{-1}$ (P^α 是任意的) 的平均本征值, 所以也等于 $n!^{-1} \sum_{P^\alpha} P^\alpha P_a^\alpha (P^\alpha)^{-1}$ 的平均本征值, 这就是 $\chi'(P_a^\alpha)$ 或 $\chi'(P_a)$. 因此, V 的平均本征值是 $\sum_P V_P \chi'(P)$. 可以用同样的方法计算 V 的任意函数的平均本征值, 只需要用 $\chi'(P)$ 代替每个 P^α, 就可以完成平均值计算.

由未微扰系统的一已知态所产生的 $\chi = \chi'$ 互斥集中的能级数目等于方程 (9.23) 右边与方程 $\chi = \chi'$ 不矛盾的本征值的数目. 这个数就是上一节末尾所引入的数 $n(\chi')$, 因此就是这个集合中态的简并度.

我们曾假设, 按照右矢 (9.16) 决定的未微扰的各个单独右矢 $|\alpha^1\rangle, |\alpha^2\rangle, \cdots$ 全是正交的. 我们的理论可以容易地推广至另一种情况, 即这些右矢中某几个是相等的, 任意两个不相等的仍然限制为正交. 现在我们有某些置换 P^α, 能使 $P^\alpha|X\rangle = |X\rangle$, 即那些只包含相等的 α 之间互换的置换. 如果求和仅包括那些使 $P^\alpha|X\rangle$ 不相同的 P, 方程 (9.20) 仍然成立. 有了这种对 $\sum_P$ 含义的改变, 则所有前面的方程都成立, 包括结果 (9.23). 对现在的 $|X\rangle$, 对 χ 的可能数值有一些限制, 例如, 它们不能有对应于 $|X\rangle$ 是反对称的那些值.

§9.5 应用于电子

让我们研究同类粒子是电子的情况. 根据 §9.1 中讨论的泡利不相容原理, 这要求我们只考虑反对称态. 现在有必要清楚地考虑电子有自旋这一事实, 自旋通过角动量与磁矩表现出来. 自旋对电磁场中电子运动的影响并不大. 由于电子的磁矩有附加的力作用于电子, 从而要求哈密顿量中有附加项. 自旋角动量对电子的运动没有直接作用, 但当有些力倾向于转动磁矩时, 自旋角动量就要起作用, 因为磁矩与角动量总是限制在同一个方向. 没有强磁场的情况下, 这些影响都很小, 与相对论所要求的修正项的量级相同, 在非相对论理论中没有理由考虑它们. 自旋的重要性不在于它们对电子运动的这些小的影响, 而在于下述事实, 即自旋赋予电子两个内部的态, 相应于在某一指定方向上自旋分量的两个可能的值, 这就引起电子的独立态的数目加倍. 这个事实与泡利不相容原理合起来, 有着深远的影响.

在处理电子系集时, 我们有两类动力学变量. 第一类我们可以称之为轨道变量, 包括所有电子的坐标 x, y, z 以及它们的共轭动量 p_x, p_y, p_z. 第二类包括所有电子的自旋变量, 即 §6.4 中引入的变量 $\sigma_x, \sigma_y, \sigma_z$. 这两类变量属于不同的自由度. 根据 §3.7 与 §4.1, 决定整个系统的态的右矢可以是 $|A\rangle|B\rangle$ 的形式, 其中 $|A\rangle$

是单独考虑轨道变量的一个右矢, |B) 是单独考虑自旋变量的一个右矢, 而决定整个系统的一般右矢是这种形式的右矢之和或积分. 这种看问题的方式让我们得以引入两种置换算符, 第一种 P^x 仅作用于轨道变量, 即只作用于因子 |A), 而第二种 P^σ 仅作用于自旋变量, 即只作用于因子 |B). 这些 P^x 与 P^σ 中的每一个都像上一节的 P^α 那样, 可以作用于整个系统的任意右矢, 而不只是作用于某些特殊的右矢. 到现在为止我们一直使用的置换 P 可以作用于所研究的粒子的全部动力学变量, 所以, 对于电子, 它们将既作用于轨道变量, 又作用于自旋变量. 这就是说, 每个 P_a 等于乘积

$$P_a = P_a^x P_a^\sigma. \tag{9.24}$$

现在可以看到, 当应用泡利不相容原理时, 即使略去哈密顿量中的自旋力, 考虑自旋变量还是必需的. 对于自然界中出现的任意态, 每个 P_a 一定有值 ±1, 按照它是偶排列还是奇排列而定, 因此, 由等式 (9.24) 可得

$$P_a^x P_a^\sigma = \pm 1. \tag{9.25}$$

前面三节的理论如果直接应用于电子将变得平凡, 因为每个 $P_a = \pm 1$. 然而, 我们可以把它应用于电子的 P^x 置换. 如果略去哈密顿量中由自旋力引起的各项, 这些 P^σ 是运动常量, 因为这样的处理导致哈密顿量完全不含自旋动力学变量 σ. 这样, 这些 P^x 也一定是运动常量. 现在可以引入一些新的 χ, 它们等于每个类中全部 P^x 的平均值, 并且可以断言, 对于这些 χ 的任何一组可允许的数值 χ', 将有一个态的互斥集. 因此, 对包含多个电子的系统, 存在着态的互斥集, 甚至当我们只考虑那些满足泡利不相容原理的态时也如此. 这时态的集合的互斥性当然只是近似的, 因为只有略去了自旋力时这些 χ 才是常量. 实际上, 有一个小的概率使得属于一个互斥集的态跃迁至另一个互斥集的态.

方程 (9.25) 给出了 P^x 与 P^σ 之间的简单联系, 其意义是, 我们可以只研究动力学变量 P^σ, 而不研究动力学变量 P^x, 就能得到所需要的结果, 例如特征标 χ'. 由于每个电子只有两个独立的自旋态, 研究 P^σ 要容易得多. 这个事实导致 σ 变量的置换群要比一般置换群有较少的特征标 χ', 因为自旋变量的右矢如果是反对称的, 那么该右矢的自旋变量不能超过两个.

我们可以把 P^σ 表示为动力学变量 σ 的代数函数, 这个事实让 P^σ 的研究变

得特别简单. 考虑

$$O_{12} = \tfrac{1}{2}(1 + \sigma_{x1}\sigma_{x2} + \sigma_{y1}\sigma_{y2} + \sigma_{z1}\sigma_{z2}) = \tfrac{1}{2}(1 + \boldsymbol{\sigma}_1 \cdot \boldsymbol{\sigma}_2)$$

这个量. 借助于 §6.4 的方程 (6.50) 与 (6.51), 容易发现

$$(\boldsymbol{\sigma}_1 \cdot \boldsymbol{\sigma}_2)^2 = (\sigma_{x1}\sigma_{x2} + \sigma_{y1}\sigma_{y2} + \sigma_{z1}\sigma_{z2})^2 = 3 - 2(\boldsymbol{\sigma}_1 \cdot \boldsymbol{\sigma}_2), \qquad (9.26)$$

因而

$$O_{12}^2 = \tfrac{1}{4}\{1 + 2(\boldsymbol{\sigma}_1 \cdot \boldsymbol{\sigma}_2) + (\boldsymbol{\sigma}_1 \cdot \boldsymbol{\sigma}_2)^2\} = 1. \qquad (9.27)$$

此外, 我们发现

$$O_{12}\sigma_{x1} = \tfrac{1}{2}(1 + \sigma_{x1} + \sigma_{x2} - \mathrm{i}\sigma_{z1}\sigma_{y2} + \mathrm{i}\sigma_{y1}\sigma_{z2}),$$
$$\sigma_{x2}O_{12} = \tfrac{1}{2}(1 + \sigma_{x2} + \sigma_{x1} + \mathrm{i}\sigma_{y1}\sigma_{z2} - \mathrm{i}\sigma_{z1}\sigma_{y2}),$$

因而

$$O_{12}\sigma_{x1} = \sigma_{x2}O_{12}.$$

对 σ_{y1} 与 σ_{z1} 有类似的关系成立, 所以我们有

$$O_{12}\boldsymbol{\sigma}_1 = \boldsymbol{\sigma}_2 O_{12}$$

或者

$$O_{12}\boldsymbol{\sigma}_1 O_{12}^{-1} = \boldsymbol{\sigma}_2.$$

利用等式 (9.27), 我们从上式可以得到

$$O_{12}\boldsymbol{\sigma}_2 O_{12}^{-1} = \boldsymbol{\sigma}_1.$$

O_{12} 与 $\boldsymbol{\sigma}_1$ 及 $\boldsymbol{\sigma}_2$ 的对易关系恰好就是由互换电子 1 与电子 2 的自旋变量所组成的置换 P_{12}^σ 与 $\boldsymbol{\sigma}_1$ 及 $\boldsymbol{\sigma}_2$ 的对易关系. 因此我们可以令

$$O_{12} = cP_{12}^\sigma,$$

其中 c 是一个数. 方程 (9.27) 表明 $c = \pm 1$. 为了决定 c 的这两个值中哪一个是对的, 我们注意到 P_{12}^σ 的本征值是 $1, 1, 1, -1$, 相当于对两个电子的自旋变量存在着三个独立的对称态与一个反对称态, 也就是说, 用 §6.4 的符号, 它们是由三个对称函数 $f_\alpha(\sigma_{z1}')f_\alpha(\sigma_{z2}')$、$f_\beta(\sigma_{z1}')f_\beta(\sigma_{z2}')$、$f_\alpha(\sigma_{z1}')f_\beta(\sigma_{z2}') + f_\beta(\sigma_{z1}')f_\alpha(\sigma_{z2}')$, 以及一个反对称函数 $f_\alpha(\sigma_{z1}')f_\beta(\sigma_{z2}') - f_\beta(\sigma_{z1}')f_\alpha(\sigma_{z2}')$ 所表示的态. 因此, P_{12}^σ 的平均本征值是 $\frac{1}{2}$. 既然 $\sigma_1 \cdot \sigma_2$ 的平均本征值显然为零, 则 O_{12} 的平均本征值是 $\frac{1}{2}$. 因此我们一定有 $c = +1$, 这样我们就可以令

$$P_{12}^\sigma = \tfrac{1}{2}(1 + \sigma_1 \cdot \sigma_2). \tag{9.28}$$

按这一方法, 只由一个互换所组成的任意置换 P^σ 可以表示为两个 σ 的代数函数. 任意其他的置换 P^σ, 可以表示为多个对换的乘积, 因而也能表示为这些 P^σ 的函数. 借助于等式 (9.25), 我们现在还能把 P^x 表示为 σ 的代数函数, 并从讨论中把 P^σ 消掉. 因为当这些置换是互换时, 式 (9.25) 中一定取负号, 又由于对换的平方是 1, 我们就有

$$P_{12}^x = -\tfrac{1}{2}(1 + \sigma_1 \cdot \sigma_2). \tag{9.29}$$

公式 (9.29) 可以方便地用于计算那些定义态的互斥集的特征标 χ'. 例如, 对于由互换组成的置换, 我们有

$$\chi_{12} = \chi(P_{12}^x) = -\frac{1}{2}\left\{1 + \frac{2}{n(n-1)}\sum_{r<t}(\sigma_r \cdot \sigma_t)\right\}.$$

如果我们按照 §6.3 的等式 (6.39), 通过公式

$$s(s+1) = \left(\tfrac{1}{2}\sum_r \sigma_r\right) \cdot \left(\tfrac{1}{2}\sum_t \sigma_t\right),$$

引入动力学变量 s 来描述以 $\hbar$ 为单位的总自旋角动量 $\frac{1}{2}\sum_r \sigma_r$ 的绝对值, 则我们

有

$$2\sum_{r<t}(\boldsymbol{\sigma}_r \cdot \boldsymbol{\sigma}_t) = \left(\sum_r \boldsymbol{\sigma}_r\right) \cdot \left(\sum_t \boldsymbol{\sigma}_t\right) - \sum_r (\boldsymbol{\sigma}_r \cdot \boldsymbol{\sigma}_r)$$
$$= 4s(s+1) - 3n.$$

因而

$$\chi_{12} = -\frac{1}{2}\left\{1 + \frac{4s(s+1) - 3n}{n(n-1)}\right\} = -\frac{n(n-4) + 4s(s+1)}{2n(n-1)}. \tag{9.30}$$

这样, χ_{12} 可以表示为动力学变量 s 与电子数 n 的函数. 任何其他的 χ 能按同样路线计算出来, 并且一定只是 s 与 n 的函数, 因为再没有对全部 $\boldsymbol{\sigma}$ 动力学变量的对称函数包括在其中了. 因此, 对 s 的每一个本征值 s', 就有 χ 的一组数值 χ', 因而也就有一个态的互斥集. s 的本征值是

$$\tfrac{1}{2}n, \quad \tfrac{1}{2}n-1, \quad \tfrac{1}{2}n-2, \quad \cdots,$$

此数列终止于 0 或 $\frac{1}{2}$.

这样, 我们看到, 含有多个电子的系统的每个定态, 都是 s (以 $\hbar$ 为单位的总自旋 $\frac{1}{2}\sum_r \boldsymbol{\sigma}_r$ 的绝对值) 的本征态, 属于一个确定的本征值 s'. 对任意已知的 s', 总自旋矢量在任意方向的分量将有 $2s'+1$ 个可能值, 而这些就对应于有同样能量的 $2s'+1$ 个独立的定态. 如果我们不略去来自自旋磁矩的力, 则这 $2s'+1$ 个态一般分裂为能量略有不同的 $2s'+1$ 个态, 因而组成一个多重态, 其多重度是 $2s'+1$. 当略去自旋力时, 则 s' 有变化的跃迁 (即从一个多重态至另一个多重态的跃迁) 不能出现; 如果不略去自旋力, 这种跃迁也只以很小的概率出现.

应用上一节的理论让右矢 $|\alpha^r\rangle$ 只与轨道变量有关, 并利用公式 (9.23), 就可以在一级近似下决定含有多个电子的系统的能级. 如果只考虑电子间的库仑力, 则相互作用能 V 包括只与两个电子相关的部分的求和, 这导致除了 P^x 是恒等置换或只是两个电子的互换的那些矩阵元之外, V_P 的所有矩阵元都是零. 因此公式 (9.23) 简化为

$$V \approx V_1 + \sum_{r<s} V_{rs} P_{rs}^{\alpha}, \tag{9.31}$$

V_{rs} 是电子 r 与 s 互换所对应的矩阵元. 由于 P^{α} 与 P^x 有相同的性质, P^{α} 的任

意函数与 P^x 的相应函数有相同的本征值, 所以, 公式 (9.31) 的右边与

$$V_1 + \sum_{r<s} V_{rs} P_{rs}^x$$

有相同的本征值, 根据式 (9.29), 上式等于

$$V_1 - \frac{1}{2} \sum_{r<s} V_{rs}(1 + \boldsymbol{\sigma}_r \cdot \boldsymbol{\sigma}_s). \tag{9.32}$$

式 (9.32) 的本征值是能级的一级修正. 式 (9.32) 的形式表明, 假定在不同电子的自旋之间有一耦合能量为 $-\frac{1}{2} V_{rs}(\boldsymbol{\sigma}_r \cdot \boldsymbol{\sigma}_s)$ (对在 r 与 s 轨道态的电子) 的一个模型, 将会相当成功. 这一耦合能量比自旋磁矩之间的耦合大得多. 原子的这类模型, 在量子力学的这种证明得出以前, 就已经有应用了.

我们可能有两个相同的未微扰系统的轨道态, 即右矢 $|\alpha^r\rangle$ 在两个电子的轨道变量上可能是相同的. 假定 $|\alpha^1\rangle$ 与 $|\alpha^2\rangle$ 相同. 此时, 我们必须只取与 $P_{12}^\sigma = 1$ 相一致的 (9.31) 的本征值, 或只取与 $P_{12}^s = -1$ 或 $P_{12}^\sigma = -1$ 相一致的 (9.32) 的本征值. 从式 (9.28) 得知, 这个条件给出 $\boldsymbol{\sigma}_1 \cdot \boldsymbol{\sigma}_2 = -3$, 因而 $(\boldsymbol{\sigma}_1 + \boldsymbol{\sigma}_2)^2 = 0$. 这样, 两个自旋 $\boldsymbol{\sigma}_1$ 与 $\boldsymbol{\sigma}_2$ 的合成矢量是零, 这可以解释为自旋 $\boldsymbol{\sigma}_1$ 与 $\boldsymbol{\sigma}_2$ 是反平行的. 因此, 我们可以说, 在同一个轨道态的两个电子的自旋反平行. 电子若多于两个则不能处于同一个轨道态.

10　辐射理论

§10.1　玻色子系集

我们研究一个包含 u' 个同类粒子的动力学系统. 用分立的基右矢 $|\alpha^{(1)}\rangle$, $|\alpha^{(2)}\rangle$, $|\alpha^{(3)}\rangle$, ⋯ 为这些粒子的其中之一建立表象. 这样, 正如 §9.1 解释的那样, 通过取乘积

$$|\alpha_1^a\rangle|\alpha_2^b\rangle|\alpha_3^c\rangle...|\alpha_{u'}^g\rangle = |\alpha_1^a\alpha_2^b\alpha_3^c...\alpha_{u'}^g\rangle \tag{10.1}$$

作为基右矢, 得到了 u' 个粒子的系集的对称表象, 其中对每个粒子有一个乘积因子, 这些 α 的下指标 $1,2,3,\cdots,u'$ 是粒子的记号, 而指标 $a,b,c,\cdots,g$ 代表一个粒子的基右矢中的指标 $^{(1)},^{(2)},^{(3)},\cdots$. 如果这些粒子是玻色子, 这样自然界出现的只有对称态, 那么只需研究由右矢 (10.1) 所构成的对称右矢. 对应于这些对称右矢的态形成玻色子系集的完全集. 下面我们可以建立它们的理论.

引入线性算符 S, 定义为

$$S = u'!^{-\frac{1}{2}} \sum P, \tag{10.2}$$

这里的求和遍历 u' 个粒子的全部 $u'!$ 个置换. 于是, S 作用于系集的任意右矢都能得到一个对称右矢. 因此, 我们把 S 叫作对称化算符. 由 §9.2 的式 (9.8) 可知它是实算符. S 作用于右矢 (10.1) 给出

$$u'!^{-\frac{1}{2}} \sum P|\alpha_1^a\alpha_2^b\alpha_3^c...\alpha_{u'}^g\rangle = S|\alpha^a\alpha^b\alpha^c...\alpha^g\rangle, \tag{10.3}$$

在上式的右边, 粒子的记号已经省略了, 因为它们不再有意义. 右矢 (10.3) 对应于 u' 个玻色子的系集的一个态, 在这个态中, 玻色子在不同的玻色子的态上有一确定的分布, 但没有把特定的玻色子指向特定的态. 如果指明了处于每个玻色子态

上的玻色子数量, 那么玻色子的分布就确定了. 令 $n_1', n_2', n_3', \cdots$ 是这种分布中分别处于态 $\alpha^{(1)}, \alpha^{(2)}, \alpha^{(3)}, \cdots$ 上的玻色子数目. 这些 n' 在代数上由方程

$$\alpha^a + \alpha^b + \alpha^c + \cdots + \alpha^g = n_1'\alpha^{(1)} + n_2'\alpha^{(2)} + n_3'\alpha^{(3)} + \cdots \tag{10.4}$$

定义. 当然, 所有这些 n' 的求和等于 u'. n' 的个数等于基右矢 $|\alpha^{(r)}\rangle$ 的个数, 在理论的大多数应用中它比 u' 大得多, 所以这些 n' 中的大多数都是零. 如果 $\alpha^a, \alpha^b, \alpha^c, \cdots, \alpha^g$ 全都不同, 也就是说, 如果这些 n' 全是 0 或 1, 则右矢 (10.3) 是归一化的, 因为在此情况下, 式 (10.3) 的左边各项全是相互正交的, 并且每一项对此右矢长度的平方的贡献是 $u'!^{-1}$. 但是, 如果 $\alpha^a, \alpha^b, \alpha^c, \cdots, \alpha^g$ 并不是全都不同, 则在式 (10.3) 的左边, 那些仅由互换相同态上玻色子的置换 P 所引起的各项是相等的. 相等项的数目是 $n_1'!n_2'!n_3'!\cdots$, 所以右矢 (10.3) 的长度的平方是

$$\langle \alpha^a\alpha^b\alpha^c...\alpha^g|S^2|\alpha^a\alpha^b\alpha^c...\alpha^g\rangle = n_1'!n_2'!n_3'!\cdots. \tag{10.5}$$

为了处理此系集的一般态, 可以引入分别处于态 $\alpha^{(1)}, \alpha^{(2)}, \alpha^{(3)}, \cdots$ 上的玻色子数目 $n_1, n_2, n_3, \cdots$, 并把这些 n 当作动力学变量或可观测量. 它们具有本征值 $0, 1, 2, \cdots, u'$. 右矢 (10.3) 是所有这些 n 的共同本征右矢, 属于本征值 $n_1', n_2', n_3', \cdots$. 各种右矢 (10.3) 形成含有 u' 个玻色子的动力学系统的一个完全集, 所以这些 n 全是互相对易的 (参考 §2.7 的定理的逆定理). 此外, 只有一个独立的右矢 (10.3) 属于任意一组本征值 $n_1', n_2', n_3', \cdots$. 因而这些 n 形成对易可观测量的完全集. 如果把右矢 (10.3) 归一化, 并用它们所属于的 n 的本征值来标记所得的右矢, 也就是, 如果令

$$(n_1'!n_2'!n_3'!\cdots)^{-\frac{1}{2}}S|\alpha^a\alpha^b\alpha^c...\alpha^g\rangle = |n_1'n_2'n_3'\cdots\rangle \tag{10.6}$$

则得到一组右矢 $|n_1'n_2'n_3'\cdots\rangle$, 此处的这些 n' 取非负整数, 加起来等于 u', 这些右矢组成使这些 n 对角的表象的基右矢.

这些 n 可以表示为可观测量 $\alpha_1, \alpha_2, \alpha_3, \cdots, \alpha_{u'}$ 的函数, 它们通过下列的方程定义了单个玻色子的基右矢, 即方程

$$n_a = \sum_r \delta_{\alpha_r\alpha_r^a}, \tag{10.7}$$

或者用对任意函数 f 都成立的方程

$$\sum_a n_a f(\alpha^a) = \sum_r f(\alpha_r). \tag{10.8}$$

现在我们假定, 此系集中玻色子的数目不是给定的, 而是可变的. 这个数目此时就是一个动力学变量或一个可观测量 u, 它有本征值 $0, 1, 2, \cdots$, 而右矢 (10.3) 是 u 的本征右矢, 属于本征值 u'. 为了得到动力学系统的右矢的一个完全集, 现在必须对 u' 的所有值取所有的对称右矢 (10.3). 按次序排列它们, 所以有

$$|\rangle, \quad |\alpha^a\rangle, \quad S|\alpha^a\alpha^b\rangle, \quad S|\alpha^a\alpha^b\alpha^c\rangle, \quad \cdots, \tag{10.9}$$

其中第一个是没有标记的右矢, 对应于不存在玻色子的态, 紧接着的对应于存在一个玻色子的态, 再接着的是对应于存在两个玻色子的态, 依此类推. 一般态对应的右矢是式 (10.9) 中的各个右矢的求和. 式 (10.9) 中的所有右矢之间彼此正交, 联系于玻色子数目相同的两个右矢, 与前面一样是正交的, 而联系于玻色子数目不同的两个右矢也是正交的, 因为它们是 u 的本征右矢并属于不同的本征值. 把式 (10.9) 中的所有右矢归一化, 我们得到像式 (10.6) 那样的一组右矢, 对这些 n' 没有限制 (即每个 n' 可以取所有的非负整数), 而且, 对于含有可变数目玻色子的动力学系统, 这一组右矢形成一个使各个 n 对角的表象的基右矢.

如果这些玻色子之间没有相互作用, 并且基右矢 $|\alpha^{(1)}\rangle, |\alpha^{(2)}\rangle, \cdots$ 对应于一个玻色子的定态, 那么右矢 (10.9) 会对应于玻色子系集的定态. 玻色子的数目 u 现在对时间而言是常量, 但是它不一定是一个具体的数, 也就是说, 一般态是具有不同 u 值的各态的叠加. 如果一个玻色子的能量是 $H(\alpha)$, 那么根据等式 (10.8), 系集的能量是

$$\sum_r H(\alpha_r) = \sum_a n_a H^a, \tag{10.10}$$

其中 H^a 是 $H(\alpha^a)$ 的缩写. 这给出了系集的哈密顿量作为动力学变量 n 的函数.

§10.2 玻色子与振子之间的联系

我们已经在 §6.1 中研究过谐振子, 一个可用正则坐标 q 与正则动量 p 描述的只有一个自由度的动力学系统, 这样, 哈密顿量是 q 与 p 的带有数值系数的平方和. 在数学上, 我们把一个一般的振子定义为可以用正则坐标 q 与正则动量 p 描述的只有一个自由度的动力学系统, 而哈密顿量是 q 与 p 的幂级数, 并且

如果系统受到任何方式的扰动, 它仍保持如此. 现在我们要研究由多个这样的振子组成的动力学系统. 我们可以不用 q 与 p 描述每个振子, 而是采用一个复变量 η (就像 §6.1 的 η) 及其共轭复量 $\bar{\eta}$, 它们满足 §6.1 的对易关系 (6.7). 我们给不同的振子贴上标签 $1, 2, 3, \cdots$, 这样这些振子的整个集合就可用动力学变量 $\eta_1, \eta_2, \eta_3, \cdots, \bar{\eta}_1, \bar{\eta}_2, \bar{\eta}_3, \cdots$ 来描述, 它们满足对易关系

$$\left.\begin{array}{l} \eta_a\eta_b - \eta_b\eta_a = 0, \\ \bar{\eta}_a\bar{\eta}_b - \bar{\eta}_b\bar{\eta}_a = 0, \\ \bar{\eta}_a\eta_b - \eta_b\bar{\eta}_a = \delta_{ab}. \end{array}\right\} \tag{10.11}$$

令

$$\eta_a\bar{\eta}_a = n_a, \tag{10.12}$$

于是

$$\bar{\eta}_a\eta_a = n_a + 1. \tag{10.13}$$

这些 n 是互相对易的可观测量, 而 §6.1 的工作表明, 它们之中每一个都以全部非负整数作为其本征值. 对第 a 个振子, 有一个福克表象的标准右矢 $|0_a\rangle$, 它是 n_a 的一个归一化的本征右矢, 属于本征值 0. 把所有这些标准右矢乘在一起, 我们得到福克表象中一组振子的标准右矢是

$$|0_1\rangle|0_2\rangle|0_3\rangle..., \tag{10.14}$$

它是所有这些 n 的一个共同本征右矢, 其所属的所有本征值都是零. 我们简单地用 $|0\rangle$ 表示它. 根据 §6.1 的式 (6.13) 可知, 对任意的 a, 有

$$\bar{\eta}_a|0\rangle = 0. \tag{10.15}$$

§6.1 的工作也表明, 如果 $n'_1, n'_2, n'_3, \cdots$ 是任意的非负整数, 则

$$\eta_1^{n'_1}\eta_2^{n'_2}\eta_3^{n'_3}\cdots|0\rangle \tag{10.16}$$

是所有 n 的一个共同本征右矢, 分别属于本征值 $n'_1, n'_2, n'_3, \cdots$. 在式 (10.16) 中

取一切不同的 n' 所得的各个右矢, 形成一个右矢的完全集, 它们互相正交, 其中之一的长度的平方 (由 §6.1 的式 (6.16) 得到) 是 $n'_1! n'_2! n'_3! \cdots$. 从这一点我们看到 (记住式 (10.5) 的结果), 右矢 (10.16) 与右矢 (10.9) 刚好有相同的性质, 所以我们可以令右矢 (10.16) 等于具有相同 n' 取值的右矢 (10.9), 而不引起任何矛盾. 这就需要令

$$S|\alpha^a \alpha^b \alpha^c ... \alpha^g\rangle = \eta_a \eta_b \eta_c \cdots \eta_g |0\rangle. \tag{10.17}$$

标准右矢 $|0\rangle$ 等于右矢 (10.9) 中的第一个, 对应于不存在玻色子的态.

方程 (10.17) 的结果是, 把玻色子系集的态与一组振子的态等同起来. 其意义是, 由同类玻色子系集组成的动力学系统等效于由一组振子组成的动力学系统——这两个系统其实是从不同的观点看待同一个系统. 每一个独立的玻色子态伴随着一个振子. 这里我们有了量子力学的最基本的结果之一, 它使光的波动性理论与微粒理论的统一得以实现.

上一节我们的工作是建立于玻色子基右矢 $|\alpha^a\rangle$ 的分立集之上. 我们可以转向另一基右矢分立集 $|\beta^A\rangle$, 并以它们为基础建立一个类似的理论. 此时, 系集的基右矢不用式 (10.9), 而用

$$|\rangle, \quad |\beta^A\rangle, \quad S|\beta^A \beta^B\rangle, \quad S|\beta^A \beta^B \beta^C\rangle, \quad \cdots. \tag{10.18}$$

式 (10.18) 中右矢的第一个对应于没有玻色子的态, 与式 (10.9) 中右矢的第一个相同. 右矢 (10.18) 中对应于有一个玻色子的右矢, 是式 (10.9) 中对应于有一个玻色子的右矢的线性函数, 即

$$|\beta^A\rangle = \sum_a |\alpha^a\rangle \langle \alpha^a | \beta^A\rangle, \tag{10.19}$$

而且一般地, 式 (10.18) 中对应于有 u' 个玻色子的右矢, 是式 (10.9) 中对应于有 u' 个玻色子的那些右矢的线性函数. 伴随着玻色子的新基态 $|\beta^A\rangle$, 有新的一组振子变量 η_A, 相应于式 (10.17) 我们有

$$S|\beta^A \beta^B \beta^C \cdots\rangle = \eta_A \eta_B \eta_C \cdots |0\rangle. \tag{10.20}$$

因此, 一个有 u' 个因子 $\eta_A, \eta_B, \cdots$ 的右矢 $\eta_A \eta_B \cdots |0\rangle$ 一定是有 u' 个因子

$\eta_a, \eta_b, \cdots$ 的右矢 $\eta_a \eta_b \cdots |0\rangle$ 的线性函数. 由此得出, 每个线性算符 η_A 一定是这些 η_a 的线性函数. 方程 (10.19) 给出

$$\eta_A |0\rangle = \sum_a \eta_a |0\rangle \langle \alpha^a | \beta^A \rangle,$$

因而

$$\eta_A = \sum_a \eta_a \langle \alpha^a | \beta^A \rangle. \tag{10.21}$$

因此, 这些 η 变换所遵从的规则, 与一个玻色子的基右矢的变换规则相同. 变换后的 η 及其共轭复量, 与原先的 η 及其共轭复量满足相同的对易关系式 (10.11). 变换后的 η 与原先的 η 处于同样的地位, 因此, 当我们把动力学系统看成一组振子时, 不同的自由度没有不变的意义.

各个 $\bar{\eta}$ 变换所遵从的规则, 与一个玻色子基左矢的变换规则相同, 因而也与组成态 x 的表示的各个数 $\langle \alpha^a | x \rangle$ 的变换规则相同. 人们常常用下面的说法来描述这种相似性, 即这些 $\bar{\eta}_a$ 是把二次量子化的过程应用于 $\langle \alpha^a | x \rangle$ 而得到的, 其含义是, 在我们建立了单粒子的量子理论并引入表示这个态的一组数 $\langle \alpha^a | x \rangle$ 之后, 我们可以把这些数转变成线性算符, 让它们及其共轭复量满足如式 (10.11) 的恰当的对易关系, 然后我们就有了适当的数学基础来处理粒子的系集, 只要粒子是玻色子就可以.

由于玻色子的系集与一组振子相同, 用振子的变量 η 与 $\bar{\eta}$ 来表示玻色子的变量的任何对称函数必定是可能的. 这样做法的一个例子是在方程 (10.10) 中以 $\eta_a \bar{\eta}_a$ 代替 n_a. 让我们看一看, 在一般情况下这是如何进行的. 首先取玻色子变量的函数为

$$U_T = \sum_r U_r \tag{10.22}$$

的情况, 其中每个 U_r 只是第 r 个玻色子的动力学变量的函数, 所以它有一个联系于第 r 个玻色子基右矢 $|\alpha_r^a\rangle$ 的表示 $\langle \alpha_r^a | U_r | \alpha_r^b \rangle$. 为了使得 U_T 是对称的, 这个表示对所有的 r 必须是相同的, 所以, 它只能依赖于两个用 a 与 b 标记的本征值. 因而可以把它简写为

$$\langle \alpha_r^a | U_r | \alpha_r^b \rangle = \langle \alpha^a | U | \alpha^b \rangle = \langle a | U | b \rangle. \tag{10.23}$$

我们有

$$U_r|\alpha_1^{x_1}\alpha_2^{x_2}\ldots\rangle = \sum_a |\alpha_1^{x_1}\alpha_2^{x_2}..\alpha_r^a..\rangle\langle a|U|x_r\rangle. \tag{10.24}$$

把这个方程对 r 的所有值求和, 并用对称化算符 S 作用于两边, 得到

$$SU_T|\alpha_1^{x_1}\alpha_2^{x_2}\ldots\rangle = \sum_r\sum_a S|\alpha_1^{x_1}\alpha_2^{x_2}..\alpha_r^a..\rangle\langle a|U|x_r\rangle. \tag{10.25}$$

由于 U_T 是对称的, 我们可以用 $U_T S$ 代替 SU_T, 然后把方程 (10.25) 中的对称右矢用式 (10.17) 的值代入. 用这一方法, 我们得到

$$\begin{aligned}U_T\eta_{x_1}\eta_{x_2}\cdots|0\rangle &= \sum_a\sum_r \eta_a\eta_{x_r}^{-1}\eta_{x_1}\eta_{x_2}\cdots|0\rangle\langle a|U|x_r\rangle \\ &= \sum_{ab}\eta_a\sum_r \eta_{x_r}^{-1}\eta_{x_1}\eta_{x_2}\cdots|0\rangle\delta_{bx_r}\langle a|U|b\rangle,\end{aligned} \tag{10.26}$$

$\eta_{x_r}^{-1}$ 的意义是因子 η_{x_r} 必须抵消掉. 现在, 由式 (10.15) 与对易关系 (10.11) 得知

$$\bar{\eta}_b\eta_{x_1}\eta_{x_2}\cdots|0\rangle = \sum_r \eta_{x_r}^{-1}\eta_{x_1}\eta_{x_2}\cdots|0\rangle\delta_{bx_r} \tag{10.27}$$

(注意到 $\bar{\eta}_b$ 与偏微分算符 $\partial/\partial\eta_b$ 相似). 所以, 式 (10.26) 变成

$$U_T\eta_{x_1}\eta_{x_2}\cdots|0\rangle = \sum_{ab}\eta_a\bar{\eta}_b\eta_{x_1}\eta_{x_2}\cdots|0\rangle\langle a|U|b\rangle \tag{10.28}$$

右矢 $\eta_{x_1}\eta_{x_2}\cdots|0\rangle$ 形成一个完全集, 因而我们可以从式 (10.28) 推断出算符方程

$$U_T = \sum_{ab}\eta_a\langle a|U|b\rangle\bar{\eta}_b. \tag{10.29}$$

这就用变量 η 与 $\bar{\eta}$ 以及矩阵元 $\langle a|U|b\rangle$ 给出了 U_T.

现在让我们取玻色子变量的一个对称函数, 它由联系于两个玻色子的每一项的求和而得到, 即

$$V_T = \sum_{r,s\neq r} V_{rs}. \tag{10.30}$$

我们不必假定 $V_{rs} = V_{sr}$. 对应于式 (10.23), V_{rs} 的矩阵元简写为

$$\langle \alpha_r^a \alpha_s^b | V_{rs} | \alpha_r^c \alpha_s^d \rangle = \langle ab | V | cd \rangle. \tag{10.31}$$

按照前面的方法, 对应于式 (10.25), 我们得到

$$SV_T | \alpha_1^{x_1} \alpha_2^{x_2} \ldots \rangle = \sum_{r, s \neq r} \sum_{ab} S | \alpha_1^{x_1} \alpha_2^{x_2} .. \alpha_r^a .. \alpha_s^b .. \rangle \langle ab | V | x_r x_s \rangle, \tag{10.32}$$

而对应于式 (10.26), 有

$$V_T \eta_{x_1} \eta_{x_2} \cdots | 0 \rangle = \sum_{abcd} \eta_a \eta_b \sum_{r, s \neq r} \eta_{x_r}^{-1} \eta_{x_s}^{-1} \eta_{x_1} \eta_{x_2} \cdots | 0 \rangle \delta_{cx_r} \delta_{dx_s} \langle ab | V | cd \rangle \tag{10.33}$$

作为式 (10.27) 的推广, 我们可以推导出

$$\bar{\eta}_c \bar{\eta}_d \eta_{x_1} \eta_{x_2} \cdots | 0 \rangle = \sum_{r, s \neq r} \eta_{x_r}^{-1} \eta_{x_s}^{-1} \eta_{x_1} \eta_{x_2} \cdots | 0 \rangle \delta_{cx_r} \delta_{dx_s}, \tag{10.34}$$

所以, 式 (10.33) 变成

$$V_T \eta_{x_1} \eta_{x_2} \cdots | 0 \rangle = \sum_{abcd} \eta_a \eta_b \bar{\eta}_c \bar{\eta}_d \eta_{x_1} \eta_{x_2} \cdots | 0 \rangle \langle ab | V | cd \rangle,$$

这给出了算符方程

$$V_T = \sum_{abcd} \eta_a \eta_b \langle ab | V | cd \rangle \bar{\eta}_c \bar{\eta}_d. \tag{10.35}$$

这个方法可以很快推广到把玻色子变量的任意对称函数表示为 η 与 $\bar{\eta}$ 的函数.

上述理论容易推广而应用到与某些其他动力学系统有相互作用的玻色子系集, 为明确起见, 把这里的其他动力学系统称为原子. 我们必须单独为原子引入一组基右矢 $|\zeta'\rangle$. 把这些右矢 $|\zeta'\rangle$ 的每一个乘上右矢 (10.9) 的每一个, 这样就得到原子与玻色子一起的整个系统的基右矢的集合. 我们可以把这些右矢写成

$$|\zeta'\rangle, \quad |\zeta' \alpha^a \rangle, \quad S|\zeta' \alpha^a \alpha^b \rangle, \quad S|\zeta' \alpha^a \alpha^b \alpha^c \rangle, \quad \cdots. \tag{10.36}$$

我们可以把这一系统看作是由与一组振子相互作用着的原子组成, 所以, 可以用

原子变量与振子变量 $\eta_a, \bar{\eta}_a$ 来描述. 再次使用这组振子的标准右矢 $|0\rangle$, 我们有

$$S|\zeta'\alpha^a\alpha^b\alpha^c...\rangle = \eta_a\eta_b\eta_c...|0\rangle|\zeta'\rangle \qquad (10.37)$$

作为用振子变量表示的基右矢 (10.36), 这对应于式 (10.17).

　　原子变量与玻色子变量的任意函数 (在所有玻色子之间是对称的) 可以表示为原子变量与这些 η 与 $\bar{\eta}$ 的函数. 首先考虑形如式 (10.22) 的函数 U_T, 而让 U_r 只是原子变量与第 r 个玻色子的变量的函数, 这样, 它的表示是 $\langle\zeta'\alpha_r^a|U_r|\zeta'\alpha_r^b\rangle$. 这个表示一定要独立于 r 以使 U_T 可能在所有玻色子之间是对称的, 所以我们可以把它写成 $\langle\zeta'\alpha^a|U|\zeta''\alpha^b\rangle$. 现在让我们把 $\langle a|U|b\rangle$ 定义为原子变量 (其表示是 $\langle\zeta'\alpha^a|U|\zeta''\alpha^b\rangle$) 的函数, 于是, 作为式 (10.23) 的对应, 我们有

$$\langle\zeta'\alpha_r^a|U_r|\zeta''\alpha_r^b\rangle = \langle\zeta'\alpha^a|U|\zeta''\alpha^b\rangle = \langle\zeta'|\langle a|U|b\rangle|\zeta''\rangle. \qquad (10.38)$$

方程 (10.24)-(10.28) 可以拿来用于现在的工作, 只要在所有这些方程的两边右乘 $|\zeta'\rangle$, 其结果是公式 (10.29) 仍然成立. 我们可以同样地处理形如式 (10.30) 的对称函数 V_T, 而令 V_{rs} 只是原子变量与第 r 个及第 s 个玻色子的函数. 把 $\langle ab|V|cd\rangle$ 定义为原子变量的函数, 该原子变量的表示是

$$\langle\zeta'\alpha_r^a\alpha_s^b|V_{rs}|\zeta''\alpha_r^c\alpha_s^d\rangle,$$

我们发现, 公式 (10.35) 仍然成立.

§10.3 玻色子的发射与吸收

　　让我们假定上一节的振子是简谐振子且它们之间没有相互作用. 由 §6.1 的式 (6.5) 可得, 第 a 个振子的能量是

$$H_a = \hbar\omega_a\eta_a\bar{\eta}_a + \tfrac{1}{2}\hbar\omega_a.$$

略去常数项 $\tfrac{1}{2}\hbar\omega_a$, 它是最低态的振子的能量——所谓的 "零点能". 正如 §5.4 的开头解释的那样, 忽略这一项并没有动力学的后果, 仅仅涉及 H_a 的重新定义. 应

用式 (10.12) 可得, 所有振子的总能量现在是

$$H_T = \sum_a H_a = \sum_a \hbar\omega_a \eta_a \bar{\eta}_a = \sum_a \hbar\omega_a n_a. \tag{10.39}$$

这与式 (10.10) 形式相同, 只是用 $\hbar\omega_a$ 代替了 H^a. 因此, 一个简谐振子的集合等价于一个没有相互作用且处于定态的玻色子系集. 如果该集合中的一个振子处于其第 n' 个量子态, 那么就等价于有 n' 个玻色子处于相关的玻色子态.

通常, 这一振子集合的哈密顿量是变量 η_a、$\bar{\eta}_a$ 的幂级数, 写成

$$H_T = H_P + \sum_a (U_a \eta_a + \bar{U}_a \bar{\eta}_a)$$
$$+ \sum_{ab} (U_{ab}\eta_a\bar{\eta}_b + V_{ab}\eta_a\eta_b + \bar{V}_{ab}\bar{\eta}_a\bar{\eta}_b) + \cdots, \tag{10.40}$$

其中 H_P、U_a、U_{ab}、V_{ab} 都是数, H_P 是实数, 而 $U_{ab} = \bar{U}_{ba}$. 如果振子集合与一个原子相互作用, 正如在上一节的末尾得到的那样, 总的哈密顿量具有式 (10.40) 的形式, 其中 H_P、U_a、U_{ab}、V_{ab} 是原子变量的函数, 特别是 H_P, 它是原子自身的哈密顿量. 这个动力学系统普遍的处理很复杂, 在实际应用时, 假定下列项

$$H_P + \sum_a U_{aa}\eta_a\bar{\eta}_a \tag{10.41}$$

相较于其他项要大得多, 并且自身形成一个未微扰系统, 剩下的项被看成是微扰, 按照 §7.3 的理论, 它引起未微扰系统的跃迁. 如果进一步假定, U_{aa} 与原子变量无关, 则哈密顿量为 (10.41) 的未微扰系统只包含一个哈密顿量为 H_P 的原子和处于定态的一个玻色子系集 (其哈密顿量为 (10.39)), 它们之间没有相互作用.

让我们考虑由式 (10.40) 中各项微扰所引起的跃迁有哪几种. 取未微扰系统的一个定态, 对这个态, 原子处于一个定态 ζ', 而玻色子是出现于玻色子定态 $a, b, c, \cdots$. 与式 (10.37) 一样, 未微扰系统的这个定态对应于右矢

$$\eta_a\eta_b\eta_c\cdots|0\rangle|\zeta'\rangle. \tag{10.42}$$

如果式 (10.40) 中的 $U_x\eta_x$ 项作用于这个右矢, 其结果是一个类似于

$$\eta_x\eta_a\eta_b\eta_c...|0\rangle|\zeta''\rangle \tag{10.43}$$

的各右矢的线性组合, ζ'' 表示这个原子的任意定态. 右矢 (10.43) 联系的态比右矢 (10.42) 的态多一个玻色子, 这个多出的玻色子处于 x 态. 因此, 微扰项 $U_x\eta_x$ 所引起的跃迁是一个玻色子发射到 x 态, 而原子有一任意的跃迁. 如果式 (10.40) 中的 $\bar{U}_x\bar{\eta}_x$ 项作用于式 (10.42), 则结果为零, 除非式 (10.42) 含有因子 η_x; 如果式 (10.42) 含有因子 η_x, 则结果是一个类似于

$$\eta_x^{-1}\eta_a\eta_b\eta_c...|0\rangle|\zeta''\rangle$$

的各右矢的线性组合, 它对应于一个在 x 态中少一个玻色子的态. 因此, 微扰项 $\bar{U}_x\bar{\eta}_x$ 所引起的跃迁是从 x 态吸收一个玻色子, 原子也有一任意跃迁. 同样, 我们发现, 微扰项 $U_{xy}\eta_x\bar{\eta}_y (x \neq y)$ 引起的过程是从 y 态吸收一个玻色子, 同时有一个玻色子发射到 x 态, 或者物理上等价地说, 一个玻色子有了从 y 态到 x 态的跃迁. 微扰能量中类似于式 (10.22) 与 (10.29) 中的 U_T 的项会产生这种过程, 只要对角元 $\langle a|U|a\rangle$ 等于零即可. 此外, 微扰项 $V_{xy}\eta_x\eta_y$, $V_{xy}\bar{\eta}_x\bar{\eta}_y$ 所引起的过程分别是两个玻色子被发射或被吸收, 更复杂的项也可依此类推. 对于这些发射与吸收过程中的任何一个, 原子可以有任意跃迁.

让我们来确定这些跃迁过程中, 每一个出现的概率怎样依赖于原先存在于各玻色子态的玻色子数目. 从 §7.3 与 §7.5 得知, 跃迁概率总是正比于涉及两个有关态的微扰能量的矩阵元的模平方. 因此, 一个玻色子发射到 x 态而原子从 ζ' 态跃迁至 ζ'' 态的概率正比于

$$|\langle\zeta''|\langle n_1' n_2'..(n_x'+1)..|U_x\eta_x|n_1' n_2'..n_x'..\rangle|\zeta'\rangle|^2, \tag{10.44}$$

其中各个 n 是开始时存在于各个玻色子态的玻色子数目. 现在, 参考式 (10.4), 由式 (10.6) 与 (10.17) 可得

$$|n_1' n_2' n_3' \cdots\rangle = (n_1'! n_2'! n_3'! \cdots)^{-\frac{1}{2}} \eta_1^{n_1'} \eta_2^{n_2'} \eta_3^{n_3'} \cdots |0\rangle, \tag{10.45}$$

所以

$$\eta_x |n'_1 n'_2..n'_x..\rangle = (n'_x + 1)^{\frac{1}{2}} |n'_1 n'_2..(n'_x + 1)..\rangle. \tag{10.46}$$

因而式 (10.44) 等于

$$(n'_x + 1)|\langle \zeta''|U_x|\zeta'\rangle|^2, \tag{10.47}$$

这表明, 一个玻色子发射到 x 态的跃迁概率, 与原先在 x 态的玻色子数目加 1 成正比.

一个玻色子从 x 态被吸收而原子从 ζ' 态跃迁至 ζ'' 态的概率正比于

$$|\langle \zeta''|\langle n'_1 n'_2..(n'_x - 1)..|\bar{U}_x \bar{\eta}_x|n'_1 n'_2..n'_x..\rangle|\zeta'\rangle|^2, \tag{10.48}$$

这些 n 还是开始时存在于各个玻色子态的玻色子数目. 现在由等式 (10.45) 可得

$$\bar{\eta}_x |n'_1 n'_2..n'_x..\rangle = n'^{\frac{1}{2}}_x |n'_1 n'_2..(n'_x - 1)..\rangle, \tag{10.49}$$

所以式 (10.48) 等于

$$n'_x |\langle \zeta''|\bar{U}_x|\zeta'\rangle|^2 \tag{10.50}$$

因此, 一个玻色子从 x 态被吸收的跃迁概率正比于原来在 x 态的玻色子数目.

同样的方法可以应用于更复杂的过程, 并表明一个玻色子从 y 态跃迁至 $x(x \neq y)$ 态过程的概率正比于 $n'_y(n'_x + 1)$. 更普遍地, 一个过程中玻色子从态 $x, y, \cdots$ 被吸收, 并发射到态 $a, b, \cdots$, 该过程的概率正比于

$$n'_x n'_y...(n'_a + 1)(n'_b + 1)..., \tag{10.51}$$

这些 n 是每种情况下原先存在的玻色子数目. 这些结果不仅对直接跃迁过程成立, 而且对那些经过一个或更多的中间态而实现的跃迁过程 (按照 §7.3 末尾的解释) 也成立.

§10.4 应用于光子

因为光子是玻色子, 前面的理论适用于光子. 当一个光子处于动量本征态时, 它就处于一个定态. 这样, 它有两个独立的偏振态, 可以看成是相互垂直的两个线偏振态. 这样, 描述定态所需的动力学变量包括动量 $\boldsymbol{p}$(一个矢量) 与一个偏振

变量 l(垂直于 p 的单位矢量). 变量 p 与 l 取代了我们前面所用的 α. p 的本征值包括 p 的三个直角分量, 且每一个分量都取从 $-\infty$ 至 ∞ 的全部数值, 而对于 p 的每个本征值 p', l 只有两个本征值, 即垂直于 p' 并彼此垂直的两个任意矢量. 由于 p 的本征值形成一连续范围, 所以存在一连续范围的定态, 这给出连续的基右矢 $|p'l'\rangle$. 然而, 前面的理论建立于玻色子的分立右矢 $|\alpha'\rangle$ 之上. 有两种方式可以用来克服这一差异.

第一种方式在于把 p 的本征值的连续三维分布用一个大数目的分立点来代替, 这些点靠得很近, 形成遍布于整个三维 p 空间的粉末. 令 $s_{p'}$ 为在任意点 p' 附近的这种粉末的密度 (即单位体积的点数). 这样, $s_{p'}$ 一定是大的正数, 但另一方面, 它是 p' 的任意函数. 在 p 空间的一个积分可以替换成对这个粉末的各点求和, 即按照公式

$$\iiint f(p')\mathrm{d}p'_x\mathrm{d}p'_y\mathrm{d}p'_z = \sum f(p')s_{p'}^{-1} \tag{10.52}$$

进行, 这个公式提供了从连续 p' 过渡到分立值 (以及反过来) 的基础. 任何问题可以先用分立的 p' 值算出, 为此可用 §10.1-§10.3 的理论, 而把结果变换回到连续的 p' 值. 这样, 任意的密度 $s_{p'}$ 就不会出现在结果中.

第二种方式在于修改 §10.1-§10.3 的理论中的方程, 使它们适用于有一连续范围基右矢 $|\alpha'\rangle$ 的情况, 就有连续本征值的变量而言, 修改方法是用积分代替求和, 并用 δ 函数代替对易关系 (10.11) 中的 δ 记号. 这两种方式的每一种都有某些优点, 也有一些缺点. 第一种通常便于物理讨论, 而第二种便于数学阐述. 这里会发展上述两种方式, 而采用哪一种方式则根据当时哪一种更合适而定.

描述与一个原子相互作用的光子系集的哈密顿量具有普遍形式 (10.40), 其系数 H_P、U_a、U_{ab}、V_{ab} 都包含原子变量. 这一哈密顿量可以写成

$$H_T = H_P + H_Q + H_R, \tag{10.53}$$

其中 H_P 只是原子的能量, H_R 只是光子系集的能量,

$$H_R = \sum_{p'l'} n_{p'l'}h\nu_{p'} \tag{10.54}$$

其中 $\nu_{p'}$ 是动量为 p' 的光子的频率, 而 H_Q 是相互作用能, 它可以由与经典理论

的类比而计算出来, 这一点将在下一节展示. 整个系统可以用上一节所讨论的微扰方法处理, H_P 与 H_R 提供未微扰系统的能量 (10.41), 而 H_Q 是微扰能量, 它引起了光子被发射与吸收、且原子从一个定态跃迁至另一定态的跃迁过程.

我们在上一节看到, 吸收过程的概率正比于原先这个态 (玻色子从这个态被吸收) 中的玻色子数目. 由此我们可以推断, 在入射到原子的一束辐射中有一个光子被吸收的概率正比于光束的强度. 我们还看到, 一个发射过程的概率正比于原先有关态中的玻色子数目加 1. 要解释这个结果, 我们一定要仔细研究用分立集合代替连续范围光子态所涉及的关系.

让我们暂时忽略偏振变量 l. 令 $|\boldsymbol{p}'\mathrm{D}\rangle$ 是对应于分立光子态 $\boldsymbol{p}'$ 的归一化右矢. 这样, 由 §3.3 的等式 (3.22) 可得

$$\sum_{\boldsymbol{p}'} |\boldsymbol{p}'\mathrm{D}\rangle\langle\boldsymbol{p}'\mathrm{D}| = 1,$$

利用式 (10.52), 上式给出

$$\int |\boldsymbol{p}'\mathrm{D}\rangle\langle\boldsymbol{p}'\mathrm{D}|s_{\boldsymbol{p}'}\mathrm{d}^3p' = 1, \tag{10.55}$$

这里的 d^3p' 是 $\mathrm{d}p'_x\mathrm{d}p'_y\mathrm{d}p'_z$ 的简写. 如果 $|\boldsymbol{p}'\rangle$ 是对应于连续态 $\boldsymbol{p}'$ 的基右矢, 根据 §3.3 的式 (3.24), 我们有

$$\int |\boldsymbol{p}'\rangle\langle\boldsymbol{p}'|\mathrm{d}^3p' = 1,$$

与式 (10.55) 比较, 上式表明

$$|\boldsymbol{p}'\rangle = |\boldsymbol{p}'\mathrm{D}\rangle s_{\boldsymbol{p}'}^{\frac{1}{2}}. \tag{10.56}$$

$|\boldsymbol{p}'\rangle$ 与 $|\boldsymbol{p}'\mathrm{D}\rangle$ 之间的关系, 类似于 §3.3 的式 (3.38) 所证明的变更表象权重函数时右矢之间的关系.

如果每个分立光子态 $\boldsymbol{p}'$ 上有 $n_{\boldsymbol{p}'}$ 个光子, 那么按照 §5.7 的式 (5.68), 光子系集的吉布斯密度 ρ 是

$$\rho = \sum_{\boldsymbol{p}'} |\boldsymbol{p}'\mathrm{D}\rangle n_{\boldsymbol{p}'}\langle\boldsymbol{p}'\mathrm{D}| = \int |\boldsymbol{p}'\mathrm{D}\rangle n_{\boldsymbol{p}'}\langle\boldsymbol{p}'\mathrm{D}|s_{\boldsymbol{p}'}\mathrm{d}^3p'$$

$$= \int |\boldsymbol{p}'\rangle n_{\boldsymbol{p}'}\langle\boldsymbol{p}'|\mathrm{d}^3p' \tag{10.57}$$

上面推导中用了式 (10.56). 任意点 $\boldsymbol{x}'$ 附近单位体积内的光子数, 此时按照 §5.7 的式 (5.73), 就是 $\langle \boldsymbol{x}'|\rho|\boldsymbol{x}'\rangle$. 由式 (10.57) 可得, 这等于

$$\langle \boldsymbol{x}'|\rho|\boldsymbol{x}'\rangle = \int \langle \boldsymbol{x}'|\boldsymbol{p}'\rangle n_{\boldsymbol{p}'}\langle \boldsymbol{p}'|\boldsymbol{x}'\rangle \mathrm{d}^3 p'$$

$$= \int h^{-3} n_{\boldsymbol{p}'}\mathrm{d}^3 p' \tag{10.58}$$

只要我们把 §4.3 的式 (4.54) 所给的变换函数 $\langle \boldsymbol{x}'|\boldsymbol{p}'\rangle$ 值代入就能得到上式的最后一步. 方程 (10.58) 把单位体积内的光子数表示为动量空间的一个积分, 所以方程 (10.58) 的被积函数可以解释为单位相空间中的光子数. 这样, 得到的结果是单位相空间的光子数等于 h^{-3} 乘上每个分立态上的光子数, 换句话说, 相空间中体积为 h^3 的一个相格对应于一个分立态. 这个结果是普遍的, 对任何种类的粒子都成立. 如果不忽略光子的偏振变量, 这个结果对两个独立偏振态中的任一个都成立.

频率为 ν 的光子的动量的绝对值是 $h\nu/c$, 所以, 动量空间的体积元是

$$\mathrm{d}p_x \mathrm{d}p_y \mathrm{d}p_z = h^3 c^{-3} \nu^2 \mathrm{d}\nu \mathrm{d}\omega,$$

其中 $\mathrm{d}\omega$ 是矢量 $\boldsymbol{p}$ 方向上的立体角元. 因此, 每个分立态上有 $n'_{\boldsymbol{p}}$ 个光子的分布 (等价于在体积元 $\mathrm{d}^3 x$ 与动量空间元 $\mathrm{d}^3 p$ 中有 $h^{-3} n'_{\boldsymbol{p}} \mathrm{d}^3 p \mathrm{d}^3 x$ 个光子的分布), 等于在体积元 $\mathrm{d}^3 x$ 与频率范围 $\mathrm{d}\nu$ 以及运动方向 $\mathrm{d}\omega$ 中有 $n'_{\boldsymbol{p}} c^{-3} \nu^2 \mathrm{d}\nu \mathrm{d}\omega \mathrm{d}^3 x$ 个光子的分布. 这对应于单位立体角单位频率范围的能量密度 $n'_{\boldsymbol{p}} h c^{-3} \nu^3$, 或者说, 对应于单位频率范围的强度 (单位频率范围单位时间穿过单位面积的能量) 是

$$I_\nu = n'_{\boldsymbol{p}} h\nu^3/c^2. \tag{10.59}$$

发射一个光子的概率正比于 $n'_{\boldsymbol{p}l} + 1$, 而 $n'_{\boldsymbol{p}l}$ 是原先处于相关分立态的光子数, 这个结果现在可以解释为: 这一概率正比于 $I_{\nu l} + h\nu^3/c^2$, 其中 $I_{\nu l}$ 是在被发射光子的频率附近单位频率范围入射辐射的强度, 并且此入射辐射与被发射光子有相同的偏振 $\boldsymbol{l}$. 因此, 没有入射辐射的情况下, 仍然有一定量的发射, 但与被发射辐射有相同频率和相同偏振并在同方向上的入射辐射会增加或激发发射. 这样, 现在的辐射理论给出了受激发射与自发发射, 从而使 §7.4 的不完整理论变得完整. 这个理论所给出的两种发射之比, 即 $I_{\nu l} : h\nu^3/c^2$, 与 §7.4 中爱因斯坦统

计平衡理论所提供的结论一致.

一个光子从态 $p'l'$ 被散射到态 $p''l''$ 的概率, 正比于 $n_{p'l'}(n_{p''l''} + 1)$, 这些 n 是原先处于有关分立态的光子数. 我们可以把这一结果解释为: 这一概率正比于

$$I_{\nu'l'}(I_{\nu''l''} + h\nu''^3/c^2). \tag{10.60}$$

同样地, 对于一个有多个光子发射与吸收的更普遍的辐射过程, 其概率正比于每个被吸收光子的因子 $I_{\nu l}$, 正比于每个被发射光子的因子 $I_{\nu l} + h\nu^3/c^2$. 因此, 与发射光子中任一个有相同频率, 相同偏振并在相同方向上的入射辐射, 都能激发这一过程.

§10.5 光子与原子间的相互作用能

我们现在要确定原子与玻色子系集之间的相互作用能, 即通过和原子与辐射场之间相互作用能的经典表述的类比, 以确定方程 (10.53) 中的 H_Q. 为简单起见, 我们假定, 该原子只包含单个在静电力场中运动的电子. 辐射场可以用一个标量势与一个矢量势描述. 这些势有一定程度的任意性, 可以选取标量势为零. 这样场就完全由矢量势 A_x, A_y, A_z 或 $\boldsymbol{A}$ 描述. 在描述原子的哈密顿量中, 场所引起的变化, 就像 §6.8 开头所解释的那样, 现在是

$$H_Q = \frac{1}{2m}\left\{\left(\boldsymbol{p} + \frac{e}{c}\boldsymbol{A}\right)^2 - \boldsymbol{p}^2\right\} = \frac{e}{mc}\boldsymbol{p}\cdot\boldsymbol{A} + \frac{e^2}{2mc^2}\boldsymbol{A}^2. \tag{10.61}$$

这是经典的相互作用能. 出现在这里的 $\boldsymbol{A}$ 应该是矢量势在电子瞬间所处位置的取值. 然而, 只要我们所研究的辐射的波长比原子的尺寸要大, 我们把 $\boldsymbol{A}$ 取作原子中某一固定点 (比如核) 上的矢量势, 这是足够好的近似.

首先经典地考虑辐射场并忽略其与原子的相互作用. 根据麦克斯韦的理论, 矢量势 $\boldsymbol{A}$ 满足方程

$$\Box\boldsymbol{A} = 0, \quad \mathrm{div}\,\boldsymbol{A} = 0, \tag{10.62}$$

这里的 $\Box$ 是 $\partial^2/c^2\partial t^2 - \partial^2/\partial x^2 - \partial^2/\partial y^2 - \partial^2/\partial z^2$ 的缩写. 上面方程中的第一个表明 $\boldsymbol{A}$ 可以分解为傅里叶分量, 形式是

$$\boldsymbol{A} = \int\{\boldsymbol{A}_k\mathrm{e}^{-\mathrm{i}\boldsymbol{k}\cdot\boldsymbol{x}+2\pi\mathrm{i}\nu_k t} + \overline{\boldsymbol{A}}_k\mathrm{e}^{\mathrm{i}\boldsymbol{k}\cdot\boldsymbol{x}-2\pi\mathrm{i}\nu_k t}\}\mathrm{d}^3k, \tag{10.63}$$

每一傅里叶分量代表以光速运动的一列波, 它由矢量 k 描述, 其方向给出波的运动方向, 其绝对值 $|k|$ 与其频率 ν_k 通过

$$2\pi\nu_k = c|k| \tag{10.64}$$

相联系. 矢量 k 刚好是量子理论中伴随着这些波的光子的动量除以 $\hbar$. 对 k 的每个值, 有一振幅 A_k, 它通常是一复矢量, 式 (10.63) 中的积分遍历整个三维 k 空间. 式 (10.62) 的第二个方程给出

$$k \cdot A_k = 0, \tag{10.65}$$

它表明, 对 k 的每个值, A_k 与 k 垂直. 这表示这些波是横波. A_k 可以由两个相互垂直并垂直于 k 的方向的分量决定, 这两个分量对应于两个独立的线偏振态.

辐射的总能量由体积积分

$$H_R = (8\pi)^{-1} \int (\mathscr{E}^2 + \mathscr{H}^2) \mathrm{d}^3 x \tag{10.66}$$

给出, 积分遍历整个空间, 这里辐射的电场 $\mathscr{E}$ 与磁场 $\mathscr{H}$ 由

$$\mathscr{E} = -\frac{1}{c}\frac{\partial A}{\partial t}, \quad \mathscr{H} = \mathrm{curl}A \tag{10.67}$$

给出. 应用矢量分析的标准公式, 并借助于式 (10.62) 的第二个方程, 我们有

$$\mathrm{div}[A \times \mathscr{H}] = \mathscr{H} \cdot \mathrm{curl}A - A \cdot \mathrm{curl}\mathscr{H} = \mathscr{H}^2 - A \cdot \mathrm{curl}\,\mathrm{curl}A$$
$$= \mathscr{H}^2 + A \cdot \nabla^2 A.$$

因此, 略去可以转变为在无穷远处面积分的一项之后, 式 (10.66) 变成

$$H_R = (8\pi)^{-1} \int \left\{ \frac{1}{c^2}\frac{\partial A}{\partial t} \cdot \frac{\partial A}{\partial t} - A \cdot \nabla^2 A \right\} \mathrm{d}^3 x. \tag{10.68}$$

用式 (10.63) 所给的值代替这里的 A, 可以得到用傅里叶振幅 A_k 表示的辐射能量. 辐射能量是常量 (因为现在忽略了辐射与原子的相互作用), 所以在此计

算中, 我们可以取 $t = 0$. 这意味着取

$$\boldsymbol{A} = \int (\boldsymbol{A_k} + \overline{\boldsymbol{A}}_{-\boldsymbol{k}}) \mathrm{e}^{-\mathrm{i}\boldsymbol{k}\cdot\boldsymbol{x}} \mathrm{d}^3k, \tag{10.69}$$

$$\nabla^2 \boldsymbol{A} = -\int k^2 (\boldsymbol{A_k} + \overline{\boldsymbol{A}}_{-\boldsymbol{k}}) \mathrm{e}^{-\mathrm{i}\boldsymbol{k}\cdot\boldsymbol{x}} \mathrm{d}^3k,$$

$$\partial \boldsymbol{A}/\partial t = \mathrm{i}c \int |\boldsymbol{k}|(\boldsymbol{A_k} - \overline{\boldsymbol{A}}_{-\boldsymbol{k}}) \mathrm{e}^{-\mathrm{i}\boldsymbol{k}\cdot\boldsymbol{x}} \mathrm{d}^3k. \tag{10.70}$$

把这些表达式代入式 (10.68), 并利用 §4.3 的公式 (4.49), 我们得到

$$\begin{aligned}
H_R &= (8\pi)^{-1} \iiint \{ k'^2 (\boldsymbol{A_k} + \overline{\boldsymbol{A}}_{-\boldsymbol{k}}) \cdot (\boldsymbol{A}_{\boldsymbol{k}'} + \overline{\boldsymbol{A}}_{-\boldsymbol{k}'}) \\
&\quad - |\boldsymbol{k}||\boldsymbol{k}'|(\boldsymbol{A_k} - \overline{\boldsymbol{A}}_{-\boldsymbol{k}}) \cdot (\boldsymbol{A}_{\boldsymbol{k}'} - \overline{\boldsymbol{A}}_{-\boldsymbol{k}'}) \} \mathrm{e}^{-\mathrm{i}\boldsymbol{k}\cdot\boldsymbol{x}} \mathrm{e}^{-\mathrm{i}\boldsymbol{k}'\cdot\boldsymbol{x}} \mathrm{d}^3k \mathrm{d}^3k' \mathrm{d}^3x \\
&= \pi^2 \iint \{ k'^2 (\boldsymbol{A_k} + \overline{\boldsymbol{A}}_{-\boldsymbol{k}}) \cdot (\boldsymbol{A}_{\boldsymbol{k}'} + \overline{\boldsymbol{A}}_{-\boldsymbol{k}'}) \\
&\quad - |\boldsymbol{k}||\boldsymbol{k}'|(\boldsymbol{A_k} - \overline{\boldsymbol{A}}_{-\boldsymbol{k}}) \cdot (\boldsymbol{A}_{\boldsymbol{k}'} - \overline{\boldsymbol{A}}_{-\boldsymbol{k}'}) \} \delta(\boldsymbol{k} + \boldsymbol{k}') \mathrm{d}^3k \mathrm{d}^3k',
\end{aligned}$$

其中 $\delta(\boldsymbol{k} + \boldsymbol{k}')$ 是三个因子的乘积, $\boldsymbol{k}$ 的每个分量有一个. 因而

$$\begin{aligned}
H_R &= \pi^2 \int k^2 \{ (\boldsymbol{A_k} + \overline{\boldsymbol{A}}_{-\boldsymbol{k}}) \cdot (\boldsymbol{A}_{-\boldsymbol{k}} + \overline{\boldsymbol{A}}_{\boldsymbol{k}}) - (\boldsymbol{A_k} - \overline{\boldsymbol{A}}_{-\boldsymbol{k}}) \cdot (\boldsymbol{A}_{-\boldsymbol{k}} - \overline{\boldsymbol{A}}_{\boldsymbol{k}}) \} \mathrm{d}^3k \\
&= 2\pi^2 \int k^2 \{ (\boldsymbol{A_k} \cdot \overline{\boldsymbol{A}}_{\boldsymbol{k}}) + (\boldsymbol{A}_{-\boldsymbol{k}} \cdot \overline{\boldsymbol{A}}_{-\boldsymbol{k}}) \} \mathrm{d}^3k \\
&= 4\pi^2 \int k^2 (\boldsymbol{A_k} \cdot \overline{\boldsymbol{A}}_{\boldsymbol{k}}) \mathrm{d}^3k. \tag{10.71}
\end{aligned}$$

可以用分立 $\boldsymbol{k}$ 值的粉末取代 $\boldsymbol{k}$ 值的连续分布, 正如在上一节处理 $\boldsymbol{p}$ 值那样. 按照等式 (10.52), 积分 (10.71) 变成求和

$$H_R = 4\pi^2 \sum_{\boldsymbol{k}} k^2 (\boldsymbol{A_k} \cdot \overline{\boldsymbol{A}}_{\boldsymbol{k}}) s_{\boldsymbol{k}}^{-1},$$

其中 $s_{\boldsymbol{k}}$ 是分立 $\boldsymbol{k}$ 值的密度. 我们也可以把上式写成

$$H_R = 4\pi^2 \sum_{\boldsymbol{k}l} k^2 A_{\boldsymbol{k}l} \bar{A}_{\boldsymbol{k}l} s_{\boldsymbol{k}}^{-1}, \tag{10.72}$$

其中 $A_{\boldsymbol{k}l}$ 是 $\boldsymbol{A_k}$ 沿方向 l 并垂直于 $\boldsymbol{k}$ 的分量, 而对 l 的求和要取两个相互垂直的

方向 l. 因此, 对每一个光子的独立定态, 式 (10.72) 中有一项与之对应.

任意点 x 的场量 $\mathscr{E}$ 与 $\mathscr{H}$ 可以看成是动力学变量. 那么, 下面的量

$$A_{klt} = A_{kl}\mathrm{e}^{2\pi\mathrm{i}\nu_k t}, \quad \bar{A}_{klt} = \bar{A}_{kl}\mathrm{e}^{-2\pi\mathrm{i}\nu_k t}$$

可以看成是时刻 t 的动力学变量, 因为由式 (10.63) 与 (10.67) 可得, 它们与时刻 t 在各不同点 x 上的 $\mathscr{E}$ 以及 $\mathscr{H}$ 之间由不含 t 的方程相联系. A_{kl} 是常量, 所以 A_{klt} 按照简谐规律随时间 t 变化. 因此, A_{klt} 类似于由 §6.1 的式 (6.3) 所定义的谐振子的 η_t, 振子的频率 ω 是 $2\pi\nu_k$. 我们可以让每个 A_{klt} 正比于某个谐振子的 η_t, 那么辐射场就变成谐振子的集合.

让我们转向量子理论, 并把 A_{klt}、$\bar{A}_{klt}$ 当作海森伯图像中的动力学变量. 能量表达式 (10.72) 可以保持不变, 因子 A_{klt}、$\bar{A}_{klt}$ 在那里出现的次序是正确的次序, 这样就不会给出零点能. A_{klt} 仍然按照 $\mathrm{e}^{\mathrm{i}\omega t}$ 的规律随时间变化, 并仍然让它正比于谐振子的 η_t. 这个比例因子可以通过令式 (10.72) 等于能量表达式 (10.39) 来获得, 用两个标记 k 与 l 替代标记 a, 并用 $h\nu_k$ 替代 $\hbar\omega_a$. 这给出

$$4\pi^2 \sum_{kl} k^2 A_{klt} \bar{A}_{klt} s_k^{-1} = \sum_{kl} h\nu_k \eta_{klt} \bar{\eta}_{klt},$$

插入下指标 t 是为了表明, 我们研究的是海森伯动力学变量 (当我们把经典理论的方程转换到量子理论中去时, 应该这么做). 因而, 利用式 (10.64) 并略去一个不重要的任意相因子, 可得

$$4\pi^2 A_{klt} = ch^{\frac{1}{2}} \nu_k^{-\frac{1}{2}} \eta_{klt} s_k^{\frac{1}{2}}. \tag{10.73}$$

用这一方法, 我们引入了海森伯动力学变量 η_{klt}, 它们把辐射场描述为振子的集合. 这些 η_{klt} 与 $\bar{\eta}_{klt}$ 之间的对易关系是已知的, 已由式 (10.11) 给出, 所以, 方程 (10.73) 确定了这些 A_{klt} 与 $\bar{A}_{klt}$ 之间的对易关系. 因此, 它就确定了在时刻 t 在各不同点 x 上的势 A 与场量 $\mathscr{E}$ 及 $\mathscr{H}$ 之间的对易关系. (偶然情况下, A_{klt}、$\bar{A}_{klt}$ 的对易关系是固定的, 于是不同时刻的两个势或场量之间的对易关系也是固定的.)

考虑到辐射场与原子之间的相互作用, 我们仍然可以使用式 (10.73). 这包含了一个假设, 即相互作用并不影响势与场量之间在某一给定时刻的对易关系. 这

个相互作用导致各 η_{klt} 不再按照简谐规律变化, 并且所有振子不再是谐振子. 因此, 相互作用可以影响不同时刻的两个势或场量之间的对易关系.

现在可以把相互作用能 (10.61) 搬入量子理论, 用 $\boldsymbol{p}_t$ 代替 $\boldsymbol{p}$ 以显示它是海森伯动力学变量. 让原子核处于坐标原点, 把 $\boldsymbol{x} = 0$ 的式 (10.63) 代入式 (10.61), 得到

$$
\begin{aligned}
H_{Qt} &= \frac{e}{mc} \int \boldsymbol{p}_t \cdot (\boldsymbol{A}_{kt} + \overline{\boldsymbol{A}}_{kt}) \mathrm{d}^3 k \\
&\quad + \frac{e^2}{2mc^2} \iint (\boldsymbol{A}_{kt} + \overline{\boldsymbol{A}}_{kt}) \cdot (\boldsymbol{A}_{k't} + \overline{\boldsymbol{A}}_{k't}) \mathrm{d}^3 k \mathrm{d}^3 k' \\
&= \frac{e}{mc} \sum_{\boldsymbol{k}} \boldsymbol{p}_t \cdot (\boldsymbol{A}_{kt} + \overline{\boldsymbol{A}}_{kt}) s_{\boldsymbol{k}}^{-1} \\
&\quad + \frac{e^2}{2mc^2} \sum_{\boldsymbol{k}\boldsymbol{k}'} (\boldsymbol{A}_{kt} + \overline{\boldsymbol{A}}_{kt}) \cdot (\boldsymbol{A}_{k't} + \overline{\boldsymbol{A}}_{k't}) s_{\boldsymbol{k}}^{-1} s_{\boldsymbol{k}'}^{-1}
\end{aligned}
$$

如果从连续转向分立的 $\boldsymbol{k}$ 值, 就可以得到上面公式的后一步. 因此,

$$
\begin{aligned}
H_{Qt} &= \frac{e}{mc} \sum_{kl} p_{lt}(A_{klt} + \bar{A}_{klt}) s_{\boldsymbol{k}}^{-1} \\
&\quad + \frac{e^2}{2mc^2} \sum_{kk'll'} (A_{klt} + \bar{A}_{klt})(A_{k'l't} + \bar{A}_{k'l't})(\boldsymbol{l} \cdot \boldsymbol{l}') s_{\boldsymbol{k}}^{-1} s_{\boldsymbol{k}'}^{-1},
\end{aligned}
$$

p_{lt} 是 p_t 在 $\boldsymbol{l}$ 方向的分量. 利用式 (10.73), 我们可以用 η_{klt} 与 $\bar{\eta}_{klt}$ 把 H_{Qt} 表示出来, 之后丢掉下指标 t (这意味着我们转向薛定谔动力学变量), 这样, 我们最终得到

$$
\begin{aligned}
H_Q &= \frac{eh^{\frac{1}{2}}}{4\pi^2 m} \sum_{kl} p_l \nu_{\boldsymbol{k}}^{-\frac{1}{2}} (\eta_{kl} + \bar{\eta}_{kl}) s_{\boldsymbol{k}}^{-\frac{1}{2}} + \\
&\quad \frac{e^2 h}{32\pi^4 m} \sum_{kk'll'} \nu_{\boldsymbol{k}}^{-\frac{1}{2}} \nu_{\boldsymbol{k}'}^{-\frac{1}{2}} (\eta_{kl} + \bar{\eta}_{kl})(\eta_{k'l'} + \bar{\eta}_{k'l'})(\boldsymbol{l} \cdot \boldsymbol{l}') s_{\boldsymbol{k}}^{-\frac{1}{2}} s_{\boldsymbol{k}'}^{-\frac{1}{2}}. \quad (10.74)
\end{aligned}
$$

按照现在使用的原子模型, 相互作用能的形式是 η 与 $\bar{\eta}$ 的一个线性函数加上一个二次函数. 线性项引起发射与吸收过程. 二次项引起散射过程以及同时吸收或发射两个光子的过程. 在二次项中, 因子 η 与 $\bar{\eta}$ 的次序并不由经典理论的工序决定, 不过这个次序并不重要, 因为次序的改变仅仅让 H_Q 改变一个常量.

一个光子发射至分立态 kl, 或者说分立态 $\boldsymbol{p}'l$, 并使原子从 α^0 跃迁至 α', 联

系于这个过程的 H_Q 的矩阵元是

$$\langle \boldsymbol{p}'_{\mathrm{D}} l \alpha' | H_Q | \alpha^0 \rangle = \frac{e h^{\frac{1}{2}}}{4\pi^2 m \nu'^{\frac{1}{2}}} \langle \alpha' | p_l | \alpha^0 \rangle s_{\boldsymbol{k}}^{-\frac{1}{2}} = \frac{e}{m h (2\pi\nu')^{\frac{1}{2}}} \langle \alpha' | p_l | \alpha^0 \rangle s_{\boldsymbol{p}}^{-\frac{1}{2}},$$

因为 $s_{\boldsymbol{k}} = s_{\boldsymbol{p}} \hbar^3$. 出现在这里的 p_l 指的是电子的动量, 当然完全不同于另一个字母 $\boldsymbol{p}$, 后者指的是被发射光子的动量. 为避免混淆起见, 我们把用 $m\dot{\boldsymbol{x}}$ 代替电子的动量 $\boldsymbol{p}$, 这两个动力学变量对未微扰的原子是一样的. 利用方程 (10.56) 的共轭虚量, 转入到连续光子态, 我们得到

$$\langle \boldsymbol{p}' l \alpha' | H_Q | \alpha^0 \rangle = \frac{e}{h (2\pi\nu')^{\frac{1}{2}}} \langle \alpha' | \dot{x}_l | \alpha^0 \rangle. \tag{10.75}$$

同样地, 联系于从连续态 $\boldsymbol{p}^0 l$ 吸收一个光子并使原子从 α^0 跃迁至 α' 的 H_Q 的矩阵元是

$$\langle \alpha' | H_Q | \boldsymbol{p}^0 l \alpha^0 \rangle = \frac{e}{h (2\pi\nu^0)^{\frac{1}{2}}} \langle \alpha' | \dot{x}_l | \alpha^0 \rangle, \tag{10.76}$$

联系于一个光子从连续态 $\boldsymbol{p}^0 l^0$ 散射至连续态 $\boldsymbol{p}' l'$ 并使原子从 α^0 跃迁至 α' 的矩阵元是

$$\langle \boldsymbol{p}' l' \alpha' | H_Q | \boldsymbol{p}^0 l^0 \alpha^0 \rangle = \frac{e^2}{2\pi h^2 m \nu^0{}^{\frac{1}{2}} \nu'^{\frac{1}{2}}} (\boldsymbol{l}' \cdot \boldsymbol{l}^0) \delta_{\alpha' \alpha^0}, \tag{10.77}$$

式 (10.74) 中有两项对此过程有贡献. 这些矩阵元将用于下一节. 联系于同时吸收或发射两个光子的矩阵元可以用同样的方法写出来, 只是它们引起的物理效应太小而没有实际的重要性.

§10.6 辐射的发射、吸收与散射

现在可以直接确定辐射的发射、吸收与散射的系数, 方法是把由式 (10.75)、(10.76)、(10.77) 给出的各个矩阵元的值代入第 8 章的各个公式中.

为了确定发射概率, 我们可以使用 §8.6 的公式 (8.56). 该公式表明, 对于一个处于 α^0 态的原子, 单位时间单位立体角它发射一个光子而落入较低能量态 α' 的概率是

$$\frac{4\pi^2}{h} \frac{WP}{c^2} \left| \frac{e}{h} \frac{1}{(2\pi\nu)^{\frac{1}{2}}} \langle \alpha' | \dot{x}_l | \alpha^0 \rangle \right|^2. \tag{10.78}$$

而频率为 ν 的光子的能量和动量是

$$W = h\nu, \quad P = h\nu/c.$$

此外, 由 §5.3 的海森伯定律 (5.20) 可得

$$\langle \alpha' | \dot{x}_l | \alpha^0 \rangle = -2\pi i \nu(\alpha^0 \alpha') \langle \alpha' | x_l | \alpha^0 \rangle,$$

其中 $\nu(\alpha^0 \alpha')$ 是与从态 α^0 至态 α' 的跃迁相关的频率, 在现在的情况下, 它就是被发射辐射的频率 ν. 这些结果代入式 (10.78), 发射系数简化为

$$\frac{(2\pi\nu)^3}{hc^3} |\langle \alpha' | e x_l | \alpha^0 \rangle|^2. \tag{10.79}$$

为了得到单位立体角内对一具体偏振的能量发射速率, 我们必须用 $h\nu$ 乘上这一结果. 这给出沿所有方向的总能量发射速率

$$\frac{4}{3} \frac{(2\pi\nu)^4}{c^3} |\langle \alpha' | e\boldsymbol{x} | \alpha^0 \rangle|^2, \tag{10.80}$$

这与 §7.4 的表达式 (7.34) 一致, 而且证实了海森伯为解释他的矩阵元而做的假设.

用同样的方法, 由 §8.6 的公式 (8.59) 给出的吸收系数, 对于光子变成

$$\frac{4\pi^2 h^2 W}{c^2 P} \left| \frac{e}{h} \frac{1}{(2\pi\nu)^{\frac{1}{2}}} \langle \alpha' | \dot{x}_l | \alpha^0 \rangle \right|^2 = \frac{8\pi^3 \nu}{c} |\langle \alpha' | e x_l | \alpha^0 \rangle|^2.$$

这个吸收系数所联系的入射光束是, 单位能量范围、单位时间内、穿过单位面积有一个光子. 如果我们不取单位能量范围而取单位频率范围, 就像通常处理辐射问题那样, 则吸收系数变为

$$\frac{8\pi^3 \nu}{hc} |\langle \alpha' | e x_l | \alpha^0 \rangle|^2.$$

这个结果与 §7.4 的式 (7.32) 相同, 只要把那里的 E_ν 替换为单个光子的能量 $h\nu$ 即可. 因此, §7.4 中把辐射场当作外部微扰处理的初等理论, 给出了吸收系数的正确结果.

初等理论与现在理论的一致性, 可以由一般推理得到. 这两个理论的区别只在于: 初等理论中的场量全部互相对易, 而现在理论中场量满足一定的对易关系; 但在强场条件下, 这个差别变得不重要. 因此, 当与强场相关时, 这两个理论一定给出相同的吸收系数和发射系数. 由于两个理论给出的吸收率都正比于入射光

束的强度, 这种一致性在吸收情况下对弱场也一定成立. 同样地, 在现在的理论中发射的受激部分一定与初等理论中的发射相同.

现在让我们考虑散射. §8.3 的公式 (8.38) 给出了直接散射系数. 光子的这种散射不伴随着原子态的任何改变, 这是由于矩阵元的表达式 (10.77) 中有因子 $\delta_{\alpha'\alpha^0}$. 因此光子的末态能量 W' 等于它开始的能量 W^0. 散射系数现在简化为

$$e^4/m^2c^4 \cdot (l' \cdot l^0)^2.$$

这与经典力学给出的自由电子对辐射散射的结果相同. 因此, 原子中一个电子对辐射的直接散射与原子无关, 并且可以由经典理论正确地给出. 应当记住, 这个结果只是在辐射的波长远大于原子尺寸时才成立.

直接散射是一个数学概念, 并且无法在实验上从 §8.4 的公式 (8.44) 所给的总散射中分出来. 让我们看看这个总散射在光子情况下是什么. 在应用 §8.4 的公式 (8.44) 时必须仔细. 该公式中的求和 $\sum_k$ 可以看成代表双重跃迁对散射的贡献, 双重跃迁是首先从初态跃迁至 k 态再从 k 态至末态的跃迁. 第一个跃迁可能是吸收一个入射光子, 而第二个过程是发射所要求的散射光子; 但也有可能是, 第一个跃迁发射而第二个过程吸收. 从推导 §8.4 的公式 (8.44) 通常采用的方法的一般性质可以清楚地看出, 当这一公式应用于光子时, 上述两种双重跃迁都必须包括在求和 $\sum_k$ 当中, 虽然在 §8.4 给出的实际推导中, 只有第一种跃迁出现, 这是因为那里没有考虑到粒子的产生与湮灭的可能.

我们用零、单撇号及双撇号分别标记原子的初态、末态及中间态, 而用零及单撇号分别标记被吸收及被发射的光子. 这样, 对于先吸收后发射的双重跃迁, 我们必须把 §8.4 公式 (8.44) 中的矩阵元

$$\langle k|V|p^0\alpha^0\rangle, \quad \langle p'\alpha'|V|k\rangle$$

取为

$$\langle k|V|p^0\alpha^0\rangle = \langle \alpha''|H_Q|p^0l^0\alpha^0\rangle, \quad \langle p'\alpha'|V|k\rangle = \langle p'l'\alpha'|H_Q|\alpha''\rangle.$$

还有

$$E' - E_k = h\nu^0 + H_P(\alpha^0) - H_P(\alpha'') = h[\nu^0 - \nu(\alpha''\alpha^0)],$$

其中

$$h\nu(\alpha''\alpha^0) = H_P(\alpha'') - H_P(\alpha^0).$$

同样地, 对于先发射后吸收的双重跃迁, 我们必须取

$$\langle k|V|p^0\alpha^0\rangle = \langle p'l'\alpha''|H_Q|\alpha^0\rangle, \quad \langle p'\alpha'|V|k\rangle = \langle\alpha'|H_Q|p^0l^0\alpha''\rangle$$

并且

$$E' - E_k = h\nu^0 + H_P(\alpha^0) - H_P(\alpha'') - h\nu^0 - h\nu' = -h[\nu^0 + \nu(\alpha''\alpha^0)],$$

现在中间态存在两个光子, 频率分别是 ν^0 和 ν'. 把式 (10.75)、(10.76)、(10.77) 所给的矩阵元的值代入 §8.4 的公式 (8.44), 我们就得到散射系数

$$\frac{e^4}{h^2c^4}\frac{\nu'}{\nu^0}\left|\frac{h}{m}(l'\cdot l^0)\delta_{\alpha'\alpha^0}\right.$$
$$\left. + \sum_{\alpha''}\left\{\frac{\langle\alpha'|\dot{x}_{l'}|\alpha''\rangle\langle\alpha''|\dot{x}_{l^0}|\alpha^0\rangle}{\nu^0 - \nu(\alpha''\alpha^0)} - \frac{\langle\alpha'|\dot{x}_{l^0}|\alpha''\rangle\langle\alpha''|\dot{x}_{l'}|\alpha^0\rangle}{\nu' + \nu(\alpha''\alpha^0)}\right\}\right|^2. \quad (10.81)$$

如果用 x 替代 $\dot{x}$ 来改写式 (10.81), 得到

$$\frac{(2\pi e)^4}{h^2c^4}\frac{\nu'}{\nu^0}\left|\frac{\hbar}{2\pi m}(l'\cdot l^0)\delta_{\alpha'\alpha^0} + \sum_{\alpha''}\nu(\alpha'\alpha'')\nu(\alpha''\alpha^0)\right.$$
$$\left. \times \left\{\frac{\langle\alpha'|x_{l'}|\alpha''\rangle\langle\alpha''|x_{l^0}|\alpha^0\rangle}{\nu^0 - \nu(\alpha''\alpha^0)} - \frac{\langle\alpha'|x_{l^0}|\alpha''\rangle\langle\alpha''|x_{l'}|\alpha^0\rangle}{\nu' + \nu(\alpha''\alpha^0)}\right\}\right|^2. \quad (10.82)$$

可以利用量子条件简化式 (10.82). 我们有

$$x_{l'}x_{l^0} - x_{l^0}x_{l'} = 0,$$

这就给出

$$\sum_{\alpha''}\{\langle\alpha'|x_{l'}|\alpha''\rangle\langle\alpha''|x_{l^0}|\alpha^0\rangle - \langle\alpha'|x_{l^0}|\alpha''\rangle\langle\alpha''|x_{l'}|\alpha^0\rangle\} = 0, \quad (10.83)$$

并且还有

$$x_{l'}\dot{x}_{l^0} - \dot{x}_{l^0}x_{l'} = 1/m \cdot (x_{l'}p_{l^0} - p_{l^0}x_{l'}) = \mathrm{i}\hbar/m \cdot (\boldsymbol{l}' \cdot \boldsymbol{l}^0),$$

上式给出

$$\sum_{\alpha''}\{\langle\alpha'|x_{l'}|\alpha''\rangle\nu(\alpha''\alpha^0)\langle\alpha''|x_{l^0}|\alpha^0\rangle - \nu(\alpha'\alpha'')\langle\alpha'|x_{l^0}|\alpha''\rangle\langle\alpha''|x_{l'}|\alpha^0\rangle\}$$
$$= \frac{1}{2\pi\mathrm{i}}\frac{\mathrm{i}\hbar}{m}(\boldsymbol{l}'\cdot\boldsymbol{l}^0)\delta_{\alpha'\alpha^0} = \frac{\hbar}{2\pi m}(\boldsymbol{l}'\cdot\boldsymbol{l}^0)\delta_{\alpha'\alpha^0}. \quad (10.84)$$

以 ν' 乘上式 (10.83) 并与式 (10.84) 相加, 我们得到

$$\sum_{\alpha''}\{\langle\alpha'|x_{l'}|\alpha''\rangle\langle\alpha''|x_{l^0}|\alpha^0\rangle[\nu' + \nu(\alpha''\alpha^0)]$$
$$- \langle\alpha'|x_{l^0}|\alpha''\rangle\langle\alpha''|x_{l'}|\alpha^0\rangle[\nu' + \nu(\alpha'\alpha'')]\} = \hbar/2\pi m \cdot (\boldsymbol{l}'\cdot\boldsymbol{l}^0)\delta_{\alpha'\alpha^0}.$$

如果我们用此表达式代替式 (10.82) 中的 $\hbar/2\pi m \cdot (\boldsymbol{l}'\cdot\boldsymbol{l}^0)\delta_{\alpha'\alpha^0}$, 在利用这些 ν 之间的恒等关系进行直接简化之后, 我们得到

$$\frac{(2\pi e)^4}{h^2 c^4}\nu^0\nu'^3\left|\sum_{\alpha''}\left\{\frac{\langle\alpha'|x_{l'}|\alpha''\rangle\langle\alpha''|x_{l^0}|\alpha^0\rangle}{\nu^0 - \nu(\alpha''\alpha^0)} - \frac{\langle\alpha'|x_{l^0}|\alpha''\rangle\langle\alpha''|x_{l'}|\alpha^0\rangle}{\nu' + \nu(\alpha''\alpha^0)}\right\}\right|^2.$$
$$(10.85)$$

这就以散射的单位立体角内一个光子必须击中的有效面积的形式给出了散射系数. 该公式被称作克拉默斯-海森伯 (Kramers-Heisenberg) 色散公式, 这个公式是由他们通过与散射的经典理论类比而首先得出的.

式 (10.82) 中各项能合并起来给出式 (10.85) 的结果, 这一事实证实了在推导 §8.4 的公式 (8.44) 时所做的假设, 即相互作用能的矩阵元 $\langle\boldsymbol{p}'\alpha'|V|\boldsymbol{p}''\alpha''\rangle$ 与矩阵元 $\langle\boldsymbol{p}'\alpha'|V|k\rangle$ 相比是二级小量, 至少在散射粒子是光子时是这样的.

§10.7 费米子系集

费米子系集的研究可以采用与 §10.1、§10.2 中用以研究玻色子的类似方法. 我们可以对右矢 (10.1) 使用反对称化算符 A, 由

$$A = u'!^{-\frac{1}{2}}\sum \pm P \quad (10.2')$$

定义, 求和遍历所有置换 P, $+$ 或 $-$ 的选取根据置换 P 的奇偶而定. 作用于右矢 (10.1) 则给出

$$u'!^{-\frac{1}{2}} \sum \pm P|\alpha_1^a \alpha_2^b \alpha_3^c ... \alpha_{u'}^g\rangle = A|\alpha^a \alpha^b \alpha^c ... \alpha^g\rangle, \tag{10.3'}$$

这个右矢对应于 u' 个费米子系集的一个态. 如果单个费米子右矢 $|\alpha^a\rangle$, $|\alpha^b\rangle$, $\cdots$ 全不相同, 那么右矢 (10.3') 是归一化的, 否则等于零. 从这一点看, 右矢 (10.3') 比右矢 (10.3) 更简单. 然而, 由于右矢 (10.3') 依赖于 $\alpha^a, \alpha^b, \alpha^c, \cdots$ 在其中出现的次序, 所以奇置换作用于这一次序会导致符号的改变, 考虑到这一点, 右矢 (10.3') 比 (10.3) 更复杂.

与前面一样, 我们可以引入在态 $\alpha^{(1)}, \alpha^{(2)}, \alpha^{(3)}, \cdots$ 中费米子的数目 $n_1, n_2, n_3, \cdots$, 并把它们当作动力学变量或可观测量. 它们中每一个的本征值只有 0 和 1. 它们形成费米子系集的对易可观测量完全集. 使这些 n 对角的表象的基右矢可以取为通过下列方程与右矢 (10.3') 相联系的右矢:

$$A|\alpha^a \alpha^b \alpha^c \cdots \alpha^g\rangle = \pm|n_1' n_2' n_3' \cdots\rangle, \tag{10.6'}$$

此方程对应于方程 (10.6), 这些 n' 通过方程 (10.4) 与变量 $\alpha^a, \alpha^b, \alpha^c, \cdots$ 相联系. 方程 (10.6') 中的 $\pm$ 的符号是必需的, 因为对于给定的这些 n', 被占据态 $\alpha^a, \alpha^b, \alpha^c, \cdots$ 是固定的, 但它们次序不固定, 所以方程 (10.6') 左边的符号并不固定. 为了建立起决定方程 (10.6') 中符号的规则, 我们必须把一个费米子的所有态 α 任意地排成某个标准次序. 在方程 (10.6') 左边出现的这些 α, 是从全部 α 中选出来的, 全部 α 的标准次序就会给出这些选出来的 α 的一个标准次序. 现在我们制定规则如下: 如果左边的这些 α 可以经过偶置换而变为它们的标准次序, 则方程 (10.6') 中出现 $+$ 号; 如果需要奇置换, 则出现 $-$ 号. 由于这一规则的复杂性, 以 $|n_1' n_2' n_3' \cdots\rangle$ 为基右矢的表象并不很有用.

如果系集中的费米子数目是可变的, 我们可以建立右矢的完全集

$$|\rangle, \quad |\alpha^a\rangle, \quad A|\alpha^a \alpha^b\rangle, \quad A|\alpha^a \alpha^b \alpha^c\rangle, \quad \cdots, \tag{10.9'}$$

这对应于式 (10.9). 一般的右矢现在可以表示为式 (10.9') 中多个右矢之和.

为了继续发展下去, 引入一组线性算符 η、$\bar{\eta}$, 相应于每个费米子态 α^a 有一

对 η_a、$\bar{\eta}_a$, 它们满足的对易关系是

$$
\left.\begin{array}{l}
\eta_a \eta_b + \eta_b \eta_a = 0, \\[2mm]
\bar{\eta}_a \bar{\eta}_b + \bar{\eta}_b \bar{\eta}_a = 0, \\[2mm]
\bar{\eta}_a \eta_b + \eta_b \bar{\eta}_a = \delta_{ab}.
\end{array}\right\}
\tag{10.11'}
$$

这些关系类似于式 (10.11), 只是左边以 $+$ 代替了 $-$. 它们表明, 如果 $a \neq b$, η_a 与 $\bar{\eta}_a$ 反对易于 η_b 与 $\bar{\eta}_b$, 如果令 $b = a$, 它们给出

$$
\eta_a^2 = 0, \quad \bar{\eta}_a^2 = 0, \quad \bar{\eta}_a \eta_a + \eta_a \bar{\eta}_a = 1.
\tag{10.11''}
$$

为了验证式 (10.11') 的各关系是相容的, 我们注意到, 满足式 (10.11') 条件的线性算符 η、$\bar{\eta}$ 可以按下列方法构造. 对每个态 α^a, 取一组线性算符 σ_{xa}、σ_{ya}、σ_{za}, 就像在 §6.4 中引入的用以描述电子自旋的 σ_x、σ_y、σ_z 一样, 并且在 $b \neq a$ 时, 使 σ_{xa}、σ_{ya}、σ_{za} 对易于 σ_{xb}、σ_{yb}、σ_{zb}. 再取相互独立的一组算符 ζ_a, 对每个态 α^a 有一个 ζ_a, 它们全部互相反对易且平方都是 1, 并且对易于所有的 σ 变量. 这样, 令

$$
\eta_a = \tfrac{1}{2}\zeta_a(\sigma_{xa} - \mathrm{i}\sigma_{ya}), \quad \bar{\eta}_a = \tfrac{1}{2}\zeta_a(\sigma_{xa} + \mathrm{i}\sigma_{ya}),
$$

就能使式 (10.11') 的全部条件都得到满足.

由式 (10.11'') 可知

$$
(\eta_a \bar{\eta}_a)^2 = \eta_a \bar{\eta}_a \eta_a \bar{\eta}_a = \eta_a(1 - \eta_a \bar{\eta}_a)\bar{\eta}_a = \eta_a \bar{\eta}_a.
$$

这是 $\eta_a \bar{\eta}_a$ 的代数方程, 它表明 $\eta_a \bar{\eta}_a$ 是一个可观测量, 其本征值是 0 和 1. 此外, 对 $b \neq a$, $\eta_a \bar{\eta}_a$ 对易于 $\eta_b \bar{\eta}_b$. 这些结果允许我们令

$$
\eta_a \bar{\eta}_a = n_a,
\tag{10.12'}
$$

这与式 (10.12) 一样. 利用式 (10.11''), 我们现在得到对应于式 (10.13) 的方程

$$
\bar{\eta}_a \eta_a = 1 - n_a.
\tag{10.13'}
$$

让我们把所有这些 n 的本征值为零的共同归一化本征右矢写成 $|0\rangle$. 这样

$$n_a|0\rangle = 0,$$

所以由式 (10.12′) 可得

$$\langle 0|\eta_a\bar{\eta}_a|0\rangle = 0.$$

因此, 像式 (10.15) 一样,

$$\bar{\eta}_a|0\rangle = 0. \tag{10.15′}$$

此外,

$$\langle 0|\bar{\eta}_a\eta_a|0\rangle = \langle 0|(1-n_a)|0\rangle = \langle 0|0\rangle = 1,$$

这表明 $\eta_a|0\rangle$ 是归一化的, 并且

$$n_a\eta_a|0\rangle = \eta_a\bar{\eta}_a\eta_a|0\rangle = \eta_a(1-n_a)|0\rangle = \eta_a|0\rangle,$$

这表明 $\eta_a|0\rangle$ 是 n_a 的本征右矢, 属于本征值 1. 它也是其他 n 的本征右矢, 属于本征值 0, 因为其他的 n 与 η_a 对易. 通过推广这一结论, 我们看到, $\eta_a\eta_b\eta_c\cdots\eta_g|0\rangle$ 是归一化的, 并且是所有这些 n 的共同本征右矢, 其所属于的本征值是: $n_a, n_b, n_c, \cdots, n_g$ 都取 1, 其他 n 都取 0. 这让我们能够令

$$A|\alpha^a\alpha^b\alpha^c\cdots\alpha^g\rangle = \eta_a\eta_b\eta_c\cdots\eta_g|0\rangle, \tag{10.17′}$$

上式两边都对记号 $a, b, c, \cdots, g$ 反对称. 这里我们有了式 (10.17) 的类比. 这些 η 以费米子的产生算符的角色出现, $\bar{\eta}$ 以湮灭算符的角色出现.

如果转入不同的一组单个费米子基右矢 $|\beta^A\rangle$, 我们可以引入一组新的线性算符 η_A 与之对应. 此时用与玻色子的情况一样的推理, 我们发现新的 η 与原先的 η 通过式 (10.21) 相联系. 这表明, 也有一个对费米子的二次量子化程序, 类似于玻色子的二次量子化, 唯一的区别是对费米子必须用对易关系 (10.11′) 来替代玻色子的对易关系 (10.11).

形如式 (10.22) 的对称算符 U_T 可以用 η、$\bar{\eta}$ 表示出来, 其方法与用于玻色子的方法类似. 方程 (10.24) 仍然成立, 方程 (10.25) 在用 A 代替 S 后也成立. 现在,

代替等式 (10.26)的是

$$U_T \eta_{x_1} \eta_{x_2} \cdots |0\rangle = \sum_a \sum_r (-)^{r-1} \eta_a \eta_{x_r}^{-1} \eta_{x_1} \eta_{x_2} \cdots |0\rangle \langle a|U|x_r\rangle$$

$$= \sum_{ab} \eta_a \sum_r (-)^{r-1} \eta_{x_r}^{-1} \eta_{x_1} \eta_{x_2} \cdots |0\rangle \delta_{bx_r} \langle a|U|b\rangle. \qquad (10.26')$$

$\eta_{x_r}^{-1}$ 的意义是因子 η_{x_r} 必须抵消掉, 而在抵消掉之前它在其他 η_x 之中的位置保持不变. 代替等式 (10.27) 的是

$$\bar{\eta}_b \eta_{x_1} \eta_{x_2} \cdots |0\rangle = \sum_r (-)^{r-1} \eta_{x_r}^{-1} \eta_{x_1} \eta_{x_2} \cdots |0\rangle \delta_{bx_r}, \qquad (10.27')$$

所以等式 (10.28) 可以不改变地成立, 且等式 (10.29) 也可以不改变地成立. U_T 的最后形式 (10.29) 在费米子情况与在玻色子情况下相同. 同样地, 形如式 (10.30) 的对称线性算符 V_T 可以表示为

$$V_T = \sum_{abcd} \eta_a \eta_b \langle ab|V|cd\rangle \bar{\eta}_c \bar{\eta}_d, \qquad (10.35')$$

这与式 (10.35) 的写法相同.

上述工作显示, 在费米子理论与玻色子理论之间有一深刻的类比, 当我们从其中一种转到另一种时, 只需在理论形式的一般方程中做一些小的改变即可.

然而, 费米子理论有一个发展没有玻色子的类比. 对费米子, 一个态只有两种可能, 即被占据或不被占据, 而且这两种可能之间存在对称性. 我们可以从数学上展示这种对称性, 方法是做一个变换, 使 "被占据" 与 "不被占据" 这两个概念互换, 即

$$\eta_a^* = \bar{\eta}_a, \quad \bar{\eta}_a^* = \eta_a,$$
$$n_a^* = \eta_a^* \bar{\eta}_a^* = 1 - n_a.$$

不带星号变量的产生算符是带星号变量的湮灭算符, 反之亦然. 现在可以看到, 带星号的变量与不带星号的变量满足相同的量子条件并具有全部相同的性质.

如果只有少数未被占据的态, 那么便于使用的标准右矢是每个态都被占据

的右矢, 即 |0*), 它满足

$$n_a|0^*\rangle = |0^*\rangle.$$

因此, 它满足

$$n_a^*|0^*\rangle = 0,$$

或

$$\bar{\eta}_a^*|0^*\rangle = 0.$$

系集的其他态现在可以用

$$\eta_a^*\eta_b^*\eta_c^* \cdots |0^*\rangle$$

表示, 联系于未被占据的费米子态 $a, b, c, \cdots$ 的变量出现其中. 我们可以把这些未被占据的费米子态看成是在已被占据的各态中的空穴, 而把变量 η^* 看成是这种空穴的产生算符. 这种空穴也是物理对象, 正如原来的粒子一样, 并且也是费米子.

11 电子的相对论理论

§11.1 粒子的相对论处理

此前我们建立的理论本质上是非相对论性的. 我们一直在一个特定的洛伦兹参照系下讨论, 并建立了一个对应于经典的非相对论性动力学的理论. 现在我们试图使理论在洛伦兹变换下不变, 以使其与狭义相对论一致. 为了使理论适用于高速粒子, 这么做是必要的. 我们不需要修改理论使其与广义相对论相容, 因为只有在处理引力的时候才需要广义相对论, 而引力在原子现象中是不重要的.

让我们看一看, 如何使量子理论的基本思想适合于同等对待四维时空的相对论观点. 第 1 章中给出的态叠加的一般原理是相对论性的, 因为它适用于相对论时空意义上的 "态". 可观测量的一般概念则不然, 因为可观测量可能涉及同一时刻相互远离的点的物理. 如此一来, 如果我们使用任何对易可观测量完全集对应的一般表象, 理论无法展现相对论所要求的时空对称性. 在相对论量子力学中, 我们必须先有一个展现这一对称性的表象, 然后我们可以自由地变换到对应于某个特定洛伦兹参照系的表象——如果这么做有助于具体的计算.

对于单粒子的问题, 为了展现时空对称性, 必须使用薛定谔表象. 我们用 x_1、x_2、x_3 代替 x、y、z, 用 x_0 代替 ct. 这样, 与时间相关的波函数可写为 $\psi(x_0x_1x_2x_3)$, 它提供了一个同等对待四个 x 的基础.

用相对论记号, 我们将四个 x 写为 x_μ ($\mu = 0, 1, 2, 3$). 任何包含四个分量的时空矢量, 在洛伦兹变换下若其变换类似于 $\mathrm{d}x_\mu$, 则写为 a_μ, 其中 μ 为希腊字母下标. 我们可以按以下规则提升下标:

$$a^0 = a_0, \quad a^1 = -a_1, \quad a^2 = -a_2, \quad a^3 = -a_3. \tag{11.1}$$

a_μ 称为矢量 a 的逆变分量而 a^μ 称为协变分量. 两个矢量 a_μ 和 b_μ 有一洛伦兹不

变的标量积

$$a_0 b_0 - a_1 b_1 - a_2 b_2 - a_3 b_3 = a_\mu b^\mu,$$

角标重复表示对此角标求和. 基本张量 $g^{\mu\nu}$ 定义为

$$\left.\begin{array}{l} g^{00} = 1, \quad g^{11} = g^{22} = g^{33} = -1, \\ \qquad 当 \ \mu \neq \nu \quad g^{\mu\nu} = 0. \end{array}\right\} \tag{11.2}$$

由此, 联系协变和逆变分量的式 (11.1) 可写为

$$a^\mu = g^{\mu\nu} a_\nu.$$

在薛定谔表象中, 动量 (其分量 p_x、p_y、p_z 现写为 p_1、p_2、p_3) 等于算符

$$p_r = -i\hbar \partial/\partial x_r \quad (r = 1, 2, 3). \tag{11.3}$$

四个算符 $\partial/\partial x_\mu$ 形成一个 4-矢量的协变分量. 逆变分量写为 $\partial/\partial x^\mu$. 为将式 (11.3) 写为相对论形式, 我们必须先将它写为

$$p_r = i\hbar \partial/\partial x^r,$$

然后扩充为完整的 4-矢量形式

$$p_\mu = i\hbar \partial/\partial x^\mu. \tag{11.4}$$

现在我们必须引入一个新的动力学变量 $p_0 = i\hbar \partial/\partial x_0$. 因为它将和动量 p_r 一起组成一个 4-矢量, 所以其物理含义必然是粒子的能量除以 c. 将四个 p 同等对待 (像四个 x 那样) 就可以继续我们的理论构建.

在下面将要建立的电子的理论中, 还必须引入一个描述电子内部运动的自由度. 相应地, 除了四个 x, 波函数将涉及一个新的变量.

§11.2 电子的波动方程

首先我们考虑在没有电磁场时电子的运动, 这是一个简单的自由粒子的问题, 就像 §5.4 中处理的那样, 不同的是我们可能需要增加内部自由度. §5.4的方

程 (5.23) 给出了这一系统的经典相对论性哈密顿量, 由此可得波动方程

$$\{p_0 - (m^2c^2 + p_1^2 + p_2^2 + p_3^2)^{\frac{1}{2}}\}\psi = 0 \tag{11.5}$$

这里的 p 解释为式 (11.4) 表示的算符. 上式虽然考虑了相对论能量动量关系, 但由于其中的 p_0 和其他 p 之间极不对称, 以致我们无法以相对论的方式将它推广到有场存在的情形, 从相对论的观点看这一方程仍然是不能令人满意的. 我们必须寻求一个新的波动方程.

如果我们将波动方程 (11.5) 左乘以算符 $\{p_0 + (m^2c^2 + p_1^2 + p_2^2 + p_3^2)^{\frac{1}{2}}\}$, 可得方程

$$\{p_0^2 - m^2c^2 - p_1^2 - p_2^2 - p_3^2\}\psi = 0, \tag{11.6}$$

这一方程具有相对论不变的形式, 因而也更便于取作一个相对论性理论的基础. 它和方程 (11.5) 并不完全等价, 因为尽管方程 (11.5) 的每个解都是方程 (11.6) 的解, 反过来却不然. 只有方程 (11.6) 的那些 p_0 为正值的解才是方程 (11.5) 的解.

由于是 p_0 的二次式, 波动方程 (11.6) 的形式不符合量子理论一般规律的要求. §5.1 的一般性推断告诉我们, 波动方程必须线性地依赖算符 $\partial/\partial t$ 或 p_0, 就像 §5.1 的方程 (5.7) 那样. 于是我们寻求一个线性地依赖 p_0 又大致等价于 (11.6) 的波动方程. 为使该波动方程在洛伦兹变换下有一简单的变换方式, 我们将尽力使之成为 p_1、p_2、p_3 以及 p_0 的有理式和线性式, 因此它有以下形式:

$$(p_0 - \alpha_1 p_1 - \alpha_2 p_2 - \alpha_3 p_3 - \beta)\psi = 0, \tag{11.7}$$

此处 α、β 与 p 无关. 因为仅考虑无场的情形, 时空中的所有点必定是等价的, 这样波动方程中的算符必定与 x 无关. 因此 α、β 也与 x 无关. 于是它们必定和 p、x 对易, 描述了一些新的关于电子内部运动的自由度. 后面我们将看到它们引入了电子的自旋.

将方程 (11.7) 左乘以算符 $(p_0 + \alpha_1 p_1 + \alpha_2 p_2 + \alpha_3 p_3 + \beta)$ 可得

$$\{p_0^2 - \sum_{123}\left[\alpha_1^2 p_1^2 + (\alpha_1\alpha_2 + \alpha_2\alpha_1)p_1 p_2 + (\alpha_1\beta + \beta\alpha_1)p_1\right] - \beta^2\}\psi = 0,$$

这里 $\sum_{123}$ 表示对角标 $1, 2, 3$ 的循环置换. 如果 α 和 β 满足以下关系以及将其中的

角标 $1, 2, 3$ 置换后得出的关系, 上式和方程 (11.6) 是相同的.

$$\alpha_1^2 = 1, \qquad \alpha_1\alpha_2 + \alpha_2\alpha_1 = 0,$$
$$\beta^2 = m^2c^2, \qquad \alpha_1\beta + \beta\alpha_1 = 0,$$

将 β 写为

$$\beta = \alpha_m mc,$$

这些关系式可综合为

$$\alpha_a\alpha_b + \alpha_b\alpha_a = 2\delta_{ab} \quad (a, b = 1, 2, 3 \text{ 或 } m). \tag{11.8}$$

四个 α 相互反对易, 而各自的平方等于单位元.

所以, 我们可以通过赋予 α 和 β 适当的性质而让波动方程 (11.7) 等价于方程 (11.6), 只要我们考虑的是电子整体的运动. 现在可以将方程 (11.7) 视为无场情况下电子运动的正确的相对论性波动方程. 但这么做会带来一个困难: 和方程 (11.6) 一样, 方程 (11.7) 并不严格等价于方程 (11.5). 除了 p_0 为正值的解, 它也允许 p_0 为负值的解. 后者当然不对应于电子的任何实际可观测的运动. 不过现在仅考虑正能解, 而把对负能解的讨论留到 §11.8.

我们可以很容易地得到四个 α 的一个表示. 它们和 §6.4 中引入的 σ 有着相似的代数性质, σ 可表示为两行两列的矩阵. 但是如果局限于两行两列的矩阵, 就不可能得到多于三个反对易的量的表示. 为了得到四个反对易 α 的表示, 我们需要考虑四行四列的矩阵. 方便的做法是: 先把 α 用 σ 和另外三个类似的反对易 (且平方为单位元) 的量 ρ_1、ρ_2、ρ_3 表示出来, ρ 与 σ 无关因而相互对易. 我们选取 (可有其他取值方案):

$$\alpha_1 = \rho_1\sigma_1, \quad \alpha_2 = \rho_1\sigma_2, \quad \alpha_3 = \rho_1\sigma_3, \quad \alpha_m = \rho_3, \tag{11.9}$$

如此 α 将满足关系式 (11.8), 这一点很容易验证. 如果我们取 ρ_3 和 σ_3 为对角矩

阵, 可得如下矩阵表示:

$$
\sigma_1 = \begin{pmatrix} 0 & 1 & 0 & 0 \\ 1 & 0 & 0 & 0 \\ 0 & 0 & 0 & 1 \\ 0 & 0 & 1 & 0 \end{pmatrix}, \sigma_2 = \begin{pmatrix} 0 & -i & 0 & 0 \\ i & 0 & 0 & 0 \\ 0 & 0 & 0 & -i \\ 0 & 0 & i & 0 \end{pmatrix}, \sigma_3 = \begin{pmatrix} 1 & 0 & 0 & 0 \\ 0 & -1 & 0 & 0 \\ 0 & 0 & 1 & 0 \\ 0 & 0 & 0 & -1 \end{pmatrix},
$$

$$
\rho_1 = \begin{pmatrix} 0 & 0 & 0 & 1 \\ 0 & 0 & 1 & 0 \\ 0 & 1 & 0 & 0 \\ 1 & 0 & 0 & 0 \end{pmatrix}, \rho_2 = \begin{pmatrix} 0 & 0 & -i & 0 \\ 0 & 0 & 0 & -i \\ i & 0 & 0 & 0 \\ 0 & i & 0 & 0 \end{pmatrix}, \rho_3 = \begin{pmatrix} 1 & 0 & 0 & 0 \\ 0 & 1 & 0 & 0 \\ 0 & 0 & -1 & 0 \\ 0 & 0 & 0 & -1 \end{pmatrix}.
$$

值得注意的是, ρ 和 σ 都是厄米的, 因而 α 也是.

相应于矩阵的四行四列, 波函数 ψ 所含变量也需取四个值, 以使矩阵能与之相乘. 或者, 波函数可视作有四个分量, 而每个分量只是 x 的一个函数. 在 §6.4 我们看到电子的自旋要求其波函数具有两个分量. 现在又要求有四个分量, 这是因为波动方程 (11.7) 的解两倍于其应该有的——其中一半的解对应于负能态.

借助于式式 (11.9), 波动方程 (11.7) 可用三维矢量记号写为

$$
(p_0 - \rho_1 \boldsymbol{\sigma} \cdot \boldsymbol{p} - \rho_3 mc)\psi = 0. \tag{11.10}
$$

为将该方程推广到有电磁场存在的情形, 我们按经典规则将 p_0 和 $\boldsymbol{p}$ 替换为 $p_0 + e/c \cdot A_0$ 和 $\boldsymbol{p} + e/c \cdot \boldsymbol{A}$, 其中 A_0 和 $\boldsymbol{A}$ 是电子所处位置的标量势和矢量势. 由此可得方程

$$
\left\{ p_0 + \frac{e}{c} A_0 - \rho_1 \boldsymbol{\sigma} \cdot \left(\boldsymbol{p} + \frac{e}{c} \boldsymbol{A} \right) - \rho_3 mc \right\} \psi = 0. \tag{11.11}
$$

此即电子的相对论性理论的基本波动方程.

方程 (11.10) 或 (11.11) 中的 ψ 的四个分量, 应图形地将后一个写在前一个的下面, 以形成一个单列矩阵. 这样方阵 ρ 和 σ 就能按矩阵相乘的规则乘以单列矩阵 ψ, 而各乘积是另一单列矩阵. 表示左矢的共轭虚量波函数的四个分量, 后一个则应写到前一个的右边, 以形成一个单行矩阵. 这样就能被方阵 ρ 或 σ 右乘, 得到另一单行矩阵. 我们将这一视为单行矩阵的共轭虚量波函数记作 $\bar{\psi}^\dagger$, 这里 $\dagger$

表示矩阵的转置, 也即行列对换的结果. 于是, 方程 (11.11) 的共轭虚量为

$$\bar{\psi}^\dagger \left\{ p_0 + \frac{e}{c} A_0 - \rho_1 \boldsymbol{\sigma} \cdot \left(\boldsymbol{p} + \frac{e}{c} \boldsymbol{A} \right) - \rho_3 mc \right\} = 0, \tag{11.12}$$

这里算符 $\boldsymbol{p}$ 向左作用, 一个向左作用的微分算符需按 §4.2 式 (4.24)解释。

§11.3 洛伦兹变换下的不变性

在讨论波动方程 (11.11) 或 (11.12) 的物理结果之前, 我们必须先验证我们的理论确实是洛伦兹变换下不变的, 或者更确切地说, 其物理结果和所用的洛伦兹参照系无关. 从波动方程 (11.11) 的形式看, 这远不是显然的. 我们必须确认, 如果在另一洛伦兹参照系中写下波动方程, 其解必须和原方程的解——对应且对应的解表示相同的态. 不管在哪个洛伦兹参照系中, 波函数的模方 (对四个分量求和) 应给出电子在那个洛伦兹参照系中处于某个确定位置的单位体积的概率. 我们称之为概率密度. 计算不同洛伦兹参照系下表示同一个态的波函数的概率密度, 其值之间的关联类似于这些参照系下某些 4-矢量的时间分量之间的关联. 另外, 这一 4-矢量的四维散度应该为 0, 表示电子的守恒, 或者说电子不能未经其边界就在某个空间凭空出现或消失.

为了简单起见, 我们引入符号 $\alpha_0 = 1$ 并假定 α_μ ($\mu = 0, 1, 2, 3$) 的角标可以用规则 (11.1) 提升, 尽管这四个 α 不是 4-矢量的分量. 现在我们可以把波动方程写为

$$\{\alpha^\mu (p_\mu + e/c \cdot A_\mu) - \alpha_m mc\}\psi = 0. \tag{11.13}$$

4 个 α^μ 满足

$$\alpha^\mu \alpha_m \alpha^\nu + \alpha^\nu \alpha_m \alpha^\mu = 2g^{\mu\nu}\alpha_m, \tag{11.14}$$

此处 $g^{\mu\nu}$ 的定义见式 (11.2). 分别考虑 μ 和 ν 均为 0、其中之一为 0 以及两者均不为 0 这几种情况, 可以验证上式. 现在我们做一无穷小洛伦兹变换, 并用星号区分新参照系下的量. 4-矢量 p_μ 的分量将按下式变换:

$$p_\mu^* = p_\mu + a_\mu{}^\nu p_\nu, \tag{11.15}$$

这里 $a_\mu{}^\nu$ 为一阶无穷小量. 我们将忽略 a 的平方项也即二阶无穷小量. 洛伦兹变换满足

$$p_\mu^* p^{\mu*} = p_\mu p^\mu,$$

于是

$$a_\mu{}^\nu p_\nu p^\mu + p_\mu a^{\mu\nu} p_\nu = 0,$$

由此

$$a^{\mu\nu} + a^{\nu\mu} = 0. \tag{11.16}$$

A_μ 的变换方式是相同的, 于是

$$p_\mu + e/c \cdot A_\mu = p_\mu^* + e/c \cdot A_\mu^* - a_\mu{}^\nu \left(p_\nu^* + e/c \cdot A_\nu^* \right).$$

这样波动方程 (11.13) 变成

$$\left\{ \left(\alpha^\mu - \alpha^\lambda a_\lambda{}^\mu \right) \left(p_\mu^* + e/c \cdot A_\mu^* \right) - \alpha_m mc \right\} \psi = 0. \tag{11.17}$$

定义

$$M = \tfrac{1}{4} a_{\rho\sigma} \alpha^\rho \alpha_m \alpha^\sigma. \tag{11.18}$$

这样, 由式 (11.14) 可得

$$
\begin{aligned}
\alpha^\mu \alpha_m M - M \alpha_m \alpha^\mu &= \tfrac{1}{4} a_{\rho\sigma} \{ (\alpha^\mu \alpha_m \alpha^\rho + \alpha^\rho \alpha_m \alpha^\mu) \alpha_m \alpha^\sigma \\
&\qquad - \alpha^\rho \alpha_m (\alpha^\mu \alpha_m \alpha^\sigma + \alpha^\sigma \alpha_m \alpha^\mu) \} \\
&= \tfrac{1}{2} a_{\rho\sigma} (g^{\mu\rho} \alpha^\sigma - \alpha^\rho g^{\mu\sigma}) \\
&= -a_\rho{}^\mu \alpha^\rho
\end{aligned}
$$

最后一步利用了式 (11.16), 因而有

$$\alpha^\mu (1 + \alpha_m M) = (1 + M\alpha_m)(\alpha^\mu - a_\rho{}^\mu \alpha^\rho). \tag{11.19}$$

因此, 用 $(1 + M\alpha_m)$ 左乘式 (11.17) 可得

$$\left\{ \alpha^\mu (1 + \alpha_m M) \left(p_\mu^* + e/c \cdot A_\mu^* \right) - (\alpha_m + M)mc \right\} \psi = 0.$$

所以, 如果令

$$(1 + \alpha_m M)\psi = \psi^*, \tag{11.20}$$

就可以得到

$$\left\{ \alpha^{\mu} \left(p_{\mu}^{*} + e/c \cdot A_{\mu}^{*} \right) - \alpha_m mc \right\} \psi^{*} = 0. \tag{11.21}$$

这与方程 (11.13) 的形式相同, 只是变量加了星号变成 p_{μ}^{*}、A_{μ}^{*}、ψ^{*}, 这也显示, 方程 (11.13) 在无限小洛伦兹变换下是不变的, 条件是 ψ 服从方程 (11.20) 所给出的恰当变换. 有限的洛伦兹变换可以用无限小洛伦兹变换实现, 所以在有限洛伦兹变换下, 方程 (11.13) 也是不变的. 需要注意的是, 矩阵 α^{μ} 没有任何变化.

上面所证明的不变性的含义是, 原先波动方程 (11.13) 的解 ψ 与新波动方程 (11.21) 的解 ψ^{*} 是一一对应的, 相应的两个解由方程 (11.20) 相联系. 我们假设两个相应的解代表相同的物理态. 现在必须验证, 不同洛伦兹参照系所对应的解, 其物理解释是一致的. 这就要求 $\bar{\psi}^{\dagger}\psi$ 给出原先参照系下的概率密度, 而 $\bar{\psi}^{*\dagger}\psi^{*}$ 给出新参照系下的概率密度. 现在考察这些量之间的关系. $\bar{\psi}^{\dagger}\psi$ 与 $\bar{\psi}^{\dagger}\alpha^{0}\psi$ 相同, 并形成四分量 $\bar{\psi}^{\dagger}\alpha^{\mu}\psi$ 之一, 该四分量应一并处理.

方程 (11.18) 与 (11.16) 显示, M 是纯虚量. 因此, 方程 (11.20) 的共轭虚量是

$$\bar{\psi}^{*\dagger} = \bar{\psi}^{\dagger}(1 - M\alpha_m).$$

因而, 由等式 (11.19) 可得

$$\begin{aligned}
\bar{\psi}^{*\dagger}\alpha^{\mu}\psi^{*} &= \bar{\psi}^{\dagger}(1 - M\alpha_m)\alpha^{\mu}(1 + \alpha_m M)\psi \\
&= \bar{\psi}^{\dagger}(1 - M\alpha_m)(1 + M\alpha_m)(\alpha^{\mu} - a_{\nu}{}^{\mu}\alpha^{\nu})\psi.
\end{aligned}$$

利用等式 (11.16), 上式简化为

$$\bar{\psi}^{*\dagger}\alpha^{\mu}\psi^{*} = \bar{\psi}^{\dagger}(\alpha^{\mu} - a_{\nu}{}^{\mu}\alpha^{\nu})\psi = \bar{\psi}^{\dagger}\alpha^{\mu}\psi + a^{\mu}{}_{\nu}\bar{\psi}^{\dagger}\alpha^{\nu}\psi.$$

如果降低这里的上指标 μ, 可以得到一个与 (11.15) 具有相同形式的方程, 这表明, 四分量 $\bar{\psi}^{\dagger}\alpha_{\mu}\psi$ 与 4-矢量的逆变分量的变换一样. 因此, $\bar{\psi}^{\dagger}\psi$ 与 4-矢量的时间分量的变换一样, 这正是概率密度的变换规则. 如果用 c 乘上 4-矢量的空间分量 $\bar{\psi}^{\dagger}\alpha_r\psi$ 就给出概率流, 概率流就是单位时间内穿过单位面积电子的概率.

应注意到, $\bar{\psi}^{\dagger}\alpha_m\psi$ 是不变量, 因为

$$\bar{\psi}^{*\dagger}\alpha_m\psi^{*} = \bar{\psi}^{\dagger}(1 - M\alpha_m)\alpha_m(1 + \alpha_m M)\psi = \bar{\psi}^{\dagger}\alpha_m\psi.$$

最后要验证守恒定律, 即散度

$$\frac{\partial}{\partial x_\mu}(\bar{\psi}^\dagger \alpha_\mu \psi) \tag{11.22}$$

等于零. 为了证明这一点, 用 $\bar{\psi}^\dagger$ 左乘方程 (11.13), 其结果是

$$\bar{\psi}^\dagger \alpha^\mu \left(i\hbar \frac{\partial \psi}{\partial x^\mu} + \frac{e}{c} A_\mu \psi \right) - \bar{\psi}^\dagger \alpha_m mc\psi = 0.$$

其共轭虚量方程是

$$\left(-i\hbar \frac{\partial \bar{\psi}^\dagger}{\partial x^\mu} + \bar{\psi}^\dagger \frac{e}{c} A_\mu \right) \alpha^\mu \psi - \bar{\psi}^\dagger \alpha_m mc\psi = 0.$$

两式相减并除以 $i\hbar$, 可以得到

$$\bar{\psi}^\dagger \alpha^\mu \frac{\partial \psi}{\partial x^\mu} + \frac{\partial \bar{\psi}^\dagger}{\partial x^\mu} \alpha^\mu \psi = 0,$$

这恰好就是式 (11.22) 等于零. 用这一方法完全证明了, 我们的理论在任何参照系中都给出一致的结果.

§11.4 自由电子的运动

按照上述理论, 在海森伯图像中考虑自由电子的运动并研究海森伯运动方程是有意义的. 这些运动方程可以严格积分, 薛定谔[1] 首先完成了这一工作. §5.2 的符号要求, 海森伯图像中随时间变化的动力学变量需要加入一个下指标 t, 为了简化起见, 这里略去这个下指标.

如果令方程 (11.10) 中作用于 ψ 的算符等于零, 可以得到 cp_0 的表达式, 我们把它取作哈密顿量, 即

$$H = c\rho_1(\boldsymbol{\sigma} \cdot \boldsymbol{p}) + \rho_3 mc^2 = c(\boldsymbol{\alpha} \cdot \boldsymbol{p}) + \rho_3 mc^2. \tag{11.23}$$

可以立刻看出, 动量与 H 对易, 因而是一个运动常量. 此外, 速度的 x_1 分量是

$$\dot{x}_1 = [x_1, H] = c\alpha_1. \tag{11.24}$$

这一结果相当意外, 因为其含义是速度与动量之间的关系, 完全不同于经典力学

---

[1]Schrödinger, *Sitzungsb. d. Berlin. Akad.*, 1930, p. 418.

中的速度与动量的关系. 然而, $\dot{x}_1$ 与概率流的分量之一的表示式 $\bar{\psi}^{\dagger} c \alpha_1 \psi$ 相联系. 方程 (11.24) 给出的 $\dot{x}_1$ 有本征值 $\pm c$, 对应于 α_1 的本征值 ± 1. 由于 $\dot{x}_2$ 与 $\dot{x}_1$ 是一样的, 我们可以得出结论, 测量自由电子速度的某一分量得到 $\pm c$ 的结果. 容易看出, 在存在场的情况下, 这一结论也成立.

因为实际上观测到的电子的速度远小于光速, 看起来理论与实验相矛盾. 然而, 这一矛盾并不真正存在, 因为上述结论中的理论速度是某一瞬间的速度, 而观测到的速度总是相当长时间间隔内的平均速度. 如果进一步考察运动方程, 将会发现速度完全不是常量, 而是在平均值附近快速振荡, 该平均值是观测到的值.

容易验证, 相对论理论中直接测量速度的一个分量一定得到 $\pm c$ 的结果, 该结果可由 §4.4 的不确定度关系的基本应用直接得到. 要测量速度, 必须测量两个略微不同时刻的位置, 再用位置改变除以时间间隔. (测量动量然后用公式来计算速度的方法是不行的, 因为速度与动量之间的普通关系并不成立.) 为了使速度的测量近似等于瞬时速度, 两次位置测量之间的时间间隔必须很短, 而这些测量必须很精确. 在此时间间隔内, 我们知道了电子的精确位置, 根据不确定度原理, 这必定导致电子的动量几乎完全不确定. 这一点的含义是, 几乎所有的动量值都是等概率的, 所以动量几乎肯定是无穷大. 无穷大的动量分量值, 其相应的速度分量值是 $\pm c$.

现在考察电子的速度如何随时间变化. 我们有

$$i\hbar\dot{\alpha}_1 = \alpha_1 H - H\alpha_1.$$

现在, 由于 α_1 与 H 中的所有项 (除了 $c\alpha_1 p_1$) 反对易, 所以

$$\alpha_1 H + H\alpha_1 = \alpha_1 c\alpha_1 p_1 + c\alpha_1 p_1 \alpha_1 = 2cp_1,$$

从而

$$\left.\begin{array}{l} i\hbar\dot{\alpha}_1 = 2\alpha_1 H - 2cp_1, \\ \qquad = -2H\alpha_1 + 2cp_1. \end{array}\right\} \tag{11.25}$$

由于 H 与 p_1 都是常量, 由方程 (11.25) 的第一式可得

$$i\hbar\ddot{\alpha}_1 = 2\dot{\alpha}_1 H. \tag{11.26}$$

$\dot{\alpha}_1$ 的这个微分方程可以直接积分, 其结果是

$$\dot{\alpha}_1 = \dot{\alpha}_1^0 \mathrm{e}^{-2\mathrm{i}Ht/\hbar}, \tag{11.27}$$

这里的 $\dot{\alpha}_1^0$ 是常数, 等于 $\dot{\alpha}_1$ 在 $t = 0$ 时刻的取值. 方程 (11.27) 中的 $\mathrm{e}^{-2\mathrm{i}Ht/\hbar}$ 必须置于 $\dot{\alpha}_1^0$ 的右边, 因为方程 (11.26) 中的 H 出现于 $\dot{\alpha}_1$ 的右边. 按照相同的方法, 式 (11.25) 的第二个方程给出的结果是

$$\dot{\alpha}_1 = \mathrm{e}^{2\mathrm{i}Ht/\hbar} \dot{\alpha}_1^0.$$

现在容易完成对于 x_1 的运动方程的积分. 由方程 (11.27) 与式 (11.25) 的第一方程可得

$$\alpha_1 = \tfrac{1}{2}\mathrm{i}\hbar\dot{\alpha}_1^0 \mathrm{e}^{-2\mathrm{i}Ht/\hbar} H^{-1} + cp_1 H^{-1}, \tag{11.28}$$

因而方程 (11.24) 的时间积分是

$$x_1 = -\tfrac{1}{4}c\hbar^2\dot{\alpha}_1^0 \mathrm{e}^{-2\mathrm{i}Ht/\hbar} H^{-2} + c^2 p_1 H^{-1} t + a_1, \tag{11.29}$$

其中 a_1 是一个常数.

由方程 (11.28) 可以看到, 速度的 x_1 分量 $c\alpha_1$ 包含两部分. 一部分是常数 $c^2 p_1 H^{-1}$, 与经典相对论公式相联系; 另一振荡部分

$$\tfrac{1}{2}\mathrm{i}c\hbar\dot{\alpha}_1^0 \mathrm{e}^{-2\mathrm{i}Ht/\hbar} H^{-1},$$

其振荡频率 $2H/h$ 很高, 至少是 $2mc^2/h$. 实际的速度测量中, 只有常数部分可以观测到, 这一观测给出了远大于 $h/2mc^2$ 的时间间隔内的平均速度. 振荡部分确保了 $\dot{x}_1$ 的瞬时值具有本征值 $\pm c$. 根据式 (11.29), x_1 的振荡部分很小, 等于

$$-\tfrac{1}{4}c\hbar^2\dot{\alpha}_1^0 \mathrm{e}^{-2\mathrm{i}Ht/\hbar} H^{-2} = \tfrac{1}{2}\mathrm{i}c\hbar(\alpha_1 - cp_1 H^{-1}) H^{-1},$$

其量级是 $\hbar/mc$, 因为 $(\alpha_1 - cp_1 H^{-1})$ 的量级是 1.

§11.5 自旋的存在

我们在 §11.2 看到, 在没有电磁场情况下关于电子的正确波动方程 (即方程 (11.7) 或 (11.10)) 等价于方程 (11.6), 方程 (11.6) 来自于与经典理论的类比. 当存在外场时, 这一等价性不再成立. 这种情况下, 如果与经典理论进行类比, 我们预期的波动方程是

$$\left\{ \left(p_0 + \frac{e}{c}A_0\right)^2 - \left(\boldsymbol{p} + \frac{e}{c}\boldsymbol{A}\right)^2 - m^2c^2 \right\} \psi = 0, \tag{11.30}$$

其中的算符仅仅是经典的相对论哈密顿量. 如果对方程 (11.11) 左乘某个因子使它与方程 (11.30) 尽可能相似, 即乘上因子

$$p_0 + \frac{e}{c}A_0 + \rho_1 \boldsymbol{\sigma} \cdot \left(\boldsymbol{p} + \frac{e}{c}\boldsymbol{A}\right) + \rho_3 mc,$$

可以得到

$$\left\{ \left(p_0 + \frac{e}{c}A_0\right)^2 - \left[\boldsymbol{\sigma} \cdot \left(\boldsymbol{p} + \frac{e}{c}\boldsymbol{A}\right)\right]^2 - m^2c^2 - \right.$$
$$\left. \rho_1 \left[\left(p_0 + \frac{e}{c}A_0\right) \boldsymbol{\sigma} \cdot \left(\boldsymbol{p} + \frac{e}{c}\boldsymbol{A}\right) - \boldsymbol{\sigma} \cdot \left(\boldsymbol{p} + \frac{e}{c}\boldsymbol{A}\right) \left(p_0 + \frac{e}{c}A_0\right) \right] \right\} \psi = 0. \tag{11.31}$$

如果 $\boldsymbol{B}$ 和 $\boldsymbol{C}$ 是对易于 $\boldsymbol{\sigma}$ 的任意三维矢量, 那么可以应用普遍成立的公式

$$(\boldsymbol{\sigma} \cdot \boldsymbol{B})(\boldsymbol{\sigma} \cdot \boldsymbol{C}) = \sum_{123} \{\sigma_1^2 B_1 C_1 + \sigma_1 \sigma_2 B_1 C_2 + \sigma_2 \sigma_1 B_2 C_1\},$$

这里的求和是下指标 $1, 2, 3$ 的循环求和, 或者写成

$$(\boldsymbol{\sigma} \cdot \boldsymbol{B})(\boldsymbol{\sigma} \cdot \boldsymbol{C}) = \boldsymbol{B} \cdot \boldsymbol{C} + \mathrm{i} \sum_{123} \sigma_3 (B_1 C_2 - B_2 C_1)$$
$$= \boldsymbol{B} \cdot \boldsymbol{C} + \mathrm{i}\boldsymbol{\sigma} \cdot (\boldsymbol{B} \times \boldsymbol{C}). \tag{11.32}$$

取 $\boldsymbol{B} = \boldsymbol{C} = \boldsymbol{p} + e/c \cdot \boldsymbol{A}$, 因为

$$\left(\boldsymbol{p} + \frac{e}{c}\boldsymbol{A}\right) \times \left(\boldsymbol{p} + \frac{e}{c}\boldsymbol{A}\right) = \frac{e}{c}\{\boldsymbol{p} \times \boldsymbol{A} + \boldsymbol{A} \times \boldsymbol{p}\}$$
$$= -\mathrm{i}\hbar e/c \cdot \mathrm{curl} \boldsymbol{A} = -\mathrm{i}\hbar e/c \cdot \mathscr{H},$$

其中 $\mathscr{H}$ 是磁场, 我们发现

$$\left[\boldsymbol{\sigma}\cdot\left(\boldsymbol{p}+\frac{e}{c}\boldsymbol{A}\right)\right]^2 = \left(\boldsymbol{p}+\frac{e}{c}\boldsymbol{A}\right)^2 + \frac{\hbar e}{c}\boldsymbol{\sigma}\cdot\mathscr{H}. \tag{11.33}$$

另外还有

$$\left(p_0+\frac{e}{c}A_0\right)\left[\boldsymbol{\sigma}\cdot\left(\boldsymbol{p}+\frac{e}{c}\boldsymbol{A}\right)\right] - \left[\boldsymbol{\sigma}\cdot\left(\boldsymbol{p}+\frac{e}{c}\boldsymbol{A}\right)\right]\left(p_0+\frac{e}{c}A_0\right)$$
$$= \frac{e}{c}\boldsymbol{\sigma}\cdot(p_0\boldsymbol{A} - \boldsymbol{A}p_0 + A_0\boldsymbol{p} - \boldsymbol{p}A_0)$$
$$= \frac{\mathrm{i}\hbar e}{c}\boldsymbol{\sigma}\cdot\left(\frac{1}{c}\frac{\partial\boldsymbol{A}}{\partial t} + \operatorname{grad}A_0\right) = -\mathrm{i}\frac{\hbar e}{c}\boldsymbol{\sigma}\cdot\mathscr{E},$$

这里的 $\mathscr{E}$ 是电场. 这样方程 (11.31) 变成

$$\left\{\left(p_0+\frac{e}{c}A_0\right)^2 - \left(\boldsymbol{p}+\frac{e}{c}\boldsymbol{A}\right)^2 - m^2c^2 - \frac{\hbar e}{c}\boldsymbol{\sigma}\cdot\mathscr{H} + \mathrm{i}\rho_1\frac{\hbar e}{c}\boldsymbol{\sigma}\cdot\mathscr{E}\right\}\psi = 0. \tag{11.34}$$

与方程 (11.30) 相比, 该方程的差别在于算符中有两个附加项. 这些附加项包含某些新的物理效应, 但由于这两项不是实的, 因而没有直接的物理解释.

为了理解方程 (11.34) 与 (11.30) 之间的差异所包含的物理特征, 最好采用海森伯图像, 该图像总是更适合比较经典与量子力学. 海森伯运动方程由哈密顿量

$$H = -eA_0 + c\rho_1\boldsymbol{\sigma}\cdot\left(\boldsymbol{p}+\frac{e}{c}\boldsymbol{A}\right) + \rho_3 mc^2 \tag{11.35}$$

决定, 它是在有外场情况下方程 (11.23) 的推广. 方程 (11.35) 给出

$$\left(\frac{H}{c}+\frac{e}{c}A_0\right)^2 = \left\{\rho_1\boldsymbol{\sigma}\cdot\left(\boldsymbol{p}+\frac{e}{c}\boldsymbol{A}\right) + \rho_3 mc\right\}^2$$
$$= \left[\boldsymbol{\sigma}\cdot\left(\boldsymbol{p}+\frac{e}{c}\boldsymbol{A}\right)\right]^2 + m^2c^2$$
$$= \left(\boldsymbol{p}+\frac{e}{c}\boldsymbol{A}\right)^2 + m^2c^2 + \frac{\hbar e}{c}\boldsymbol{\sigma}\cdot\mathscr{H}, \tag{11.36}$$

其中最后一步应用了等式 (11.33). 这里有出现于方程 (11.34) 的附加项的实部, 而没有虚部. 对于一个缓慢移动的电子 (即动量小), 我们预期海森伯运动方程由一形如 $mc^2 + H_1$ 的哈密顿量决定, 这里的 H_1 相较于 mc^2 是小量. 用 $mc^2 + H_1$ 替代等式 (11.36) 中的 H 并忽略 H_1^2 以及包含 c^{-2} 的其他项, 两边都除以 $2m$, 可

以得到

$$H_1 + eA_0 = \frac{1}{2m}\left(\boldsymbol{p} + \frac{e}{c}\boldsymbol{A}\right)^2 + \frac{\hbar e}{2mc}\boldsymbol{\sigma}\cdot\mathscr{H}. \tag{11.37}$$

式 (11.37) 所给出的哈密顿量 H_1 与慢速电子的经典哈密顿量一样, 只是多了一项

$$\frac{\hbar e}{2mc}\boldsymbol{\sigma}\cdot\mathscr{H}.$$

这一项可以看作是量子理论中慢速电子具有的附加势能, 并且可以解释为电子具有磁矩 $-\hbar e/2mc\cdot\boldsymbol{\sigma}$ 而产生这一项. 这个磁矩是 §6.8 与 §7.6 中为处理塞曼效应而假设的磁矩, 并与实验相符合.

自旋磁矩并不产生任何势能, 因而在前面的计算结果中不出现自旋磁矩. 证明自旋角动量存在的最简单方法是考虑自由电子或者中心力场中电子的情况, 并确定角动量积分. 这就要采用哈密顿量 (11.23) 或 (11.35), 并要求 $\boldsymbol{A} = 0$ 而 A_0 是半径 r 的函数, 即

$$H = -eA_0(r) + c\rho_1\boldsymbol{\sigma}\cdot\boldsymbol{p} + \rho_3 mc^2, \tag{11.38}$$

最后获得角动量的海森伯运动方程. 采用这两个哈密顿量中的任何一个, 借助于 §6.2 中已证明的对易关系, 我们发现轨道角动量的 x_1 分量 $m_1 = x_2 p_3 - x_3 p_2$ 的变化率是

$$
\begin{aligned}
i\hbar\dot{m}_1 &= m_1 H - H m_1 \\
&= c\rho_1\{m_1(\boldsymbol{\sigma}\cdot\boldsymbol{p}) - (\boldsymbol{\sigma}\cdot\boldsymbol{p})m_1\} \\
&= c\rho_1\boldsymbol{\sigma}\cdot(m_1\boldsymbol{p} - \boldsymbol{p}m_1) \\
&= i\hbar c\rho_1(\sigma_2 p_3 - \sigma_3 p_2).
\end{aligned}
$$

这样 $\dot{m}_1 \neq 0$, 所以轨道角动量不是运动常量. 这一结果符合积分运动方程 (11.29) 的预期, 因为方程中运动的振荡部分引起了角动量的振荡项.

此外, 借助于 §6.4 中的方程 (6.51) 可得

$$i\hbar\dot{\sigma}_1 = \sigma_1 H - H\sigma_1$$
$$= c\rho_1\{\sigma_1(\boldsymbol{\sigma}\cdot\boldsymbol{p}) - (\boldsymbol{\sigma}\cdot\boldsymbol{p})\sigma_1\}$$
$$= c\rho_1(\sigma_1\boldsymbol{\sigma} - \boldsymbol{\sigma}\sigma_1)\cdot\boldsymbol{p}$$
$$= 2ic\rho_1(\sigma_3 p_2 - \sigma_2 p_3).$$

因而有

$$\dot{m}_1 + \tfrac{1}{2}\hbar\dot{\sigma}_1 = 0,$$

所以矢量 $m + \tfrac{1}{2}\hbar\boldsymbol{\sigma}$ 是运动常量. 这一结果可以解释成电子有自旋角动量 $\tfrac{1}{2}\hbar\boldsymbol{\sigma}$, 加上轨道角动量 m 之后就能得到运动常量. 自旋角动量也可以按照 §6.2 的一般方法, 由自旋态的转动算符而获得.

自旋磁矩与自旋角动量的方向由同一个矢量 $\boldsymbol{\sigma}$ 决定. 如果处于某一自旋态的电子沿某一方向有 $\tfrac{1}{2}\hbar$ 的自旋角动量, 那么该电子将沿此方向有磁矩 $-e\hbar/2mc$.

我们运用一个只依赖于量子理论以及相对论的一般原理的推理, 就能得到 $\tfrac{1}{2}\hbar$ 电子自旋值. 我们可以把同样的推理应用到其他种类的基本粒子, 并得到同样的结论, 即自旋角动量是半个量子. 对质子与中子而言, 这个结论是满意的, 但也有某些种类的基本粒子 (如光子和某些介子), 从实验上已知其自旋不同于 $\tfrac{1}{2}\hbar$, 这样, 理论与实验之间还存在分歧.

问题的答案隐藏在我们工作的假定之中. 只有在假定粒子的位置是可观测量的前提下, 上述推理才有效. 如果这个假定成立, 则粒子一定有半个量子的自旋角动量. 对于那些有不同自旋的粒子, 这个假定必定不成立, 而引进来描述粒子位置的任何动力学变量 x_1、x_2、x_3, 按照我们的一般理论, 肯定不是可观测量. 这类粒子没有真正的薛定谔表象. 也许可以引入一个含有动力学变量 x_1、x_2、x_3 的准波函数, 但它不会有一个关于波函数的正确的物理解释——概率密度由波函数的模平方给出. 这类粒子仍有动量表象, 这一点对于实际目标已经足够.

§11.6 过渡到极坐标变量

进一步研究哈密顿量 (11.38) 所描述的中心力场中电子的运动, 变换至极坐标更方便, 正如在 §6.5 的非相对论情形中所做的那样. 这里与先前一样引入 r 和

p_r, 但不同的是, 由于这里轨道角动量 m 不再是运动常量, 这里必须采用总角动量 $M = m + \frac{1}{2}\hbar\sigma$ 的大小来替代先前的 k. 我们令

$$j^2\hbar^2 = M_1^2 + M_2^2 + M_3^2 + \tfrac{1}{4}\hbar^2. \tag{11.39}$$

m_3 的本征值是 $\hbar$ 的整数倍, 而 $\frac{1}{2}\hbar\sigma_3$ 的本征值是 $\pm\frac{1}{2}\hbar$ 的整数倍, 因而 M_3 的本征值必然是 $\hbar$ 的奇数倍的一半. 由 §6.3 的理论可知, $|j|$ 的本征值一定是大于零的整数.

在公式 (11.32) 中如果选取 $B = C = m$, 可得

$$
\begin{aligned}
(\boldsymbol{\sigma} \cdot \boldsymbol{m})^2 &= m^2 + \mathrm{i}\boldsymbol{\sigma} \cdot (\boldsymbol{m} \times \boldsymbol{m}) \\
&= m^2 - \hbar\boldsymbol{\sigma} \cdot \boldsymbol{m} \\
&= (\boldsymbol{m} + \tfrac{1}{2}\hbar\boldsymbol{\sigma})^2 - 2\hbar\boldsymbol{\sigma} \cdot \boldsymbol{m} - \tfrac{3}{4}\hbar^2.
\end{aligned}
$$

因而有

$$(\boldsymbol{\sigma} \cdot \boldsymbol{m} + \hbar)^2 = M^2 + \tfrac{1}{4}\hbar^2.$$

由此可见, $\boldsymbol{\sigma} \cdot \boldsymbol{m} + \hbar$ 的平方等于 $M^2 + \frac{1}{4}\hbar^2$, 于是可以将 $j\hbar$ 定义为 $\boldsymbol{\sigma} \cdot \boldsymbol{m} + \hbar$, 这样可以保持与方程 (11.39) 相一致. 然而, j 的这一定义并不是最方便的, 因为我们希望 j 是运动常量, 而 $\boldsymbol{\sigma} \cdot \boldsymbol{m} + \hbar$ 不是运动常量. 实际上, 应用公式 (11.32), 可得

$$(\boldsymbol{\sigma} \cdot \boldsymbol{m})(\boldsymbol{\sigma} \cdot \boldsymbol{p}) = \mathrm{i}\boldsymbol{\sigma} \cdot (\boldsymbol{m} \times \boldsymbol{p})$$

与

$$(\boldsymbol{\sigma} \cdot \boldsymbol{p})(\boldsymbol{\sigma} \cdot \boldsymbol{m}) = \mathrm{i}\boldsymbol{\sigma} \cdot (\boldsymbol{p} \times \boldsymbol{m}),$$

这样有

$$
\begin{aligned}
(\boldsymbol{\sigma} \cdot \boldsymbol{m})(\boldsymbol{\sigma} \cdot \boldsymbol{p}) + (\boldsymbol{\sigma} \cdot \boldsymbol{p})(\boldsymbol{\sigma} \cdot \boldsymbol{m}) &= \mathrm{i}\sum_{123} \sigma_1(m_2 p_3 - m_3 p_2 + p_2 m_3 - p_3 m_2) \\
&= \mathrm{i}\sum_{123} \sigma_1 \cdot 2\mathrm{i}\hbar p_1 = -2\hbar\boldsymbol{\sigma} \cdot \boldsymbol{p},
\end{aligned}
$$

或者写成

$$(\boldsymbol{\sigma} \cdot \boldsymbol{m} + \hbar)(\boldsymbol{\sigma} \cdot \boldsymbol{p}) + (\boldsymbol{\sigma} \cdot \boldsymbol{p})(\boldsymbol{\sigma} \cdot \boldsymbol{m} + \hbar) = 0.$$

因此, $\boldsymbol{\sigma} \cdot \boldsymbol{m} + \hbar$ 与式 (11.38) 的 H 中的一项反对易, 即与 $c\rho_1\boldsymbol{\sigma} \cdot \boldsymbol{p}$ 反对易, 而与另外两项对易. 由此可见, $\rho_3(\boldsymbol{\sigma} \cdot \boldsymbol{m} + \hbar)$ 与 H 中的所有三项都对易且是运动常量. 另一方面, $\rho_3(\boldsymbol{\sigma} \cdot \boldsymbol{m} + \hbar)$ 的平方等于 $M^2 + \frac{1}{4}\hbar^2$. 因此可以取

$$j\hbar = \rho_3(\boldsymbol{\sigma} \cdot \boldsymbol{m} + \hbar), \tag{11.40}$$

这给出 j 一个方便而合理的定义, 这一定义与式 (11.39) 一致而且 j 是运动常量. 这样定义的 j 的本征值是所有正整数与负整数, 不包括零.

进一步利用公式 (11.32) 可以得到

$$(\boldsymbol{\sigma} \cdot \boldsymbol{x})(\boldsymbol{\sigma} \cdot \boldsymbol{p}) = \boldsymbol{x} \cdot \boldsymbol{p} + \mathrm{i}\boldsymbol{\sigma} \cdot \boldsymbol{m}$$

$$= rp_r + \mathrm{i}\rho_3 j\hbar - \mathrm{i}\hbar, \tag{11.41}$$

后一步推导利用了式 (11.40) 与 §6.5 的方程 (6.58). 引入线性算符 ϵ, 其定义是

$$r\epsilon = \rho_1\boldsymbol{\sigma} \cdot \boldsymbol{x}. \tag{11.42}$$

由于 r 既对易于 ρ_1, 也对易于 $\boldsymbol{\sigma} \cdot \boldsymbol{x}$, 因而必然对易于 ϵ. 这样就有

$$r^2\epsilon^2 = (\rho_1\boldsymbol{\sigma} \cdot \boldsymbol{x})^2 = (\boldsymbol{\sigma} \cdot \boldsymbol{x})^2 = \boldsymbol{x}^2 = r^2,$$

或者

$$\epsilon^2 = 1.$$

既然 $\rho_1\boldsymbol{\sigma} \cdot \boldsymbol{p}$ 对易于 j, 而且因为就角动量而言, $\boldsymbol{x}$ 与 $\boldsymbol{p}$ 是对称的, 所以 $\rho_1\boldsymbol{\sigma} \cdot \boldsymbol{x}$ 也必然对易于 j. 因而 ϵ 也对易于 j. 此外, ϵ 一定对易于 j, 因为

$$(\boldsymbol{\sigma} \cdot \boldsymbol{x})(\boldsymbol{x} \cdot \boldsymbol{p}) - (\boldsymbol{x} \cdot \boldsymbol{p})(\boldsymbol{\sigma} \cdot \boldsymbol{x}) = \boldsymbol{\sigma} \cdot (\boldsymbol{x}(\boldsymbol{x} \cdot \boldsymbol{p}) - (\boldsymbol{x} \cdot \boldsymbol{p})\boldsymbol{x}) = \mathrm{i}\hbar\boldsymbol{\sigma} \cdot \boldsymbol{x}$$

上式给出

$$r\epsilon rp_r - rp_r r\epsilon = \mathrm{i}\hbar r\epsilon,$$

或者

$$r^2\epsilon p_r - r^2 p_r\epsilon = 0.$$

由式 (11.41) 与 (11.42) 可得

$$r\epsilon\rho_1\boldsymbol{\sigma}\cdot\boldsymbol{p} = rp_r + \mathrm{i}\rho_3 j\hbar - \mathrm{i}\hbar,$$

或者

$$\rho_1\boldsymbol{\sigma}\cdot\boldsymbol{p} = \epsilon(p_r - \mathrm{i}\hbar/r) + \mathrm{i}\epsilon\rho_3 j\hbar/r.$$

因此, 式 (11.38) 变成

$$H/c = -\frac{e}{c}A_0 + \epsilon(p_r - \mathrm{i}\hbar/r) + \mathrm{i}\epsilon\rho_3 j\hbar/r + \rho_3 mc.$$

上式给出了哈密顿量的极坐标变量表示式. 应当注意到, ϵ 与 ρ_3 对易于 H 中出现的所有其他变量, 而它们互相反对易. 这样的结果是, 我们可以取一个表象, 使得 ρ_3 对角, 在此表象中 ϵ 与 ρ_3 分别表示为矩阵

$$\begin{pmatrix} 0 & -\mathrm{i} \\ \mathrm{i} & 0 \end{pmatrix}, \qquad \begin{pmatrix} 1 & 0 \\ 0 & -1 \end{pmatrix}. \tag{11.43}$$

如果在此表象中 r 也是对角的, 那么某个右矢的表示 $\langle r'\rho_3'|$ 有两个分量, 即 $\langle r', 1| = \psi_a(r')$ 与 $\langle r', -1| = \psi_b(r')$, 分别联系于式 (11.43) 中矩阵的两个行与列.

§11.7 氢原子能级的精细结构

现在考虑氢原子系统, 对于氢原子, $A_0 = e/r$, 需求出其能级, 即 H 的本征值 H'. 这些本征值由方程 $(H' - H)|\rangle = 0$ 确定, 如果采用上面讨论的表象, 即用矩阵 (11.43) 表示 ϵ 与 ρ_3 的表象, 则该方程的表示给出

$$\left(\frac{H'}{c} + \frac{e^2}{cr}\right)\psi_a + \hbar\left(\frac{\partial}{\partial r} + \frac{1}{r}\right)\psi_b + \frac{j\hbar}{r}\psi_b - mc\psi_a = 0,$$

$$\left(\frac{H'}{c} + \frac{e^2}{cr}\right)\psi_b - \hbar\left(\frac{\partial}{\partial r} + \frac{1}{r}\right)\psi_a + \frac{j\hbar}{r}\psi_a + mc\psi_b = 0.$$

如果令

$$\frac{\hbar}{mc - H'/c} = a_1, \qquad \frac{\hbar}{mc + H'/c} = a_2, \tag{11.44}$$

那么上面的两个方程简化为

$$\left.\begin{array}{l}\left(\dfrac{1}{a_1}-\dfrac{\alpha}{r}\right)\psi_a-\left(\dfrac{\partial}{\partial r}+\dfrac{j+1}{r}\right)\psi_b=0,\\[3mm]\left(\dfrac{1}{a_1}+\dfrac{\alpha}{r}\right)\psi_b-\left(\dfrac{\partial}{\partial r}-\dfrac{j-1}{r}\right)\psi_a=0,\end{array}\right\}\tag{11.45}$$

其中, $\alpha=e^2/\hbar c$ 是个很小的数. 我们将采用与 §6.6 中求解方程 (6.73) 类似的方法来解上面的方程组.

引入两个 r 的新函数 f 与 g, 令

$$\psi_a=r^{-1}e^{-r/a}f,\qquad \psi_b=r^{-1}e^{-r/a}g,\tag{11.46}$$

其中

$$a=(a_1a_2)^{\frac{1}{2}}=\hbar(m^2c^2-H'^2/c^2)^{-\frac{1}{2}}.\tag{11.47}$$

这样方程 (11.45) 写成

$$\left.\begin{array}{l}\left(\dfrac{1}{a_1}-\dfrac{\alpha}{r}\right)f-\left(\dfrac{\partial}{\partial r}-\dfrac{1}{a}+\dfrac{j}{r}\right)g=0,\\[3mm]\left(\dfrac{1}{a_2}+\dfrac{\alpha}{r}\right)g-\left(\dfrac{\partial}{\partial r}-\dfrac{1}{a}-\dfrac{j}{r}\right)f=0.\end{array}\right\}\tag{11.48}$$

现在我们尝试求得一个解, 其中 f 与 g 都是幂级数的形式, 即

$$f=\sum_s c_s r^s,\qquad g=\sum_s c'_s r^s,\tag{11.49}$$

其中 s 的相继取值相差 1, 尽管这些值本身并不一定是整数. 把 f 与 g 的这些表示式代入方程 (11.48) 并找出 r^{s-1} 的系数, 可得

$$\left.\begin{array}{l}c_{s-1}/a_1-\alpha c_s-(s+j)c'_s+c'_{s-1}/a=0,\\[2mm]c'_{s-1}/a_2+\alpha c'_s-(s-j)c_s+c_{s-1}/a=0.\end{array}\right\}\tag{11.50}$$

用 a 乘以上面第一个方程, 用 a_2 乘以第二个方程并相减, 因为由式 (11.47) 可知 $a/a_1=a_2/a$, 于是可以消去 c_{s-1} 与 c'_{s-1}. 留下的部分是

$$[a\alpha-a_2(s-j)]c_s+[a_2\alpha+a(s+j)]c'_s=0,\tag{11.51}$$

这一关系式表明了带撇与不带撇的 c 之间的联系.

$r=0$ 的边条件要求 $r\psi_a$ 与 $r\psi_b$ 随 $r \to 0$ 而趋于零, 所以由式 (11.46) 可知, f 与 g 也随 $r \to 0$ 而趋于零. 因此, 级数 (11.49) 必须在 s 取小值的一端中断. 如果 s_0 是 c_s 与 c'_s 不都等于零的 s 的最小值, 令 $s = s_0$, 并令 $c_{s_0-1} = c'_{s_0-1} = 0$, 就能由式 (11.50) 得到

$$\left.\begin{array}{l} \alpha c_{s_0} + (s_0 + j)s_0 = 0, \\ \alpha c'_{s_0} - (s_0 - j)c_{s_0} = 0, \end{array}\right\} \tag{11.52}$$

这给出

$$\alpha^2 = -s_0^2 + j^2.$$

因为边界条件要求 s 的最小值要大于零, 所以必须取

$$s_0 = +\sqrt{j^2 - \alpha^2}.$$

为了研究级数 (11.49) 的收敛性, 需要确定当 s 很大时的比值 c_s/c_{s-1}. 当 s 很大时, 方程 (11.51) 与方程组 (11.50) 的第二个方程近似地给出

$$a_2 c_s = a c'_s$$

与

$$s c_s = c_{s-1}/a + c'_{s-1}/a_2.$$

因而有

$$c_s/c_{s-1} = 2/as.$$

级数 (11.49) 因此与级数

$$\sum_s \frac{1}{s!}\left(\frac{2r}{a}\right)^s$$

或函数 $e^{2r/a}$ 一样地收敛. 这一结果与 §6.6 所得的结果一样, 而且如 §6.6 那样, 我们可以推断, 当 $H' > mc^2$ 时, 由式 (11.47) 可知 a 是纯虚数, H' 的所有可能取值都是允许的; 当 $H' < mc^2$ 时, 取 a 为正值, 此时发现, H' 允许的那些取值, 能够让级数 (11.49) 中断于大的 s 一端.

如果级数 (11.49) 在 c_s 与 c'_s 中断, 这样 $c_{s+1} = c'_{s+1} = 0$, 那么用 $s+1$ 代替

式 (11.50) 中的 s 可得

$$\left.\begin{array}{l} c_s/a_1 + c'_s/a = 0, \\ c'_s/a_2 + c_s/a = 0. \end{array}\right\} \tag{11.53}$$

由式 (11.47) 可知, 这两个方程等价. 它们与方程 (11.51) 联合之后给出

$$a_1[a\alpha - a_2(s-j)] = a[a_2\alpha + a(s+j)],$$

上式简化成

$$2a_1a_2s = a(a_1 - a_2)\alpha,$$

或者是

$$\frac{s}{a} = \frac{1}{2}\left(\frac{1}{a_2} - \frac{1}{a_1}\right)\alpha = \frac{H'}{c\hbar}\alpha,$$

上面推导中用到了式 (11.44). 将上式两边平方并应用式 (11.47), 我们得到

$$s^2(m^2c^2 - H'^2/c^2) = \alpha^2 H'^2/c^2,$$

因而有

$$\frac{H'}{mc^2} = \left(1 + \frac{\alpha^2}{s^2}\right)^{-\frac{1}{2}}.$$

这里的 s 标明级数的最后一项, 一定比 s_0 大, 它们之差是某个不小于零的整数. 令这个整数为 n, 这样有

$$s = n + \sqrt{j^2 - \alpha^2},$$

因而

$$\frac{H'}{mc^2} = \left\{1 + \frac{\alpha^2}{(n + \sqrt{j^2 - \alpha^2})^2}\right\}^{-\frac{1}{2}}. \tag{11.54}$$

这一公式给出了氢原子能谱的分立能级, 索末菲 (Sommerfeld) 应用玻尔的轨道理论首先计算出这一公式. 上式包含两个量子数 n 与 j, 但由于 α^2 非常小, 能级几乎完全由 $n + |j|$ 决定. 给出相同 $n + |j|$ 的所有可能的 n 与 $|j|$ 的取值产生一组能量非常靠近的能级, 且靠近 §6.6 的非相对论公式 (6.80) 取 $s = n + |j|$ 所得的能级, 只是相差一个常数项 mc^2.

我们通过与方程 (11.51) 联合的方式应用方程组 (11.53), 但这样并没有充分

利用式 (11.53), 因为式 (11.51) 中的系数 c_s 与 c_s' 可以同时为零. 这种情况下, 用 a_1 乘上第一个系数, 用 a 乘上第二个系数并相加, 可以得到

$$a(a_1 + a_2)\alpha + 2a_1 a_2 j = 0.$$

这种情况下的 j 必定是负数. 借助于式 (11.44) 与 (11.47), 进一步得到

$$-\frac{2j}{\alpha} = \frac{a}{a_2} + \frac{a}{a_1} = \frac{2mca}{\hbar} = \frac{2mc}{(m^2 c^2 - H'^2/c^2)^{\frac{1}{2}}},$$

或者

$$\frac{H'^2}{m^2 c^4} = 1 - \frac{\alpha^2}{j^2}.$$

因为 H' 必须为正, 这给出

$$\frac{H'}{mc^2} = \frac{\sqrt{j^2 - \alpha^2}}{|j|}, \tag{11.55}$$

这正是式 (11.54) 中 $n = 0$ 时 H' 的值. $n = 0$ 且 j 取负值的情况还需进一步的研究以确定式 (11.53) 的条件是否满足.

$n = 0$ 时, s 的最大值与最小值相等, 所以用 s_0 代替式 (11.53) 中的 s 应该与式 (11.52) 一致. 现在借助于式 (11.44) 与 (11.47), 式 (11.55) 给出

$$\frac{1}{a_1} = \frac{mc}{\hbar}\left(1 - \frac{\sqrt{j^2 - \alpha^2}}{|j|}\right), \qquad \frac{1}{a} = \frac{mc}{\hbar}\frac{\alpha}{|j|},$$

所以用 s_0 代替式 (11.53) 第一个方程中的 s 给出

$$c_{s_0}\{|j| - \sqrt{j^2 - \alpha^2}\} + c_{s_0}'\alpha = 0.$$

只有当 j 为正时, 上式才与式 (11.52) 的第二个方程相一致. 我们可以得出结论, 对于 $n = 0$ 的情况, j 必须是正整数, 而 n 取其他值的情况, j 可以是所有非零整数.

§11.8 正电子理论

§11.2 中已经提到过, 电子的波动方程所允许的解的数目是它应有的解的数目的两倍, 其中一半的解表示动能 $cp_0 + eA_0$ 为负值的态. 只要我们从方程 (11.5) 转到方程 (11.6), 就会产生这一困难, 而这一困难是任何相对论理论所固有的. 经典相对论理论中也有这一困难, 但由于经典动力学变量在变化过程中的连续性, 使得这一困难并不严重, 如果动能 $cp_0 + eA_0$ 开始为正 (此时必须大于或等于 mc^2), 那么随后不可能为负 (此时必须小于或等于 $-mc^2$). 但在量子理论中, 可能发生不连续的跃迁, 这样的结果是, 如果电子开始处于某个正动能的态, 那么随后可能跃迁至某个负动能的态. 因此, 像经典理论那样简单地忽略负能态的做法, 量子理论中是不允许的.

现在更仔细地研究方程

$$\left\{ \left(p_0 + \frac{e}{c}A_0\right) - \alpha_1 \left(p_1 + \frac{e}{c}A_1\right) - \right.$$
$$\left. \alpha_2 \left(p_2 + \frac{e}{c}A_2\right) - \alpha_3 \left(p_3 + \frac{e}{c}A_3\right) - \alpha_m mc \right\} \psi = 0 \quad (11.56)$$

的负能解. 为便于研究上述方程, 用下面的方法选取 α 的表象, 让表示 α_1、α_2 与 α_3 的矩阵的所有矩阵元都是实数, 而让表示 α_m 的矩阵的矩阵元是纯虚数或零. 这样的表象是可以实现的, 例如, 对换 §11.2 的式 (11.9) 中 α_2 与 α_m 的表示式. 如果用这一表象将方程 (11.56) 表示为矩阵方程, 并用 $-i$ 替代所有的 i, 同时考虑到方程 (11.4) 中的 i, 我们得到

$$\left\{ \left(-p_0 + \frac{e}{c}A_0\right) - \alpha_1 \left(-p_1 + \frac{e}{c}A_1\right) - \right.$$
$$\left. \alpha_2 \left(-p_2 + \frac{e}{c}A_2\right) - \alpha_3 \left(-p_3 + \frac{e}{c}A_3\right) + \alpha_m mc \right\} \bar{\psi} = 0. \quad (11.57)$$

因此, 波动方程 (11.56) 的每个解 ψ, 其共轭复量 $\bar{\psi}$ 都是方程 (11.57) 的一个解. 而且, 如果方程 (11.56) 的解 ψ 属于 $cp_0 + eA_0$ 的负值, 那么方程 (11.57) 的对应解 $\bar{\psi}$ 将属于 $cp_0 - eA_0$ 的正值. 而方程 (11.57) 的算符刚好是把方程 (11.56) 的算符中 e 替换为 $-e$ 的结果. 由此可知, 方程 (11.56) 的每个负能解, 是方程 (11.56) 中用 $-e$ 替换 e 而得的波动方程的正能解的共轭复量, 这个解代表在已知电磁场中运动的带电荷 $+e$ 的电子 (不是到目前为止所用的 $-e$). 因此, 方程 (11.56) 中多余的解对应于带电荷 $+e$ 的电子的运动. (当然, 对一个任意的电磁场, 不可能把方

程 (11.56) 的解明确地分为对应于 $cp_0 + eA_0$ 的正值与负值的解. 因为这样的区分隐含着从一种解到另一种解的跃迁不出现. 因此, 上述讨论仅是一个粗略的讨论, 只有当这样的区分近似地可能时, 这个讨论才适用.)

我们按此方法可以推断, 方程 (11.56) 的负能解与某种新粒子的运动相关, 该粒子与电子有相同的质量和相反的电荷. 实验上已经观测到这种粒子并命名为正电子. 然而, 不能简单地说负能解代表正电子, 因为这样说会使整个动力学关系完全错误. 比如说, 一个正电子有负的动能肯定不对. 因而必须在多少不同的立足点上建立正电子的理论. 我们假设几乎所有的负能态都被占据, 根据泡利不相容原理, 每个态上占据一个电子. 一个未被占据的负能态就会表现为有正能量的某种事物, 而要让它消失, 就需要把它填充起来, 这样就必须对它加上一个具有负能的电子. 我们假设这些未被占据的负能态是正电子.

这些假设要求, 世界上处处都有密度为无限大的电子分布. 完全真空, 是那些所有正能态都未被占据而所有负能态都被占据的区域. 在完全真空的区域, 麦克斯韦方程

$$\text{div}\mathscr{E} = 0$$

当然必须成立. 这就是说, 负能电子的无限分布对电场没有贡献. 只有相对于真空中这种分布的偏离才对麦克斯韦方程

$$\text{div}\mathscr{E} = 4\pi j_0 \tag{11.58}$$

中的电流密度 j_0 有贡献. 因此, 每个被占据的正能态贡献 $-e$, 而每个未被占据的负能态贡献 $+e$.

不相容原理的作用使一个正能电子不能跃迁至负能态. 然而, 这样的电子落入到未被占据的负能态是可能的. 这种情况, 应当有一个电子与一个正电子同时消失, 它们的能量以辐射的方式释放. 其逆过程就是从电磁辐射产生出一个电子与一个正电子.

根据 §10.7 末尾所讨论的已占据与未占据费米子态之间的对称性可知, 现在的理论在电子与正电子之间本质上是对称的. 如果假设正电子是基本粒子, 用形如 (11.11) 的波动方程——以 $-e$ 代替 e ——来描述它, 并且还假设几乎所有的正电子的负能态全都填满, 则在负能正电子的分布中的一个空穴可以解释为一个普通的电子, 这样就得到一个等价的理论. 如果假设物理规律在正负电荷之间是

对称的, 那么这一等价理论可以平行地发展起来.

12　量子电动力学

§12.1 没有物质的电磁场

第 10 章所建立的辐射的理论, 在处理辐射与物质相互作用时采取了一些近似. 本章的目标在于除去这些近似, 尽可能得到关于电磁场与物质相互作用的精确理论, 这里的物质仅限于包括电子与正电子. 其他如质子、中子等形式的物质, 我们所知太少, 所以现在还不能得到关于它们与电磁场相互作用的精确理论. 但前一章已经给出了关于电子与正电子的精确理论, 我们可以利用这个理论来建立关于电磁场与这类物质的相互作用的精确理论. 这一理论必须包括电子与正电子通过库仑力的相互作用, 并包括它们与电磁辐射的相互作用, 当然, 该理论还必须符合狭义相对论. 为了简化起见, 这一章令 $c = 1$.

首先研究没有与物质相互作用的电磁场. §10.5 中我们首先建立了一个与物质没有相互作用的辐射场的处理方法. 在那里引进了描述场的动力学变量, 建立了这些动力学变量之间的对易关系, 并找到了使这些动力学变量正确地随时间变化的哈密顿量. 这一工作中没有做任何近似. 如果在所得理论中没有选取标量势为零这一特征, 那么该理论就因此成为与物质没有相互作用的辐射的一个令人满意的精确理论. 而上述特征破坏了理论的相对论形式, 使它不适合作为一个用来发展与物质相互作用的电磁场的精确理论的出发点.

因此, 我们必须扩展 §10.5 的处理方法, 即通过把 A_0 一般化, 并与其他的势 A_1、A_2、A_3 一起放入研究工作中. 这样, 作为 §10.5 中式 (10.62) 的推广, 我们有四个 A_μ, 它们满足

$$\Box A_\mu = 0, \tag{12.1}$$

$$\partial A_\mu / \partial x_\mu = 0. \tag{12.2}$$

现在不考虑第二个方程, 仅从第一个方程开始研究.

方程 (12.1) 表明, 每个 A_μ 可以分解为以光速行进的波. 这样, 相应于 §10.5 的方程 (10.63), 有

$$A_\mu(x) = \int (A_{\mu k}^c e^{ik \cdot x} + \bar{A}_{\mu k}^c e^{-ik \cdot x}) d^3 k, \tag{12.3}$$

其中 $k \cdot x$ 表示四维标量积

$$k \cdot x = k_0 x_0 - \boldsymbol{k} \cdot \boldsymbol{x},$$

k_ν 是 4-矢量, 其空间分量与 §10.5 中的三维矢量 $\boldsymbol{k}$ 一样, 而其时间分量 $k_0 = |\boldsymbol{k}|$, 像 §10.5 那样用 $d^3 k$ 表示 $dk_1 dk_2 dk_3$. 展开系数 $A_{\mu k}^c$ 的指标 c 表明它们是不含时常数. 稍后将引入一些其他的傅里叶系数 $A_{\mu k}$, 这些不再是常数, 这一点要与现在的有所区别.

傅里叶分量 $A_{\mu k}^c$ 的一部分 A_{0k}^c 来自 $A_0(x)$, 而另一部分 A_{rk}^c $(r = 1, 2, 3)$ 是一个三维矢量. 三维矢量可以分成两个部分, 沿着波的运动方向 $\boldsymbol{k}$ 的纵向部分, 以及垂直于 $\boldsymbol{k}$ 的横向部分. 纵向部分是 $k_r k_s / k_0^2 \cdot A_{sk}^c$. 横向部分是

$$(\delta_{rs} - k_r k_s / k_0^2) A_{sk}^c = \mathscr{A}_{rk}^c. \tag{12.4}$$

它满足

$$k_r \mathscr{A}_{rk}^c = 0. \tag{12.5}$$

由光的麦克斯韦理论可知, 只有横向部分可以有效地给出电磁辐射. 第 10 章只研究了这一横向部分, §10.5 的 A_{rk} 与这里的 $\mathscr{A}_{rk}$ 相同, §10.5 的方程 (10.65) 对应于这里的方程 (12.5). 然而, 在电动力学的完整理论中, 纵向部分不能忽略, 因为它与库仑力有关, 后面将证明这一点.

现在可以把三维矢量 $A_r(x)$ 分解为两部分: 横向部分与纵向部分. 前者是

$$\mathscr{A}_r(x) = \int (\mathscr{A}_{rk}^c e^{ik \cdot x} + \bar{\mathscr{A}}_{rk}^c e^{-ik \cdot x}) d^3 k$$

且满足

$$\partial \mathscr{A}_r(x) / \partial x_r = 0. \tag{12.6}$$

纵向部分可以表示为标量势 V 的梯度 $\partial V / \partial x_r$, 标量势是

$$V = \mathrm{i} \int k_s / k_0^2 \cdot (A_{sk}^c \mathrm{e}^{\mathrm{i}k \cdot x} - \bar{A}_{sk}^c \mathrm{e}^{-\mathrm{i}k \cdot x}) \mathrm{d}^3 k. \tag{12.7}$$

因此,

$$A_r = \mathscr{A}_r + \partial V / \partial x_r. \tag{12.8}$$

磁场由 A_r 的横向部分确定,

$$\mathscr{H} = \mathrm{curl} A = \mathrm{curl} \mathscr{A}.$$

把 $A_0(x)$ 当作纵向部分是方便的, 这样完整的势 $A_\mu(x)$ 分为横向部分 $\mathscr{A}_r(x)$ 与纵向部分 $A_0(x)$, $\partial V / \partial x_r$. 当然这一划分联系于某个特定的洛伦兹参照系, 如果要让方程保持为相对论形式, 那么这一划分一定不能使用.

傅里叶系数 $A_{\mu k}^c$ 都是与时间因子 $\mathrm{e}^{\mathrm{i}k_0 x_0}$ 一起出现于式 (12.3). 乘积

$$A_{\mu k}^c \mathrm{e}^{\mathrm{i}k_0 x_0} = A_{\mu k} \tag{12.9}$$

在经典力学中形成一个哈密顿动力学变量, 在量子力学中形成一个海森伯动力学变量, 正如 §10.5 中的 A_{klt} 一样.

§10.5 的工作已给出 $A_{\mu k}$ 横场部分的泊松括号. 为了与先前的结果联系起来, 我们转向三维 k 空间的分立 k 值, 并取具体的 k 值, 例如, $k_1 = k_2 = 0$, $k_3 = k_0 > 0$. 这样, 偏振变量 l 取两个值分别表示方向 1 与方向 2, 借助于 §10.5 方程 (10.11) 关于 η 与 $\bar{\eta}$ 的对易关系, §10.5 的式 (10.73) 给出

$$[\bar{A}_{1k}, A_{1k}] = [\bar{A}_{2k}, A_{2k}] = -\mathrm{i}s_k / 4\pi^2 k_0. \tag{12.10}$$

但 §10.5 的工作没有给出关于 A_{3k} 与 A_{0k} 的泊松括号.

然而, 现在可以根据狭义相对论得到 A_{3k} 与 A_{0k} 的泊松括号关系. 式 (12.10) 的两个方程必须能嵌入一个相对论形式之中, 而实现这一点的简单方法只能增添两个方程

$$[\bar{A}_{3k}, A_{3k}] = -[\bar{A}_{0k}, A_{0k}] = -\mathrm{i}s_k / 4\pi^2 k_0, \tag{12.11}$$

于是, 式 (12.10) 与 (12.11) 的四个方程, 以及 $\mu \neq \nu$ 情况下 $\bar{A}_{\mu k}$ 对易于 $A_{\nu k}$ 的条

件 (因为它们属于不同自由度, 所以必定对易), 合在一起得到一个张量方程

$$[\bar{A}_{\mu\boldsymbol{k}}, A_{\nu\boldsymbol{k}}] = \mathrm{i}g_{\mu\nu}s_{\boldsymbol{k}}/4\pi^2 k_0. \tag{12.12}$$

我们用这一方法得到了所有动力学变量的泊松括号关系. 方程 (12.12) 可以推广为

$$[\bar{A}_{\mu\boldsymbol{k}}, A_{\nu\boldsymbol{k}'}] = \mathrm{i}g_{\mu\nu}s_{\boldsymbol{k}}\delta_{\boldsymbol{k}\boldsymbol{k}'}/4\pi^2 k_0. \tag{12.13}$$

现在回到 $\boldsymbol{k}$ 取连续值的情况. 为了把 $\delta_{\boldsymbol{k}\boldsymbol{k}'}$ 转换到连续 $\boldsymbol{k}$ 值, 我们注意到, 对于三维 $\boldsymbol{k}$ 空间的一般函数 $f(\boldsymbol{k})$, 有

$$\sum_{\boldsymbol{k}} f(\boldsymbol{k})\delta_{\boldsymbol{k}\boldsymbol{k}'} = f(\boldsymbol{k}') = \int f(\boldsymbol{k})\delta(\boldsymbol{k} - \boldsymbol{k}')\mathrm{d}^3 k, \tag{12.14}$$

其中 $\delta(\boldsymbol{k} - \boldsymbol{k}')$ 是三维 δ 函数

$$\delta(\boldsymbol{k} - \boldsymbol{k}') = \delta(k_1 - k_1')\delta(k_2 - k_2')\delta(k_3 - k_3').$$

为了让式 (12.14) 与 §10.4 的方程 (10.52) (联系求和与积分的标准公式) 相一致, 必然有

$$s_{\boldsymbol{k}}\delta_{\boldsymbol{k}\boldsymbol{k}'} = \delta(\boldsymbol{k} - \boldsymbol{k}'). \tag{12.15}$$

这样式 (12.13) 就直接成为

$$[\bar{A}_{\mu\boldsymbol{k}}, A_{\nu\boldsymbol{k}'}] = \mathrm{i}g_{\mu\nu}\delta(\boldsymbol{k} - \boldsymbol{k}')/4\pi^2 k_0 \tag{12.16}$$

该方程与下列方程

$$[A_{\mu\boldsymbol{k}}, A_{\nu\boldsymbol{k}'}] = [\bar{A}_{\mu\boldsymbol{k}}, \bar{A}_{\nu\boldsymbol{k}'}] = 0 \tag{12.17}$$

一起提供了连续 $\boldsymbol{k}$ 值理论中的泊松括号关系. 应注意到, 如果用 $A_{\mu\boldsymbol{k}}^c$、$\bar{A}_{\nu\boldsymbol{k}}^c$ 替换 $A_{\mu\boldsymbol{k}}$、$\bar{A}_{\nu\boldsymbol{k}}$, 这些泊松括号仍保持有效. 同样的泊松括号关系适用于常数傅里叶系数 $\bar{A}_{\mu\boldsymbol{k}}^c$、$A_{\nu\boldsymbol{k}}^c$.

现在必须得到哈密顿量, 它使每个动力学变量 $A_{\mu\boldsymbol{k}}$ 在海森伯图像中按照规则式 (12.9) 随时间 $t = x_0$ 变化, 其中 $A_{\mu\boldsymbol{k}}^c$ 是常数. 这个哈密顿量叫 H_F, 我们要

求

$$[A_{\mu\boldsymbol{k}}, H_F] = \mathrm{d}A_{\mu\boldsymbol{k}}/\mathrm{d}x_0 = \mathrm{i}k_0 A_{\mu\boldsymbol{k}}. \tag{12.18}$$

容易看出来,

$$H_F = -4\pi^2 \int k_0^2 A_{\mu\boldsymbol{k}} \bar{A}^{\mu}{}_{\boldsymbol{k}} \mathrm{d}^3 k \tag{12.19}$$

符合要求. 因此, 我们可以把式 (12.19) 当作没有物质条件下电磁场的哈密顿量, 可能加上一个不包含动力学变量的任意数值项.

我们曾在 §10.5 利用哈密顿量横向部分的知识, 得到横向变量的泊松括号. 现在对纵向变量运用了相反的手续, 先运用有关泊松括号的知识 (这从相对论推测而得), 找出了哈密顿量中与纵向变量有关的部分, 使得符合式 (12.18).

如果写出哈密顿量 (12.19), 其形式是

$$H_F = 4\pi^2 \int k_0^2 (A_{1\boldsymbol{k}} \bar{A}_{1\boldsymbol{k}} + A_{2\boldsymbol{k}} \bar{A}_{2\boldsymbol{k}} + A_{3\boldsymbol{k}} \bar{A}_{3\boldsymbol{k}} - A_{0\boldsymbol{k}} \bar{A}_{0\boldsymbol{k}}) \mathrm{d}^3 k.$$

这里, 被积函数中的前三项有一横向部分, 它等于 §10.5 的式 (10.71) 所给出的横向能量. 被积函数的最后一项是 H_F 与标量势 A_0 相关的部分, 带一个负号. 负号是相对论的需要, 其含义是由变量 $A_{0\boldsymbol{k}}$、$\bar{A}_{0\boldsymbol{k}}$ 组成的动力学系统是具有负能量的谐振子. 令人吃惊的是, 像负能量这样的没有物理意义的概念竟以这样的方式出现在理论中. 我们将在 §12.4 看到, 伴随着与 A_0 有关的自由度的负能量, 总是被伴随着另一纵向自由度的正能量所补偿, 所以负能量实际上并不表现出来.

§12.2 量子条件的相对论形式

上一节的理论有相对论性的场方程, 即方程 (12.1). 为了建立起完全相对论性的理论, 必须进一步证明, 这些泊松括号关系是相对论性的. 以傅里叶分量写出的泊松括号形式 (12.16), 其相对论性并不显然. 通过计算时空中任意两点 x 与 x' 的 $[A_\mu(x), A_\nu(x')]$, 我们可以得到相对论形式的泊松括号.

函数 $\delta(x_\mu x^\mu)$ 显然是洛伦兹不变的. 除了以原点为顶点的光锥 (即 $x_\mu x^\mu = 0$ 的三维空间) 之外, 该函数在时空其他点处处为零. 这个光锥包括两个明显不同的部分: 一个是将来部分, 即 $x_0 > 0$ 的部分; 另一个是过去部分, 即 $x_0 < 0$ 的部分. 另一个函数, 在光锥的将来部分等于 $\delta(x_\mu x^\mu)$, 在光锥过去部分等于 $-\delta(x_\mu x^\mu)$, 它也是洛伦兹不变的. 这个函数等于 $\delta(x_\mu x^\mu) x_0/|x_0|$, 它在场的动力

学理论中起着重要作用, 所以我们给它一个特殊记号. 定义

$$\Delta(x) = 2\delta(x_\mu x^\mu)x_0/|x_0|. \tag{12.20}$$

这个定义给出了函数 Δ 适用于任意 4-矢量的含义. 借助于 §3.2 的方程 (3.9), 可以把 $\delta(x_\mu x^\mu)$ 表示成

$$\delta(x_\mu x^\mu) = \tfrac{1}{2}|\boldsymbol{x}|^{-1}\{\delta(x_0 - |\boldsymbol{x}|) + \delta(x_0 + |\boldsymbol{x}|)\}, \tag{12.21}$$

$|\boldsymbol{x}|$ 是 x_μ 三维部分的长度, 这样, $\Delta(x)$ 的形式为

$$\Delta(x) = |\boldsymbol{x}|^{-1}\{\delta(x_0 - |\boldsymbol{x}|) - \delta(x_0 + |\boldsymbol{x}|)\}. \tag{12.22}$$

$\Delta(x)$ 在原点取值被定义为零, 且显然有 $\Delta(-x) = -\Delta(x)$.

我们现在对 $\Delta(x)$ 做傅里叶分析. 用 d^4x 标记 $\mathrm{d}x_0\mathrm{d}x_1\mathrm{d}x_2\mathrm{d}x_3$, 用 d^3x 标记 $\mathrm{d}x_1\mathrm{d}x_2\mathrm{d}x_3$, 对任意的四维矢量 k_μ, 都有

$$\int \Delta(x)\mathrm{e}^{\mathrm{i}k\cdot x}\mathrm{d}^4x = \int |\boldsymbol{x}|^{-1}\{\delta(x_0 - |\boldsymbol{x}|) - \delta(x_0 + |\boldsymbol{x}|)\}\mathrm{e}^{\mathrm{i}(k_0 x_0 - \boldsymbol{k}\cdot\boldsymbol{x})}\mathrm{d}^4x$$

$$= \int |\boldsymbol{x}|^{-1}\{\mathrm{e}^{\mathrm{i}k_0|\boldsymbol{x}|} - \mathrm{e}^{-\mathrm{i}k_0|\boldsymbol{x}|}\}\mathrm{e}^{-\mathrm{i}\boldsymbol{k}\cdot\boldsymbol{x}}\mathrm{d}^3x.$$

在 $x_1 x_2 x_3$ 的三维空间引入极坐标 $|\boldsymbol{x}|$、θ、ϕ, 以 k_μ 的三维部分的方向为极轴, 我们得到

$$\int \Delta(x)\mathrm{e}^{\mathrm{i}k\cdot x}\mathrm{d}^4x = \iiint \{\mathrm{e}^{\mathrm{i}k_0|\boldsymbol{x}|} - \mathrm{e}^{-\mathrm{i}k_0|\boldsymbol{x}|}\}\mathrm{e}^{-\mathrm{i}|\boldsymbol{k}||\boldsymbol{x}|\cos\theta}|\boldsymbol{x}|\sin\theta\mathrm{d}\theta\mathrm{d}\phi\mathrm{d}|\boldsymbol{x}|$$

$$= 2\pi \int_0^\infty \{\mathrm{e}^{\mathrm{i}k_0|\boldsymbol{x}|} - \mathrm{e}^{-\mathrm{i}k_0|\boldsymbol{x}|}\}\mathrm{d}|\boldsymbol{x}| \int_0^\pi \mathrm{e}^{-\mathrm{i}|\boldsymbol{k}||\boldsymbol{x}|\cos\theta}|\boldsymbol{x}|\sin\theta\mathrm{d}\theta$$

$$= 2\pi\mathrm{i}|\boldsymbol{k}|^{-1}\int_0^\infty \{\mathrm{e}^{\mathrm{i}k_0|\boldsymbol{x}|} - \mathrm{e}^{-\mathrm{i}k_0|\boldsymbol{x}|}\}\mathrm{d}|\boldsymbol{x}|\{\mathrm{e}^{-\mathrm{i}|\boldsymbol{k}||\boldsymbol{x}|} - \mathrm{e}^{\mathrm{i}|\boldsymbol{k}||\boldsymbol{x}|}\}$$

$$= 2\pi\mathrm{i}|\boldsymbol{k}|^{-1}\int_{-\infty}^\infty \{\mathrm{e}^{\mathrm{i}(k_0 - |\boldsymbol{k}|)a} - \mathrm{e}^{\mathrm{i}(k_0 + |\boldsymbol{k}|)a}\}\mathrm{d}a$$

$$= 4\pi^2\mathrm{i}|\boldsymbol{k}|^{-1}\{\delta(k_0 - |\boldsymbol{k}|) - \delta(k_0 + |\boldsymbol{k}|)\}$$

$$= 4\pi^2\mathrm{i}\Delta(k). \tag{12.23}$$

因此, 傅里叶分析又得到同样的函数, 只是有一个系数 $4\pi^2 i$. 对换式 (12.23) 中的 k 与 x, 可以得到

$$\Delta(x) = \frac{-i}{4\pi^2} \int \Delta(k) e^{ik \cdot x} d^4 k. \tag{12.24}$$

由 $\Delta(x)$ 的傅里叶分析能够容易地推导出它的一些重要性质. 首先, 方程 (12.24) 表明, $\Delta(x)$ 能分解为以光速行进的一些波. 为了得到描述这个结论的方程, 把算符 $\Box$ 作用于方程 (12.24) 的两边, 因此

$$\Box \Delta(x) = \frac{-i}{4\pi^2} \int \Delta(k) \Box e^{ik \cdot x} d^4 k = \frac{i}{4\pi^2} \int k_\mu k^\mu \Delta(k) e^{ik \cdot x} d^4 k.$$

由于 $k_\mu k^\mu \Delta(k) = 0$, 所以有

$$\Box \Delta(x) = 0. \tag{12.25}$$

此方程在整个时空都成立. 在 $\Delta(x)$ 有奇异性的点, 可以给出 $\Box \Delta(x)$ 的含义, 方法是围绕这一点的一个小的四维空间内对 $\Box \Delta(x)$ 进行积分, 并用高斯定理把此积分变成三维面积分. 方程 (12.25) 告诉我们, 这个三维面积分总是零.

在 $x_0 = 0$ 的三维面上所有点, 函数 $\Delta(x)$ 都是零. 现在来确定在这个面上 $\partial \Delta(x)/\partial x_0$ 的值. 除了在 $x_1 = x_2 = x_3 = 0$ 这一点之外, 这个值处处为零, 而就在这一点上, 它有一个奇点, 其计算方法如下. 将方程 (12.24) 两边对 x_0 进行微分, 得到

$$\begin{aligned}
\frac{\partial \Delta(x)}{\partial x_0} &= \frac{1}{4\pi^2} \int k_0 \Delta(k) e^{ik \cdot x} d^4 k \\
&= \frac{1}{4\pi^2} \int k_0 |\boldsymbol{k}|^{-1} \{\delta(k_0 - |\boldsymbol{k}|) - \delta(k_0 + |\boldsymbol{k}|)\} e^{ik \cdot x} d^4 k \\
&= \frac{1}{4\pi^2} \int \{\delta(k_0 - |\boldsymbol{k}|) + \delta(k_0 + |\boldsymbol{k}|)\} e^{ik \cdot x} d^4 k.
\end{aligned}$$

两边令 $x_0 = 0$, 得到

$$\begin{aligned}
\frac{\partial \Delta(x)}{\partial x_0}\bigg|_{x_0=0} &= \frac{1}{4\pi^2} \int \{\delta(k_0 - |\boldsymbol{k}|) + \delta(k_0 + |\boldsymbol{k}|)\} e^{-i\boldsymbol{k} \cdot \boldsymbol{x}} d^4 k \\
&= \frac{1}{2\pi^2} \int e^{-i\boldsymbol{k} \cdot \boldsymbol{x}} d^4 k \\
&= 4\pi \delta(x_1) \delta(x_2) \delta(x_3) = 4\pi \delta(\boldsymbol{x}). \tag{12.26}
\end{aligned}$$

因此, 出现在 $x_1 = x_2 = x_3 = 0$ 这一点的是带有系数 4π 的普通 δ 奇点.

现在计算 $[A_\mu(x), A_\nu(x')]$. 由式 (12.3)、(12.16)、(12.17) 可得

$$
\begin{aligned}
&[A_\mu(x), A_\nu(x')] \\
&= \iint [A_{\mu k}\mathrm{e}^{\mathrm{i}k\cdot x} + \bar{A}_{\mu k}\mathrm{e}^{-\mathrm{i}k\cdot x}, A_{\nu k'}\mathrm{e}^{\mathrm{i}k'\cdot x'} + \bar{A}_{\nu k'}\mathrm{e}^{-\mathrm{i}k'\cdot x'}]\mathrm{d}^3 k\mathrm{d}^3 k' \\
&= \frac{\mathrm{i}g_{\mu\nu}}{4\pi^2} \iint k_0^{-1}\{\mathrm{e}^{-\mathrm{i}k\cdot x}\mathrm{e}^{\mathrm{i}k'\cdot x'} - \mathrm{e}^{\mathrm{i}k\cdot x}\mathrm{e}^{-\mathrm{i}k'\cdot x'}\}\delta(\boldsymbol{k} - \boldsymbol{k'})\mathrm{d}^3 k\mathrm{d}^3 k' \\
&= \frac{\mathrm{i}g_{\mu\nu}}{4\pi^2} \int k_0^{-1}\{\mathrm{e}^{-\mathrm{i}k\cdot(x-x')} - \mathrm{e}^{\mathrm{i}k\cdot(x-x')}\}\mathrm{d}^3 k \qquad (12.27)
\end{aligned}
$$

这里的 k_0 定义为 $|\boldsymbol{k}|$, 因此总是正的. 将被积函数第二部分中的 $\boldsymbol{k}$ 用 $-\boldsymbol{k}$ 代替, 发现式 (12.27) 等于四维积分

$$
\begin{aligned}
\frac{\mathrm{i}g_{\mu\nu}}{4\pi^2} \int |\boldsymbol{k}|^{-1}\{\delta(k_0 - |\boldsymbol{k}|) - \delta(k_0 + |\boldsymbol{k}|)\}\mathrm{e}^{-\mathrm{i}k\cdot(x-x')}\mathrm{d}^4 k \\
= \frac{\mathrm{i}g_{\mu\nu}}{4\pi^2} \int \Delta(k)\mathrm{e}^{-\mathrm{i}k\cdot(x-x')}\mathrm{d}^4 k,
\end{aligned}
$$

其中 k_0 可以取所有的正值或负值. 借助于式 (12.24) 计算这一积分, 最终得到

$$
[A_\mu(x), A_\nu(x')] = g_{\mu\nu}\Delta(x - x'), \qquad (12.28)
$$

这一结果表明泊松括号在洛伦兹变换下保持不变.

公式 (12.28) 的含义是, 时空中两点的势总对易, 除非连接这两点的线是零线 (即光线的轨迹). 此公式与场方程 $\Box A_\mu(x) = 0$ 是一致的, 因为由式 (12.25) 可知, $\Box$ 作用于等式 (12.28) 的右边给出的值为零.

§12.3 同时刻的动力学变量

作为含相互作用的理论的基础, 必须使用同时刻的动力学变量. 同时刻动力学变量之间的关系 (即它们的泊松括号) 不因引入相互作用而受影响. 但是不同时刻动力学变量之间的关系 (包括场方程以及不同时刻动力学变量的泊松括号) 则很受相互作用影响. 同时刻动力学变量是一个非相对论性的概念, 但这一概念在哈密顿理论中至关重要.

就电磁场而言, 同时刻的独立的动力学变量为 A_μ 及 $\partial A_\mu/\partial x_0$. 对时间的更

高阶导数 $\partial^2 A_\mu/\partial x_0^2, \cdots$, 不是独立的. 记

$$B_\mu = \frac{\partial A_\mu}{\partial x_0}. \tag{12.29}$$

这样就得到作为同时刻动力学变量的 $A_{\mu\mathbf{x}}$ 和 $B_{\mu\mathbf{x}}$($\mathbf{x}$ 表示 x_1、x_2、x_3).

由式 (12.3) 和 (12.9), 这些变量的傅里叶分解为

$$\left.\begin{array}{l} A_{\mu\mathbf{x}} = \displaystyle\int (A_{\mu\mathbf{k}} + \bar{A}_{\mu-\mathbf{k}}) \mathrm{e}^{-\mathrm{i}\mathbf{k}\cdot\mathbf{x}} \mathrm{d}^3 k \\[3mm] B_{\mu\mathbf{x}} = \mathrm{i} \displaystyle\int k_0 (A_{\mu\mathbf{k}} - \bar{A}_{\mu-\mathbf{k}}) \mathrm{e}^{-\mathrm{i}\mathbf{k}\cdot\mathbf{x}} \mathrm{d}^3 k \end{array}\right\}. \tag{12.30}$$

我们可用傅里叶逆变换把 $A_{\mu\mathbf{k}} + \bar{A}_{\mu-\mathbf{k}}$ 和 $A_{\mu\mathbf{k}} - \bar{A}_{\mu-\mathbf{k}}$ 分别用 $A_{\mu\mathbf{x}}$ 和 $B_{\mu\mathbf{x}}$ 表示出来. 所以, $A_{\mu\mathbf{k}}$ 和 $\bar{A}_{\mu\mathbf{k}}$ 由所有点 $\mathbf{x}$ 处 (在给定的 x_0) 的 $A_{\mu\mathbf{x}}$ 和 $B_{\mu\mathbf{x}}$ 确定. 联系 $A_{\mu\mathbf{k}}$、$\bar{A}_{\mu\mathbf{k}}$ 和 $A_{\mu\mathbf{x}}$、$B_{\mu\mathbf{x}}$ 的方程不显含时间, 所以 $A_{\mu\mathbf{k}}$、$\bar{A}_{\mu\mathbf{k}}$ 构成另一套同时刻动力学量和 $A_{\mu\mathbf{x}}$、$B_{\mu\mathbf{x}}$ 这套同时刻动力学量是等价的.

使用变量 $A_{\mu\mathbf{x}}$、$B_{\mu\mathbf{x}}$ 时, 需要知道它们的泊松括号关系. 这可由傅里叶展开式 (12.30), 以及 (12.16)、(12.17) 得到, 或者由一般的泊松括号关系 (12.28) 得到. 后者能更简捷地得到需要的结果. 在式 (12.28) 中令 $x_0' = x_0$, 即得

$$[A_{\mu\mathbf{x}}, A_{\nu\mathbf{x}'}] = 0. \tag{12.31}$$

将式 (12.28) 对 x_0 微分, 再令 $x_0' = x_0$, 利用式 (12.26) 可得

$$[B_{\mu\mathbf{x}}, A_{\nu\mathbf{x}'}] = 4\pi g_{\mu\nu} \delta(\mathbf{x} - \mathbf{x}'). \tag{12.32}$$

将 (12.28) 对 x_0 和 x_0' 两者微分, 再令 $x_0' = x_0$, 即得

$$[B_{\mu\mathbf{x}}, B_{\nu\mathbf{x}'}] = 0, \tag{12.33}$$

因为当 $x_0 = 0$ 时, $\partial^2 \Delta(x)/\partial x_0^2 = 0$. 方程 (12.31)、(12.32)、(12.33) 给出了变量 $A_{\mu\mathbf{x}}$ 和 $B_{\mu\mathbf{x}}$ 之间所有的泊松括号关系. 它们表明, 撇开数值系数, $A_{\mu\mathbf{x}}$ 可看作一组动力学坐标, 而 $B_{\mu\mathbf{x}}$ 则是它们的共轭动量. 在式 (12.32) 的右边有一个 δ 函数而不是带两个角标的 δ 符号, 因为自由度数目为连续无穷大.

就像方程 (12.8) 和 (12.6) 把 $A_{r\boldsymbol{x}}$ 分解为横向和纵向两部分. 我们也可同样分解 $B_{r\boldsymbol{x}}$, 从而有

$$B_r = \mathscr{B}_r + \partial U / \partial x_r, \tag{12.34}$$

其中 $\mathscr{B}_r$ 满足

$$\partial \mathscr{B}_r / \partial x_r = 0, \tag{12.35}$$

以 $-\mathbf{k}$ 替代等式 (12.7) 被积函数第二项中的 $\mathbf{k}$, 得

$$V = \mathrm{i} \int k_s k_0^{-2} (A_{s\mathbf{k}} + \bar{A}_{s-\mathbf{k}}) \mathrm{e}^{-\mathrm{i}\mathbf{k}\cdot\boldsymbol{x}} \mathrm{d}^3 k. \tag{12.36}$$

于是有相应的关于 U 的方程 (因 $\partial V / \partial x_0$)

$$U = -\int k_s k_0^{-1} (A_{s\mathbf{k}} - \bar{A}_{s-\mathbf{k}}) e^{-\mathrm{i}\mathbf{k}\cdot\mathbf{x}} \mathrm{d}^3 k. \tag{12.37}$$

而电场为

$$\mathscr{E}_r = -B_r - \frac{\partial A_0}{\partial x_r} = -\mathscr{B}_r - \frac{\partial (A_0 + U)}{\partial x_r}. \tag{12.38}$$

因此

$$\mathrm{div}\mathscr{E} = -\frac{\partial B_r}{\partial x_r} - \nabla^2 A_0 = -\nabla^2 (A_0 + U). \tag{12.39}$$

显然任一纵向变量与任一横向变量对易. 现在可以求出某些有用的泊松括号关系了. 对于任一场函数 $f_{\boldsymbol{x}}$, 我们将使用以下记号:

$$\frac{\partial f_{\boldsymbol{x}}}{\partial x_r} = f_{\boldsymbol{x}}{}^r, \qquad \frac{\partial f_{\boldsymbol{x}'}}{\partial x_r'} = f_{\boldsymbol{x}'}{}^{r'}. \tag{12.40}$$

若令等式 (12.32) 中 $\mu = r, \nu = s$, 并将方程对 x_r 微分, 得

$$[B_{r\boldsymbol{x}}{}^r, A_{s\boldsymbol{x}'}] = 4\pi g_{rs} \delta^r (\boldsymbol{x} - \boldsymbol{x}') = -4\pi \delta^s (\boldsymbol{x} - \boldsymbol{x}').$$

或者由式 (12.39)

$$[\mathrm{div}\mathscr{E}_{\boldsymbol{x}}, A_{s\boldsymbol{x}'}] = 4\pi \delta^s (\boldsymbol{x} - \boldsymbol{x}'). \tag{12.41}$$

式 (12.39) 表明 div$\mathscr{E}$ 是仅含纵向变量的函数, 所以式 (12.41) 给出

$$[\text{div}\mathscr{E}_{\boldsymbol{x}}, V_{\boldsymbol{x'}}{}^{s'}] = 4\pi\delta^s(\boldsymbol{x} - \boldsymbol{x'}) = -4\pi\delta^{s'}(\boldsymbol{x} - \boldsymbol{x'}).$$

对 x'_s 积分得

$$[\text{div}\mathscr{E}_{\mathbf{x}}, V_{\mathbf{x'}}] = -4\pi\delta(\mathbf{x} - \mathbf{x'}). \tag{12.42}$$

这里没有积分常数, 因为 $\mathscr{E}_{\boldsymbol{x}}$ 和 $V_{\boldsymbol{x}}$ 是由波长非零的波组成的. 由式 (12.42) 和 (12.39) 得

$$\nabla^2[U_{\boldsymbol{x}}, V_{\boldsymbol{x'}}] = 4\pi\delta(\boldsymbol{x} - \boldsymbol{x'}).$$

借助 §6.5 式 (6.72), 可积分得到

$$[U_{\boldsymbol{x}}, V_{\boldsymbol{x'}}] = -|\boldsymbol{x} - \boldsymbol{x'}|^{-1}. \tag{12.43}$$

等式右边没有积分常数以及在无穷远处不为 0 的其他项, 因为 $U_{\mathbf{x}}$ 和 $V_{\mathbf{x}}$ 是由波长非零的波组成的. 由式 (12.38) 和 (12.43) 有

$$[\mathscr{E}_{r\boldsymbol{x}}, V_{\boldsymbol{x'}}] = -[U_{\boldsymbol{x}}{}^r, V_{\boldsymbol{x'}}] = -(x_r - x'_r)|\boldsymbol{x} - \boldsymbol{x'}|^{-3}. \tag{12.44}$$

现在我们来求以变量 $A_{\mu x}$ 和 $B_{\mu x}$ 表示的哈密顿量. 从方程 (12.30) 的第二式有

$$\int B_{\mu\boldsymbol{x}} B^\mu{}_{\boldsymbol{x}} \mathrm{d}^3 x$$

$$= -\iiint k_0 k'_0 (A_{\mu\boldsymbol{k}} - \bar{A}_{\mu-\boldsymbol{k}})(A^\mu{}_{\boldsymbol{k'}} - \bar{A}^\mu{}_{-\boldsymbol{k'}}) \mathrm{e}^{-\mathrm{i}\boldsymbol{k}\cdot\boldsymbol{x}} \mathrm{e}^{-\mathrm{i}\boldsymbol{k'}\cdot\boldsymbol{x}} \mathrm{d}^3 k \mathrm{d}^3 k' \mathrm{d}^3 x$$

$$= -8\pi^3 \iint k_0 k'_0 (A_{\mu\boldsymbol{k}} - \bar{A}_{\mu-\boldsymbol{k}})(A^\mu{}_{\boldsymbol{k'}} - \bar{A}^\mu{}_{-\boldsymbol{k'}}) \delta(\mathbf{k} + \mathbf{k'}) \mathrm{d}^3 k \mathrm{d}^3 k'$$

$$= -8\pi^3 \int k_0^2 (A_{\mu\boldsymbol{k}} - \bar{A}_{\mu-\boldsymbol{k}})(A^\mu{}_{-\boldsymbol{k}} - \bar{A}^\mu{}_{\boldsymbol{k}}) \mathrm{d}^3 k.$$

从方程 (12.30) 的第一式类似有

$$\int A_{\mu x}{}^r A^\mu{}_x{}^r \mathrm{d}^3 x$$
$$= -\iiint k_r k_r' (A_{\mu k} + \bar{A}_{\mu -k})(A^\mu{}_{k'} + \bar{A}^\mu{}_{-k'})\mathrm{e}^{-\mathrm{i}k\cdot x}\mathrm{e}^{-\mathrm{i}k'\cdot x}\mathrm{d}^3 k \mathrm{d}^3 k' \mathrm{d}^3 x$$
$$= 8\pi^3 \int k_0^2 (A_{\mu k} + \bar{A}_{\mu -k})(A^\mu{}_{-k} + \bar{A}^\mu{}_{k})\mathrm{d}^3 k.$$

两式相加并除以 -8π, 得

$$-(8\pi)^{-1} \int (B_\mu B^\mu + A_\mu{}^r A^{\mu r})\mathrm{d}^3 x$$
$$= -2\pi^2 \int k_0^2 (A_{\mu k} \bar{A}^\mu{}_k + \bar{A}_{\mu -k} A^\mu{}_{-k})\mathrm{d}^3 k.$$

这等于式 (12.19) 所给出的 H_F, 只是相差一个无限的数值项. H_F 的公式 (12.19) 中已经含有一个任意的数值项, 所以, 我们可以引入一个不同于式 (12.19) 的任意数值项, 使得

$$H_F = -(8\pi)^{-1} \int (B_\mu B^\mu + A_\mu{}^r A^{\mu r})\mathrm{d}^3 x. \tag{12.45}$$

哈密顿量 (12.45) 自然可以用来给出海森伯运动方程, 它的任意数值项没有任何效果. 利用对易关系式 (12.31)、(12.32)、(12.33) 可以容易地验证

$$\left.\begin{aligned}\partial A_\mu / \partial x_0 &= [A_\mu, H_F] = B_\mu, \\ \partial B_\mu / \partial x_0 &= [B_\mu, H_F] = \nabla^2 A_\mu,\end{aligned}\right\} \tag{12.46}$$

它们与式 (12.29)、(12.1) 一致. 哈密顿量 (12.45) 也可以给出薛定谔运动方程

$$\mathrm{i}\hbar\, \mathrm{d}|P\rangle / \mathrm{d}x_0 = H_F |P\rangle,$$

其中 $|P\rangle$ 表示薛定谔图像中的一个态. 哈密顿量中任意的数值项的作用仅仅是改变 $|P\rangle$ 一个相因子, 这没有物理意义.

我们可以把 H_F 的表达式 (12.45) 分解为一个横向部分 H_{FT} 与一个纵向部

分 H_{FL}. 由等式 (12.34) 可得

$$\int B_r B_r \mathrm{d}^3 x = \int (\mathscr{B}_r + U^r)(\mathscr{B}_r + U^r)\mathrm{d}^3 x$$
$$= \int \mathscr{B}_r \mathscr{B}_r \mathrm{d}^3 x + \int U^r U^r \mathrm{d}^3 x,$$

其中交叉项为零, 因为

$$\int U^r \mathscr{B}_r \mathrm{d}^3 x = -\int U \mathscr{B}_r{}^r \mathrm{d}^3 x = 0,$$

上面第二个等式利用了式 (12.35). 同样地, 由式 (12.8) 可得

$$\int A_r{}^s A_r{}^s \mathrm{d}^3 x = \int \mathscr{A}_r{}^s \mathscr{A}_r{}^s \mathrm{d}^3 x + \int V^{rs} V^{rs} \mathrm{d}^3 x,$$

交叉项还是零. 因此, 式 (12.45) 变成

$$H_F = H_{FT} + H_{FL},$$

其中

$$H_{FT} = (8\pi)^{-1} \int (\mathscr{B}_r \mathscr{B}_r + \mathscr{A}_r{}^s \mathscr{A}_r{}^s)\mathrm{d}^3 x \qquad (12.47)$$

$$H_{FL} = (8\pi)^{-1} \int (U^r U^r + V^{rs} V^{rs} - B_0 B_0 - A_0{}^r A_0{}^r)\mathrm{d}^3 x. \qquad (12.48)$$

应当注意到, H_{FT} 其中的项

$$(8\pi)^{-1} \int \mathscr{A}_r{}^s \mathscr{A}_r{}^s \mathrm{d}^3 x$$

可以变换为

$$-(8\pi)^{-1}\int \mathscr{A}_r \mathscr{A}_r{}^{ss}\mathrm{d}^3x = -(8\pi)^{-1}\int \mathscr{A}_r(\mathscr{A}_r{}^{ss} - \mathscr{A}_s{}^{rs})\mathrm{d}^3x$$

$$= (8\pi)^{-1}\int \mathscr{A}_r{}^s(\mathscr{A}_r{}^s - \mathscr{A}_s{}^r)\mathrm{d}^3x$$

$$= (16\pi)^{-1}\int (\mathscr{A}_r{}^s - \mathscr{A}_s{}^r)(\mathscr{A}_r{}^s - \mathscr{A}_s{}^r)\mathrm{d}^3x$$

$$= (8\pi)^{-1}\int \mathscr{H}^2\mathrm{d}^3x,$$

所以这一项就是磁能项. 另一些分部积分可以给出

$$\int V^{rs}V^{rs}\mathrm{d}^3x = \int V^{rr}V^{ss}\mathrm{d}^3x,$$

所以式 (12.48) 可以写成

$$H_{FL} = \frac{1}{8\pi}\int \{(U - A_0)^r(U + A_0)^r + (V^{rr} - B_0)(V^{ss} + B_0)\}\mathrm{d}^3x. \qquad (12.49)$$

§12.4 补充条件

现在必须回到一直被忽视的麦克斯韦方程 (12.2). 把这个方程直接用于量子理论而不引起矛盾是办不到的. 根据量子条件 (12.28), 方程的左边与 $A_\nu(\boldsymbol{x}')$ 不对易, 所以左边不等于零. 摆脱这个困境的方法由费米提出[1]. 这个方法是采用严格性略低的方程, 即方程

$$(\partial A_\mu/\partial x_\mu)|P\rangle = 0, \qquad (12.50)$$

并假定它对任何 $|P\rangle$ 都成立, $|P\rangle$ 对应于自然界真实存在的态. 对于每一时空点, 都有一个方程 (12.50), 并且所有这些方程对于任何真实存在的态都成立.

像方程 (12.50) 这样的条件叫作补充条件, 右矢必须满足这个条件才对应于真实的态. 理论中存在补充条件并不意味着对量子力学普遍原理的背离或修正. 只要对线性算符加上更多的要求, 使得线性算符表示可观测量, 那么当存在补充条件时, 第 2 章所给出的态叠加原理, 以及关于态、动力学变量与可观测量的整个普遍理论仍然成立. 如果一个线性算符作用于任一满足补充条件的右矢, 得到另一个满足补充条件的右矢, 具有这样性质的线性算符被定义为物理变量. 一个

---

[1]Fermi, *Reviews of Modern Physics*, **4**, (1932), 125.

线性算符若要能表示一个可观测量, 除了要满足 §2.4 的要求之外, 显然还必须满足物理变量的要求.

在含有多个同类粒子系统的理论中, 我们已经有过补充条件的例子. 自然界只出现对称波函数或反对称波函数所表示的态, 这一条件与我们称之为补充条件的 (12.50) 属于严格相同的类型. 该理论中, 一个线性算符是物理变量的要求是, 它在同类粒子之间是对称的.

如果要在一个理论中引入补充条件, 我们必须验证, 这些条件不能太严格而没有任何符合条件的右矢. 如果补充条件多于一个, 可以通过构造补充条件中算符的泊松括号而得到新的补充条件; 因此, 如果有

$$U|P\rangle = 0, \qquad V|P\rangle = 0, \tag{12.51}$$

则可以得到

$$[U,V]|P\rangle = 0, \quad [U,[U,V]]|P\rangle = 0, \tag{12.52}$$

等等. 要验证这些补充条件的一致性, 我们需考察由这个手续所得的全部补充条件是否都得以满足, 这个条件是可以实现的, 可以证明在某个点之后, 新出的补充条件要么恒等地满足, 要么只是先前补充条件的重复.

我们还必须验证补充条件是否符合运动方程. 在海森伯图像中, 式 (12.51) 中的右矢 $|P\rangle$ 是固定的, 因而不同的时刻我们有不同的补充条件, 它们按照上面讨论的方式彼此一致. 而在薛定谔图像中, 右矢 $|P\rangle$ 按照薛定谔方程随时间变化, 我们要求如果 $|P\rangle$ 开始时满足补充条件, 那么它应总是满足补充条件的. 这一点的含义是, $\mathrm{d}|P\rangle/\mathrm{d}t$ 必须满足补充条件, 或者说 $H|P\rangle$ 必须满足补充条件, 也可以说 H 必须是物理变量.

如果有一个补充条件 $U|P\rangle = 0$, 把它方便地记作

$$U \approx 0, \tag{12.53}$$

并称方程 (12.53) 为一个弱方程, 以区别普通的强方程. 如果任意因子左乘弱方程将得到另一弱方程, 但一个因子右乘弱方程, 通常不会得到有效的方程. 因此一个弱方程一定不能用于计算泊松括号. 用这样的语言, 补充条件一致性要求的方程 (12.52) 就应该说成: 补充条件中算符的泊松括号应该在弱方程意义下为零.

一个动力学变量 ξ 是物理变量的条件是, 对每个补充条件 $U|P\rangle = 0$, 都有

$$U\xi|P\rangle = 0,$$

因而有

$$[U, \xi]|P\rangle = 0.$$

因此, 这个条件是, 这个动力学变量与补充条件中每个算符的泊松括号应该在弱方程的意义下为零.

现在回到电动力学. 把方程 (12.2) 当作弱方程, 所以它应写成

$$\partial A_\mu / \partial x_\mu \approx 0. \tag{12.54}$$

在海森伯图像中, 对每一点 x 都有一个这样的方程. 为了验证它们的一致性, 选取时空中的任意两点 x 与 x', 并构造泊松括号

$$\left[\frac{\partial A_\mu(x)}{\partial x_\mu}, \frac{\partial A_\nu(x')}{\partial x'_\nu} \right] = \frac{\partial^2}{\partial x_\mu \partial x'_\nu} [A_\mu(x), A_\nu(x')].$$

借助式 (12.28) 计算上式, 可得

$$g_{\mu\nu} \frac{\partial^2 \Delta(x - x')}{\partial x_\mu \partial x'_\nu} = -\Box \Delta(x - x') = 0,$$

第二个等号利用了方程 (12.25), 所以一致性的要求在强方程的意义下得以满足. 因为我们已经验证, 在海森伯图像中, 补充条件在全部时间都是一致的, 所以就验证了它们符合运动方程.

由于方程 (12.54) 仅是弱方程, 所以在普通麦克斯韦理论中, 方程 (12.54) 的任何推论在量子理论中都仅作为弱方程而成立. 方程

$$\operatorname{div} \mathcal{H} = 0, \qquad \partial \mathcal{H} / \partial t = -\operatorname{curl} \mathcal{E}$$

是从势表示的 $\mathcal{E}$ 与 $\mathcal{H}$ 的定义直接得到的, 所以它们在量子理论中作为强方程而

成立. 而真空中其他麦克斯韦方程, 即

$$\mathrm{div}\mathscr{E} \approx 0, \qquad \partial\mathscr{E}/\partial t \approx \mathrm{curl}\mathscr{H}, \tag{12.55}$$

在量子理论中是弱方程, 因为在推导它们的过程中, 除了应用式 (12.1) 之外, 还需要式 (12.54).

场量 $\mathscr{E}$ 与 $\mathscr{H}$ 是反对称张量 $\partial A^\nu/\partial x_\mu - \partial A^\mu/\partial x_\nu$ 的分量. 该张量与在某一普通点 x' 的 (12.54) 的算符之间的泊松括号是

$$\left[\frac{\partial A^\nu(x)}{\partial x_\mu} - \frac{\partial A^\mu(x)}{\partial x_\nu}, \frac{\partial A_\sigma(x')}{\partial x'_\sigma}\right] = g_\sigma^\nu \frac{\partial^2 \Delta(x-x')}{\partial x_\mu \partial x'_\sigma} - g_\sigma^\mu \frac{\partial^2 \Delta(x-x')}{\partial x_\nu \partial x'_\sigma} = 0.$$

由此可知, $\mathscr{E}$ 与 $\mathscr{H}$ 是物理变量, 而势 A_μ 不是.

影响特定时刻的动力学变量的补充条件是

$$\frac{\partial A_\mu}{\partial x_\mu} \approx 0, \quad \frac{\partial}{\partial x_0}\frac{\partial A_\mu}{\partial x_\mu} \approx 0. \tag{12.56}$$

对 x_0 的更高阶微分不会给出独立的方程, 给出的方程只是上述方程与强方程 (12.1) 的结果. 因此, 用 §12.3 的薛定谔变量表示, 补充条件是

$$B_0 + A_r{}^r \approx 0, \tag{12.57}$$

以及

$$(A_0{}^r + B_r)^r \approx 0. \tag{12.58}$$

方程 (12.58) 与方程 (12.55) 的第一个方程相同, 由式 (12.39) 看出, 它也可以写成

$$\nabla^2(A_0 + U) \approx 0.$$

由于此方程在整个三维空间都成立, 这可推出

$$A_0 + U \approx 0. \tag{12.59}$$

注意到 $A_r{}^r = V^{rr}$, 由式 (12.49) 可以看出

$$H_{FL} \approx 0. \tag{12.60}$$

因此, 自然界出现的态没有纵向能量.

为了构建一个方便的表象, 我们引入标准右矢 $|0_F\rangle$, 它满足补充条件:

$$(B_0 + A_r{}^r)|0_F\rangle = 0, \quad (A_0 + U)|0_F\rangle = 0, \tag{12.61}$$

而且还满足

$$\bar{\mathscr{A}}_{rk}|0_F\rangle = 0. \tag{12.62}$$

由于 $\bar{\mathscr{A}}_{rk}$ 对易于式 (12.61) 中的算符, 所以这些条件是一致的. 而且这些条件足以完全固定 $|0_F\rangle$, 仅相差一个数值因子, 因为仅有的独立动力学变量是 A_0、B_0、U、$A_r{}^r$、$\mathscr{A}_{rk}$、$\bar{\mathscr{A}}_{rk}$; 它们中的 $A_0 + U$、$B_0 + A_r{}^r$、$\bar{\mathscr{A}}_{rk}$ 形成对易完全集. 采用这个标准右矢, 任何右矢可以表示为

$$\Psi(A_0, B_0, \mathscr{A}_{rk})|0_F\rangle. \tag{12.63}$$

就横向动力学变量 $\mathscr{A}_{rk}$ 与 $\bar{\mathscr{A}}_{rk}$ 而言, 我们的表象就是福克表象, 所以 Ψ 一定是变量 $\mathscr{A}_{rk}$ 的幂级数, 不同的项对应于存在不同数目的光子. 出现于 Ψ 中的变量数目是连续的无穷, 所以 Ψ 就是数学家们所说的 "泛函".

如果右矢 (12.63) 满足补充条件, Ψ 一定独立于 A_0 与 B_0, 因而仅仅是 $\mathscr{A}_{rk}$ 的函数. 所以, 物理的态由形如

$$\Psi(\mathscr{A}_{rk})|0_F\rangle \tag{12.64}$$

这样的右矢表示. 标准右矢 $|0_F\rangle$ 本身表示没有光子存在的物理态, 即完全真空.

哈密顿量 H_F 以及它的两部分 H_{FL} 与 H_{FT}, 现在还含有任意的数值项. 方便的做法是选取这些数值项使得 H_{FL} 与 H_{FT} 在完全真空时都为零. 式 (12.60) 的结果表明, 式 (12.48) 或 (12.49) 给出的 H_{FL} 已经恰当地选好了任意数值, 使得

H_{FL} 对完全真空以及其他的任何物理态都为零. 我们必须把 H_{FT} 取为

$$H_{FT} = 4\pi^2 \int k_0^2 \mathscr{A}_{rk} \bar{\mathscr{A}}_{rk} \mathrm{d}^3 k, \tag{12.65}$$

即式 (12.19) 的横向部分, 这样其中的数值项得以正确选择, 使得光子没有零点能. 式 (12.47) 与 (12.65) 相差一个无限的数值项, 该项包含了每个光子态的半份能量.

§12.5 仅存在电子与正电子

现在研究不存在电磁场情况下的电子与正电子. 正如第 11 章所述, 一个电子的态可采用具有四个分量 ψ_a $(a = 1, 2, 3, 4)$ 的波函数 ψ 描述, 并满足波动方程

$$\mathrm{i}\hbar \frac{\partial \psi}{\partial x_0} = -\mathrm{i}\hbar \alpha_r \frac{\partial \psi}{\partial x_r} + \alpha_m m \psi. \tag{12.66}$$

为了得到多电子理论, 应用 §10.7 的二次量子化方法, 该方法把单电子的波函数改变成一组算符, 这些算符满足确定的反对易关系.

如果研究给定时刻不同位置的 ψ, 我们可以把它写成 $\psi_{\boldsymbol{x}}$, 其中 $\boldsymbol{x}$ 代表 x_1, x_2, x_3. 它的分量就是 $\psi_{a\boldsymbol{x}}$. 通过一个三维傅里叶分解

$$\psi_{\boldsymbol{x}} = h^{-\frac{3}{2}} \int \mathrm{e}^{\mathrm{i}\boldsymbol{x}\cdot\boldsymbol{p}/\hbar} \psi_{\boldsymbol{p}} \mathrm{d}^3 p, \quad \psi_{\boldsymbol{p}} = h^{-\frac{3}{2}} \int \mathrm{e}^{-\mathrm{i}\boldsymbol{x}\cdot\boldsymbol{p}/\hbar} \psi_{\boldsymbol{x}} \mathrm{d}^3 x \tag{12.67}$$

转到波函数为 $\psi_{\boldsymbol{p}}$ 的动量表象. $\psi_{\boldsymbol{p}}$ 有四个分量 $\psi_{a\boldsymbol{p}}$, 对应于 $\psi_{\boldsymbol{x}}$ 的四个分量. 动量表象中, 能量算符是

$$p_0 = \alpha_r p_r + \alpha_m m,$$

其中动量算符 p_r 是乘积因子.

我们可以把 ψ 分成正能部分 ξ 与负能部分 ζ, 即

$$\psi = \xi + \zeta,$$

与 ψ 一样, ξ 与 ζ 都是四分量. 动量表象中, 它们由

$$\xi_{\boldsymbol{p}} = \frac{1}{2}\left\{1 + \frac{\alpha_r p_r + \alpha_m m}{(\boldsymbol{p}^2 + m^2)^{\frac{1}{2}}}\right\}\psi_{\boldsymbol{p}}, \quad \zeta_{\boldsymbol{p}} = \frac{1}{2}\left\{1 - \frac{\alpha_r p_r + \alpha_m m}{(\boldsymbol{p}^2 + m^2)^{\frac{1}{2}}}\right\}\psi_{\boldsymbol{p}} \tag{12.68}$$

定义, 由上述这些方程可以推出

$$p_0\xi_{\boldsymbol{p}} = (\alpha_r p_r + \alpha_m m)\xi_{\boldsymbol{p}} = \tfrac{1}{2}\{\alpha_r p_r + \alpha_m m + (\boldsymbol{p}^2 + m^2)^{\frac{1}{2}}\}\psi_{\boldsymbol{p}}$$
$$= (\boldsymbol{p}^2 + m^2)^{\frac{1}{2}}\xi_{\boldsymbol{p}},$$

同样地,

$$p_0\zeta_{\boldsymbol{p}} = -(\boldsymbol{p}^2 + m^2)^{\frac{1}{2}}\zeta_{\boldsymbol{p}},$$

上面的结果显示 $\xi_{\boldsymbol{p}}$ 与 $\zeta_{\boldsymbol{p}}$ 都是 p_0 的本征函数, 其本征值分别是 $(\boldsymbol{p}^2 + m^2)^{\frac{1}{2}}$ 与 $-(\boldsymbol{p}^2 + m^2)^{\frac{1}{2}}$. 当运用算符

$$\frac{1}{2}\left\{1 + \frac{\alpha_r p_r + \alpha_m m}{(\boldsymbol{p}^2 + m^2)^{\frac{1}{2}}}\right\}, \qquad \frac{1}{2}\left\{1 - \frac{\alpha_r p_r + \alpha_m m}{(\boldsymbol{p}^2 + m^2)^{\frac{1}{2}}}\right\}$$

时, 应注意到, 它们的平方等于它们自身, 而两者之间按任意顺序相乘都是零.

二次量子化是把所有 ψ 变成算符, 并像 §10.7 的 $\bar{\eta}$ 那样, 满足式 (10.11′) 一样的反对易关系. 应用反对易子的记号

$$MN + NM = [M, N]_+, \tag{12.69}$$

可以得到

$$\left.\begin{array}{ll} [\psi_{a\boldsymbol{x}}, \psi_{b\boldsymbol{x}'}]_+ = 0 & [\bar{\psi}_{a\boldsymbol{x}}, \bar{\psi}_{b\boldsymbol{x}'}]_+ = 0 \\[2mm] [\psi_{a\boldsymbol{x}}, \bar{\psi}_{b\boldsymbol{x}'}]_+ = \delta_{ab}\delta(\boldsymbol{x} - \boldsymbol{x}'). \end{array}\right\} \tag{12.70}$$

最后一个方程中出现函数 $\delta(\boldsymbol{x} - \boldsymbol{x}')$ 是由于 $\boldsymbol{x}$ 有连续范围的取值. 按照式 (12.67) 变换到 $\boldsymbol{p}$ 表象, 可得

$$\left.\begin{array}{ll} [\psi_{a\boldsymbol{p}}, \psi_{b\boldsymbol{p}'}]_+ = 0 & [\bar{\psi}_{a\boldsymbol{p}}, \bar{\psi}_{b\boldsymbol{p}'}]_+ = 0 \\[2mm] [\psi_{a\boldsymbol{p}}, \bar{\psi}_{b\boldsymbol{p}'}]_+ = \delta_{ab}\delta(\boldsymbol{p} - \boldsymbol{p}'). \end{array}\right\} \tag{12.71}$$

再用式 (12.68) 所定义的 ξ 与 ζ, 式 (12.71) 的最后一个方程给出

$$[\xi_{ap}, \bar{\xi}_{bp'}]_+ = \frac{1}{2}\left\{1 + \frac{\alpha_r p_r + \alpha_m m}{(\boldsymbol{p}^2 + m^2)^{\frac{1}{2}}}\right\}_{ac} [\psi_{cp}, \bar{\psi}_{dp'}]_+ + \frac{1}{2}\left\{1 + \frac{\alpha_r p_r + \alpha_m m}{(\boldsymbol{p}^2 + m^2)^{\frac{1}{2}}}\right\}_{db}$$

$$= \frac{1}{2}\left\{1 + \frac{\alpha_r p_r + \alpha_m m}{(\boldsymbol{p}^2 + m^2)^{\frac{1}{2}}}\right\}_{ab} \delta(\boldsymbol{p} - \boldsymbol{p}'), \tag{12.72}$$

同样地,

$$[\zeta_{ap}, \bar{\zeta}_{bp'}]_+ = \frac{1}{2}\left\{1 - \frac{\alpha_r p_r + \alpha_m m}{(\boldsymbol{p}^2 + m^2)^{\frac{1}{2}}}\right\}_{ab} \delta(\boldsymbol{p} - \boldsymbol{p}') \tag{12.73}$$

以及

$$[\xi_{ap}, \bar{\zeta}_{bp'}]_+ = [\bar{\xi}_{ap}, \zeta_{bp'}]_+ = 0.$$

按照 §10.7 的解释, 算符 ψ_{ap} 是动量为 $\boldsymbol{p}$ 的电子的湮灭算符, 而 $\bar{\psi}_{ap}$ 是动量为 $\boldsymbol{p}$ 的电子的产生算符. 为了避免没有意义的负能电子的概念, 必须转到以 §11.8 正电子理论为基础的新解释. 一个负能电子的湮灭应该理解为在负能电子海中产生一个空穴, 或者理解为产生一个正电子. 于是, 算符 ζ_{ap} 变成正电子的产生算符. 正电子的动量是 $-\boldsymbol{p}$, 因为湮灭的动量是 $\boldsymbol{p}$. 同样地, $\bar{\zeta}_{ap}$ 变成动量为 $-\boldsymbol{p}$ 的正电子的湮灭算符. ξ_{ap} 与 $\bar{\xi}_{ap}$ 则分别是动量为 $\boldsymbol{p}$ 的一个普通的正能电子的湮灭算符与产生算符.

应注意到, 虽然 $\xi_{\boldsymbol{p}}$ 有四个分量, 但只有两个分量是独立的, 因为这四个分量由

$$\left\{1 - \frac{\alpha_r p_r + \alpha_m m}{(\boldsymbol{p}^2 + m^2)^{\frac{1}{2}}}\right\}\xi_{\boldsymbol{p}} = 0$$

相联系, 上式包含两个独立的方程. $\xi_{\boldsymbol{p}}$ 的两个独立分量分别对应于处于两个独立自旋态中某一个态的电子的湮灭. 同样地, 由于方程

$$\left\{1 + \frac{\alpha_r p_r + \alpha_m m}{(\boldsymbol{p}^2 + m^2)^{\frac{1}{2}}}\right\}\zeta_{\boldsymbol{p}} = 0,$$

$\zeta_{\boldsymbol{p}}$ 也只有两个独立分量, 对应于两个独立自旋态中一个正电子的产生.

没有电子和正电子的真空态由右矢 $|0_P\rangle$ 表示, $|0_P\rangle$ 满足

$$\xi_{ap}|0_P\rangle = 0, \qquad \bar{\zeta}_{ap}|0_P\rangle = 0. \tag{12.74}$$

我们可以应用该右矢作为一个表象的标准右矢. 这样任意右矢可表示为

$$\Psi(\bar{\xi}_{ap}, \zeta_{ap})|0_P\rangle,$$

其中, 函数或者应该说泛函 Ψ 是变量 $\bar{\xi}_{ap}$、ζ_{ap} 的幂级数. Ψ 的每一项类似于 §10.7 的式 (10.17′). 它所包含的任意变量的幂次都不超过一次. 每一项对应于存在着某些 (正能) 电子与某些正电子, 这些态由出现其中的变量来标记.

由 §10.7 的式 (10.12′) 可知, 电子的总数是 $\int \bar{\psi}_{ap}\psi_{ap}\mathrm{d}^3 p$ 对 a 求和. 用 §11.2 方程 (11.12) 的记号把它写成 $\int \bar{\psi}_p^\dagger \psi_p \mathrm{d}^3 p$. 利用式 (12.67) 把它变换到 $\boldsymbol{x}$-表象, 可得

$$h^{-3} \iiint \mathrm{e}^{\mathrm{i}\boldsymbol{x}\cdot\boldsymbol{p}/\hbar} \mathrm{e}^{-\mathrm{i}\boldsymbol{x}'\cdot\boldsymbol{p}/\hbar} \bar{\psi}_{\boldsymbol{x}}^\dagger \psi_{\boldsymbol{x}'} \mathrm{d}^3 x \mathrm{d}^3 x' \mathrm{d}^3 p = \int \bar{\psi}_{\boldsymbol{x}}^\dagger \psi_{\boldsymbol{x}} \mathrm{d}^3 x,$$

这表明电子密度是 $\bar{\psi}_{\boldsymbol{x}}^\dagger \psi_{\boldsymbol{x}}$. 这个结果含有一个无穷大的常数, 表示负能电子海的密度.

如果取总电荷 Q 为正能电子数减去空穴或正电子数并整个乘上 $-e$, 我们就得到一个更有物理意义的量. 于是,

$$Q = -e \int (\bar{\xi}_{\boldsymbol{p}}^\dagger \xi_{\boldsymbol{p}} - \zeta_{\boldsymbol{p}}^\dagger \bar{\zeta}_{\boldsymbol{p}}) \mathrm{d}^3 p \tag{12.75}$$

借助式 (12.68) 可以计算上式. 用式 (12.68) 第二个方程的转置, 即

$$\zeta_{\boldsymbol{p}}^\dagger = \frac{1}{2} \psi_{\boldsymbol{p}}^\dagger \left\{ 1 - \frac{\alpha_r^\dagger p_r + \alpha_m^\dagger m}{(\boldsymbol{p}^2 + m^2)^{\frac{1}{2}}} \right\},$$

可得

$$Q = -e \int \left\{ \bar{\psi}_{\boldsymbol{p}}^\dagger \frac{1}{2} \left(1 + \frac{\alpha_r p_r + \alpha_m m}{(\boldsymbol{p}^2 + m^2)^{\frac{1}{2}}} \right) \psi_{\boldsymbol{p}} \right.$$
$$\left. - \psi_{\boldsymbol{p}}^\dagger \frac{1}{2} \left(1 - \frac{\alpha_r^\dagger p_r + \alpha_m^\dagger m}{(\boldsymbol{p}^2 + m^2)^{\frac{1}{2}}} \right) \bar{\psi}_{\boldsymbol{p}} \right\} \mathrm{d}^3 p.$$

因为任何 α 矩阵的对角元之和等于零, 所以反对易关系 (12.71) 给出

$$\bar{\psi}_{\boldsymbol{p}}^\dagger \alpha \psi_{\boldsymbol{p}'} + \psi_{\boldsymbol{p}'}^\dagger \alpha^\dagger \bar{\psi}_{\boldsymbol{p}} = \alpha_{ab}(\bar{\psi}_{ap}\psi_{bp'} + \psi_{bp'}\bar{\psi}_{ap}) = \alpha_{aa}\delta(\boldsymbol{p} - \boldsymbol{p}') = 0, \tag{12.76}$$

在 $p' = p$ 时, 我们假定上式仍成立. 这样, Q 的表达式简化为

$$Q = -e \int \frac{1}{2}(\bar{\psi}^\dagger_{\boldsymbol{p}}\psi_{\boldsymbol{p}} - \psi^\dagger_{\boldsymbol{p}}\bar{\psi}_{\boldsymbol{p}})\mathrm{d}^3 p.$$

和先前一样变换到 $\boldsymbol{x}$-表象, 可得

$$Q = -e \int \frac{1}{2}(\bar{\psi}^\dagger_{\boldsymbol{x}}\psi_{\boldsymbol{x}} - \psi^\dagger_{\boldsymbol{x}}\bar{\psi}_{\boldsymbol{x}})\mathrm{d}^3 x,$$

它表明电荷密度是

$$j_{0\boldsymbol{x}} = -\frac{e}{2}(\bar{\psi}^\dagger_{\boldsymbol{x}}\psi_{\boldsymbol{x}} - \psi^\dagger_{\boldsymbol{x}}\bar{\psi}_{\boldsymbol{x}}). \tag{12.77}$$

§11.3 的单电子波函数的解释, 不仅给出了概率密度 $\bar{\psi}^\dagger\psi$, 也给出了概率流 $\bar{\psi}^\dagger\alpha_r\psi$. 用二次量子化, 可以相应地得到一个电子流, 由算符 $\bar{\psi}^\dagger_{\boldsymbol{x}}\alpha_r\psi_{\boldsymbol{x}}$ 给出. 由对称性可知, 负能电子海不会产生电子流, 所以电流是

$$j_{r\boldsymbol{x}} = -e\bar{\psi}^\dagger_{\boldsymbol{x}}\alpha_r\psi_{\boldsymbol{x}}. \tag{12.78}$$

§10.2 公式 (10.29) 也适用于费米子, 利用这一公式, 可以得到电子的总能量

$$H_{P'} = \int \bar{\psi}^\dagger_{\boldsymbol{p}}p_0\psi_{\boldsymbol{p}}\,\mathrm{d}^3 p = \int \bar{\psi}^\dagger_{\boldsymbol{p}}(\alpha_r p_r + \alpha_m m)\psi_{\boldsymbol{p}}\,\mathrm{d}^3 p. \tag{12.79}$$

变换到 $\boldsymbol{x}$-表象, 上式变成

$$H_{P'} = \int \bar{\psi}^\dagger_{\boldsymbol{x}}(-\mathrm{i}\hbar\alpha_r\psi_{\boldsymbol{x}}{}^r + \alpha_m m\psi_{\boldsymbol{x}})\,\mathrm{d}^3 x. \tag{12.80}$$

总能量包含了一个无穷大的数值项, 表示负能电子海的能量.

如果以真空能量作为能量零点, 把所有电子与正电子的能量加起来, 这样就

得到一个更有物理意义的量. 这个量是

$$H_P = \int (\boldsymbol{p}^2 + m^2)^{\frac{1}{2}} (\bar{\xi}_{\boldsymbol{p}}^\dagger \xi_{\boldsymbol{p}} + \zeta_{\boldsymbol{p}}^\dagger \bar{\zeta}_{\boldsymbol{p}}) \mathrm{d}^3 p \qquad (12.81)$$

$$= \int (\boldsymbol{p}^2 + m^2)^{\frac{1}{2}} \left\{ \bar{\psi}_{\boldsymbol{p}}^\dagger \frac{1}{2} \left(1 + \frac{\alpha_r p_r + \alpha_m m}{(\boldsymbol{p}^2 + m^2)^{\frac{1}{2}}} \right) \psi_{\boldsymbol{p}} \right.$$
$$\left. + \psi_{\boldsymbol{p}}^\dagger \frac{1}{2} \left(1 - \frac{\alpha_r^\dagger p_r + \alpha_m^\dagger m}{(\boldsymbol{p}^2 + m^2)^{\frac{1}{2}}} \right) \bar{\psi}_{\boldsymbol{p}} \right\} \mathrm{d}^3 p$$

$$= \int \tfrac{1}{2} \{ \bar{\psi}_{\boldsymbol{p}}^\dagger (\alpha_r p_r + \alpha_m m) \psi_{\boldsymbol{p}} - \psi_{\boldsymbol{p}}^\dagger (\alpha_r^\dagger p_r + \alpha_m^\dagger m) \bar{\psi}_{\boldsymbol{p}} \} \mathrm{d}^3 p$$
$$+ \int (\boldsymbol{p}^2 + m^2)^{\frac{1}{2}} \tfrac{1}{2} \{ \bar{\psi}_{\boldsymbol{p}}^\dagger \psi_{\boldsymbol{p}} - \psi_{\boldsymbol{p}}^\dagger \bar{\psi}_{\boldsymbol{p}} \} \mathrm{d}^3 p. \qquad (12.82)$$

由式 (12.76) 可知, 式 (12.82) 中的第一个积分项与式 (12.79) 一样, 就是 $H_{P'}$. 第二个积分项是一个无穷大的常数, 等于分布在真空的所有负能电子的能量的相反数.

哈密顿量可以取为 H_P 或 $H_{P'}$. 于是, $\psi_{a\boldsymbol{x}}$ 的海森伯运动方程是

$$\partial \psi_{a\boldsymbol{x}} / \partial x_0 = [\psi_{a\boldsymbol{x}}, H_P] = [\psi_{a\boldsymbol{x}}, H_{P'}],$$

如果要把上式算出来, 需回到 ψ 的波动方程 (12.66).

现在必须考察我们的理论是不是相对论性的. 该理论是由满足场方程 (12.66) 的算符 ψ 建立起来的. 这些场方程与单电子波函数的波动方程一样, 只要 ψ 按第 11 章的规则 (11.20) 变换, 这些方程在洛伦兹变换下是不变的. 我们现在的理论超越单电子理论的地方在于, 对这些 ψ 与 $\bar{\psi}$ 引入了反对易关系, 因此有必要验证这些反对易关系是否洛伦兹不变.

采用类似于 §12.2 的方法来进行验证. 在时空取两个普通的点 x 与 x', 组成反对易子

$$K_{ab}(x, x') = \psi_a(x) \bar{\psi}_b(x') + \bar{\psi}_b(x') \psi_a(x). \qquad (12.83)$$

可以直接从 ψ 与 $\bar{\psi}$ 的傅里叶分量的反对易关系 (12.71) 来计算上式. 更简单的方法是, 注意到 $K_{ab}(x, x')$ 必然具有某些性质, 即

(i) 它包含 x_μ 与 x'_μ, 但仅是 $x_\mu - x'_\mu$ 的函数;

(ii) 由于 $\psi(x)$ 满足方程 (12.66), 所以它满足波动方程

$$\left(\mathrm{i}\hbar\frac{\partial}{\partial x_0} + \mathrm{i}\hbar\alpha_r\frac{\partial}{\partial x_r} - \alpha_m m\right)_{ab} K_{bc}(x, x') = 0; \qquad (12.84)$$

(iii) 由式 (12.70) 的第三方程可得, 当 $x_0 = x_0'$ 时, $K_{ab}(x, x')$ 等于 $\delta_{ab}\delta(\boldsymbol{x} - \boldsymbol{x}')$.

上述这些性质足以完全确定 $K_{ab}(x, x')$, 因为 (iii) 确定了 $x_0 = x_0'$ 时的值, (ii) 表明它对 x_0 的函数关系, 而 (i) 表明它对 x_0' 的函数关系. 容易看出这个解是

$$K_{ab}(x, x') = h^{-3}\int \sum \tfrac{1}{2}\{1 + (\alpha_r p_r + \alpha_m m)/p_0\}_{ab}\mathrm{e}^{-\mathrm{i}(x-x')\cdot p/\hbar}\mathrm{d}^3 p, \quad (12.85)$$

其中求和 $\sum$ 的含义是, 在 p_1、p_2、p_3 取具体值时, 对 p_0 的两个值 $\pm(\boldsymbol{p}^2 + m^2)^{\frac{1}{2}}$ 求和. 式 (12.85) 满足性质 (ii), 因为式 (12.84) 中的算符在式 (12.85) 的被积函数中产生了因子 $(p_0 - \alpha_r p_r - \alpha_m m)$, 而该因子左乘花括号 { } 中因子的结果等于零. 式 (12.85) 满足性质 (iii), 因为 $x_0 = x_0'$ 时对 p_0 求和使得花括号 { } 中的第二项相消了.

根据 §11.3 所得到的关于 ψ 与 $\bar{\psi}$ 的变换规则, $\bar{\psi}^\dagger(x')\alpha_\mu\psi(x)$ 像 4-矢量的四个分量一样变换, 而 $\bar{\psi}^\dagger(x')\alpha_m\psi(x)$ 是不变的. 因此,

$$l^\mu\bar{\psi}^\dagger(x')\alpha_\mu\psi(x) + S\bar{\psi}^\dagger(x')\alpha_m\psi(x) \qquad (12.86)$$

是不变的, 其中 l^μ 是一任意 4-矢量, S 是一任意标量. 式 (12.86) 的洛伦兹不变性足以保证 ψ 与 $\bar{\psi}$ 的变换规则, 因为它能推出 ψ 的波动方程的不变性, 只需令 $l^\mu = \mathrm{i}\hbar\partial/\partial x_\mu$、$S = -m$ 即可.

由式 (12.86) 的洛伦兹不变性可推出

$$(l^\mu\alpha_\mu + S\alpha_m)_{ab}\{\bar{\psi}_a(x')\psi_b(x) + \psi_b(x)\bar{\psi}_a(x')\}$$

的洛伦兹不变性. 因此,

$$(l^\mu\alpha_\mu + S\alpha_m)_{ab}K_{ba}(x, x') \qquad (12.87)$$

应是洛伦兹不变的, 其中 $K_{ba}(x, x')$ 由式 (12.85) 给出, 而上式的不变性足以保证

反对易关系的不变性. 由式 (12.87) 可得

$$
h^{-3} \int \sum \tfrac{1}{2} (l^\mu \alpha_\mu + S\alpha_m)_{ab} (p_0 + \alpha_r p_r + \alpha_m m)_{ba} \mathrm{e}^{-\mathrm{i}(x-x')\cdot p/\hbar} p_0^{-1} \mathrm{d}^3 p
$$

$$
= h^{-3} \int \sum \tfrac{1}{2} \{ (l_0 - l_s \alpha_s + S\alpha_m)(p_0 + \alpha_r p_r + \alpha_m m) \}_{aa} \mathrm{e}^{-\mathrm{i}(x-x')\cdot p/\hbar} p_0^{-1} \mathrm{d}^3 p
$$

$$
= h^{-3} \int \sum 2(l_0 p_0 - l_r p_r + Sm) \mathrm{e}^{-\mathrm{i}(x-x')\cdot p/\hbar} p_0^{-1} \mathrm{d}^3 p. \tag{12.88}
$$

这是洛伦兹不变的, 因为微元 $p_0^{-1} \mathrm{d}^3 p$ 是洛伦兹不变的. 这样就证明了理论的相对论不变性.

§12.6 相互作用

电子、正电子与电磁场有相互作用的完整哈密顿量是

$$
H = H_F + H_P + H_Q, \tag{12.89}
$$

其中 H_F 是只有电磁场的哈密顿量, 由式 (12.19) 或 (12.45) 给出, H_P 是只有电子与正电子的哈密顿量, 由式 (12.80) 或 (12.81) 给出, 而 H_Q 是相互作用能量, 既含有电子与正电子的动力学变量, 又含有电磁场的动力学变量. 令

$$
H_Q = \int A^\mu j_\mu \mathrm{d}^3 x, \tag{12.90}
$$

j_μ 由式 (12.77) 和 (12.78) 给出, 我们将看到, 这样可以给出正确的运动方程. 因此, 忽略掉无穷大的数值项, 有

$$
H = \int \{ \bar{\psi}^\dagger \alpha_r (-\mathrm{i}\hbar \psi^r - eA^r \psi) + \bar{\psi}^\dagger \alpha_m m \psi - \tfrac{1}{2} e A^0 (\bar{\psi}^\dagger \psi - \psi^\dagger \bar{\psi}) \} \mathrm{d}^3 x
$$

$$
- (8\pi)^{-1} \int (B_\mu B^\mu + A_\mu{}^r A^{\mu r}) \mathrm{d}^3 x. \tag{12.91}
$$

我们从哈密顿量 (12.91) 出发计算海森伯运动方程. 我们可以算出

$$i\hbar \frac{\partial \psi_{a\boldsymbol{x}}}{\partial x_0} = \psi_{a\boldsymbol{x}}H - H\psi_{a\boldsymbol{x}} = \psi_{a\boldsymbol{x}}(H_P + H_Q) - (H_P + H_Q)\psi_{a\boldsymbol{x}}$$

$$= \int [\psi_{a\boldsymbol{x}}, \bar{\psi}_{b\boldsymbol{x}'}]_+ \{\alpha_r(-i\hbar\psi_{\boldsymbol{x}'}^r - eA^r{}_{\boldsymbol{x}'}\psi_{\boldsymbol{x}'})$$

$$+ \alpha_m m\psi_{\boldsymbol{x}'} - eA^0{}_{\boldsymbol{x}'}\psi_{\boldsymbol{x}'}\}_b \mathrm{d}^3 x'$$

$$= \{\alpha_r(-i\hbar\psi_{\boldsymbol{x}}^r - eA^r{}_{\boldsymbol{x}}\psi_{\boldsymbol{x}}) + \alpha_m m\psi_{\boldsymbol{x}} - eA^0{}_{\boldsymbol{x}}\psi_{\boldsymbol{x}}\}_a.$$

因此

$$\left\{\alpha_\mu\left(i\hbar\frac{\partial}{\partial x_\mu} + eA^\mu\right) - \alpha_m m\right\}\psi = 0. \tag{12.92}$$

这与第 11 章的单电子波动方程 (11.11) 是一致的. 由于 H 是实算符, $\bar{\psi}$ 的运动方程与 ψ 的运动方程共轭, 因而与第 11 章的方程 (11.12) 一致. 因此, 式 (12.90) 正确地给出了场对电子与正电子的作用. 此外, 利用式 (12.46) 的泊松括号关系, 可得

$$\partial A_\mu/\partial x_0 = [A_\mu, H] = [A_\mu, H_F] = B_\mu, \tag{12.93}$$

以及

$$\partial B_{\mu\boldsymbol{x}}/\partial x_0 = [B_{\mu\boldsymbol{x}}, H] = [B_{\mu\boldsymbol{x}}, H_F] + [B_{\mu\boldsymbol{x}}, H_Q]$$

$$= \nabla^2 A_{\mu\boldsymbol{x}} + \int [B_{\mu\boldsymbol{x}}, A^\nu{}_{\boldsymbol{x}'}] j_{\nu\boldsymbol{x}'} \mathrm{d}^3 x$$

$$= \nabla^2 A_{\mu\boldsymbol{x}} + 4\pi j_{\mu\boldsymbol{x}}. \tag{12.94}$$

由式 (12.93) 与 (12.94) 推出

$$\Box A_\mu = 4\pi j_\mu, \tag{12.95}$$

这与麦克斯韦理论一致, 表明式 (12.90) 正确地给出了电子与正电子对场的作用.

为了使得理论完整, 必须考虑补充条件 (12.54). 必须验证补充条件与运动方程的一致性. §12.4 所用的方法在于证明海森伯图像中不同时刻的补充条件是一致的, 但这个方法现在不适用, 因为不同时刻的动力学变量之间的量子条件, 由于相互作用而发生变化, 而变化过于复杂以致无法计算. 所以我们寻求对同时刻

的动力学变量有影响的所有补充条件, 并检查它们是否一致.

我们再次考察方程 (12.56). 对 x_0 进一步微分可得

$$\Box \partial A_\mu / \partial x_\mu \approx 0. \tag{12.96}$$

正如 §11.3 那样, ψ 的运动方程 (12.92) 可以推出

$$\partial(\bar{\psi}^\dagger \alpha_\mu \psi)/\partial x_\mu = 0.$$

这与

$$\partial j_\mu / \partial x_\mu = 0 \tag{12.97}$$

一样, 因为 $-e\bar{\psi}^\dagger\psi$ 与 j_0 之差是一个不依赖于时间的常数, 尽管这个常数是无穷大. 由方程 (12.95) 可知, 方程 (12.96) 作为强方程而成立. 因此, 方程组 (12.56) 是仅有的对同时刻动力学变量有影响的补充条件. 方程组 (12.56) 的第一个方程给出式 (12.57), 这与先前一样; 现在借助于方程 (12.95), 在 $\mu = 0$ 的情况下第二个方程给出

$$(A_0{}^r + B_r)^r + 4\pi j_0 \approx 0. \tag{12.98}$$

上式可以写成

$$(A_0 + U)^{rr} + 4\pi j_0 \approx 0 \tag{12.99}$$

或者由等式 (12.39) 写成

$$\mathrm{div}\mathscr{E} - 4\pi j_0 \approx 0, \tag{12.100}$$

这其实就是麦克斯韦方程组中的一个.

不用详细计算就能看出, 同时刻的任意两点 x 与 x', 有

$$[j_{0x}, j_{0x'}] = 0,$$

因为, 从式 (12.70) 的形式可知, 泊松括号一定是 $\delta(x - x')$ 的倍数, 而不含有 $\delta(x - x')$ 的导数, 并且必定在 x 与 x' 之间反对称. 因此, 方程 (12.98) 相较于其对应的方程 (12.58) 而多出的项 $4\pi j_{0x}$, 在不同 x 点的值互相对易, 并且对易于在方程 (12.58) 与 (12.57) 中出现的所有其他动力学变量. 由此推断, 这个多出的项

不会破坏方程 (12.58) 与 (12.57) 的一致性, 因而方程 (12.98) 与 (12.57) 是一致的.

我们把相互作用引入理论的方法不是相对论性的, 因为相互作用能 (12.90) 包含了在某一洛伦兹参照系中某一特定时刻的动力学变量. 因而, 含相互作用的理论是不是相对论性的理论, 是有疑问的. 场方程 (12.92) 与 (12.95) 显然是相对论性的, 补充条件 (12.54) 也是相对论性的. 不确定的是, 量子条件是不是洛伦兹不变的.

我们已知道了在一给定时刻 x_0 的全部动力学变量 $A_{\mu x}$、$B_{\mu x}$、ψ_{ax}、$\bar{\psi}_{ax}$ 之间的量子条件. 先前已经说过, 我们无法得到时空中任意两点的动力学变量之间的普遍量子条件, 因为相互作用使问题变得太复杂. 因此, 做一无限小的洛伦兹变换, 求出新参照系中同时刻的量子条件. 如果我们得到的量子条件在无限小的洛伦兹变换下是不变的, 则必然得到有限洛伦兹变换下的不变性.

令 x_0^* 是新参照系中的时间坐标. 它与原先各坐标之间的关系是

$$x_0^* = x_0 + \epsilon v_r x_r, \tag{12.101}$$

其中 ϵ 是个无限小的数, v_r 是一个三维矢量, ϵv_r 是两个参考系的相对速度. 略去 ϵ^2 量级的各项.

新参照系中, 在位置 x 与时间 x_0^* 的点, 场量 κ 的值是

$$\kappa(x, x_0^*) = \kappa(x, x_0) + (x_0^* - x_0)\partial \kappa_x / \partial x_0 = \kappa(x, x_0) + \epsilon v_r x_r [\kappa_x, H]. \tag{12.102}$$

它与另一个场量 $\lambda(x', x_0^*)$ 的泊松括号是

$$
\begin{aligned}
[\kappa(x, x_0^*), \lambda(x', x_0^*)] &= [\kappa(x, x_0) + \epsilon v_r x_r [\kappa_x, H], \lambda(x', x_0) + \epsilon v_s x_s' [\lambda_{x'}, H]] \\
&= [\kappa(x, x_0), \lambda(x', x_0)] + \epsilon v_s x_s' [\kappa_x, [\lambda_{x'}, H]] + \epsilon v_r x_r [[\kappa_x, H], \lambda_{x'}] \\
&= [\kappa(x, x_0), \lambda(x', x_0)] + \epsilon v_r (x_r' - x_r) [\kappa_x, [\lambda_{x'}, H]] + \epsilon v_r x_r [[\kappa_x, \lambda_{x'}], H].
\end{aligned}
$$
$$\tag{12.103}$$

如果 κ 与 λ 是变量 ψ 或 $\bar{\psi}$, 那么我们感兴趣的是它们之间的反对易子, 而不是泊

松括号. 应用反对易子的记号 (12.69), 可得

$$[\kappa(\boldsymbol{x}, x_0^*), \lambda(\boldsymbol{x}', x_0^*)]_+$$
$$= [\kappa(\boldsymbol{x}, x_0), \lambda(\boldsymbol{x}', x_0)]_+ + \epsilon v_r x_r'[\kappa_{\boldsymbol{x}}, [\lambda_{\boldsymbol{x}'}, H]]_+ + \epsilon v_r x_r[[\kappa_{\boldsymbol{x}}, H], \lambda_{\boldsymbol{x}'}]_+$$
$$= [\kappa(\boldsymbol{x}, x_0), \lambda(\boldsymbol{x}', x_0)]_+ + \epsilon v_r(x_r' - x_r)[\kappa_{\boldsymbol{x}}, [\lambda_{\boldsymbol{x}'}, H]]_+$$
$$+ \epsilon v_r x_r[[\kappa_{\boldsymbol{x}}, \lambda_{\boldsymbol{x}'}]_+, H]. \tag{12.104}$$

由于 κ 与 λ 是基本变量 A_μ、B_μ、ψ_a、$\bar{\psi}_a$ 中的任意两个, 泊松括号 $[\kappa_{\boldsymbol{x}}, \lambda_{\boldsymbol{x}'}]$ 或反对易子 $[\kappa_{\boldsymbol{x}}, \lambda_{\boldsymbol{x}'}]_+$ (视情况而定) 是一个数, 所以式 (12.103) 或 (12.104) 中的最后一项为零, 剩下的是

$$[\kappa(\boldsymbol{x}, x_0^*), \lambda(\boldsymbol{x}', x_0^*)]_\pm$$
$$= [\kappa(\boldsymbol{x}, x_0), \lambda(\boldsymbol{x}', x_0)]_\pm + \epsilon v_r(x_r' - x_r)[\kappa_{\boldsymbol{x}}, [\lambda_{\boldsymbol{x}'}, H_P + H_F]]_\pm$$
$$+ \epsilon v_r(x_r' - x_r)[\kappa_{\boldsymbol{x}}, [\lambda_{\boldsymbol{x}'}, H_Q]]_\pm \tag{12.105}$$

其中 $[\kappa, \lambda]_\pm$ 根据情况表示泊松括号或反对易子. 由 H_Q 的形式 (12.90) 可以看出, $[\lambda_{\boldsymbol{x}'}, H_Q]$ 仅含有动力学变量 $A_{\mu\boldsymbol{x}'}$、$\psi_{a\boldsymbol{x}'}$、$\bar{\psi}_{a\boldsymbol{x}'}$, 而并不含有这些变量的导数. 因此可推断, $[\lambda_{\boldsymbol{x}'}, H_Q]_\pm$ 如果不等于零, 就等于 $\delta(\boldsymbol{x} - \boldsymbol{x}')$ 的倍数且不包含 $\delta(\boldsymbol{x} - \boldsymbol{x}')$ 的导数. 所以式 (12.105) 的最后一项等于零. 我们可以得出结论, $[\kappa(\boldsymbol{x}, x_0^*), \lambda(\boldsymbol{x}', x_0^*)]_\pm$ 与无相互作用情况下有相同的值, 所以由先前的工作可知它是洛伦兹不变的.

需要指出, 对上述证明可能有一个批评意见. 在好几个地方, 我们计算出 ϵ 的幂级数表达式, 并略去了 ϵ^2. 若时空中的两个普通点 x 与 x' 靠得很近, 以至 $x_\mu - x_\mu'$ 与 ϵ 同一量级时, 用上述方法计算 $[\kappa(\boldsymbol{x}, x_0^*), \lambda(\boldsymbol{x}', x_0^*)]_\pm$ 就不合理, 因为计算结果应该是 $x_\mu - x_\mu'$ 的函数, 当四维矢量 $x - x'$ 处于光锥上时, 这个函数有一个奇点, 当然就不能展开成 $x_\mu - x_\mu'$ 的幂级数.

为了让这个推导过程有效, 我们要把公式改写以避免出现 δ 函数. 我们不计算 $[\kappa(\boldsymbol{x}, x_0^*), \lambda(\boldsymbol{x}', x_0^*)]_\pm$ 而改为计算

$$[\int a_{\boldsymbol{x}} \kappa(\boldsymbol{x}, x_0^*) \mathrm{d}^3 x, \int b_{\boldsymbol{x}'} \lambda(\boldsymbol{x}', x_0^*) \mathrm{d}^3 x']_\pm, \tag{12.106}$$

其中, a_x 与 b_x 是 x_1、x_2、x_3 的两个任意连续函数. 这样, 那些需展开成 ϵ 的幂级数的量都是连续变化的, 在时间轴方向的变化都是连续的, 因而展开是合适的. 我们现在所得的方程等于先前论证的方程乘上 $a_x b_{x'} \mathrm{d}^3 x \mathrm{d}^3 x'$ 并积分. 我们得到相同的结论——泊松括号或反对易子的值相较于没有相互作用的情况是一样的.

可以看到, 相互作用不影响量子条件的原因是, 相互作用很简单, 只含有基本动力学变量而不含它们的导数. 泊松括号与反对易子的值, 相较于无相互作用情况下是一样的, 这要求有一条件, 即它所联系的时空中两点的变量, 必须对某个观测者来说是同时的. 其意义是, 这两点必须互相处于对方的光锥之外, 而且这两点只能通过光锥外面的路径接近才可趋于重合.

§12.7 物理变量

表示一个物理的态的右矢 $|P\rangle$ 必须满足补充条件

$$(B_0 + A_r{}^r)|P\rangle = 0, \qquad (\mathrm{div}\mathscr{E} - 4\pi j_0)|P\rangle = 0. \tag{12.107}$$

如果一个动力学变量乘上任一满足补充条件的右矢, 所得的右矢也满足补充条件, 那么该变量是物理变量. 这要求该变量与下面的量

$$B_0 + A_r{}^r, \qquad \mathrm{div}\mathscr{E} - 4\pi j_0 \tag{12.108}$$

对易. 让我们看看, 哪些简单动力学变量有这样的性质.

横场变量 $\mathscr{A}_r$、$\mathscr{B}_r$ 显然与式 (12.108) 的量对易, 因而是物理变量. 变量 ψ_a 与式 (12.108) 的第一个量对易, 但与第二个不对易, 因而不是物理变量. 我们有

$$\mathrm{i}\hbar[\psi_{ax}, \bar{\psi}_{bx'}\psi_{bx'}] = (\psi_{ax}\bar{\psi}_{bx'} + \bar{\psi}_{bx'}\psi_{ax})\psi_{bx'}$$
$$= \delta_{ab}\delta(\boldsymbol{x} - \boldsymbol{x}')\psi_{bx'} = \psi_{ax}\delta(\boldsymbol{x} - \boldsymbol{x}').$$

因此

$$[\psi_{ax}, j_{0x}] = \mathrm{i}e/\hbar \cdot \psi_{ax}\delta(\boldsymbol{x} - \boldsymbol{x}'). \tag{12.109}$$

由式 (12.42) 可得

$$[\mathrm{e}^{\mathrm{i}eV_x/\hbar}, \mathrm{div}\mathscr{E}_{x'}] = 4\pi\mathrm{i}e/\hbar \cdot \mathrm{e}^{\mathrm{i}eV_x/\hbar}\delta(\boldsymbol{x} - \boldsymbol{x}').$$

因而有

$$[\mathrm{e}^{\mathrm{i}eV_{\boldsymbol{x}}/\hbar}\psi_{a\boldsymbol{x}}, \mathrm{div}\mathscr{E}_{\boldsymbol{x}'} - 4\pi j_{0\boldsymbol{x}'}]$$
$$= [\mathrm{e}^{\mathrm{i}eV_{\boldsymbol{x}}/\hbar}, \mathrm{div}\mathscr{E}_{\boldsymbol{x}'}]\psi_{a\boldsymbol{x}} - 4\pi \mathrm{e}^{\mathrm{i}eV_{\boldsymbol{x}}/\hbar}[\psi_{a\boldsymbol{x}}, j_{0\boldsymbol{x}'}] = 0.$$

所以, 如果令

$$\psi_{a\boldsymbol{x}}^* = \mathrm{e}^{\mathrm{i}eV_{\boldsymbol{x}}/\hbar}\psi_{a\boldsymbol{x}} \tag{12.110}$$

则 $\psi_{a\boldsymbol{x}}^*$ 对易于式 (12.108) 的两个表达式, 因而是物理的. 同样地, $\bar{\psi}_{a\boldsymbol{x}}^*$ 也是物理的. $\mathscr{A}_r$、$\mathscr{B}_r$、$\psi_{a\boldsymbol{x}}^*$、$\bar{\psi}_{a\boldsymbol{x}}^*$ 是除了式 (12.108) 之外仅有的独立物理变量.

我们有

$$j_0 = -\tfrac{1}{2}e(\bar{\psi}^{*\dagger}\psi^* - \psi^{*\dagger}\bar{\psi}^*), \qquad j_r = -e\bar{\psi}^{*\dagger}\alpha_r\psi^*. \tag{12.111}$$

所以电荷密度与电流是物理变量. 容易看出, $\mathscr{E}$ 与 $\mathscr{H}$ 也是物理变量, 就像没有电子与正电子存在的情况一样. 麦克斯韦理论中不受电磁势的任意性影响的那些动力学变量都是物理变量.

算符 $\psi_{a\boldsymbol{x}}$ 表示在位置 $\boldsymbol{x}$ 产生一个正电子或湮灭一个电子. 现在看看算符 $\psi_{a\boldsymbol{x}}^*$ 的物理意义是什么. 由式 (12.44) 可得

$$\mathrm{i}\hbar[\mathrm{e}^{\mathrm{i}eV_{\boldsymbol{x}}/\hbar}, \mathscr{E}_{r\boldsymbol{x}'}] = e\,\mathrm{e}^{\mathrm{i}eV_{\boldsymbol{x}}/\hbar}(x_r - x_r')|\boldsymbol{x} - \boldsymbol{x}'|^{-3},$$

于是 $\qquad\qquad \mathrm{i}\hbar[\psi_{a\boldsymbol{x}}^*, \mathscr{E}_{r\boldsymbol{x}'}] = e\,\psi_{a\boldsymbol{x}}^*(x_r - x_r')|\boldsymbol{x} - \boldsymbol{x}'|^{-3}$

或者 $\qquad\qquad \mathscr{E}_{r\boldsymbol{x}'}\psi_{a\boldsymbol{x}}^* = \psi_{a\boldsymbol{x}}^*\{\mathscr{E}_{r\boldsymbol{x}'} + e\,(x_r' - x_r)|\boldsymbol{x}' - \boldsymbol{x}|^{-3}\}. \tag{12.112}$

取一个态 $|P\rangle$, 让 $\mathscr{E}_r$ 在某一点 $\boldsymbol{x}'$ 确定地有数值 c_r, 于是

$$\mathscr{E}_{r\boldsymbol{x}'}|P\rangle = c_r|P\rangle.$$

这样, 由式 (12.112) 可得

$$\mathscr{E}_{r\boldsymbol{x}'}\psi_{a\boldsymbol{x}}^*|P\rangle = \{c_r + e\,(x_r' - x_r)|\boldsymbol{x}' - \boldsymbol{x}|^{-3}\}\psi_{a\boldsymbol{x}}^*|P\rangle,$$

所以, 对于 $\psi_{ax}^*|P\rangle$, $\mathscr{E}_r$ 在 $\boldsymbol{x}'$ 有确定的值

$$c_r + e\,(x_r' - x_r)|\boldsymbol{x}' - \boldsymbol{x}|^{-3}.$$

其含义是, 算符 ψ_{ax}^* 不仅在 $\boldsymbol{x}$ 点产生一个正电子或湮灭一个电子, 还给 $\boldsymbol{x}'$ 点的电场增加了 $e(x_r' - x_r)|\boldsymbol{x}' - \boldsymbol{x}|^{-3}$, 这刚好就是位于 $\boldsymbol{x}$ 点的电荷为 e 的一个正电子在 $\boldsymbol{x}'$ 点所产生的经典的库仑电场. 因此, 算符 ψ_{ax}^* 在 $\boldsymbol{x}$ 点产生一个正电子, 并产生了它的库仑场, 或者在 $\boldsymbol{x}$ 点湮灭一个电子, 并消灭了它的库仑场.

就通过电磁场相互作用的电子与正电子而言, 对应于产生或湮灭电子或正电子的物理过程的, 不是变量 ψ 及 $\bar{\psi}$, 而是变量 ψ^* 及 $\bar{\psi}^*$, 因为这些过程总伴随着适当的库仑电场的变化, 这些变化在粒子的产生与湮灭的点的周围. 容易看出, ψ_{ax}^* 与 $\bar{\psi}_{ax}^*$ 所满足的反对易关系与没有星号的变量所满足的式 (12.70) 相同. 当过渡到动量表象时, 重要的量将不是由式 (12.67) 定义的非物理的变量 $\psi_{\boldsymbol{p}}$, 而是物理变量 $\psi_{\boldsymbol{p}}^*$, 由

$$\psi_{\boldsymbol{x}}^* = h^{-\frac{3}{2}}\int \mathrm{e}^{\mathrm{i}\boldsymbol{x}\cdot\boldsymbol{p}/\hbar}\psi_{\boldsymbol{p}}^*\mathrm{d}^3p, \quad \psi_{\boldsymbol{p}}^* = h^{-\frac{3}{2}}\int \mathrm{e}^{-\mathrm{i}\boldsymbol{x}\cdot\boldsymbol{p}/\hbar}\psi_{\boldsymbol{x}}^*\mathrm{d}^3x \tag{12.113}$$

定义. 我们现在需用

$$\xi_{\boldsymbol{p}}^* = \frac{1}{2}\left\{1 + \frac{\alpha_r p_r + \alpha_m m}{(\boldsymbol{p}^2 + m^2)^{\frac{1}{2}}}\right\}\psi_{\boldsymbol{p}}^*, \quad \zeta_{\boldsymbol{p}}^* = \frac{1}{2}\left\{1 - \frac{\alpha_r p_r + \alpha_m m}{(\boldsymbol{p}^2 + m^2)^{\frac{1}{2}}}\right\}\psi_{\boldsymbol{p}}^*$$

替代式 (12.68), 并让 $\xi_{\boldsymbol{p}}^*$ 表示具有动量 $\boldsymbol{p}$ 的一个电子的湮灭, $\bar{\xi}_{\boldsymbol{p}}^*$ 表示具有动量 $\boldsymbol{p}$ 的一个电子的产生, $\zeta_{\boldsymbol{p}}^*$ 表示具有动量 $-\boldsymbol{p}$ 的一个正电子的产生, $\bar{\zeta}_{\boldsymbol{p}}^*$ 表示具有动量 $-\boldsymbol{p}$ 的一个正电子的湮灭. 这些变量 $\psi_{\boldsymbol{p}}^*$、$\bar{\psi}_{\boldsymbol{p}}^*$、$\xi_{\boldsymbol{p}}^*$、$\bar{\xi}_{\boldsymbol{p}}^*$、$\zeta_{\boldsymbol{p}}^*$、$\bar{\zeta}_{\boldsymbol{p}}^*$, 它们之间的反对易关系, 与没有星号的相应的对易关系一样.

可以完全用物理变量表示哈密顿量. 我们有

$$\psi^{*r} = \mathrm{e}^{\mathrm{i}eV/\hbar}(\psi^r + \mathrm{i}e/\hbar \cdot V^r\psi).$$

因此,

$$H_P + H_Q = \int\{\bar{\psi}^\dagger\alpha_r[-\mathrm{i}\hbar\psi^r - e(\mathscr{A}^r - V^r)\psi] + \bar{\psi}^\dagger\alpha_m m\psi + A^0 j_0\}\mathrm{d}^3x$$

$$= \int\{\bar{\psi}^{*\dagger}\alpha_r(-\mathrm{i}\hbar\psi^{*r} - e\mathscr{A}^r\psi^*) + \bar{\psi}^{*\dagger}\alpha_m m\psi^* + A^0 j_0\}\mathrm{d}^3x.$$

这里被积函数中的最后一项应该与 H_{FL} 结合在一起. 借助式 (12.99), 由式 (12.49) 与 (12.57) 可得

$$H_{FL} \approx (8\pi)^{-1} \int (U - A_0)(U + A_0)^{rr} \mathrm{d}^3 x$$
$$\approx \frac{1}{2} \int (U - A_0) j_0 \mathrm{d}^3 x.$$

因此, 有

$$H_{FL} + \int A^0 j_0 \, \mathrm{d}^3 x \approx \frac{1}{2} \int (U + A_0) j_0 \, \mathrm{d}^3 x.$$

借助 §6.5 的公式 (6.72), 对式 (12.99) 进行积分, 可得

$$A_{0\boldsymbol{x}} + U_{\boldsymbol{x}} \approx \int \frac{j_{0\boldsymbol{x}'}}{|\boldsymbol{x} - \boldsymbol{x}'|} \mathrm{d}^3 x',$$

因而有

$$H_{FL} + \int A^0 j_0 \, \mathrm{d}^3 x \approx \frac{1}{2} \iint \frac{j_{0\boldsymbol{x}} j_{0\boldsymbol{x}'}}{|\boldsymbol{x} - \boldsymbol{x}'|} \mathrm{d}^3 x \mathrm{d}^3 x'.$$

因此我们可得

$$H \approx H^*,$$

而

$$H^* = \int \{\bar{\psi}^{*\dagger} \alpha_r (-\mathrm{i}\hbar\psi^{*r} - e\mathscr{A}^r \psi^*) + \bar{\psi}^{*\dagger} \alpha_m m \psi^*\} \mathrm{d}^3 x$$
$$+ H_{FT} + \frac{1}{2} \iint \frac{j_{0\boldsymbol{x}} j_{0\boldsymbol{x}'}}{|\boldsymbol{x} - \boldsymbol{x}'|} \mathrm{d}^3 x \mathrm{d}^3 x'. \quad (12.114)$$

我们可以用 H^* 而不用 H 作为哈密顿量. 对于一个物理的右矢, 它可以得到相同的薛定谔方程, 因为如果 $|P\rangle$ 是物理的, 则

$$H^* |P\rangle = H |P\rangle.$$

它还可以得到物理变量的相同的海森伯运动方程, 因为如果 ξ 是一个物理变量, 则

$$[\xi, H^*] \approx [\xi, H].$$

所以, 对物理的量而言, H^* 与 H 是等价的哈密顿量, 而其他的量并不重要.

H^* 仅含有物理变量, 不出现纵场变量. 代替它们的是式 (12.114) 的最后一项, 这其实是现有的所有电荷的库仑相互作用能. 相对论性理论中出现这一项是很奇怪的, 因为它伴随着力的瞬时传播. 这一项的出现是我们已把理论从海森伯形式经过漫长变换而得到的, 而海森伯形式是明显相对论不变的.

我们可以用只有电磁场时的标准右矢 $|0_F\rangle$ (由式 (12.61) 与 (12.62) 定义) 乘上只有电子与正电子时的标准右矢 $|0_P\rangle$ (由式 (12.74) 定义) 作为标准右矢, 构建一个表象. 然而, 这个表象并不是一个方便的选择, 因为它的标准右矢不满足式 (12.107) 的第二个补充条件.

如果我们构建另一个标准右矢 $|Q\rangle$, 满足下列

$$(B_0 + A_r{}^r)|Q\rangle = 0, \qquad (\mathrm{div}\,\mathscr{E} - 4\pi j_0)|Q\rangle = 0, \qquad (12.115)$$

$$\bar{\mathscr{A}}_{rk}|Q\rangle = 0, \qquad \xi^*_{ap}|Q\rangle = 0, \qquad \bar{\zeta}^*_{ap}|Q\rangle = 0 \qquad (12.116)$$

条件, 那么我们会得到一个更方便的表象. 这些条件是自洽的, 因为作用于 $|Q\rangle$ 上的算符互相之间对易或反对易, 而且这些条件足以完全确定 $|Q\rangle$, 只差一个数值因子, 因为它们的数目与 $|0_F\rangle|0_P\rangle$ 的条件一样多. 条件 (12.115) 表明, $|Q\rangle$ 满足补充条件, 因而它表示一个物理的态. 条件 (12.116) 表明, $|Q\rangle$ 表示一个没有光子、没有电子、没有正电子的态.

满足补充条件 (12.107) 而代表一个物理的态的任意右矢 $|P\rangle$ 可以表示为某个物理的变量乘上 $|Q\rangle$. 作用于 $|Q\rangle$ 而得到不为零的仅有的物理变量是 $\mathscr{A}_{rk}$、$\bar{\xi}^*_{ap}$、ζ^*_{ap}. 因而

$$|P\rangle = \Psi(\mathscr{A}_{rk}, \bar{\xi}^*_{ap}, \zeta^*_{ap})|Q\rangle. \qquad (12.117)$$

因此, $|P\rangle$ 由含有变量 $\mathscr{A}_{rk}$、$\bar{\xi}^*_{ap}$、ζ^*_{ap} 的波的泛函所表示. 这个泛函是这些变量的幂级数, 其中不同的项对应于数目不同的光子、电子、正电子的存在, 而在电子与正电子周围还有库仑场.

在使用表象 (12.117) 连同哈密顿量 H^* 时, 我们可得一种形式的理论, 其中可以忽略式 (12.115) 的条件, 因为这些条件对式 (12.117) 的右矢没有影响. 但必须保留式 (12.116). 这样, 理论中不再出现纵向变量.

§12.8 解释

前面的工作建立了量子电动力学的基本方程. 这一理论有两种形式, 分别包含哈密顿量 H 与 H^*. 现在需研究这一理论的解释与应用. 为明确起见, 这里采用 H^* 的形式. 这与 H 形式的理论本质上一样.

右矢 $|Q\rangle$ 表示一个没有光子、没有电子或正电子的态. 或许有人认为这个态是完全的真空态, 但这并不是, 因为这个态不是定态. 定态需要有

$$H^*|Q\rangle = C|Q\rangle,$$

其中 C 是一个数. 而 H^* 含有

$$-e \int \bar{\psi}^{*\dagger} \alpha_r \mathscr{A}^r \psi^* \mathrm{d}^3 x + \frac{1}{2} \iint \frac{j_{0x} j_{0x'}}{|\boldsymbol{x} - \boldsymbol{x}'|} \mathrm{d}^3 x \mathrm{d}^3 x', \tag{12.118}$$

这些项如果作用于 $|Q\rangle$ 并不会给出数值因子, 因而破坏了 $|Q\rangle$ 的定态特征.

我们把由 $|Q\rangle$ 表示的态 Q 叫作某一时刻的无粒子态. 如果一开始处于无粒子态, 那么不会一直保持在无粒子态. 粒子从先前没有粒子的地方被创造出来, 它们的能量来自哈密顿量的相互作用部分.

为了研究粒子的自发产生, 我们在薛定谔图像中取右矢 $|Q\rangle$ 为初始右矢, 并且按照 §7.3 的理论, 把式 (12.118) 项当作微扰, 它能给出从 Q 态至另一个态的跃迁概率. 式 (12.118) 中的第一部分, 分解为傅里叶分量, 含有一部分

$$-e(\alpha_r)_{ab} \iint \mathscr{A}^r{}_{\boldsymbol{k}} \bar{\xi}^*_{a\boldsymbol{p}} \zeta^*_{b\,\boldsymbol{p}+\boldsymbol{k}\hbar} \mathrm{d}^3 k \mathrm{d}^3 p, \tag{12.119}$$

它所引发的跃迁过程中, 发射一个光子并同时产生一对正负电子. 很短时间之后, 跃迁概率正比于由式 (12.119) 乘上初始右矢 $|Q\rangle$ 而得到的右矢的长度平方, 即

$$e^2 (\bar{\alpha}_r)_{ab} (\alpha_s)_{cd}$$

$$\times \iiiint \langle Q| \bar{\zeta}^*_{a\boldsymbol{p}+\boldsymbol{k}\hbar} \xi^*_{b\boldsymbol{p}} \overline{\mathscr{A}^r{}_{\boldsymbol{k}}} \mathscr{A}^s{}_{\boldsymbol{k}'} \bar{\xi}^*_{c\boldsymbol{p}'} \zeta^*_{d\boldsymbol{p}'+\boldsymbol{k}'\hbar} |Q\rangle \mathrm{d}^3 k \mathrm{d}^3 p \mathrm{d}^3 k' \mathrm{d}^3 p'$$

$$= e^2 (\bar{\alpha}_r)_{ab} (\alpha_s)_{cd} \iiiint \langle Q| \mathrm{i}\hbar [\overline{\mathscr{A}^r{}_{\boldsymbol{k}}}, \mathscr{A}^s{}_{\boldsymbol{k}'}]$$

$$\times [\xi^*_{b\boldsymbol{p}}, \bar{\xi}^*_{c\boldsymbol{p}'}]_+ [\bar{\zeta}^*_{a\boldsymbol{p}+\boldsymbol{k}\hbar}, \zeta^*_{d\boldsymbol{p}'+\boldsymbol{k}'\hbar}]_+ |Q\rangle \mathrm{d}^3 k \mathrm{d}^3 p \mathrm{d}^3 k' \mathrm{d}^3 p'.$$

利用式 (12.4)、(12.16)、(12.72)、(12.73)所给出的泊松括号与反对易子的结果, 我们得到一个被积函数, 在 k 与 k' 较大时, 该函数对 k 与 k' 的函数关系是 $|k|^{-1}\delta(k-k')$ 的规律. 这给出一个发散的积分, 所以跃迁概率是无穷大.

式 (12.118) 的第二项, 分解为傅里叶分量, 含有像 $\bar{\xi}_p^* \bar{\xi}_{p'}^* \zeta_{p''}^* \zeta_{p+p'-p''}^*$ 这样的项, 它所引起的跃迁是同时产生两个电子-正电子对. 可以和先前一样计算这个跃迁概率, 发现又是一个无穷大. 可以由这些计算得出结论, 态 $|Q\rangle$ 甚至不是近似的定态.

一个给出无穷大跃迁概率的理论当然不会正确. 我们可以断定, 量子电动力学一定哪里出错了. 我们无需对这一结果感到吃惊, 因为量子电动力学并没有提供自然界的一个完整描述. 我们知道实验上有其他种类的粒子, 它们在高能量条件下产生. 我们所能预期的是, 量子电动力学理论能够成立的过程中, 不足以提供这么高的能量 (几百 MeV) 以产生其他种类的粒子. 所以, 相互作用能 (12.118) 的高能部分是不可靠的, 而正是高能部分才导致无穷大.

看来必须修正相互作用的高能部分. 现在, 关于其他种类粒子的详细理论尚不存在, 所以不可能知道如何修正. 我们能做的只有把高能的部分全部截断掉, 这样消除发散. 截断的准确形式以及在多大能量处截断都不明确. 当然, 截断破坏了理论的相对论不变性. 由于我们对于高能过程的无知, 这是无法回避的缺陷.

即使采取了截断, 无粒子态 Q 仍不是近似的定态. 因而无粒子态与真空态差别巨大. 真空态必定含有很多粒子, 它被图像地看成伴有剧烈涨落的瞬态.

我们引入表示真空态的右矢 $|V\rangle$. 它是 H^* 的本征右矢, 对应于最低的本征值. 这里及随后的部分, H^* 均指截断修正后的表达式 (12.114). 或许有人尝试用对右矢 $|Q\rangle$ 的微扰来计算右矢 $|V\rangle$, 但这个方法的有效性有疑问, 因为 $|V\rangle$ 和 $|Q\rangle$ 之间的差别并不小. 没有令人满意的计算 $|V\rangle$ 的方法. 任何情况下, 计算结果强烈地依赖截断, 由于截断不明确, 所以计算结果也就不确定.

由此可知, 我们必须在无需了解 $|V\rangle$ 的前提下发展理论. 这并不是个巨大困难, 因为我们主要关心的并不是真空态. 我们主要关心的是不同于真空态的那些态, 这些态中除了真空涨落所伴随的粒子, 仅存在少量粒子; 而且我们只关心这少量额外粒子的行为. 因为这个目标, 我们把注意力集中于表示额外粒子产生的算符 K, 所以我们关心的都是 $K|V\rangle$ 这样的态.

我们并不知道右矢 $|V\rangle$ 在薛定谔图像中如何随时间变化, 因为我们不知道 H^* 的最低本征值. 为避免这个困难, 我们使用海森伯图像, 这样 $|V\rangle$ 是一个常量.

这样, 我们要求 $K|V\rangle$ 表示海森伯图像中的另一个态, 因此是另一个常量. 这可导出

$$\mathrm{d}K/\mathrm{d}t = 0. \tag{12.120}$$

通常 K 和海森伯动力学变量一样, 明显地含时, 所以方程 (12.120) 给出

$$\mathrm{i}\hbar\partial K/\partial t + KH^* - H^*K = 0. \tag{12.121}$$

我们现在可得到由方程 (12.120) 或 (12.121) 的解 K 所决定的每一个态. 在无需了解真空态右矢 $|V\rangle$ 的情况下, 就能得到这个结果, 并且继续研究 K. 我们仅能得到 K 的更多的信息是, 如果 K 有两个取值 K_1 和 K_2, 满足 $(K_1 - K_2)|V\rangle = 0$, 那么它们对应于同一个态. 但没有这个信息我们仍能继续研究, 并让满足方程 (12.121) 的所有不同的 K 的取值对应不同的态.

因此, 我们得到了一个对量子力学基本思想的一个剧烈变动, 即用线性算符而不是右矢量表示一个态. 导致这一变动的原因是由于量子力学应用于场的复杂性, 以及我们对高能过程的不了解.

$K = 1$ 是方程 (12.120) 或 (12.121) 的一个平凡解. 这个解显然对应于真空态.

通解的形式是时刻 t 以及 t 时刻的动力学变量的显函数. 我们用记号 η_t 整体地标记时刻 t 的发射算符. 这样 η_t 等于海森伯图像中 t 时刻的变量 $\mathscr{A}_{rk}$、$\bar{\xi}_{ap}^*$、ζ_{ap}^* 中的某一个. 于是, 吸收算符是 $\bar{\eta}_t$. 方程 (12.121) 的解的形式是

$$K = f(t, \eta_t, \bar{\eta}_t). \tag{12.122}$$

由 K 表示的态需要一些物理的解释, 因为要求用右矢表示一个态的量子力学的通常解释已经不再适用. 我们需要做一些新的假设.

继续采用海森伯图像, 我们引入每个时刻 t 的右矢 $|Q_t\rangle$, 它与 t 的海森伯动力学变量之间满足条件 (12.116). 这些条件现在可以写成

$$\bar{\eta}_t|Q_t\rangle = 0.$$

右矢 $|Q_t\rangle$ 对应于时刻 t 没有粒子存在的态, 并为讨论时刻 t 的一般态提供了一个参考右矢.

由方程 (12.121) 的解 K 所固定的一个任意态, 我们构造 $K|Q_t\rangle$ 并假定这个右矢决定了时刻 t 能够观测到什么, 而且可按照标准规则进行解释. 我们可以得到写成式 (12.122) 形式的 K, 对它进行排列, 让所有吸收的算符 $\bar{\eta}_t$ 在所有发射算符 η_t 的右边. 这样的排列叫作正规次序. 含有吸收算符的 K 的任意项对 $K|Q_t\rangle$ 没有贡献. $K|Q_t\rangle$ 中仍然存下来的项都只含有发射算符, 正如式 (12.117) 那样. 每一存下来的项都对应于特定态中有某些粒子, 而其系数 (若同一个态上有多个玻色子, 需恰当地选取因子 $n!$) 的模平方, 在归一化后, 被看作是 t 时刻, 这些粒子存在于这些特定的态的概率.

我们现在有一个物理解释的普遍方法, 它与通常的解释类似, 但也有重大差异. K 中吸收算符在右边的项对 t 时刻的可观测效应没有贡献. 我们称之为 t 时刻的潜在项. 这样的项不能像不存在一样的丢掉, 因为它会在其他的时刻对可观测效应有贡献. 潜在项是这个理论的一个新特点, 这可以理解成, 仅仅用某一时刻观测到的粒子来描述一个态是不完整的.

存在潜在项的结果是, 如果 $K|Q_t\rangle$ 在某个时刻是归一化的, 那么在其他时刻通常并不是归一化的. 因此, 为了得到概率, 我们需对每个时刻进行分开的归一化.

§12.9 应用

先前的理论有两个重要应用, 用该理论计算出的结果不能从更简单的理论得到. 这些应用涉及处于静电场或静磁场中的单个电子. 由于电子与电磁波的相互作用, 能级相对于用基础理论计算的能级有一些移动. 两个重要的结果是:

(i) 处于质子的库仑场中的一个电子. 现在的理论导致氢原子能级的移动. 这一结果按照其发现者命名为兰姆 (Lamb) 移动.

(ii) 处于均匀磁场中的一个电子. 这里产生的额外能量被解释成源于电子的额外磁矩, 这一额外磁矩叫作反常磁矩.

仅仅考虑静场必须引入势来描述, 并把势加入哈密顿量. 静场的势只是 x_1、x_2、x_3 的函数, 而且对每组 x_1、x_2、x_3 只是数而不是动力学变量, 所以静场势的引入并不增加自由度的数目.

兰姆移动与反常磁矩的计算非常复杂. 作者的书 *Lectrures on Quantum Field Theory* (Academic Press, 1966) 详细地给出了用哈密顿量 H 计算的过程. 计算的结果与实验符合得很好, 为这个理论提供了实证.

这些计算的整个过程都采用海森伯图像. 有人尝试用薛定谔图像处理量子电动力学, 通过选取无粒子右矢来寻找薛定谔方程的解, 或者选取对应于少量粒子存在的右矢作为微扰方法初始右矢, 再使用标准的微扰技巧. 人们发现微扰项很大且严重依赖于截断, 如果没有截断就发散. 在这一情况下, 微扰方法并不是逻辑上有效的.

然而, 人们还是发展了这个方法并设计了计算规则来系统地丢弃发散 (在一个没有截断的理论中), 而保留有限的剩余效应. 很多书讲述了这个方法, 例如 Heitler 的书 *Quantum Theory of Radiation* (Clarendon Press, 1954). 兰姆移动和反常磁矩最初的计算就沿用这个方法, 这比海森伯图像的计算早得多. 两种方法得到的结果一样.

我无法理解, 在薛定谔图像中, 补充上几条计算规则的这些计算, 是如何作为量子力学标准原理的逻辑发展的. 薛定谔图像不适合用来处理量子电动力学, 因为薛定谔图像中的真空涨落起着显著的作用. 这些涨落带来了巨大的数学困难, 但没有什么物理意义. 如果采用海森伯图像, 这些涨落就被略过了, 人们可以集中关注那些有物理意义的量.

量子力学可以被定义为把运动方程应用于原子尺度的粒子. 玻尔建立的氢原子理论第一次展示了原子尺度的粒子遵从运动方程. 在海森伯发现了非对易乘法的必要性之后, 量子力学获得巨大发展. 该理论的主要应用领域是, 处理通过电磁场相互作用的电子以及其他带电粒子——这个领域包括了主要的低能物理与化学.

现在高能物理中有其他类型的相互作用, 是描述原子核的关键. 这类相互作用现尚未充分理解, 所以不能纳入运动方程系统. 这些相互作用的理论已经建立并有较大发展, 而且还获得了一些有用的结果. 但由于缺少运动方程, 这些理论尚不能形成原理的逻辑体系, 就像本书所建立的逻辑体系. 就这些相互作用而言, 我们相当于处在前玻尔时代.

希望随着知识的增长, 最终能够找到能把高能理论纳入运动方程方案的途径, 这样就把高能与低能物理统一在一个方案中.

中文索引

英文索引